대입수시전형,
수리논술로
승부하라

대입수시전형, 수리논술로 승부하라

(수리논술 만점을 위한 35가지 핵심 비법)

[만점공부법 특별판®]

지은이 ㅣ 조영진
발행인 ㅣ 김경아

2019년 6월 3일 1판 1쇄 인쇄
2019년 6월 10일 1판 1쇄 발행

이 책을 만든 사람들
책임 기획 ㅣ 김경아
북 디자인 ㅣ 김효정
교정 교열 ㅣ 좋은글
경영 지원 ㅣ 홍종남

이 책을 함께 만든 사람들
종이 ㅣ 제이피씨 정동수 · 정충엽
제작 및 인쇄 ㅣ 천일문화사 유재상

펴낸곳 ㅣ 행복한나무
출판등록 ㅣ 2007년 3월 7일. 제 2007-5호
주소 ㅣ 경기도 남양주시 도농로 34, 부영e그린타운 301동 301호(다산동)
전화 ㅣ 02) 322-3856
팩스 ㅣ 02) 322-3857
홈페이지 ㅣ www.ihappytree.com
도서 문의(출판사 e-mail) ㅣ e21chope@daum.net
내용 문의(지은이 e-mail) ㅣ chachw@naver.com
※ 이 책을 읽다가 궁금한 점이 있을 때에는 지은이 e-mail을 이용해 주세요.

ⓒ 조영진, 2019
ISBN 979-11-88758-09-8
"행복한나무" 도서번호 : 110

대입수시전형,
수리논술로
승부하라

• 조영진 지음 •

대입수시전형, 35개 주제로 정리한
수.리.논.술. 완벽 활용법

수리논술에서 자주 출제되고 내용상 중요한 부분을 수리논술 공부에 적합하도록 테마별로 문제를 정리하였으며 기출문제와 출제 가능한 연습 문제를 수록하였다. 학생들이 수리논술을 공부하는 데 있어, 가장 편하게 정리할 수 있도록 교과서의 흐름에 맞춰서 수리논술에서 요구하는 부분을 서술하였다. 그리고 수리논술에서 요구하는 핵심적인 내용인 제시문의 역할과 문항에 따른 논제 흐름을 분석하여 수리논술의 접근을 쉽게 하였다. 또한, 저자가 집필한 '수리논술 만점 공부법'의 흐름에 맞춰 연습하도록 문제를 가공하여 수리논술 문제 분석에 도움이 되도록 서술하였다. 이 교재의 특징을 알아보자.

(1) 수리논술의 핵심인 논술의 구조를 이해하려고 하였다.
  : 제시문의 역할과 논제의 흐름에 따른 문제 해결 방향을 제시하였다.

(2) 고교 교과 과정에 따른 문제를 테마별로 정리하였다.
  : 교과 과정에서 수리논술로 출제 가능한 문제를 논술에 맞게 테마별로 정리하였다.

(3) 일부는 출제 가능성이 높은 문제를 수록하였다.
  : 출제 가능한 다양한 내용을 문제화하여 정리하였다. 기출 문제 이외에 연습할 수 있는 자료가 충분하지 않아 새로운 문제를 가공하여 수록하였다.

(4) 같은 내용을 다양한 관점에서 문제에 접근할 수 있도록 수록하였다.
  : 같은 내용의 문제라도 제시문에서 요구하는 방법과 논제의 흐름으로는 요구되는 해결책을 다양하게 문제화하였다.

(5) 다양한 교재를 참조하여 정리하였다.
  : 수리논술과 관련된 다양한 교재를 참조하였고 각종 수리논술 관련 사이트의 내용을 참고하였다. 다만, 제시문은 저자가 직접 가공하여 수록하였다.

수리논술 공부법의 핵심 전략을 공개합니다.

(1) 수리논술의 구조를 이해하자.

대부분의 대학은 논술에서 자료제시형의 형태로 문제를 출제하는데 이는 제시문과 소문항의 논제로 구성되어 있다. 그러므로 논술의 핵심인 제시문이 문제 해결에 어떤 역할을 하며, 주어진 소문항으로 이루어진 논제의 흐름이 문제 해결 방향을 어떻게 제시해 주는지 분석할 필요가 있다. 이 교재에서는 언뜻 같은 문제처럼 보여도 제시문에서 해결 방향에 대한 내용을 다르게 주면 다른 문제가 될 수 있음을 주의해야 한다. 이런 관점에서 다양한 해결 방향에 대해서 문제를 수록하였다.

(2) 수리논술에 출제될 수 있는 기본내용과 논증을 정리할 필요가 있다.

교과 내용 중 수리논술에 자주 출제되는 내용이 있는데 이런 내용은 체계적으로 준비할 필요가 있다. 특히, 교과과정에 나오는 논증(증명)은 반드시 정리할 필요가 있다. 이런 관점에 서 논증의 종류에 따른 문제와 교과 과정에서 반드시 숙지해야 할 논증에 대해서 다루어 놓았다.

(3) 출제자 의도를 파악하는 연습을 하자.

같은 내용으로 문제를 출제하였으나 해결 방향이 다른 다양한 문제를 수록하였다. 특히, 수험생들이 '내가 아는 문제가 출제되었을 때 과연 내가 알고 있는 내용을 물은 것인가? 아니면 같은 내용인데 해결 방향이 다른 것을 물은 것인가?'를 간과하는 경향이 있는데 이런 실수를 줄일 수 있도록 다양한 관점에서 문제를 수록하였다.

끝으로 오랜 기간 동안 수리논술 교재를 준비하는데 성원을 보내준 사랑하는 가족, 자료 정리에 도움을 준 후배 김태우 선생, 신환기 선생, 교재에 대해 아낌없는 조언을 준 제자들에게 감사의 마음을 전한다. 그리고 복잡한 수식 때문에 많은 어려움을 겪었을 "행복한나무" 출판사의 김경아 대표님과 출판사 식구들에게 감사의 마음을 전한다.

2019년 5월 어느 날 해운대에서

조영진

차례

대입수시전형,
수리논술로
승부하라

제1부

수리논술 만점을 위한
35가지 핵심 비법

제1장

점화식과 극한 정리

Ⅰ. 점화식의 유형

수능적 관점
- 기본 점화식
  - (1) $a_{n+2} - 2a_{n+1} + a_n = 0$
  - (2) $a_{n+1}^2 = a_{n+2} \cdot a_n$
  - (3) $a_{n+2} \cdot a_{n+1} - 2a_{n+2}a_n + a_{n+1} \cdot a_n = 0$
- 여러 가지 점화식
  - (1) $a_{n+1} - a_n = f(n)$
  - (2) $a_{n+1} = f(n)a_n$
  - (3) $a_{n+1} = pa_n + q\,(단, p \neq 0,\ 1,\ q \neq 0)$
  - (4) $pa_{n+2} + qa_{n+1} + ra_n = 0\,(단, p+q+r = 0)$
  - (5) 연립 점화식 (대칭형)

특수한 형태의 점화식
- (1) $pa_{n+2} + qa_{n+1} + ra_n = 0\,(단, p+q+r \neq 0)$
- (2) 연립 점화식 (비대칭형)
- (3) $a_{n+1} = pa_n + f(n)\ (단,\ p \neq 0,\ 1)$
- (4) $a_{n+1} = pa_n^q\ (단, q \neq 1)$
- (5) $a_{n+1} = \dfrac{ra_n}{pa_n + q}$
- (6) $a_{n+1} = \dfrac{ra_n + s}{pa_n + q}\ (단,\ r \neq 0,\ ps - qr \neq 0)$
- (7) $pa_na_{n+1} = qa_n - ra_{n+1}$
- (8) $(n+1)a_n = na_{n+1} + p$
- (9) $pa_{n+2} + qa_{n+1} + ra_n = s\,(단, p+q+r = 0,\ s \neq 0)$
- (10) $a_n + a_{n+1} = f(n), a_n + a_{n+1} + a_{n+2} = f(n)$

Ⅱ. 점화식과 극한

주어진 조건 → 점화식과 극한

↳ 유도가 핵심 (n번째 항 수열 a_n과 $n+1$번째 항 수열 a_{n+1}의 관계식 유도)

　　(3항 간의 관계식 유도)

점화식과 관련된 영역 ┌ (1) 수의 연산(상등)관련 → 비대칭 연립 점화식 관련

　　　　　　　　　　　 (2) 도형, 함수, 실생활과 관련 → 주로 일반 점화식 관련

　　　　　　　　　　　 (3) 삼각함수 관련 ┌ 반각 공식 관련 → 초월함수의 극한

　　　　　　　　　　　　　　　　　　　 └ $\tan$ 덧셈정리 관련 사이 각 문제

　　　　　　　　　　　 (4) 미분 관련 → 뉴턴의 근사식 관련

　　　　　　　　　　　 (5) 부분적분과 관련

　　　　　　　　　　　 └ (6) 확률과 점화식 관련

극한과 관련 ┌ 일반항 계산이 가능한 경우

　　　　　 ↳ ┌ (1) 일반 점화식 → a_n 계산 → $\lim\limits_{n \to \infty} a_n$ 계산

　　　　　　 └ (2) 특수 점화식 → b_n 계산 → a_n 계산 → $\lim\limits_{n \to \infty} a_n$ 계산

　　　　　　　　　　　　　　 ⇓

　　　　　　　　 주로 등비수열의 형태로 표현

　　　　　 └ 일반항 계산이 불가능한 경우

　　　　　　 ↳ ┌ (1) 수렴조건 (단조 수렴 정리: 제시문에서 주어진 경우)

　　　　　　　　 ↳ ┌ 증가수열 + 위로 유계 ┐ → 증명

　　　　　　　　　 └ 감소수열 + 아래로 유계 ┘　　↓

　　　　　　　　　　　　　　　　　　　 수학적 귀납법

　　　　　　　 (2) 부동점 이론 (부등식의 형태 ⋯ 등비수열 → 조임정리)

　　　　　　　　　 ↳ 평균값 정리와 관련하여 활용

　　　　　　　 (3) 그래프 관련 → $a_{n+1} = f(a_n)$ → 피가드의 근사근식

　　　　　　　 (거미줄 도형)　　　　　 ↓

　　　　　　　　　　　 ┌ $a_{n+1} \Leftrightarrow y = x$

　　　　　　　　　　　 └ $f(a_n) \Leftrightarrow y = f(x)$

　　　　　　 └ (4) 삼각함수 관련 → 초월함수의 극한 + 삼각함수 공식

[문제1] 다음 제시문을 읽고 물음에 답하시오.

(가) 수열 $\{a_n\}$, $\{b_n\}$이 $a_1 = 6$, $b_1 = -8$

$a_{n+1} = 7a_n + 3b_n$, $b_{n+1} = a_n + 5b_n$ ($n \geq 1$인 정수)

으로 정의된다.

(나) 비대칭 연립점화식 a, b, p, q, r, s는 상수, $n = 1, 2, 3, \cdots\cdots$이라 할 때, 두 개의 수열 $\{a_n\}$, $\{b_n\}$

이 다음과 같이 정의될 때

$$\begin{cases} a_1 = a \\ b_1 = b \end{cases} \begin{cases} a_{n+1} = pa_n + qb_n & \cdots\cdots ① \\ b_{n+1} = ra_n + sb_n & \cdots\cdots ② \end{cases}$$

3항간의 점화식으로 해결할 수도 있지만 등비수열이 되는 새로운 수열을 만들어서 푼다.

a_{n+1}과 b_{n+1}의 일차결합 $a_{n+1} + kb_{n+1}$(k는 상수)을 만들면

$$a_{n+1} + kb_{n+1} = (pa_n + qb_n) + k(ra_n + sb_n) = (p + kr)\left(a_n + \frac{q + ks}{p + kr}b_n\right)$$

여기서 $\dfrac{q + ks}{p + kr} = k$ 곧, $rk^2 + (p - s)k - q = 0 \cdots\cdots ③$ 의 두 근을 $k = \alpha$, β 라 하고, 이를 사용하면 수

열 $\{a_n + \alpha b_n\}$은 첫째 항 $a_1 + kb_1 = a + \alpha b$, 공비 $p + r\alpha$의 등비수열이 되므로

$$a_{n+1} + \alpha b_{n+1} = (a + \alpha b)(p + r\alpha)^n \cdots\cdots ④$$

1) $\alpha \neq \beta$: $\{a_n + \beta b_n\}$이 등비수열이므로 이와 같은 방법으로

$$a_{n+1} + \beta b_{n+1} = (a + \beta b)(p + r\beta)^n \cdots\cdots ⑤$$

④, ⑤를 이용하여 일반항을 구하면 된다.

2) $\alpha = \beta$: ④와 ①에서 b_{n+1}을 소거하면 $\{a_n\}$에 대해서는 $a_{n+1} = pa_n + r^n$ 에서 일반항을 구할 수 있다.

(논제1) 수열 $\{a_n + kb_n\}$이 등비수열이 되게 하는 상수 k의 값을 구하고, 수열 $\{a_n + kb_n\}$의 일반항을 구하여라.

(논제2) 수열 $\{a_n\}$, $\{b_n\}$의 일반항을 구하여라.

[문제2] 다음 제시문을 읽고 물음에 답하시오.

(가) 수학에서 귀류법은 증명하려는 명제의 결론이 부정이라는 것을 가정하였을 때 모순되는 가정이 나온 다는 것을 보여, 원래의 명제가 참인 것을 증명하는 방법이다. 귀류법은 유클리드가 2000년 전 소수의 무한함을 증명하기 위해 사용하였을 정도로 오래된 증명법이다.

(나) a, b, c, d가 유리수이고 $\sqrt{m}$ 이 무리수일 때 다음의 등식이 성립한다.

① $a + b\sqrt{m} = 0 \Leftrightarrow a = b = 0$

② $a + b\sqrt{m} = c + d\sqrt{m} \Leftrightarrow a = c, \ b = d$

(나) 비대칭 연립점화식 a, b, p, q, r, s는 상수, $n = 1, 2, 3, \cdots\cdots$ 이라 할 때, 두 개의 수열 $\{a_n\}, \{b_n\}$ 이 다음과 같이 정의될 때

$$\begin{cases} a_1 = a \\ b_1 = b \end{cases} \quad \begin{cases} a_{n+1} = pa_n + qb_n & \cdots\cdots ① \\ b_{n+1} = ra_n + sb_n & \cdots\cdots ② \end{cases}$$

3항간의 점화식으로 해결할 수도 있지만 등비수열이 되는 새로운 수열을 만들어서 푼다.

a_{n+1}과 b_{n+1}의 일차결합 $a_{n+1} + kb_{n+1}$ (k는 상수)을 만들면

$$a_{n+1} + kb_{n+1} = (pa_n + qb_n) + k(ra_n + sb_n) = (p + kr)\left(a_n + \frac{q + ks}{p + kr}b_n\right)$$

여기서 $\dfrac{q + ks}{p + kr} = k$ 곧, $rk^2 + (p - s)k - q = 0 \cdots\cdots ③$ 의 두 근을 $k = \alpha, \ \beta$ 라 하고, 이를 사용하면 수열 $\{a_n + \alpha b_n\}$은 첫째 항 $a_1 + kb_1 = a + \alpha b$, 공비 $p + r\alpha$의 등비수열이 되므로

$$a_{n+1} + \alpha b_{n+1} = (a + \alpha b)(p + r\alpha)^n \cdots\cdots ④$$

1) $\alpha \neq \beta$: $\{a_n + \beta b_n\}$ 이 등비수열이므로 이와 같은 방법으로

$$a_{n+1} + \beta b_{n+1} = (a + \beta b)(p + r\beta)^n \cdots\cdots ⑤$$

⑥, ⑦를 이용하여 일반항을 구하면 된다.

2) $\alpha = \beta$: ④와 ①에서 b_{n+1}을 소거하면 $\{a_n\}$ 에 대해서는 $a_{n+1} = pa_n + r^n$ 에서 일반항을 구할 수 있다.

(논제) 자연수 수열 $\{a_n\}, \{b_n\}$은 $(5 + \sqrt{2})^n = a_n + b_n\sqrt{2}$ $(n = 1, 2, 3, \cdots)$을 만족시킨다.

(논제1) $\sqrt{2}$ 는 무리수임을 증명하여라.

(논제2) a_{n+1}, b_{n+1} 을 a_n, b_n 을 이용해 나타내어라.

(논제3) 모든 자연수 n에 대해, $a_{n+1} + pb_{n+1} = q(a_n + pb_n)$이 성립되게 하는 상수 p, q를 두 쌍 구하여라.

(논제4) a_n, b_n 을 n을 이용해 나타내어라.

[문제3] 다음 제시문을 읽고 물음에 답하시오.

(가) 어떤 학생이 점화식으로 주어진 수열의 극한은 쉽게 결정할 수 있다고 생각하였다. 다음은 이 학생이 예를 들어 설명한 방법이다.

- 점화식 $a_1 = \dfrac{1}{3}$, $a_{n+1} = \dfrac{a_n}{2a_n + 1}$ $(n = 1, 2, 3, \cdots)$으로 주어진 수열 $\{a_n\}$이 수렴한다고 가정하고, 그 극한값을 α라 하자. $\displaystyle\lim_{n\to\infty} a_n = \lim_{n\to\infty} a_{n+1} = \alpha$이므로

$$\alpha = \lim_{n\to\infty} a_{n+1} = \lim_{n\to\infty} \frac{a_n}{2a_n + 1} = \frac{\displaystyle\lim_{n\to\infty} a_n}{2\displaystyle\lim_{n\to\infty} a_n + 1} = \frac{\alpha}{2\alpha + 1}$$ 이고, 따라서 $\alpha = 0$이다.

- 점화식 $b_1 = 2$, $b_{n+1} = \dfrac{b_n^2 + 1}{b_n - 1}$ $(n = 1, 2, 3, \cdots)$으로 주어진 수열 $\{b_n\}$이 수렴한다고 가정하고, 그 극한값을 β라 하자. $\displaystyle\lim_{n\to\infty} b_n = \lim_{n\to\infty} b_{n+1} = \beta$이므로

$$\beta = \lim_{n\to\infty} b_{n+1} = \lim_{n\to\infty} \frac{b_n^2 + 1}{b_n - 1} = \frac{\displaystyle\lim_{n\to\infty} b_n^2 + 1}{\displaystyle\lim_{n\to\infty} b_n - 1} = \frac{\beta^2 + 1}{\beta - 1}$$ 이고, 따라서 $\beta = -1$이다.

(나) 아래 그림에서 점 O로부터 화살표를 따라 점 P_n, Q_n $(n = 1, 2, 3, \cdots)$으로 갈 수 있는 경로의 수를 각각 x_n, y_n이라 하자.

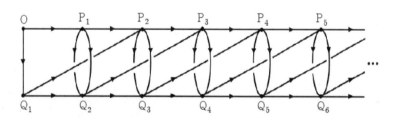

예를 들면, $x_1 = 1$, $x_2 = 2$, $x_3 = 5$, $y_1 = 1$, $y_2 = 3$, $y_3 = 7$이다.

(다) 위 (나)에서 주어진 수열 $\{x_n\}$, $\{y_n\}$에 대하여 수열 $\{z_n\}$은 $z_n = \dfrac{y_n}{x_n}$으로 정의된다.

(논제1) 제시문 (가)에서 주어진 수열 $\{a_n\}$, $\{b_n\}$이 실제로 α, β로 수렴하는지 판정하고, 이 학생이 제시한 방법이 타당한지 설명하시오.

(**논제2**) 제시문 (나)에 주어진 경로의 수 x_n, y_n에 대해 수열 $\{y_n + \sqrt{2}\,x_n\}$, $\{y_n - \sqrt{2}\,x_n\}$의 일반항을 구하시오.

(**논제3**) 제시문 (다)에 주어진 수열 $\{z_n\}$의 일반항을 구하시오. 이를 이용하여 이 수열의 극한값을 구하시오.

(**논제4**) (논제2)와 (논제3)의 과정을 관찰하면, 같은 방법으로 임의의 자연수 c에 대해 $\sqrt{c}$로 수렴하는 유리수들의 수열을 구할 수 있다. 이 방법으로 $\sqrt{5}$로 수렴하는 수열을 구했을 때, 이 수열의 첫 다섯 항을 구하시오.

[문제4] 다음 제시문과 그림을 참조하여 논제에 답하시오.

(가) 실수 m, n과 양의 실수 a, b에 대하여,

$$\sqrt{a}\sqrt{b}=\sqrt{ab},\ \sqrt{a^2 b}=a\sqrt{b},\ m\sqrt{a}+n\sqrt{a}=(m+n)\sqrt{a},\ m\sqrt{a}-n\sqrt{a}=(m-n)\sqrt{a}$$

이다. 유리수 k, l, s, t과 무리수 $\sqrt{q}$에 대하여 $k+l\sqrt{q}=s+t\sqrt{q}$이기 위한 필요충분조건은 $k=s$, $l=t$이다.

(나) 쌍곡선의 방정식

   (1) 두 초점 $F(c,0)$, $F'(-c,0)$으로부터 거리의 차가 $2a$ $(c>0, a>0)$인 쌍곡선의 방정식은

$$\frac{x^2}{a^2}-\frac{y^2}{b^2}=a\ (b^2=c^2-a^2)$$

   (2) 두 초점 $F(0,c)$, $F'(0,-c)$으로부터 거리의 차가 $2b$ $(c>0, b>0)$인 쌍곡선의 방정식은

$$\frac{x^2}{a^2}-\frac{y^2}{b^2}=-1\ (a^2=c^2-b^2)$$

   (1), (2)의 경우 점근선의 방정식은 $y=\pm\dfrac{b}{a}x$이다.

(다) 함수 $f:X\to Y$에서 정의역 X의 임의의 두 원소 x_1, x_2에 대하여 $x_1\ne x_2$이면 $f(x_1)\ne f(x_2)$일 때, 함수 f를 일대일 함수라고 한다. 특히 함수 $f:X\to Y$에서 (i) 치역과 공역이 같고 (ii) 함수 f가 일대일 함수 일 때, 이 함수 f를 일대일 대응이라고 한다.

(라) 처음 몇 개의 항과 이웃하는 여러 항 사이의 관계식으로 수열을 정의하는 것을 수열의 귀납적 정의라 한다. 모든 자연수 n에 대하여 명제 $p(n)$이 성립함을 증명하려면 다음 두 가지를 증명하면 된다.

   (i) $n=1$일 때, 명제 $p(n)$이 성립한다.

   (ii) $n=k$일 때, 명제 $p(n)$이 성립한다고 가정하면 $n=k+1$일 때도 명제 $p(n)$이 성립한다.

(마) 수열의 극한에 대한 기본 성질

   수열 $\{a_n\}$, $\{b_n\}$이 모두 수렴하고, $\lim\limits_{n\to\infty}a_n=\alpha$, $\lim\limits_{n\to\infty}b_n=\beta$일 때

   (1) $\lim\limits_{n\to\infty}ca_n=c\lim\limits_{n\to\infty}a_n=c\alpha$ (단, c는 상수)

   (2) $\lim\limits_{n\to\infty}(a_n+b_n)=\lim\limits_{n\to\infty}a_n+\lim\limits_{n\to\infty}b_n=\alpha+\beta$

   (3) $\lim\limits_{n\to\infty}(a_n-b_n)=\lim\limits_{n\to\infty}a_n-\lim\limits_{n\to\infty}b_n=\alpha-\beta$

   (4) $\lim\limits_{n\to\infty}a_n b_n=\lim\limits_{n\to\infty}a_n\cdot\lim\limits_{n\to\infty}b_n=\alpha\beta$

   (5) $\lim\limits_{n\to\infty}\dfrac{a_n}{b_n}=\dfrac{\lim\limits_{n\to\infty}a_n}{\lim\limits_{n\to\infty}b_n}=\dfrac{\alpha}{\beta}$ (단, $b_n\ne 0$, $\beta\ne 0$)

(**논제1**) 실수의 부분집합 $A = \{\, a = y + x\sqrt{3} \mid x, y$는 정수$\,\}$ 에 포함되는 임의의 원소 a, b 에 대하여 $a+b$ 와 ab 도 A 에 포함되며 A 의 각 원소 $a = y + x\sqrt{3}$ 에 대하여 $\bar{a} = y - x\sqrt{3}$ 이라 정의하면 $\bar{a}$ 도 A 에 포함된다. A 의 임의의 원소 a 와 $b = z + w\sqrt{3}$ 에 대하여 $\overline{(\bar{a})} = a$, $\overline{a+b} = \bar{a} + \bar{b}$, $\overline{a-b} = \bar{a} - \bar{b}$, $\overline{ab} = \bar{a}\,\bar{b}$ 임을 논술하시오.

(**논제2**) 쌍곡선 $y^2 - 3x^2 = 1$ 의 그래프 위의 점들 중 정수좌표를 가지는 점들의 집합을 $L = \{\, (x, y) \mid y^2 - 3x^2 = 1, x, y$는 정수$\,\}$ 이라 하고, (논제1)에서 정의한 집합 A 의 원소 a 중 $a\,\bar{a} = 1$ 을 만족하는 원소들로 이루어진 A 의 부분집합을 $B = \{\, a \mid a \in A, \, a\,\bar{a} = 1 \,\}$ 라 하자.

(1) $f(x, y) = y + x\sqrt{3}$ 으로 정의된 함수 $f : L \to B$ 가 L 과 B 사이의 일대일 대응 임을 논술하시오.

(2) B 의 임의의 원소 $a = y + x\sqrt{3}$ 와 $b = z + w\sqrt{3}$ 에 대하여 $\bar{a}$, ab 도 B 에 포함됨을 보이시오. 또한 임의의 자연수 n 에 대하여 a^n 도 B 에 포함됨을 논술하시오.

(3) $2 + \sqrt{3}$ 은 B 에 포함되고, (논제 2)의 (2)에 의하면, 임의의 자연수 n 에 대하여 $(2 + \sqrt{3})^n$ 도 B 에 포함된다. 따라서, $y_n + x_n\sqrt{3} = (2 + \sqrt{3})^n$ 이라 정의하면 (x_n, y_n) 은 쌍곡선 $y^2 - 3x^2 = 1$ 의 그래프 위의 제1사분면에 위치한 자연수 좌표점이다. 각 자연수 n 에 대하여 $a_n = \dfrac{y_n}{x_n}$ 이라 정의한 수열 $\{a_n\}$ 이 수렴할 때, 수렴 값 $\lim\limits_{n \to \infty} a_n = \alpha$ 를 구하고 이를 쌍곡선의 점근선과 관련지어 논술하시오.

[문제5] 제시문을 읽고 다음 물음에 답하라.

(가) 첫째 항 a_1과 둘째 항 a_2가 주어지고 $p+q+r=0$인 실수 p, q, r과 모든 자연수 n에 대하여 등식 $pa_{n+2}+qa_{n+1}+ra_n=0$을 만족하는 수열 $\{a_n\}$이 있을 때 $q=-p-r$을 주어진 식에 대입하고 정리하면 $p(a_{n+2}-a_{n+1})=r(a_{n+1}-a_n)$ 즉, 등식 $a_{n+2}-a_{n+1}=\dfrac{r}{p}(a_{n+1}-a_n)$을 만족하므로 $\{a_n\}$의 계차수열은 공비가 $\dfrac{r}{p}$인 등비수열이다. 이때 $a_{n+1}-a_n=b_n$이라 놓으면, $b_{n+1}=\dfrac{r}{p}b_n$, $b_1=a_2-a_1$이므로 모든 자연수 n에 대하여 $b_n=(a_2-a_1)\left(\dfrac{r}{p}\right)^{n-1}$이다. 그러므로 $n>1$에 대하여

$$a_n=a_1+\sum_{k=1}^{n-1}(a_2-a_1)\left(\frac{r}{p}\right)^{n-1}=a_1+\frac{(a_2-a_1)\left(1-\left(\frac{r}{p}\right)^{n-1}\right)}{1-\left(\frac{r}{p}\right)}$$ 이다.

(나) 수열 $\{a_n\}$이 $p+q+r\neq 0$인 실수 p, q, r과 모든 자연수 n에 대하여 $pa_{n+2}+qa_{n+1}+ra_n=0$을 만족하는 경우 $(a_{n+2}-\alpha a_{n+1})=\beta(a_{n+1}-\alpha a_n)$을 성립하게 하는 실수 α, β를 찾는다.

먼저 $\alpha=\beta$인 경우를 살펴보자. 예를 들어, 수열 $\{a_n\}$이 모든 자연수 n에 대하여 $a_{n+2}-4a_{n+1}+4a_n=0$을 만족할 때, 식 $(a_{n+2}-\alpha a_{n+1})=\beta(a_{n+1}-\alpha a_n)$으로부터 $\alpha+\beta=4$, $\alpha\beta=4$를 얻고 이를 풀면 $\alpha=\beta=2$를 얻는다. 이 경우 수열 $\{a_n\}$은 $(a_{n+2}-2a_{n+1})=2(a_{n+1}-2a_n)$을 만족한다.

이때 $a_{n+1}-2a_n=b_n$이라 놓으면, $b_{n+1}=2b_n$, $b_1=a_2-2a_1$이므로 $b_n=(a_2-2a_1)2^{n-1}$이고, 이로부터 수열의 일반항 a_n을 구할 수 있다. ①

α, β가 서로 다른 실수 $(\alpha\neq\beta)$인 경우에는 두 식 $(a_{n+2}-\alpha a_{n+1})=\beta(a_{n+1}-\alpha a_n)$과 $(a_{n+2}-\beta a_{n+1})=\alpha(a_{n+1}-\beta a_n)$이 모든 자연수 n에 대하여 성립하고, 이는 두 수열 $\{a_{n+1}-\alpha a_n\}$과 $\{a_{n+1}-\beta a_n\}$이 각각 공비가 β와 α인 등비수열 이라는 것을 의미한다. 따라서 모든 자연수 n에 대하여

$a_{n+1}-\alpha a_n=(a_2-\alpha a_1)\beta^{n-1}$

$a_{n+1}-\beta a_n=(a_2-\beta a_1)\alpha^{n-1}$이 성립하고,

이 두 개의 식 중 위의 식에서 아래의 식을 빼고 정리하면 수열의 일반항 a_n을 구할 수 있다.

(다) 두 개의 용기 A, B에 현재 적당한 양의 물이 들어있는데, 용기 A에 담긴 물의 양의 10%를 용기 B로 옮겨 담는 동시에 용기 B에 담긴 물의 양의 20%를 용기 A로 옮겨 담는 작업을 매 1분마다 지속적으로 반복한다. 즉 현재부터 매 1분마다 용기 A에는 담겨 있던 물의 10%가 빠져나가는 동시에 용기 B에 담겨져 있던 물의 20%가 들어오는 것이 반복된다. 이때 아주 오랜 시간이 지난 후 두 용기에 담긴 물의 양의 비율은 일정한 값으로 수렴한다.

(논제1) $p+q+r \neq 0$인 실수 p, q, r과 모든 자연수 n에 대하여 등식 $pa_{n+2}+qa_{n+1}+ra_n=0$을 만족하는 수열 $\{a_n\}$이 수렴할 때 $\lim\limits_{n \to \infty} a_n = 0$임을 설명하시오. 또한 $p+q+r=0$인 경우에도 $pa_{n+2}+qa_{n+1}+ra_n=0$을 만족하는 수열 $\{a_n\}$이 수렴할 때 항상 $\lim\limits_{n \to \infty} a_n = 0$이 성립하는가?

(논제2) 제시문 (나)의 밑줄 친 ①에서 언급한 수열에서 $a_1=1$, $a_2=4$일 때 일반항 a_n을 구하시오. 또한, 제시문 (나)를 참조하여 $a_1=1$, $a_2=4$ 그리고 모든 자연수 n에 대하여 $a_{n+2}-4a_{n+1}+3a_n=0$을 만족하는 수열 $\{a_n\}$의 일반항을 구하라.

(논제3) 제시문 (다)에서 아주 오랜 시간이 지난 후에 용기 A에 담긴 물의 양은 용기 B에 담긴 물의 양의 2배의 값으로 수렴함을 설명하라.

[문제6] 다음 제시문을 읽고 물음에 답하시오.

(가) $a_{n+1} = \dfrac{ra_n + s}{pa_n + q}$ (단, $r \neq 0$, $ps - qr \neq 0$)의 점화식은 다음과 같이 구할 수 있다.

주어진 조건에 의해 식을 변형하여 등비수열의 형태로 일반항을 계산한다.

(나) 일반적으로 첫째항에 차례로 일정한 수를 곱하여 각 항이 얻어질 때, 이 수열을 등비수열이라 하고, 그 일정한 수를 공비라고 한다. 수열 $\{a_n\}$이 첫째항이 a이고 공비가 r인 등비수열이라고 할 때, 제 n항 a_n과 제 $n+1$항 a_{n+1} 사이에는

$$a_{n+1} = ra_n \ (n = 1, 2, 3, \cdots)$$

과 같은 관계가 성립한다. 첫째항이 a, 공비가 r인 등비수열의 일반항 a_n은

$$a_n = ar^{n-1} \ (n = 1, 2, 3, \cdots)$$

(다) 무한등비수열의 수렴, 발산여부는 공비의 조건에 따라 판단한다.

(논제) 수열 $\{x_n\}$에서 $x_1 = 19$, $x_{n+1} = \dfrac{5x_n + 8}{x_n + 3}$ $(n = 1, 2, \cdots)$ 이라 한다. 다음 물음에 답하여라.

(논제1) $y_n = \dfrac{x_n + a}{x_n + b}$ $(n = 1, 2, \cdots)$ 인 수열 $\{y_n\}$이 등비수열이 되도록 a, b 값을 정하여라.

(단, $a < b$)

(논제2) 일반항 x_n 을 구하여라.

(논제3) $\displaystyle\lim_{n \to \infty} x_n$ 을 구하여라.

[문제7] 다음 제시문를 읽고 물음에 답하시오.

(가) 자연수 n에 대하여 명제 $P(n)$이 모든 자연수에 대하여 성립함을 증명하려면 다음 두 가지를 보이면 된다.

(i) $n = 1$일 때 명제 $P(n)$이 성립한다.

(ii) $n = k$일 때 명제 $P(n)$이 성립한다고 가정하면, $n = k+1$일 때에도 명제 $P(n)$이 성립한다.

이와 같은 증명을 수학적 귀납법이라 한다.

(나) $a_{n+1} = \dfrac{ra_n + s}{pa_n + q}$ (단, $r \neq 0$, $ps - qr \neq 0$)의 점화식은 다음과 같이 구할 수 있다.

특성 방정식 $x = \dfrac{rx + s}{px + q}$ 의 두 근을 α, β 라 하면,

① $\alpha \neq \beta$ 일 때, $a_{n+1} - \alpha$, $a_{n+1} - \beta$ 를 구한 후 변변 나누면,

$\dfrac{a_{n+1} - \alpha}{a_{n+1} - \beta} = (\text{상수}) \times \dfrac{a_n - \alpha}{a_n - \beta}$ 의 꼴이 되며, $b_n = \dfrac{a_n - \alpha}{a_n - \beta}$ 로 놓으면, 수열 $\{b_n\}$은 등비수열을 이루므로 b_n을 이용하여 a_n을 구한다.

② $\alpha = \beta$ 일 때, $a_{n+1} - \alpha$를 구한 후 변변 역수를 취하면,

$\dfrac{1}{a_{n+1} - \alpha} = \dfrac{1}{a_n - \alpha} + (\text{상수})$의 꼴이 되며, $b_n = \dfrac{1}{a_n - \alpha}$ 로 놓으면, 수열 $\{b_n\}$은 등차수열을 이루므로 b_n을 이용하여 a_n을 구한다.

(논제) 수열 $\{a_n\}$이 $a_1 = 1$, $a_{n+1} = \dfrac{7a_n - 1}{4a_n + 3}$ $(n = 1, 2, 3, \cdots)$ 를 만족한다고 하자.

(논제1) $n = 1, 2, 3, \cdots$ 에 대하여 $a_n > \dfrac{1}{2}$ 가 되는 것을 보여라.

(논제2) $b_n = \dfrac{2}{2a_n - 1}$ $(n = 1, 2, 3, \cdots)$ 로 정의될 때 수열 $\{b_n\}$의 일반항을 구하여라.

(논제3) 수열 $\{a_n\}$의 일반항을 구하여라.

[문제1] 다음 제시문을 읽고 물음에 답하시오.

(가) 자연수 n에 대하여 명제 $P(n)$이 모든 자연수에 대하여 성립함을 증명하려면 다음 두 가지를 보이면 된다.

(i) $n = 1$일 때 명제 $P(n)$이 성립한다.

(ii) $n = k$일 때 명제 $P(n)$이 성립한다고 가정하면, $n = k + 1$일 때에도 명제 $P(n)$이 성립한다.

이와 같은 증명을 수학적 귀납법이라 한다.

(나) 모든 자연수 n에 대하여, $a_{n+1} < a_n$이 성립하고, 실수 K가 존재하여 모든 자연수 n에 대하여 $a_n > K$이 성립하면 수열 $\{a_n\}$은 수렴한다.

(다) 부동점과 극한값이 같은 말이 아니지만 수열의 극한 문제에서는 대부분의 경우 부동점이 곧 극한값이기에 비슷하다. 부동점 이론은 일반항을 구할 수 없을 때, 초항 a_1과 점화식 $a_{n+1} = f(a_n)$이 주어지고 a_n의 추세를 구하는 문제이다. 수학에서 함수의 부동점은 함수에 의해 자신의 점에 대응되는 점을 의미한다. 다시 말해서, x가 함수 $f(x)$의 부동점이기 위한 필요충분조건은 $f(x) = x$이다.

부동점의 활용은 다음의 형식으로 이루어진다.

수열 $\{x_n\}$에 대해서 $f(x_n) = x_{n+1}$을 만족하는 함수 f를 찾자. 다음에 $f(x) = x$를 만족하는 x를 α라고 하자. 그리고 다음과 같이 식을 변형하자

$$|x_{n+1} - \alpha| = \left| \frac{x_{n+1} - \alpha}{x_n - \alpha} \right| |x_n - \alpha| = \left| \frac{f(x_n) - f(\alpha)}{x_n - \alpha} \right| |x_n - \alpha|$$

이때 평균값 정리를 적용하거나 식을 변형하여 $\left| \dfrac{x_{n+1} - \alpha}{x_n - \alpha} \right| < c < 1$임을 보일 수 있기 때문에

$|x_{n+1} - \alpha| < c^n |x_1 - \alpha|$와 같은 식이 성립하고 $\displaystyle\lim_{n \to \infty} x_n = \alpha$임을 보일 수 있다.

(라) 수열 $\{a_n\}$, $\{b_n\}$이 수렴하고 $\displaystyle\lim_{n \to \infty} a_n = \alpha$, $\displaystyle\lim_{n \to \infty} b_n = \beta$일 때, 수열 $\{c_n\}$이 모든 자연수 n에 대하여 $a_n \leq c_n \leq b_n$이고, $\alpha = \beta$이면 $\displaystyle\lim_{n \to \infty} c_n = \alpha$이다.

(논제) $a_0 > 2$, $a_n = \dfrac{1}{2}\left(a_{n-1} + \dfrac{4}{a_{n-1}}\right)$ $(n = 1, 2, 3, \cdots)$인 수열 $\{a_n\}$에 대하여, 다음을 증명하시오.

(논제1) $a_n > 2$

(논제2) $a_n < a_{n-1}$

(논제3) $a_n - 2 < \dfrac{1}{2}(a_{n-1} - 2)$

(논제4) $\displaystyle\lim_{n \to \infty} a_n$ 을 구하라.

[문제2] 다음 제시문을 읽고 물음에 답하시오.

(가) 자연수 n에 대하여 명제 $P(n)$이 모든 자연수에 대하여 성립함을 증명하려면 다음 두 가지를 보이면 된다.

(i) $n=1$일 때 명제 $P(n)$이 성립한다.

(ii) $n=k$일 때 명제 $P(n)$이 성립한다고 가정하면, $n=k+1$일 때에도 명제 $P(n)$이 성립한다.

이와 같은 증명을 수학적 귀납법이라 한다.

(나) 부동점과 극한값이 같은 말이 아니지만 수열의 극한 문제에서는 대부분의 경우 부동점이 곧 극한값이기에 비슷하다. 부동점 이론은 일반항을 구할 수 없을 때, 초항 a_1과 점화식 $a_{n+1}=f(a_n)$이 주어지고 a_n의 추세를 구하는 문제이다. 수학에서 함수의 부동점은 함수에 의해 자신의 점에 대응되는 점을 의미한다. 다시 말해서, x가 함수 $f(x)$의 부동점이기 위한 필요충분조건은 $f(x)=x$이다.

부동점의 활용은 다음의 형식으로 이루어진다.

수열 $\{x_n\}$에 대해서 $f(x_n)=x_{n+1}$을 만족하는 함수 f를 찾자. 다음에 $f(x)=x$를 만족하는 x를 α라고 하자. 그리고 다음과 같이 식을 변형하자.

$$|x_{n+1}-\alpha|=\left|\frac{x_{n+1}-\alpha}{x_n-\alpha}\right||x_n-\alpha|=\left|\frac{f(x_n)-f(\alpha)}{x_n-\alpha}\right||x_n-\alpha|$$

이때 평균값 정리를 적용하거나 식을 변형하여 $\left|\dfrac{x_{n+1}-\alpha}{x_n-\alpha}\right|<c<1$임을 보일 수 있기 때문에

$|x_{n+1}-\alpha|<c^n|x_1-\alpha|$ 와 같은 식이 성립하고 $\displaystyle\lim_{n\to\infty}x_n=\alpha$임을 보일 수 있다.

(다) 수열 $\{a_n\}$, $\{b_n\}$이 수렴하고 $\displaystyle\lim_{n\to\infty}a_n=\alpha$, $\displaystyle\lim_{n\to\infty}b_n=\beta$일 때, 수열 $\{c_n\}$이 모든 자연수 n에 대하여 $a_n\leq c_n\leq b_n$이고, $\alpha=\beta$이면 $\displaystyle\lim_{n\to\infty}c_n=\alpha$이다.

(논제) 수열 $\{a_n\}$이 다음과 같이 첫째항과 점화식으로 정의되어 있다.

$$a_1=c,\ a_{n+1}=\frac{3}{2}a_n-\frac{1}{2}a_n^2\ (n\geq 1)$$

단, c는 $0<c<1$인 상수이다. 다음 물음에 답하여라.

(논제1) 모든 n에 대하여 $c \le a_n < 1$임을 보여라.

(논제2) $1 - a_{n+1} \le \left(1 - \dfrac{c}{2}\right)(1 - a_n)$ $(n \ge 1)$임을 보여라.

(논제3) $\displaystyle \lim_{n \to \infty} a_n$을 구하여라.

[문제3] 다음 제시문을 읽고 물음에 답하시오.

(가) 수열 $\{a_n\}$에서 $a_1 = -6$, $a_{n+1} = \sqrt{a_n + 6}$ 으로 정의된다고 한다.

(나) 부동점과 극한값이 같은 말이 아니지만 수열의 극한 문제에서는 대부분의 경우 부동점이 곧 극한값이기에 비슷하다. 부동점 이론은 일반항을 구할 수 없을 때, 초항 a_1과 점화식 $a_{n+1} = f(a_n)$이 주어지고 a_n의 추세를 구하는 문제이다. 수학에서 함수의 부동점은 함수에 의해 자신의 점에 대응되는 점을 의미한다. 다시 말해서, x가 함수 $f(x)$의 부동점이기 위한 필요충분조건은 $f(x) = x$이다.

부동점의 활용은 다음의 형식으로 이루어진다.
수열 $\{x_n\}$에 대해서 $f(x_n) = x_{n+1}$을 만족하는 함수 f를 찾자. 다음에 $f(x) = x$를 만족하는 x를 α라고 하자. 그리고 다음과 같이 식을 변형하자.

$$|x_{n+1} - \alpha| = \left| \frac{x_{n+1} - \alpha}{x_n - \alpha} \right| |x_n - \alpha| = \left| \frac{f(x_n) - f(\alpha)}{x_n - \alpha} \right| |x_n - \alpha|$$

이때 평균값 정리를 적용하거나 식을 변형하여 $\left| \dfrac{x_{n+1} - \alpha}{x_n - \alpha} \right| < c < 1$임을 보일 수 있기 때문에

$|x_{n+1} - \alpha| < c^n |x_1 - \alpha|$ 와 같은 식이 성립하고 $\lim\limits_{n \to \infty} x_n = \alpha$임을 보일 수 있다.

(다) 수열 $\{a_n\}$, $\{b_n\}$이 수렴하고 $\lim\limits_{n \to \infty} a_n = \alpha$, $\lim\limits_{n \to \infty} b_n = \beta$일 때, 수열 $\{c_n\}$이 모든 자연수 n에 대하여 $a_n \le c_n \le b_n$이고, $\alpha = \beta$이면 $\lim\limits_{n \to \infty} c_n = \alpha$이다.

(논제1) 제시문 (가)에서 정의된 수열 a_n이 α에 수렴하면 $\alpha = 3$임을 보여라.

(논제2) $|a_{n+1} - 3| < \dfrac{1}{3}|a_n - 3|$ $(n \ge 2)$임을 증명하여라.

(논제3) $\lim\limits_{n \to \infty} a_n$을 구하여라.

[문제4] 다음 제시문을 읽고 물음에 답하시오.

(가) 수열 $\{a_n\}$을

$$a_1 = 1, \ a_{n+1} = \sqrt{\frac{3a_n + 4}{2a_n + 3}} \ (n = 1, 2, 3, \cdots) \text{으로 정한다.}$$

(나) 자연수 n에 대하여 명제 $P(n)$이 모든 자연수에 대하여 성립함을 증명하려면 다음 두 가지를 보이면 된다.

(i) $n = 1$일 때 명제 $P(n)$이 성립한다.

(ii) $n = k$일 때 명제 $P(n)$이 성립한다고 가정하면, $n = k+1$일 때에도 명제 $P(n)$이 성립한다.
이와 같은 증명을 수학적 귀납법이라 한다.

(다) 수열 $\{a_n\}$, $\{b_n\}$이 수렴하고 $\lim\limits_{n \to \infty} a_n = \alpha$, $\lim\limits_{n \to \infty} b_n = \beta$일 때, 수열 $\{c_n\}$이 모든 자연수 n에 대하여

$a_n \le c_n \le b_n$이고, $\alpha = \beta$이면 $\lim\limits_{n \to \infty} c_n = \alpha$이다.

(논제1) 제시문 (가)에서 $n \ge 2$의 경우, $a_n > 1$이 되는 것을 나타내어라.

(논제2) $\alpha^2 = \dfrac{3\alpha + 4}{2\alpha + 3}$를 충족 양의 실수 α를 구하여라.

(논제3) 모든 자연수 n에 대하여 $a_n < \alpha$가 되는 것을 보여라.

(논제4) $0 < r < 1$을 만족하는 실수 r에 대해, 부등식

$\dfrac{\alpha - a_{n+1}}{\alpha - a_n} \le r \ (n = 1, 2, 3, \cdots)$이 성립함을 나타내어라. 또한, 극한 $\lim\limits_{n \to \infty} a_n$를 구하여라.

[문제5] 다음 제시문을 읽고 물음에 답하시오.

(가) 다항함수 $P(x) = x^2 - 4$의 그래프 위의 점 $Q_0(3, P(3))$에서 그래프의 접선이 x축과 만나는 점의 x좌표를 a_1이라 하고, 점 $Q_1(a_1, P(a_1))$에서 그래프의 접선이 x축과 만나는 점의 x좌표를 a_2이라 하고, 점 $Q_2(a_2, P(a_2))$에서 그래프의 접선이 x축과 만나는 점의 x좌표를 a_3이라 하자. 이와 같은 방법으로, 자연수 n에 대하여, a_n이 주어졌을 때, 점 $Q_n(a_n, P(a_n))$에서 그래프의 접선이 x축과 만나는 점의 x좌표를 a_{n+1}이라 하자.

(나) 열린 구간 $(a, b)(a < b)$의 모든 원소 x에서 $P'(x) > 0$이 성립하는 다항함수 $P(x)$에 대하여, 원소 $y, z \in (a, b)$가 $y < z$를 만족하면 $P(y) < P(z)$가 성립한다.

(다) 모든 자연수 n에 대하여, $a_{n+1} < a_n$이 성립하고, 실수 K가 존재하여 모든 자연수 n에 대하여 $a_n > K$이 성립하면 수열 $\{a_n\}$은 수렴한다.

(라) 수렴하는 수열 $\{a_n\}$과 $\{b_n\}$에 대하여 $\lim\limits_{n \to \infty}(a_n + b_n) = \lim\limits_{n \to \infty}a_n + \lim\limits_{n \to \infty}b_n$이 성립하며,

$\lim\limits_{n \to \infty}a_n \neq 0$인 경우 $\lim\limits_{n \to \infty}\dfrac{b_n}{a_n} = \dfrac{\lim\limits_{n \to \infty}b_n}{\lim\limits_{n \to \infty}a_n}$이 성립한다.

(논제1) a_1을 구하고, 모든 자연수 n에 대하여 $a_{n+1} = a_n - \dfrac{P(a_n)}{P'(a_n)}$이 성립함에 관하여 논하시오.

(논제2) 수학적 귀납법에 의하여, 모든 자연수 n에 대하여 $a_n > K$이 성립하는 실수 K가 존재함에 관하여 논하고, 모든 자연수 n에 대하여, $a_{n+1} < a_n$이 성립함에 관하여 논하시오.

(논제3) 열린 구간 $(0, 3)$에서 $P(x) = 0$의 해는 하나만 존재함을 보이고, $\lim\limits_{n \to \infty}a_n = a$라 할 때, 그 해가 a임에 관하여 논하시오.

제2장

무한급수 관련

Ⅰ. 수렴급수와 발산급수

급수 $\displaystyle\sum_{k=1}^{\infty} a_k = a_1 + a_2 + a_3 + \cdots$ 의 n번째 부분합을 $S_n = \displaystyle\sum_{k=1}^{n} a_k$ 이라고 할 때 부분합이 이루는 수열 $\{S_n\}$ 이 수렴하면 급수 $\displaystyle\sum_{k=1}^{\infty} a_k$ 를 수렴급수(convergent series)라고 한다. 즉, 부분합이 이루는 수열 $\{S_n\}$ 이 어떤 고정된 유한한 수 S에 수렴하여 $\displaystyle\lim_{n \to \infty} S_n = S$ 와 같이 쓸 수 있으면 $\displaystyle\sum_{k=1}^{\infty} a_k$ 를 수렴급수 또는 급수 $\displaystyle\sum_{k=1}^{\infty} a_k$ 이 S로 수렴한다고 한다. 이때 S를 급수 $\displaystyle\sum_{k=1}^{\infty} a_k$ 의 합(sum)이라고 한다.

이 관계는 $\displaystyle\lim_{n \to \infty} S_n = \lim_{n \to \infty}\left(\sum_{k=1}^{n} a_k\right) = \sum_{k=1}^{\infty} a_k = S$ 와 같이 이해할 수 있다. 수렴급수가 아닌 급수를 발산급수(divergent series)라고 한다.

Ⅱ. 무한급수의 수렴여부 판단

급수의 수렴여부를 판정하는 방법은 여러 가지가 알려져 있다. 그러나 어떤 한 가지 방법으로 모든 급수의 수렴여부를 판정하는 것은 어려운 일이다. 또한 수렴여부의 판정이 수렴급수의 합에 대한 정보를 주는 것이 아니므로 수렴급수의 합을 구하는 것은 다른 문제이다. 일반적으로 수렴여부를 직접 판단할 수 있는 경우는 직접 판단하면 되고 수렴여부를 직접 판단할 수 없는 경우에 이용한다.

합의 직접 판단
여부
  ┌ O → 직접 판단
  └ X →
      ┌ 간접 판단이 가능한 경우
          ┌ 조임정리 이용
          │ 비교판정법(대소 관계 이용)
          │ 비율 판정법
          │ 거듭제곱근 판정법
          │ 교대급수의 경우
          └ 적분판정법
      └ 일반항이 계산되는 경우
          ┌ if)등비수열 → 공비이용 판단
          └ 명제 이용 (대우 명제)
          ($\displaystyle\lim_{n \to \infty} S_n$ 이 수렴하면 $\displaystyle\lim_{n \to \infty} a_n = 0$ 이다.)

[문제1] 다음 제시문을 읽고 물음에 답하여라.

(가) 수열, 미적분이나 함수에서 주로 쓰이는 도구로, 뉴턴과 라이프니츠는 굉장히 모호한 의미인 '어떤 수는 절대 아니지만 그 수에 한없이 접근한다.'는 개념을 들고 와서 미분과 적분을 정의하는 데 아주 요긴하게 쓰였다. n이 무한히 커지는 상황에서 a_n이 α에 한없이 가까워질 때, $\displaystyle\lim_{n\to\infty} a_n = \alpha$라 적으며, 이를 수열의 극한으로 삼는다.

(나) **[a_n과 S_n의 관계]**

수열 $\{a_n\}$의 첫째항 a_1부터 제n항 a_n까지의 합을 S_n이라고 하면

$a_1 = S_1,\ a_n = S_n - S_{n-1}\ (n = 2,\, 3,\, 4,\, \cdots)$

(다) **[비교판정법 (대소관계 이용)]**

$0 \le b_n \le a_n$일 때 $\displaystyle\sum_{n=1}^{\infty} a_n,\ \sum_{n=1}^{\infty} b_n$에서

1) $\displaystyle\sum_{n=1}^{\infty} a_n$이 수렴하면 $\displaystyle\sum_{n=1}^{\infty} b_n$도 수렴한다.

2) $\displaystyle\sum_{n=1}^{\infty} b_n$이 발산하면 $\displaystyle\sum_{n=1}^{\infty} a_n$도 발산한다.

(논제) $\displaystyle\sum_{n=1}^{\infty} a_n$이 수렴하면 $\displaystyle\lim_{n\to\infty} a_n = 0$ 이지만 $\displaystyle\lim_{n\to\infty} a_n = 0$ 이라고 해서 $\displaystyle\sum_{n=1}^{\infty} a_n$이 수렴한다고 할 수는 없다. 이를 증명하여라.

[문제2] 다음 제시문을 읽고 물음에 답하시오.

(가) 어떤 구간에서 부등식 $f(x) \geq 0$이 성립하는 것을 증명할 때에는 주어진 구간에서 함수 $y = f(x)$의 최솟값을 구하여 (최솟값) ≥ 0임을 보이면 된다. 또한, 어떤 구간에서 부등식 $f(x) \geq g(x)$가 성립하는 것을 증명할 때에는 $h(x) = f(x) - g(x)$라 하고, 주어진 구간에서 함수 $h(x)$의 최솟값을 구하여 (최솟값) ≥ 0임을 보이면 된다.

(나) [조임정리]

수열 $\{a_n\}$, $\{b_n\}$이 수렴하고 $\lim\limits_{n \to \infty} a_n = \alpha$, $\lim\limits_{n \to \infty} b_n = \beta$ 일 때, 수열 $\{c_n\}$이 모든 자연수 n에 대하여 $a_n \leq c_n \leq b_n$이고, $\alpha = \beta$이면 $\lim\limits_{n \to \infty} c_n = \alpha$이다.

(다) [무한급수와 정적분]

사각형의 넓이의 합인 구분구적법의 형태를 정적분으로 변환하는 과정을 무한급수와 정적분의 관계로 표현하고 있다. 사각형 넓이의 합에서

$$S = \lim_{n \to \infty} S_n = \lim_{n \to \infty} \sum_{k=1}^{n} f(x_k) \Delta x$$

일반적으로 함수 $f(x)$가 구간 $[a, b]$에서 연속이면 극한값 $\lim\limits_{n \to \infty} \sum\limits_{k=1}^{n} f(x_k) \Delta x$가 반드시 존재함이 알려져 있다. 이 극한값을 함수 $f(x)$의 a에서 b까지의 정적분이라 하고, 기호로 $\int_a^b f(x)dx$

와 같이 나타낸다.

(라) $\lim\limits_{x \to \infty} \dfrac{\ln x}{x} = 0$의 극한값은 필요하면 사용하여도 된다.

(논제) $P_n = \left\{ \left(1 + \dfrac{1}{\sqrt{1}}\right)\left(1 + \dfrac{1}{\sqrt{2}}\right) \cdots \left(1 + \dfrac{1}{\sqrt{n}}\right) \right\}^{\frac{1}{\sqrt{n}}}$ 이라 한다. 다음 물음에 답하여라.

(논제1) $x \geq 0$일 때, 다음을 증명하여라.

$x - \dfrac{1}{2}x^2 \leq \ln(1+x) \leq x + \dfrac{1}{2}x^2$

(논제2) $\lim\limits_{n \to \infty} \dfrac{1}{\sqrt{n}} \sum\limits_{k=1}^{n} \dfrac{1}{\sqrt{k}}$ 의 값을 구하여라.

(논제3) $\lim\limits_{n \to \infty} P_n$을 구하여라.

[문제3] 다음 제시문을 읽고 논제에 답하시오.

(가) 급수 $\sum_{n=1}^{\infty} \frac{1}{n^2} = \frac{1}{1^2} + \frac{1}{2^2} + \frac{1}{3^2} + \frac{1}{4^2} + \cdots$ 의 수렴여부를 알아보자. 다음 〈그림 1〉은 $y = \frac{1}{x^2}$ 과 그 곡선 아래에 있는 직사각형들의 합을 나타내고 있다. 각각의 사각형의 밑변의 길이는 1이고 높이는 그 구간의 오른쪽 끝점에서의 함숫값과 동일하다. 그러므로 이 직사각형들의 넓이를 모두 더하면

$\frac{1}{1^2} + \frac{1}{2^2} + \frac{1}{3^2} + \frac{1}{4^2} + \cdots = \sum_{n=1}^{\infty} \frac{1}{n^2}$ 가 된다. 맨 처음 직사각형을 제외하고 남아있는 직사각형들의 넓이의 합은 구간 $x \geq 1$ 이상에서 곡선 $y = \frac{1}{x^2}$ 의 아랫부분 넓이보다 작다. 곡선의 아랫부분의

넓이는 $\int_1^{\infty} \frac{1}{x^2} dx = 1$ (단, $\int_1^{\infty} \frac{1}{x^2} dx = \lim_{n \to \infty} \int_1^{n} \frac{1}{x^2} dx = 1$ 이다.)이므로 곡선 아랫부분의 모든

직사각형 넓이의 합은 2보다 작게 된다. 따라서 급수 $\sum_{n=1}^{\infty} \frac{1}{n^2} = \frac{1}{1^2} + \frac{1}{2^2} + \frac{1}{3^2} + \frac{1}{4^2} + \cdots$ 는 2보다

작은 값으로 수렴한다.

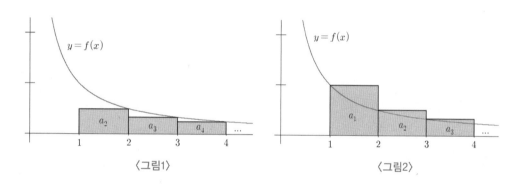

〈그림1〉　　　　　　　　〈그림2〉

한편, 급수 $\sum_{n=1}^{\infty} \frac{1}{\sqrt{n}} = \frac{1}{\sqrt{1}} + \frac{1}{\sqrt{2}} + \frac{1}{\sqrt{3}} + \frac{1}{\sqrt{4}} + \cdots$ 의 수렴여부를 알아보자. 이는 〈그림 2〉

의 곡선 $y = \frac{1}{\sqrt{x}}$ 위에 있는 직사각형들의 합을 나타내고 있다. 각각의 사각형의 밑변의 길이는 1이고 높이는 그 구간의 왼쪽 끝점에서의 함숫값과 동일하다. 그러므로 이 직사각형들의 넓이를 모두 더하면 $\frac{1}{\sqrt{1}} + \frac{1}{\sqrt{2}} + \frac{1}{\sqrt{3}} + \frac{1}{\sqrt{4}} + \cdots = \sum_{n=1}^{\infty} \frac{1}{\sqrt{n}}$ 가 된다. 직사각형들의 넓이의 합은 구간

$x \geq 1$ 이상에서 곡선 $y = \frac{1}{\sqrt{x}}$ 의 아랫부분 넓이보다 크다. 그리고 곡선의 아랫부분의 넓이는

$\int_1^{\infty} \frac{1}{\sqrt{x}} dx$ 인데 이 값은 무한대로 발산한다. 따라서 이 값보다 직사각형의 넓이의 합이 더 크기 때문에 이 급수의 합은 무한대로 발산한다. 이와 같은 방법으로 급수의 수렴여부를 판정하는 방법을 적분판정법이라고 한다.

(나) 무한급수의 수렴 또는 발산 여부를 판정하는 방법 중 주어진 급수와 이미 알고 있는 수렴하는 무한급수나 발산하는 무한급수와 비교하여 수렴여부를 판정하는 방법을 비교판정법이라 한다. 양항급수

(i) $a_1 + a_2 + a_3 + \cdots + a_n + \cdots$

(ii) $u_1 + u_2 + u_3 + \cdots + u_n + \cdots$

가 주어졌을 때, 급수 (i)이 A에 수렴하고 $u_n \leq a_n$ (단, $n = 1, 2, 3, \cdots$)를 만족하면 (ii)는 수렴한다. 예를 들어 급수 $\displaystyle\sum_{n=1}^{\infty} \frac{1}{2^n + 1}$가 수렴함을 위의 비교판정법을 이용하여 알아보자. 기하급수

$\displaystyle\sum_{n=1}^{\infty} \frac{1}{2^n}$의 값은 $\displaystyle\sum_{n=1}^{\infty} \frac{1}{2^n} = \frac{\frac{1}{2}}{1 - \frac{1}{2}} = 1$로 수렴한다. 그리고 $\dfrac{1}{2^n + 1} < \dfrac{1}{2^n}$ $(n = 1, 2, 3, \cdots)$을 만

족하므로 비교판정법에 의해 급수 $\displaystyle\sum_{n=1}^{\infty} \frac{1}{2^n + 1}$도 수렴한다고 할 수 있다.

(다) 비판정법은 양항급수 $\displaystyle\sum_{n=1}^{\infty} a_n$에서 $\displaystyle\lim_{n \to \infty} \frac{a_{n+1}}{a_n} = R$이 된다고 할 때 R의 값에 따라 아래와 같이 수렴성이 달라진다.

(i) $R < 1$일 때, 급수는 수렴한다.

(ii) $R > 1$ 또는 $\displaystyle\lim_{n \to \infty} \frac{a_{n+1}}{a_n} = \infty$일 때, 이 급수는 발산한다.

(iii) $R = 1$일 때, 비판정법으로는 판정할 수 없다.

(라) 양의 항과 음의 항이 교대로 나타나는 급수를 교대급수라 하는데 $a_1, a_2, \cdots$가 양수일 때 $a_1 \geq a_2 \geq a_3 \geq \cdots$ 이고 $\displaystyle\lim_{n \to \infty} a_n = 0$이면 교대급수 $a_1 - a_2 + a_3 + \cdots - a_n + a_{n+1} \cdots$는 수렴한다.

(마) $a_0, a_1, a_2, a_3, \cdots, a_n, \cdots$은 상수이고, x가 변수일 때,

무한급수 $\displaystyle\sum_{n=0}^{\infty} a_n x^n = a_0 + a_1 x + a_2 x^2 + \cdots + a_n x^n + \cdots$를 x의 멱급수라고 한다. $\displaystyle\sum_{n=0}^{\infty} a_n x^n$이 $x = x_1 (x_1 \neq 0)$에서 수렴하면, $|x| < |x_1|$ 인 모든 x에 대하여 멱급수가 수렴하고, $x = x_1$에서 발산하면 $|x| > |x_1|$ 인 모든 x에 대하여 발산한다. 주어진 멱급수 $\displaystyle\sum_{n=0}^{\infty} a_n x^n$이 수렴하는 모든 x의 구간을 이 멱급수의 수렴구간이라고 한다.

(논제1) 임의의 실수 p값에 대하여 급수 $\displaystyle\sum_{n=1}^{\infty} \frac{1}{n^p}$의 수렴성(수렴 또는 발산)을 조사해 보고, 급수

$\displaystyle\sum_{n=4}^{\infty} \frac{\ln n}{n}$의 수렴성을 적분판정법과 비교판정법을 이용하여 설명하시오.

(논제2) 비판정법을 이용하여 급수 $\displaystyle\sum_{n=1}^{\infty} \frac{1}{(2n-1)(2n+1)}$ 의 수렴, 발산을 판정하고, 만약 수렴, 발산을

판정할 수 없다면 제시문의 다른 방법을 이용하여 설명하시오.

(논제3) 다음 급수의 수렴 구간을 구하시오.

$$1 + \frac{1}{2 \cdot 2}x + \frac{1}{3 \cdot 4}x^2 + \cdots + \frac{1}{(n+1) \cdot 2^n}x^n + \cdots$$

[문제1] 다음 제시문를 읽고 물음에 답하시오.

(가) 첫째항이 a, 공비가 $r(r \neq 1$ 일 때)인 등비수열의 첫째항부터 제 n 항까지의 합은

$$a + ar + ar^2 + \cdots + ar^{n-1} = \frac{a(1-r^n)}{1-r} = \frac{a(r^n-1)}{r-1}$$

(나) 방정식에서 $f(x) = g(x)$ 이면 적분에서 다음의 관계식이 성립한다.

$$\int_0^x f(x)dx = \int_0^x g(x)dx$$

(다) 수열 $\{a_n\}$, $\{b_n\}$ 이 수렴하고 $\lim_{n \to \infty} a_n = \alpha$, $\lim_{n \to \infty} b_n = \beta$ 일 때, 수열 $\{c_n\}$ 이 모든 자연수 n 에 대하여

$a_n \leq c_n \leq b_n$ 이고, $\alpha = \beta$ 이면 $\lim_{n \to \infty} c_n = \alpha$ 이다.

(논제) $a_n = 1 - \frac{1}{2} + \frac{1}{3} - \frac{1}{4} + \cdots + (-1)^{n-1}\frac{1}{n}$ 에 대하여 다음 물음에 답하여라.

(논제1) $\displaystyle\int_0^1 \frac{1 - (-1)^n x^n}{1+x}dx = a_n$ 임을 보여라.

(논제2) $\displaystyle\int_0^1 \frac{x^n}{1+x}\, dx \leq \frac{1}{n+1}$ 임을 보여라.

(논제3) $\displaystyle\lim_{n \to \infty} a_n$ 을 구하여라.

[문제2] 다음 제시문을 읽고 물음에 답하시오.

(가) 닫힌 구간 $[a, b]$에서 연속이고 열린 구간 (a, b)에서 미분 가능한 함수 f가 구간 (a, b)에 속하는 모든 x에 대하여, $f'(x) < 0$이면 함수 f는 구간 $[a, b]$에서 감소함수이다.

(나) 일반적으로 함수의 대소 관계를 판단할 때에는 기울기, 볼록성, 넓이 등을 비교하여 판단하는 경우가 많다. 특히, 정적분의 부등식에는 넓이와 관련되어 구할 수 있는 경우가 많다.

(다) 대소 비교에 있어서 곡선의 넓이와 사각형의 넓이의 합을 비교하여 부등식을 판단할 수 있다. 특히, 이 경우에는 그래프의 개형을 명확히 나타내어야 한다.

(논제1) 함수 $y = \dfrac{1}{x(\ln x)^2}$ 은 $x > 1$에서 단조감소 하는 것을 보여라.

(논제2) 부정적분 $\displaystyle\int \dfrac{1}{x(\ln x)^2} dx$를 구하여라.

(논제3) n을 3이상의 정수로 할 때, 부등식 $\displaystyle\sum_{k=3}^{n} \dfrac{1}{k(\ln k)^2} < \dfrac{1}{\ln 2}$ 가 성립함을 표시하여라.

[문제3] 다음 제시문을 읽고 물음에 답하시오.

(가) 일반적으로 함수의 대소 관계를 판단할 때에는 기울기, 볼록성, 넓이 등을 비교하여 판단하는 경우가 많다. 특히, 정적분의 부등식에는 넓이와 관련되어 구할 수 있는 경우가 많다.

(나) 대소 비교에 있어서 곡선의 넓이와 사각형의 넓이의 합을 비교하여 부등식을 판단할 수 있다. 특히, 이 경우에는 그래프의 개형을 명확히 나타내어야 한다.

(다) 분수함수 $y = \dfrac{1}{x}$ 의 그래프의 개형은 아래 그림과 같다.

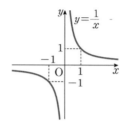

(논제1) 자연수 n에 대하여 $\displaystyle\int_{n}^{n+1} \dfrac{1}{x}\,dx$를 구하라. 또한, $\dfrac{1}{n+1} < \ln(n+1) - \ln n < \dfrac{1}{n}$ 을 보여라.

(논제2) 2 이상의 자연수 n에 대해 $\ln(n+1) < \displaystyle\sum_{k=1}^{n} \dfrac{1}{k} < 1 + \ln n$ 을 보여라.

(논제3) 2 이상의 자연수 n에 대해 $\displaystyle\sum_{k=1}^{n} \dfrac{1}{ee^{\frac{1}{2}}e^{\frac{1}{3}} \cdots e^{\frac{1}{k}}} > \dfrac{1}{e}\ln(n+1)$를 보여라.

[문제4] 다음 제시문을 읽고 물음에 답하시오.

(가) $a_n = \int_0^1 \frac{(1-x)^{n-1}}{(n-1)!} e^x \, dx \ (n=1, 2, 3, \cdots)$ 라고 놓는다. 또한, $0 \le x \le 1$일 때 $0 < e^x \le e$ 의 관계가 성립한다.

(나) [조임정리]

수열 $\{a_n\}$, $\{b_n\}$이 수렴하고 $\lim_{n \to \infty} a_n = \alpha$, $\lim_{n \to \infty} b_n = \beta$일 때, 수열 $\{c_n\}$이 모든 자연수 n에 대하여 $a_n \le c_n \le b_n$이고, $\alpha = \beta$이면 $\lim_{n \to \infty} c_n = \alpha$이다.

(논제1) 제시문 (가)의 조건에서 $0 < a_n < \frac{e}{n!} \ (n=1, 2, 3, \cdots)$ 임을 보여라.

(논제2) $a_n - a_{n-1} \ (n \ge 2)$을 조사하여 a_n을 구하여라.

(논제3) $1 + \frac{1}{1!} + \frac{1}{2!} + \frac{1}{3!} + \cdots$ 의 합을 구하여라.

[문제5] 다음 제시문을 읽고 물음에 답하시오.

(가) **[조임정리]**

조임정리는 함수의 극한에 관한 정리이다. 이 정리에 따르면, 두 함수가 어떤 점에서 같은 극한을 갖고, 어떤 함수가 두 함수 사이에서 값을 가지면, 그 함수도 똑같은 값의 극한을 가진다.

"함수 f, g, h에 대하여, a에 충분히 가까운 모든 x에 대해 $f(x) \leq h(x) \leq g(x)$이고 $\lim_{x \to a} f(x) = \lim_{x \to a} g(x) = L$ 이면, $\lim_{x \to a} h(x) = L$ 이다."

(나) 함수 $f : \mathbb{R} \to \mathbb{R}$가 어떤 양의 상수 p와 임의의 실수 x에 대하여 $f(x+p) = f(x)$를 만족하면, 함수 $f(x)$를 주기함수라고 한다.

상수함수가 아닌 주기함수는 임의의 실수 x에 대하여 $f(x+p) = f(x)$를 만족하는 양의 실수 p 중 최소의 양의 실수가 존재하는데, 이를 함수 $f(x)$의 주기라고 한다.

(다) **[비교판정법 (대소 관계 이용)]**

$0 \leq b_n \leq a_n$일 때 $\sum_{n=1}^{\infty} a_n$, $\sum_{n=1}^{\infty} b_n$에서 다음의 명제가 성립한다.

1) $\sum_{n=1}^{\infty} a_n$이 수렴하면 $\sum_{n=1}^{\infty} b_n$도 수렴한다.

2) $\sum_{n=1}^{\infty} b_n$이 발산하면 $\sum_{n=1}^{\infty} a_n$도 발산한다.

(논제) 양수 x에 관하여 $f(x) = \dfrac{1}{x} \sin \dfrac{\pi}{x}$ 이고, 양의 정수 n에 관하여 $a_n = \displaystyle\int_{\frac{1}{n+1}}^{\frac{1}{n}} |f(x)| \, dx$로 나타낸다. 다음 물음에 답하여라.

(논제1) $a_n \geq \dfrac{1}{n+1} \displaystyle\int_{n}^{n+1} |\sin \pi x| \, dx$ 를 보여라.

(논제2) $\displaystyle\lim_{n \to \infty} a_n = 0$ 임을 보여라.

(논제3) $1 + \dfrac{1}{2} + \dfrac{1}{3} + \cdots + \dfrac{1}{n} + \cdots$ 이 발산하는 것을 이용하여 $a_1 + a_2 + a_3 + \cdots + a_n + \cdots$ 이 발산하는 것을 보여라.

[문제6] 다음 물음에 답하여라.

(논제1) 함수 $f(x) = \dfrac{\ln x}{x}$ 의 그래프를 이용하여, 다음 부등식이 성립함을 보여라.

$$\int_2^3 \frac{\ln x}{x}\, dx < \frac{1}{e}$$

(논제2) n이 3 이상의 자연수일 때, 다음 부등식이 성립함을 보여라.

$$\frac{(\ln n)^2}{2} < \ln\left(2^{\frac{1}{2}} 3^{\frac{1}{3}} 4^{\frac{1}{4}} \cdots\cdots n^{\frac{1}{n}}\right) + \frac{1}{e}$$

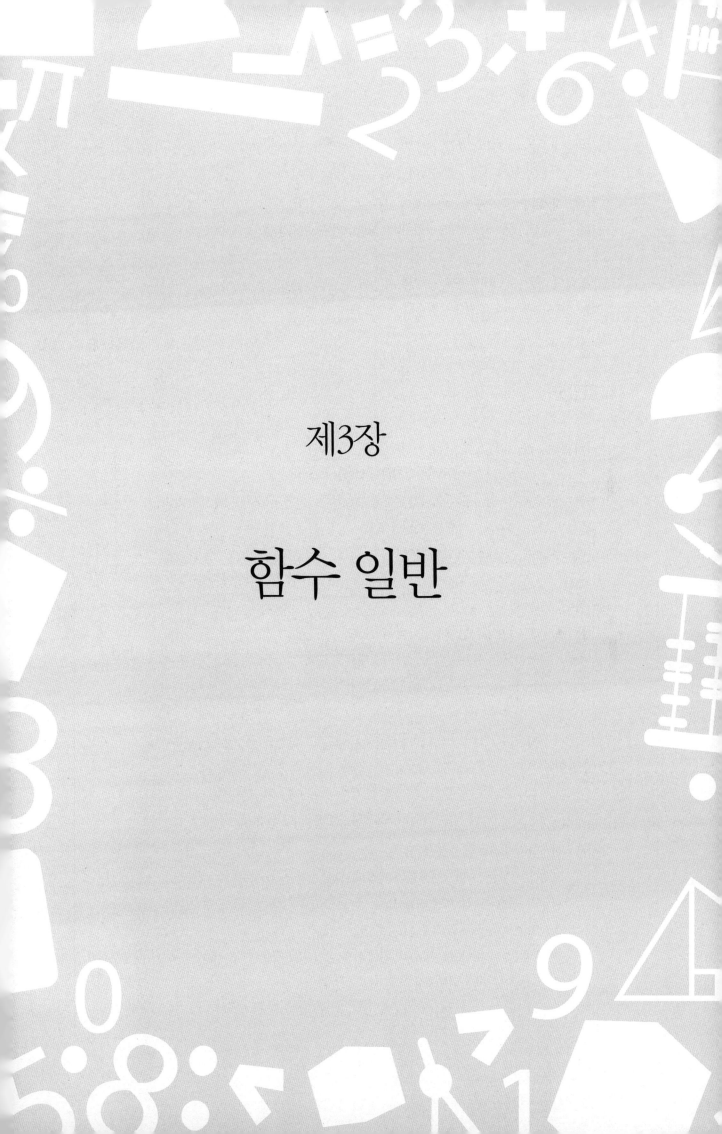

제3장

함수 일반

1. 일대일 함수

(1) 식의 표현 : $x_1 \neq x_2$이면 $f(x_1) \neq f(x_2)$.

               (변형) $f(x_1) = f(x_2)$ 이면 $x_1 = x_2$.

(2) 그래프상 의미 : 증가와 감소의 변형이 없음

(3) 활용 … 순열, 미분에서 그래프상의 의미, 역함수의 존재 조건 등

(cf) 일대일 대응 ← 일대일 함수 + 공역 = 치역

            ↳ 일대일 대응은 일대일 함수의 특수한 형태

2. 역함수

(1) 식의 표현 : $f(x)$와 $g(x)$가 역함수 관계일 때

               $\Rightarrow f(g(x)) = x$ (역은 성립하지 않음)

(2) 역함수 존재 조건 : 함수 $y = f(x)$가 일대일 대응

                    ↳ 미분, 순열에 활용

(3) 그래프상 의미 : 직선 $y = x$에 대하여 대칭

                 ↳ 넓이, 무한급수와 정적분, 지수와 로그 함수에 활용

(4) 역함수 구하는 법

  ① 함수 $y = f(x)$가 일대일 대응인가를 확인한다.

  ② $y = f(x)$에서 x, y를 바꾸어 $x = f(y)$형태로 고친다.

  ③ $x = f(y)$를 정리하여 $y = g(x)$형태로 고친다.

3. 합성함수

(1) 식의 표현 : $(g \circ f)(x) = g(f(x))$ (일반적으로 $g \circ f \neq f \circ g$이다.)

(2) 활용 : 합성함수 그래프 해석 문제

        조합(분배관련 → 합성해서 자기 자신)

        함수의 극한(연속성, 미분 가능성)

        합성함수 미분법, 치환 적분

       ☞ 주의 : 범위가 한정된 경우 (범위에 따라 식이 다른 경우)

         ↳ 규칙성 판단, 적분에서 응용

4. 주기함수

(1) 식의 표현 ┌ 기본 : $f(x) = f(x+p)$ → 주기가 p이다.

　　　　　　└ 변형 : $f(x+a) = f(x+b)$ → 주기가 $b-a$이다.

(2) 그래프상 의미 ⋯ 일정한 모양이 규칙적으로 반복

　　　　↳ 일반적으로 주기함수는 대칭함수와 연결되어 출제

(3) 활용 ⋯ 삼각함수, 함수의 극한, 미분법, 적분법 등

5. 대칭함수

(1) 선대칭 함수

　1) 선대칭 함수식

　　기본 : $f(a-x) = f(a+x)$ → 직선 $x = a$에 대하여 대칭이다.

　　변형 : $f(a-x) = f(b+x)$ → 직선 $x = \dfrac{a+b}{2}$에 대칭이다.

　2) 그래프상 의미 ⋯ y축에 평행한 직선에 대칭

　3) 활용 ⋯ 지수 로그함수 분석, 함수의 극한, 미분법, 적분법 등

(2) 점대칭

　1) 점대칭 함수식

　　기본 : $f(a-x) = -f(a+x)$ → 점 $(a, \ 0)$에 대하여 대칭이다.

　　변형 : $f(a-x) = -f(b+x) + c$는 $f(a-x) + f(b+x) = c$

　　　　　→ 점 $\left(\dfrac{a+b}{2}, \dfrac{c}{2} \right)$에 대하여 대칭이다.

　2) 그래프상 의미 ⋯ 특정한 점에 대하여 대칭

　3) 활용 ⋯ 적분법 (점대칭은 적분과 관련하여 활용)

6. 우함수, 기함수 (대칭함수의 일종)

(1) 우함수

    1) 식의표현 : $f(-x) = f(x)$

    2) 그래프상 의미 ⋯ y 축 대칭

                    ↳ 선대칭 함수의 일종

    3) 활용 ⋯ 삼각함수, 지수함수, 적분법 등

(2) 기함수

    1) 식의 표현 : $f(-x) = -f(x)$

    2) 그래프상 의미 ⋯ 원점 대칭

                    ↳ 점대칭 함수의 일종

    3) 활용 ⋯ 삼각함수, 지수함수, 적분법 등

7. 증가함수, 감소함수

(1) 증가함수

    1) 식의표현 : $x_1 > x_2$이면 $f(x_1) > f(x_2)$이 성립

          ↳ 변형 : $(x_2 - x_1)(f(x_2) - f(x_1)) > 0$이 성립

    2) 활용 : 지수 로그함수 개형, 일반조합 , 미분법 등

(2) 감소함수

    1) 식의표현 : $x_1 > x_2$이면 $f(x_1) < f(x_2)$이 성립

          ↳ 변형 : $(x_2 - x_1)(f(x_2) - f(x_1)) < 0$이 성립

    2) 활용 : 지수 로그함수 개형, 일반조합 , 미분법 등

8. 아래로 볼록, 위로 볼록

(1) 위로 볼록

1) 식의 표현 : $f\left(\dfrac{na+mb}{m+n}\right) > \dfrac{nf(a)+mf(b)}{m+n}$ (m, n은 서로 다른 실수)

    ↳ 변형 : 만약 $m=t$, $n=1-t$라 두면

      $f((1-t)a+tb) > (1-t)f(a)+tf(b)$

 $f''(x) \le 0$

 $a < b$이면 $f'(a) > \dfrac{f(b)-f(a)}{b-a} > f'(b)$

   ↳ 변형 : $f(b) < f'(a)(b-a)+f(a)$

 $a < b$이면 $\dfrac{f'(a)}{f'(b)} > 1$

 $\displaystyle\int_a^b f(x)dx > \dfrac{b-a}{2}\{f(a)+f(b)\}$

   ↳ 변형 : $\dfrac{1}{b-a}\displaystyle\int_a^b f(x)dx > \dfrac{f(a)+f(b)}{2}$

2) 활용 : 지수 로그함수, 이계도함수, 그래프 개형 등

(2) 아래로 볼록

1) 식의 표현 : $f\left(\dfrac{na+mb}{m+n}\right) < \dfrac{nf(a)+mf(b)}{m+n}$ (m, n은 서로 다른 실수)

    ↳ 변형 : 만약 $m=t$, $n=1-t$라 두면

      $f((1-t)a+tb) < (1-t)f(a)+tf(b)$

 $f''(x) \ge 0$

 $a < b$이면 $f'(a) < \dfrac{f(b)-f(a)}{b-a} < f'(b)$

   ↳ 변형 : $f(b) > f'(a)(b-a)+f(a)$

 $a < b$이면 $\dfrac{f'(a)}{f'(b)} < 1$

 $\displaystyle\int_a^b f(x)dx < \dfrac{b-a}{2}\{f(a)+f(b)\}$

   ↳ 변형 : $\dfrac{1}{b-a}\displaystyle\int_a^b f(x)dx < \dfrac{f(a)+f(b)}{2}$

2) 활용 : 지수 로그함수, 이계도함수, 그래프 개형 등

9. 특이함수

(1) *Gauss* 함수

가우스함수는 특정 영역을 제외하고 식의 의미를 파악하는 문제이므로 계산으로 접근하면 해결이 어려울 수 있음

↳ 약수/배수, 지표/가수, *graph* 관련, 함수의 극한, 미분, 적분 등

(2) 삼각함수

주기함수의 일종

(3) 지수함수, 로그함수

1) 지수함수

↳ 식의 표현 ⋯ $f(a+b) = f(a)f(b)$

2) 로그함수

↳ 식의 표현 ⋯ $f(ab) = f(a) + f(b)$

(4) 음함수, 양함수

1) 음함수 ⋯ 식의표현 : $f(x,y) = 0$

↳ 활용 : 음함수 미분법과 관련

2) 양함수 ⋯ 식의표현 : $y = f(x)$

(5) 확률 질량함수, 확률 밀도함수

↳ 통계에서 확률의 합이 1이 됨을 만족

(6) 매개함수

↳ 매개함수 미분법과 관련 → 특히, 삼각함수와 관련하여 *cycloid, astroid* 등

(7) 연속함수, 불연속함수

↳ 연속의 정의를 만족하는지 여부에 따라 분류

(8) 미분 가능한 함수, 미분 불가능한 함수

↳ $f'(a) = \lim_{h \to 0} \dfrac{f(a+h) - f(a)}{h}$ 의 값이 존재하는지 여부에 따라 분류

(9) 수열 : 자연수 전체를 정의역으로 하는 함수

[문제1] 다음 제시문을 읽고 물음에 답하여라.

(가) **[함수의 연속]**

함수 $y = f(x)$가 실수 a에 대하여

(i) $f(x)$는 $x = a$에서 정의되어 있고,

(ii) $x = a$에서의 우극한 $\lim\limits_{x \to a+0} f(x)$와 좌극한 $\lim\limits_{x \to a-0} f(x)$이 존재하고

(iii) $\lim\limits_{x \to a+0} f(x) = \lim\limits_{x \to a-0} f(x) = f(a)$

일 때 $f(x)$는 $x = a$에서 연속이라 한다. $\lim\limits_{x \to a} f(x) = f(a)$를 만족할 때 $x = a$에서 연속이다

(나) **[미분 가능]**

함수 $y = f(x)$가 실수 a에 대하여, 함수 $\dfrac{f(x) - f(a)}{x - a}$의 $x = a$에서 우극한과 좌극한이 존재하고 그 두 값이 같을 때, $f(x)$는 $x = a$에서 미분 가능하다고 한다.

(다) **[우함수/ 기함수]**

함수가 $f(-x) = f(x)$를 만족할 때, 우함수라 정의하고 이는 y축에 대칭을 의미하며, $f(-x) = -f(x)$를 만족할 때, 기함수라 정의하며, 이는 원점대칭을 의미한다.

(라) **[도함수의 정의]**

함수 $f(x)$가 주어질 때, 함수의 정의역에 속하는 각각의 x의 값에 미분계수가 하나씩 대응되는 함수를 말하며 다음과 같이 표현된다.

$$f'(x) = \lim_{h \to 0} \frac{f(x+h) - f(x)}{h}$$

(논제) 다음을 증명하여라.

(논제1) $f(x)$가 $x = a$에서 미분 가능하면 $f(x)$는 $x = a$에서 연속이다.

(논제2) $f(x)$가 미분 가능한 우함수일 때, $f'(x)$는 기함수이다.

[문제2] 다음 제시문을 읽고 물음에 답하여라.

(가) **[정적분과 미분의 관계]**

함수 $f(x)$가 닫힌 구간 $[a, b]$에서 연속일 때, 함수 $F(x)$를

$F(x) = \displaystyle\int_a^x f(t)dt$와 같이 정의하자. 그러면 $F(x)$는 $x \in [a, b]$에서 연속이고

$\dfrac{d}{dx}F(x) = f(x)$가 $x \in (a, b)$에 대해서 성립한다.

(나) **[우함수/ 기함수]**

함수가 $f(-x) = f(x)$를 만족할 때, 우함수라 정의하고 이는 y축에 대칭을 의미하며, $f(-x) = -f(x)$를 만족할 때, 기함수라 정의하며, 이는 원점대칭을 의미한다.

(다) **[정적분과 부등식의 관계]**

$a \le x \le b$에서 $f(x) \le g(x)$이면

$\displaystyle\int_a^b f(x)dx \le \int_a^b g(x)dx$

가 성립한다. 여기서 등호가 성립하는 것은 구간 $[a, b]$에서 항상 $f(x) = g(x)$일 때이다.

(논제) 연속 함수 $f(x)$는 $f(0) = 1$이고, 임의의 실수 x에 대해서 $\displaystyle\int_{-x}^{x} f(t)\,dt = a\sin x + b\cos x$를 만족시킨다고 하자.

(논제1) 상수 a, b의 값을 구하여라.

(논제2) $g(x) = f(x) - \cos x$라고 놓을 때, $g(x)$는 기함수임을 보여라.

(논제3) $x \ge 0$일 때, 부등식 $\displaystyle\int_{-x}^{x} \{f(t)\}^2 dt \ge \int_{-x}^{x} \cos^2 t\, dt$를 증명하여라.

[문제3] 다음 제시문을 읽고 물음에 답하시오.

(가) 함수 $f : \mathbb{R} \rightarrow \mathbb{R}$가 어떤 양의 상수 p와 임의의 실수 x에 대하여 $f(x+p) = f(x)$를 만족하면, 함수 $f(x)$를 주기함수라고 한다.

(나) 상수함수가 아닌 주기함수는 임의의 실수 x에 대하여 $f(x+p) = f(x)$를 만족하는 양의 실수 p 중 최소의 양의 실수가 존재하는데, 이를 함수 $f(x)$의 주기라고 한다.

(다) 함수 $f : \mathbb{R} \rightarrow \mathbb{R}$가 p의 주기를 갖는 주기함수이면, 임의의 정수 $k \in \{\cdots, -2, -1, 0, 1, 2, \cdots\}$와 임의의 실수 x에 대하여 $f(x+kp) = f(x)$를 만족한다. 또한 임의의 실수 x와 어떤 양의 실수 q에 대하여 $f(x+q) = f(x)$를 만족하면, $q = np$인 양의 정수 n이 존재한다.

(논제1) 함수 $f : \mathbb{R} \rightarrow \mathbb{R}$가 미분 가능 함수이고 a는 양의 상수라고 하자. 이때 임의의 실수 x에 대하여 $f(x+a) = f(x)$를 만족하면, 임의의 실수 x에 대하여 $f'(x+a) = f'(x)$도 만족함을 보이시오.

(논제2) 함수 $f : \mathbb{R} \rightarrow \mathbb{R}$는 연속함수라고 하자. 함수 f가 양의 실수 a와 임의의 실수 x에 대하여 $\int_x^{x+a} f(t)\,dt = 0$을 만족하면, 임의의 실수 x에 대하여 $f(x+a) = f(x)$를 만족함을 보이시오.

(논제3) 함수 $f : \mathbb{R} \rightarrow \mathbb{R}$는 미분 가능 함수라고 하자. 함수 f가 a의 주기를 갖는 주기함수라고 하면, 제시문 (다)를 이용하여 도함수 f'도 주기가 a인 주기함수임을 보이시오.

[문제4] 다음 제시문을 읽고 논제에 답하시오.

(가) 열린 구간 (a, b) 에서 정의된 함수 $f(x)$ 의 그래프 위에 있는 임의의 두 점 P, Q 에 대하여 P, Q 사이에 있는 그래프 부분이 선분 PQ 보다 아래쪽에 있으면 함수 $f(x)$ 의 그래프는 구간 (a, b) 에서 아래로 볼록하다고 한다.

(나) 좌표평면 위의 두 점 $P(x_1, y_1)$, $Q(x_2, y_2)$ 를 잇는 선분 PQ 를 $m : n$ $(m > 0, n > 0)$ 으로 내분하는 점의 좌표는
$$\left(\frac{mx_2 + nx_1}{m + n}, \ \frac{my_2 + ny_1}{m + n} \right)$$
이다.

(다) 두 함수 $f(x)$, $g(x)$ 에 대하여 $\lim_{x \to a} f(x) = \alpha$, $\lim_{x \to a} g(x) = \beta$($\alpha$, β는 실수)이고, a를 포함 하는 열린 구간 내의 모든 x 에서 $f(x) \leq g(x)$ 이면 $\alpha \leq \beta$ 이다.

[문제] 열린 구간 (a, b) 에서 정의된 함수 $f(x)$ 의 그래프가 아래로 볼록하다고 할 때, 다음 물음에 답하시오.

(논제1) 구간 (a, b) 에 속하는 임의의 p, q 와 $0 \leq t \leq 1$ 인 임의의 t 에 대하여 부등식
$f((1 - t)p + tq) \leq (1 - t)f(p) + tf(q)$ 가 성립함을 보이시오.

(논제2) 함수 $f(x)$ 가 구간 (a, b) 에서 미분 가능하다고 할 때, 이 구간에 속하는 임의의 p, q 에 대하여 부등식 $f(q) \geq f(p) + f'(p)(q - p)$ 가 성립함을 보이시오.

Note

제4장

삼각함수

[문제1] 다음 제시문을 읽고 물음에 답하시오.

(가) 수열 $a_1, a_2, a_3, \cdots$ 과 $b_1, b_2, b_3, \cdots$ 을 $a_n = \sqrt{\dfrac{1 + a_{n-1}}{2}} \ (n \geq 1)$, $b_n = 4^n(1 - a_n)$ 으로 정한다. (단, $a_0 = a \, (|a| < 1)$)

(나) 자연수 n에 대하여 명제 $P(n)$이 모든 자연수에 대하여 성립함을 증명하려면 다음 두 가지를 보이면 된다.

(i) $n = 1$일 때 명제 $P(n)$이 성립한다.

(ii) $n = k$일 때 명제 $P(n)$이 성립한다고 가정하면, $n = k+1$일 때에도 명제 $P(n)$이 성립한다. 이와 같은 증명을 수학적 귀납법이라 한다.

(다) 삼각함수의 덧셈정리로부터 배각의 공식 $\cos 2\alpha = 2\cos^2\alpha - 1 = 1 - 2\sin^2\alpha$ 에서

$$\sin^2\alpha = \frac{1 - \cos 2\alpha}{2}, \ \cos^2\alpha = \frac{1 + \cos 2\alpha}{2}, \ \tan^2\alpha = \frac{\sin^2\alpha}{\cos^2\alpha} = \frac{1 - \cos 2\alpha}{1 + \cos 2\alpha}$$

이때, 위의 각 식에 α 대신 $\dfrac{\alpha}{2}$를 대입하면 다음과 같은 반각의 공식을 얻을 수 있다.

① $\sin^2\dfrac{\alpha}{2} = \dfrac{1 - \cos\alpha}{2}$ ② $\cos^2\dfrac{\alpha}{2} = \dfrac{1 + \cos\alpha}{2}$ ③ $\tan^2\dfrac{\alpha}{2} = \dfrac{1 - \cos\alpha}{1 + \cos\alpha}$

(라) 삼각함수의 극한에서는 다음의 식이 성립한다.

$$\lim_{x \to 0} \frac{\sin x}{x} = 1 \ (\text{단, } x \text{의 단위는 라디안})$$

(논제1) 제시문 (가)에서 정의된 수열의 일반항이 $|a_n| < 1 \, (n \geq 1)$ 임을 증명하여라.

(논제2) $a_n = \cos\theta_n \, (n \geq 0, \ 0 < \theta_n < \pi)$로 할 때 θ_n을 θ_0로 나타내어라.

(논제3) $\displaystyle\lim_{n \to \infty} b_n$을 구하여라.

[문제2] 다음 제시문을 읽고 물음에 답하시오.

(가) 자연수 n에 대하여 명제 $P(n)$이 모든 자연수에 대하여 성립함을 증명하려면 다음 두 가지를 보이면 된다.

  (i) $n=1$일 때 명제 $P(n)$이 성립한다.

  (ii) $n=k$일 때 명제 $P(n)$이 성립한다고 가정하면, $n=k+1$일 때에도 명제 $P(n)$이 성립한다.

  이와 같은 증명을 수학적 귀납법이라 한다.

(나) 사인함수와 코사인함수의 각의 합의 공식은 아래와 같다.
$$\sin(\alpha+\beta) = \sin\alpha\cos\beta + \cos\alpha\sin\beta$$
$$\cos(\alpha+\beta) = \cos\alpha\cos\beta - \sin\alpha\sin\beta$$

(다) 삼각함수의 덧셈정리로부터 배각의 공식은 다음과 같다.

  ① $\sin 2\alpha = 2\sin\alpha\cos\alpha$

  ② $\cos 2\alpha = \cos^2\alpha - \sin^2\alpha = 2\cos^2\alpha - 1 = 1 - 2\sin^2\alpha$

  ③ $\tan 2\alpha = \dfrac{2\tan\alpha}{1-\tan^2\alpha}$

(라) 삼각함수의 극한에서는 다음의 식이 성립한다.
$$\lim_{x\to 0}\frac{\sin x}{x} = 1 \ (\text{단, } x\text{의 단위는 라디안})$$

(논제) 양의 실수 r과 $-\dfrac{\pi}{2} < \theta < \dfrac{\pi}{2}$ 범위의 실수 θ에 대해, $a_0 = r\cos\theta$, $b_0 = r$이다.

a_n, b_n $(n=1, 2, 3, \cdots)$ 을 점화식 $a_n = \dfrac{a_{n-1}+b_{n-1}}{2}$, $b_n = \sqrt{a_n b_{n-1}}$ 으로 정의한다.

(논제1) $\dfrac{a_1}{b_1}$, $\dfrac{a_2}{b_2}$ 를 θ로 나타내라.

(논제2) $\dfrac{a_n}{b_n}$ 을 n과 θ로 나타내라.

(논제3) $\theta \neq 0$일 때, $\lim\limits_{n\to\infty} a_n = \lim\limits_{n\to\infty} b_n = \lim\limits_{n\to\infty} \dfrac{r\sin\theta}{\theta}$ 임을 증명하라.

[문제3] 다음 물음에 답하시오.

(논제1) 아래 그림을 이용하여 $0 \le t \le \dfrac{\pi}{4}$ 일 때, $\cos t = f(\cos 2t)$ 를 만족하는 함수 $y = f(x)$,

$0 \le x \le 1$ 를 구하시오. (단, 그림에서 $\overline{AD} = \overline{BD}$ 이다.)

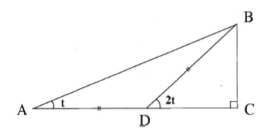

(논제2) 위 문제에서 구한 함수 $y = f(x)$ 를 이용해서, 아래와 같이 주어진 수열 $\{a_n\}$ 의 수렴, 발산 여부를 판정하시오. 발산하면 그 이유를 설명하고 수렴하면 극한값 $\displaystyle\lim_{n \to \infty} a_n$ 을 구하시오.

$$a_1 = \sqrt{2}, \ a_2 = \sqrt{2 + \sqrt{2}}, \ a_3 = \sqrt{2 + \sqrt{2 + \sqrt{2}}}, \ a_4 = \sqrt{2 + \sqrt{2 + \sqrt{2 + \sqrt{2}}}}, \cdots$$

(논제3) 수열 $\{b_m\}$ 을 $b_m = \displaystyle\lim_{n \to \infty} \sum_{k=1}^{n} \dfrac{1}{n} \sqrt{1 + \cos \dfrac{k\pi}{2^m n}}$ 으로 정의할 때, 제1항 b_1 의 값과 극한값

$\displaystyle\lim_{m \to \infty} b_m$ 을 구하시오.

[문제4] 모든 항이 0보다 크거나 같은 수열 $\{a_n\}$이 $a_1 < 1$이고 다음 점화식을 만족할 때 아래 물음에 답하시오.

$$\text{모든 자연수 } n \text{에 대하여 } a_{n+1}^2 = \frac{1+a_n}{2}$$

(논제1) 모든 자연수 n에 대하여 $a_n < 1$임을 보이시오.

(논제2) 모든 자연수 n에 대하여 $a_n < a_{n+1}$임을 보이시오.

(논제3) $a_1 = \cos\theta \left(0 \leq \theta \leq \dfrac{\pi}{2}\right)$를 만족할 때 일반항 a_n을 θ로 나타내시오.

(논제4) 수열 $\{a_n\}$이 수렴함을 보이고, 그 극한값을 구하시오.

[문제5] 그림과 같은 단위원에서 점 A_n, B_n, C_n을 잡고 S_n을 □$OA_nB_nC_n$의 넓이라 하자. a_n을 $\overline{OA_n}$과 $\overline{OC_n}$ 중 긴 것이라 하자. $a_1 = \cos\theta \left(0 < \theta < \dfrac{\pi}{4}\right)$, $S_n = 2S_{n+1}a_n$일 때 다음의 관계식을 구하시오.

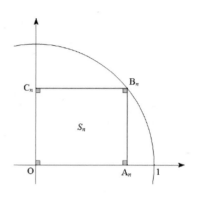

(논제1) a_n과 a_{n+1}의 관계식을 구하시오.

(논제2) a_n을 구하여라.

(논제3) $\displaystyle \lim_{n \to \infty} a_n \times \cdots \times a_1$의 값을 구하시오.

[문제1] 다음 제시문을 읽고 물음에 답하시오.

(가) 사인함수와 코사인함수의 각의 합의 공식은 아래와 같다.

$$\sin(\alpha + \beta) = \sin\alpha\cos\beta + \cos\alpha\sin\beta$$
$$\cos(\alpha + \beta) = \cos\alpha\cos\beta - \sin\alpha\sin\beta$$

(나) **[곱을 합 또는 차로 고치는 공식]**

삼각함수 덧셈 공식으로부터 다음의 식이 성립한다.

① $\sin\alpha\cos\beta = \dfrac{1}{2}\{\sin(\alpha + \beta) + \sin(\alpha - \beta)\}$

② $\cos\alpha\sin\beta = \dfrac{1}{2}\{\sin(\alpha + \beta) - \sin(\alpha - \beta)\}$

③ $\cos\alpha\cos\beta = \dfrac{1}{2}\{\cos(\alpha + \beta) + \cos(\alpha - \beta)\}$

④ $\sin\alpha\sin\beta = \dfrac{1}{2}\{\cos(\alpha + \beta) - \cos(\alpha - \beta)\}$

(다) 삼각함수의 극한에서는 다음의 식이 성립한다.

$$\lim_{x \to 0} \frac{\sin x}{x} = 1 \ (\text{단}, x \text{의 단위는 라디안})$$

(논제) $0 < x < 2\pi$ 인 x 에 대하여 $S_n(x) = \sin x + \sin 2x + \cdots + \sin nx$ 라 할 때 다음을 각각 계산하여라.

(논제1) $S_n(x)$ 를 간단히 하여라.

(논제2) $\displaystyle\lim_{n \to \infty} \frac{1}{n} S_n\left(\frac{\pi}{n}\right)$ 을 구하여라.

[문제2] 다음 제시문을 읽고 물음에 답하시오.

(가) 자연수 n에 대하여 명제 $P(n)$이 모든 자연수에 대하여 성립함을 증명하려면 다음 두 가지를 보이면 된다.

(i) $n = 1$일 때 명제 $P(n)$이 성립한다.

(ii) $n = k$일 때 명제 $P(n)$이 성립한다고 가정하면, $n = k + 1$일 때에도 명제 $P(n)$이 성립한다.

이와 같은 증명을 수학적 귀납법이라 한다.

(나) 사인함수와 코사인함수의 각의 합의 공식은 아래와 같다.

$$\sin(\alpha + \beta) = \sin\alpha \cos\beta + \cos\alpha \sin\beta$$
$$\cos(\alpha + \beta) = \cos\alpha \cos\beta - \sin\alpha \sin\beta$$

(다) **[곱을 합 또는 차로 고치는 공식]**

삼각함수 덧셈 공식으로부터 다음의 식이 성립한다.

① $\sin\alpha\cos\beta = \dfrac{1}{2}\{\sin(\alpha + \beta) + \sin(\alpha - \beta)\}$

② $\cos\alpha\sin\beta = \dfrac{1}{2}\{\sin(\alpha + \beta) - \sin(\alpha - \beta)\}$

③ $\cos\alpha\cos\beta = \dfrac{1}{2}\{\cos(\alpha + \beta) + \cos(\alpha - \beta)\}$

④ $\sin\alpha\sin\beta = \dfrac{1}{2}\{\cos(\alpha + \beta) - \cos(\alpha - \beta)\}$

(라) 삼각함수의 극한에서는 다음의 식이 성립한다.

$$\lim_{x \to 0} \frac{\sin x}{x} = 1 \ (단, \ x의 \ 단위는 \ 라디안)$$

(논제) 다항식 열 $f(x)$, $n = 0, 1, 2, \cdots$ 이,

$f_0(x) = 2$, $f_1(x) = x$, $f_n(x) = xf_{n-1}(x) - f_{n-2}(x)$, $n = 2, 3, 4, \cdots$ 을 만족시킨다.

(논제1) $f_n(2\cos\theta) = 2\cos n\theta$, $n = 0, 1, 2, \cdots$ 임을 증명하라.

(논제2) $n \geq 2$일 때, 방정식 $f_n(x) = 0$이 $|x| \leq 2$ 일 때 가장 큰 실수해 x_n 이다.

이때 $\displaystyle\int_{x_n}^{2} f_n(x)dx$ 값을 구하라.

(논제3) $\displaystyle\lim_{n \to \infty} n^2 \int_{x_n}^{2} f_n(x)\,dx$ 값을 구하라.

[문제1] 다음 제시문을 읽고 물음에 답하여라.

(가) $\triangle ABC$는 예각삼각형이고, 그 내각은 A, B, C로 표시한다.

(나) 삼각함수의 덧셈정리에서 $\tan$의 덧셈정리는 다음과 같이 성립한다.

$$\tan(\alpha + \beta) = \frac{\tan\alpha + \tan\beta}{1 - \tan\alpha\tan\beta}$$

(다) 산술-기하 평균 부등식은 산술 평균과 기하 평균 사이에 성립하는 절대부등식이다. 이 부등식은 음수가 아닌 실수들의 산술 평균이 같은 숫자들의 기하 평균보다 크거나 같고 특히 숫자들이 모두 같을 때만 두 평균이 같음을 나타낸다.

$$\sqrt{ab} \leq \frac{a+b}{2} \ (a \geq 0,\ b \geq 0) \ (a = b일 \ 때 \ 등호가 \ 성립)$$

(논제1) $\tan A + \tan B + \tan C = \tan A \tan B \tan C$ 임을 보이시오.

(논제2) $P = \tan A + \tan B + \tan C$ 라 놓을 때, P의 최솟값을 구하시오.

(논제3) P가 최솟값을 가질 때, $\triangle ABC$는 어떤 삼각형이 되는가?

[문제2] 다음 제시문을 읽고 물음에 답하여라.

> (가) 반지름이 1인 원에 내접하는 정오각형의 정점을 순서대로 A, B, C, D, E라 한다. 선분 AC를 기준하여 $\triangle ABC$를 접어 구부리고, 선분 AD를 기준하여 $\triangle AED$를 접어 구부려 변 AB와 변 AE를 일치시킨다. B와 E가 일치하는 점을 F라 한다. 이와 같이 하여 에워싸인 사면체 $ACDF$를 고려한다. 선분 AC의 중점을 M, 정점 F를 지나는 밑면 $\triangle ACD$에 직교하는 직선이 밑면과 교차하는 점을 H라 한다. $\alpha = 36\,^{\circ}$라 한다.
>
> (나) 삼각함수에서 배각과 관련하여 다음의 공식이 성립된다.
> ① 배각의 공식
> $$\sin 2\alpha = 2\sin\alpha\cos\alpha,\ \cos 2\alpha = \cos^2\alpha - \sin^2\alpha = 2\cos^2\alpha - 1 = 1 - 2\sin^2\alpha$$
>
> ② 3배각 공식
> $$\sin 3\alpha = 3\sin\alpha - 4\sin^3\alpha,\ \cos 3\alpha = 4\cos^3\alpha - 3\cos\alpha$$
>
> (다) 모든 삼각형에는 외심이 항상 존재하고, 그 점은 각 변의 수직이등분선의 교점이다. 외접원에 둘러싸여 있기 때문에 삼각형의 각 꼭짓점에서 외심까지의 길이는 외접원의 반지름과 일치하므로 같다. 또한, 외심은 다음과 같은 성질이 있다.
> ① 외심은 세 변의 수직이등분선의 교점이다.
> ② 삼각형의 외심, 무게중심, 수심, 구점원의 중심은 한 직선 위에 있다

(논제1) 선분 AB와 선분 AM의 각각의 길이를 $\cos\alpha$, $\sin\alpha$를 사용하여 나타내시오.

(논제2) $\sin 3\alpha = \sin 2\alpha$를 보이고, 그것을 사용하여 $\cos\alpha$의 값을 구하시오.

(논제3) 선분 MH과 선분 FH의 길이를 구하시오.

[문제3] 다음 제시문을 읽고 물음에 답하시오.

(가) **[삼각함수의 사인법칙]**

$\triangle ABC$의 외접원의 반지름의 길이를 R 라고 하면

$$\frac{a}{\sin A} = \frac{b}{\sin B} = \frac{c}{\sin C} = 2R$$

이 성립한다.

(나) **[삼각함수의 덧셈 정리]**

사인함수, 코사인함수의 덧셈정리는 다음과 같다.

$$\sin(\alpha+\beta) = \sin\alpha\cos\beta + \cos\alpha\sin\beta, \; \sin(\alpha-\beta) = \sin\alpha\cos\beta - \cos\alpha\sin\beta$$

$$\cos(\alpha+\beta) = \cos\alpha\cos\beta - \sin\alpha\sin\beta, \; \cos(\alpha-\beta) = \cos\alpha\cos\beta + \sin\alpha\sin\beta$$

(**논제**) 삼각형 ABC의 내접원의 반지름을 r, 외접원의 반지름을 R이라 하고 $h = \dfrac{r}{R}$ 이라 한다. 또한, $\angle A = 2\alpha$, $\angle B = 2\beta$, $\angle C = 2\gamma$ 이다.

(**논제1**) $h = 4\sin\alpha\sin\beta\sin\gamma$임을 보여라.

(**논제2**) 삼각형 ABC가 직각삼각형일 때, $h \leq \sqrt{2}-1$이 성립함을 보여라. 또한, 등호가 성립하는 경우를 설명하시오.

(**논제3**) 일반적으로 삼각형 ABC에 대하여 $h \leq \dfrac{1}{2}$이 성립함을 보여라. 또한, 등호가 성립하는 경우를 설명하시오.

제5장

지수, 로그함수

[문제1] 제시문을 읽고 다음 물음에 답하라.

(가) $a > 0$가 양의 실수이고 n이 자연수일 때 $a^{-n} = \dfrac{1}{a^n}$, $a^0 = 1$으로 정의함으로써 양의 실수의 거듭제곱을 정수로 확장시킬 수 있으며, m이 2이상의 자연수이고 n이 자연수일 때 $a^{n/m} = \sqrt[m]{a^n}$ 으로 정의하고 r이 양의 유리수 일 때 $a^{-r} = \dfrac{1}{a^r}$로 정의함으로써 양의 실수 a의 거듭제곱을 유리수까지 확장시킬 수 있다. 이때 자연수 지수에서의 지수법칙은 유리수 지수에서까지 성립함을 쉽게 보일 수 있다. 즉 $a > 0$인 실수와 임의의 유리수 p, q에 대하여 $a^p a^q = a^{p+q}$ 그리고 $\left(a^p\right)^q = a^{pq}$ 가 성립한다.

(나) 양수의 거듭제곱은 임의의 실수 지수로 확장될 수 있다. 즉 $a > 0$와 x가 임의의 실수 일 때 a^x을 유리수 지수의 확장이면서 실수에서도 지수법칙이 성립하도록 정의할 수 있다. 실제로, 위로 유계인 단조증가 수열이 반드시 극한을 갖는다는 실수의 기본성질, 수학적 으로 표현하자면 무한수열 $\{a_n\}$과 어떤 양수 M이 있어, 모든 자연수 n에 대하여 $a_n \leq a_{n+1}$이고 $a_n < M$이면, 수열 $\{a_n\}$은 적당한 실수에 수렴하는 성질을 사용하여 a^x를 정의할 수 있다.

(다) 우선 $a > 1$, $x > 0$이라 가정하고, $x = x_0 x_1 x_2 \cdots x_k \cdots$ 을 x의 무한소수 표기라고 하자.
이때 $x_0 x_1 x_2 \cdots x_k \cdots$ 은 모두 음이 아닌 정수이다. p_n을 x를 소수 n번째 자리까지 표기한 유리수, 즉 $p_n = x_0 x_1 x_2 \cdots x_n$라 정의하면 수열 $\{p_n\}$은 $p_1 \leq p_2 \leq \cdots \leq p_n \leq \cdots$을 만족하면 서 (즉, 단조증가하면서) 주어진 양의 실수 x로 수렴한다. 즉 수열 $\{a^{p_n}\}$은 단조증가이며 위로 유계이므로 극한이 존재한다. 이제 $a^x = \lim a^{p_n}$으로 정의한다. 다음으로 $0 < a < 1$, $x > 0$인 경우는 $a = \dfrac{1}{b}$로 놓고, $b > 1$임을 이용하여 위의 방법으로 정의된 b^x에 대하여 $a^x = \dfrac{1}{b^x}$라 정의한다. 끝으로 $x < 0$인 경우 $a^x = \dfrac{1}{a^{-x}}$으로 정의한다.
이렇게 정의된 함수 $f(x) = a^x$는 실수 위에서 연속이다. 즉, 임의의 실수 x_0에 대하여 $\lim_{x \to x_0} a^x = a^{x_0}$ 가 성립한다.

(라) 함수 $f(x) = 2^x$는 실수 전체에서 연속이며 $f(1) = 2$, $f(2) = 4$이다. 따라서 사이값의 정리에 의하여 $2^w = 3$을 만족하는 w가 개구간 $(1, 2)$에 존재하며 또한 $f(x) = 2^x$는 증가 함수이므로 이러한 w는 유일하게 존재한다. 우리는 $2^w = 3$을 만족하는 유일한 w를 $\log_2 3$으로 나타낸다. 이와 마찬가지의 방법으로 $\log_2 5$와 $\log_2 15$도 정의된다.

(**논제1**) a가 양의 실수이고 p, q가 양의 유리수일 때, 자연수 지수에서의 지수법칙을 이용하여 제시문 (가)에서 언급한 $a^p a^q = a^{p+q}$가 성립함을 보이시오.

(**논제2**) 제시문 (나)의 밑줄 친 성질을 참조하여 $\sqrt{2}$, $\sqrt{2+\sqrt{2}}$, $\sqrt{2+\sqrt{2+\sqrt{2}}}$, $\cdots$ 으로 정의된 무한수열이 수렴함을 보이고, 이 수열의 극한값을 구하시오.

(**논제3**) 제시문 (다)내용을 바탕으로 양의 실수 x, y에 대하여 $2^x 2^y = 2^{x+y}$가 성립함을 보이고 이를 이용하여 제시문 (라)에서 정의된 $\log_2 3$, $\log_2 5$, $\log_2 15$에 대하여 $\log_2 15 = \log_2 3 + \log_2 5$가 성립함을 보이시오.

[문제2] 다음 제시문을 읽고 지시에 따라 논술하시오.

(가) a가 양의 실수이고 n이 자연수라 하자. a의 n거듭제곱 a^n은

$$a^n = \underbrace{aa \cdots a}_{n\text{번}}$$

으로 정의한다. a의 n제곱근 $\sqrt[n]{a}$는 방정식 $x^n = a$의 양의 실수해로 정의한다.

(나) a가 양의 실수이고 r이 양의 유리수라 하자. a^r은 r이 두 자연수 m, n이 있어서 $r = \dfrac{n}{m}$으로 표현될 때,

$$a^r = \sqrt[m]{a^n}$$

으로 정의한다. 즉, $x^m = a^n$의 양의 실수해로 정의한다.

(다) a가 양의 실수이고 x이 양의 실수라 하자. a^x은 $r_1, r_2, r_3, \cdots$가 x로 수렴하는 양의 유리수의 수열이라 할 때, 수열 $a^{r_1}, a^{r_2}, a^{r_3}, \cdots$이 수렴하는 실수로 정의한다.

(라) a가 양의 실수이고 x, y가 양의 실수이면 $a^{x+y} = a^x a^y$가 성립한다.
또한 $x < y$이고 $a > 1$이면 $a^x < a^y$가 성립한다.

(논제1) $2^{\sqrt{2}}$이 $\dfrac{5}{2}$보다 크고 3보다 작은 수라는 것을 설명하시오.

(논제2) a가 양의 실수일 때 a^x를 x가 음 또는 0일 때에도 정의하고, 자신이 제시한 정의에 대해 그 적절성을 설명하시오.

[문제1] 다음 제시문을 읽고 물음에 답하시오.

(가) 어떤 구간에서 부등식 $f(x) \geq 0$이 성립하는 것을 증명할 때에는 주어진 구간에서 함수 $y = f(x)$의 최솟값을 구하여 (최솟값) ≥ 0임을 보이면 된다. 또한, 어떤 구간에서 부등식 $f(x) \geq g(x)$가 성립하는 것을 증명할 때에는 $h(x) = f(x) - g(x)$라 하고, 주어진 구간에서 함수 $h(x)$의 최솟값을 구하여 (최솟값) ≥ 0임을 보이면 된다.

(나) 사인함수와 코사인함수의 각의 합의 공식은 아래와 같다.
$$\sin(\alpha + \beta) = \sin\alpha\cos\beta + \cos\alpha\sin\beta$$
$$\cos(\alpha + \beta) = \cos\alpha\cos\beta - \sin\alpha\sin\beta$$

(다) 급수의 값을 구하는 방법으로, 급수의 각 항을 부분 항들의 합 또는 차로 나타내는 것을 생각할 수 있다. 예를 들어, 아래의 급수에서
$$\frac{1}{1 \cdot 2} + \frac{1}{2 \cdot 3} + \frac{1}{3 \cdot 4} + \frac{1}{4 \cdot 5} + \cdots + \frac{1}{n(n+1)}$$
k번째 항은 $\dfrac{1}{k(k+1)} = \dfrac{1}{k} - \dfrac{1}{k+1}$로 나타낼 수 있으므로, 제 1항에서 제 n항까지의 부분합 S_n을 다음과 같이 나타낼 수 있다.
$$S_n = \sum_{k=1}^{n} \left(\frac{1}{k} - \frac{1}{k+1} \right) = 1 - \frac{1}{n+1}$$
이런 이항분리의 유형은 부분분수 이외에 유리화, 로그의 성질을 이용한 경우도 있다.

(논제1) $x > 0$일 때, 부등식 $x - \dfrac{x^2}{2} < \ln(1+x) < x$를 증명하여라.

(논제2) $\sin\dfrac{\pi}{12}$와 $\ln 1.25$의 대소를 비교하여라.

(논제3) 부등식 $\displaystyle\sum_{k=1}^{n} \frac{1}{k+1} \ln\left(1 + \frac{1}{k}\right) < \frac{n}{n+1}$을 증명하여라.

[문제2] 다음 제시문을 읽고 물음에 답하시오.

(가) 함수 $y = f(x)$에 대하여 다음과 같은 사항을 조사한 다음 이를 종합하여 그래프의 개형을 그릴 수 있다.

① 함수의 정의역과 치역　　　　　　　② 대칭성, 주기

③ 좌표축과의 교점　　　　　　　　　④ 함수의 증가, 감소, 극대, 극소

⑤ 곡선의 오목, 볼록, 변곡점　　　　　⑥ $\lim_{x \to \infty} f(x)$, $\lim_{x \to -\infty} f(x)$, 점근선

(나) **[함수의 증가와 감소]**

함수 $f(x)$가 어떤 구간에서 미분 가능할 때, 그 구간의 모든 x에 대하여

① $f'(x) > 0$이면 $f(x)$는 그 구간에서 증가한다.

② $f'(x) < 0$이면 $f(x)$는 그 구간에서 감소한다.

(다) **[극대와 극소의 판정]**

미분 가능한 함수 $f(x)$에서 $f'(a) = 0$일 때, $x = a$의 좌우에서

① $f'(x)$의 부호가 양($+$)에서 음($-$)으로 바뀌면 $f(x)$는 $x = a$에서 극대이고, 극댓값 $f(a)$를 가진다.

② $f'(x)$의 부호가 음($-$)에서 양($+$)으로 바뀌면 $f(x)$는 $x = a$에서 극소이고, 극솟값 $f(a)$를 가진다.

(라) $\lim_{x \to \infty} \dfrac{\ln x}{x} = 0$이 된다는 성질은 필요하면 사용할 수 있다.

(논제) a, b를 양의 실수한다. e는 자연로그의 밑, 필요하다면 $2.7 < e$를 사용해도 좋다.

(논제1) $a < b$로 한다. 이때 $a^b = b^a$라면 $1 < a < e < b$임을 증명하여라.

(논제2) $\sqrt{5}^{\sqrt{7}}$과 $\sqrt{7}^{\sqrt{5}}$의 대소를 비교하여라.

[문제3] 주어진 단계에 따라, 각 물음에 답하시오.

(논제1) $x > 0$일 때 $\ln x < \sqrt{x}$ 임을 보이시오.

(논제2) (논제1)을 이용하여 $\displaystyle\lim_{x \to \infty} \frac{\ln x}{x} = 0$임을 보이시오.

(논제3) 함수 $f(x) = \dfrac{\ln x}{x} \; (x > 0)$의 그래프의 개형을 그리고, 극대, 극소 또는 변곡점이 있으면 해당되는 점의 x좌표를 모두 구하시오.

(논제4) (논제3)을 이용하여 다음 방정식의 자연수 해는 $m = 2$, $n = 4$ 뿐임을 보이시오.
$m^n = n^m$ (단, $m < n$이다.)

[문제4] 다음 제시문을 읽고 물음에 답하시오.

실수 a, b가 0보다 클 때, a^b과 b^a의 크기를 비교해 보고자 한다. a 값을 고정하고 b값을 변화시킬 때, a^b과 b^a의 대소 관계가 어떻게 변하는지 살펴보는 것이다. 가령 $a = 3$으로 하고 b값을 변화시켜 보자. $b = 2$, 3, 4이면, 다음이 성립함을 쉽게 알 수 있다.

$$3^2 > 2^3, \quad 3^3 = 3^3, \quad 3^4 > 4^3$$

그렇다면 $2 < b < 3$ 또는 $3 < b < 4$인 경우는 어떠할까? b가 자연수가 아닐 때 3^b과 b^3의 크기는 어떻게 비교할 수 있을까?

(논제1) $3^{2.5}$과 2.5^3의 크기를 비교하시오.

(논제2) $3^{2.4}$과 2.4^3의 크기를 비교하시오. (단, $\log 2 = 0.30102\cdots$, $\log 3 = 0.47712\cdots$)

(논제3) $x > 0$일 때 함수 $f(x) = x^{\frac{1}{x}}$의 증감을 조사하시오.

(논제4) (논제3)의 결과를 이용하여 3^π과 π^3의 크기를 비교하시오.

(논제5) 양의 실수 a에 대하여 $a^x = x^a$을 만족하고 $x \neq a$인 양의 실수 x는 몇 개인지 조사하시오. (단, $\lim_{x \to \infty} \dfrac{\ln x}{x} = 0$)

Note

제6장

초월함수의 극한 (도형 포함)

[문제1] 다음 제시문를 읽고 물음에 답하시오.

(가) 반지름이 1인 원에 내접하는 정 2^n각형 $(n \geq 2)$의 면적을 S_n, 원주의 길이를 L_n이라 한다.

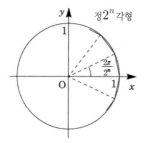

(나) 삼각함수의 덧셈정리로부터 배각의 공식은 다음과 같다.

① $\sin 2\alpha = 2\sin\alpha\cos\alpha$

② $\cos 2\alpha = \cos^2\alpha - \sin^2\alpha = 2\cos^2\alpha - 1 = 1 - 2\sin^2\alpha$

(다) 삼각함수의 극한에서는 다음의 식이 성립한다.

$$\lim_{x \to 0} \frac{\sin x}{x} = 1 \ (단, \ x의 \ 단위는 \ 라디안)$$

(라) $a_{n+1} = f(n)a_n$ 유형의 점화식은 주어진 점화식의 n대신 $1, 2, 3, \cdots, n-1$을 대입하여 변변 곱하면 일반항을 구할 수 있다.

(논제1) 제시문 (가)에서 $S_n = 2^{n-1}\sin\dfrac{\pi}{2^{n-1}}$, $L_n = 2^{n+1}\sin\dfrac{\pi}{2^n}$ 으로 나타내어라.

(논제2) $\dfrac{S_n}{S_{n+1}} = \cos\dfrac{\pi}{2^n}$, $\dfrac{S_n}{L_n} = \dfrac{1}{2}\cos\dfrac{\pi}{2^n}$ 으로 나타내어라.

(논제3) $\displaystyle\lim_{n \to \infty} S_n$, $\displaystyle\lim_{n \to \infty} \cos\dfrac{\pi}{2^2}\cos\dfrac{\pi}{2^3}\cdots\cos\dfrac{\pi}{2^n}$ 을 구하여라.

(논제4) $\displaystyle\lim_{n \to \infty} 2^n \dfrac{S_2}{L_2}\dfrac{S_3}{L_3}\cdots\dfrac{S_n}{L_n}$ 을 구하여라.

[문제2] 다음 제시문을 읽고 물음에 답하시오.

(가) 좌표평면상의 곡선 C_1, C_2를 각각

$$C_1 : y = \ln x \, (x > 0), \quad C_2 : y = (x-1)(x-a)$$

라 한다. 여기서 a는 실수이다. n을 자연수로 할 때, 곡선 C_1, C_2가 두 점 P, Q에서 만나고, P, Q의 x좌표는 각각 1, $n+1$이 된다. 또한, 곡선 C_1과 직선 PQ에 둘러싸인 영역의 면적을 S_n, 곡선 C_2와 직선 PQ로 둘러싸인 영역의 면적을 T_n이라 한다.

(나) 구간 $[a, b]$에서 정의된 연속함수 $x = f(t)$, $y = g(t)$의 그래프와 x축 및 두 직선 $x = a$와 $x = b$로 둘러싸인 도형의 넓이 S는

$$S = \int_a^b y \, dx$$

으로 나타낸다.

(다) 수열, 미적분이나 함수에서 주로 쓰이는 도구로, 뉴턴과 라이프니츠는 굉장히 모호한 의미인 '어떤 수는 절대 아니지만 그 수에 한없이 접근한다.'는 개념을 들고 와서 미분과 적분을 정의하는 데 아주 요긴하게 쓰였다. n이 무한히 커지는 상황에서 a_n이 α에 한없이 가까워질 때, $\displaystyle\lim_{n \to \infty} a_n = \alpha$라 적으며, 이를 수열의 극한으로 삼는다.

(논제1) a를 n의 식으로 나타내고, $a > 1$임을 보여라.

(논제2) S_n과 T_n을 각각 n의 식으로 나타내어라.

(논제3) 극한값 $\displaystyle\lim_{n \to \infty} \frac{S_n}{n \ln T_n}$를 구하여라.

[문제3] 다음 제시문을 읽고 물음에 답하여라.

(가) n을 5 이상의 정수로 한다. 평면 위의 점 O를 취한다. O를 지나는 직선에 $OA_0 = 1$로 하는 점 A_0를 잡는다. 점 O를 중심으로 직선 OA_0을 반시계 방향으로 각을 $\dfrac{2\pi}{n}$만큼 회전한 직선상에 $OA_1 \perp A_0 A_1$이 되는 점 A_1을 잡는다. 그런 점 O를 중심으로 직선 OA_1을 반시계 방향으로 각을 $\dfrac{2\pi}{n}$만큼 회전 한 직선에 $OA_2 \perp A_1 A_2$이 되는 점 A_2를 잡는다.

같은 방법으로 $k = 3, 4, \cdots, n$ 을 점 O를 중심으로 직선 OA_{k-1}을 반시계 방향으로 $\dfrac{2\pi}{n}$만큼 회전 한 직선에 $OA_k \perp A_{k-1} A_k$이 되는 점 A_k를 취한다. 특히, 점 A_n은 선분 OA_0상에 있다.

(나) 어떤 구간에서 부등식 $f(x) \geq 0$이 성립하는 것을 증명할 때에는 주어진 구간에서 함수 $y = f(x)$의 최솟값을 구하여 (최솟값) ≥ 0임을 보이면 된다. 또한, 어떤 구간에서 부등식 $f(x) \geq g(x)$가 성립 하는 것을 증명할 때에는 $h(x) = f(x) - g(x)$라 하고, 주어진 구간에서 함수 $h(x)$의 최솟값을 구하 여 (최솟값) ≥ 0임을 보이면 된다.

(다) 수열 $\{a_n\}$, $\{b_n\}$이 수렴하고 $\lim\limits_{n \to \infty} a_n = \alpha$, $\lim\limits_{n \to \infty} b_n = \beta$일 때, 수열 $\{c_n\}$이 모든 자연수 n에 대하여 $a_n \leq c_n \leq b_n$이고, $\alpha = \beta$이면 $\lim\limits_{n \to \infty} c_n = \alpha$이다.

(라) 삼각함수의 극한에서는 다음의 식이 성립한다.

$$\lim_{x \to 0} \frac{\sin x}{x} = 1 \text{ (단, } x \text{의 단위는 라디안)}$$

(논제1) 부등식 $1 - \dfrac{x^2}{2} \leq \cos x$를 증명하여라.

(논제2) 선분 OA_n의 길이를 r_n이라 한다. 극한값 $\lim\limits_{n \to \infty} r_n$를 구하여라.

(논제3) 선분 $A_0 A_1$, $A_1 A_2$, $\cdots$, $A_{n-1} A_n$의 길이의 합을 L_n 한다. 극한값 $\lim\limits_{n \to \infty} L_n$를 구하여라.

[문제4] 다음 제시문을 읽고 물음에 답하여라.

(가) xy 평면에 매개 변수 t로 표현된 곡선
$C : x = 2t - \sin t, \; y = 2 - \cos t$ 가 있다. $t = \theta \, (0 < \theta < \pi)$일
때의 점 $P(2\theta - \sin\theta, \, 2 - \cos\theta)$에서 C의 법선 을 l_θ라 한다. l_θ과
x 축과 y 축으로 둘러싸인 삼각형의 면적을 $S(\theta)$로 하고, 그 삼각형
과 곡선 C의 하단에 있는 부분의 공통 부분(그림 색칠된 부분)의 면적
을 $T(\theta)$로 한다.

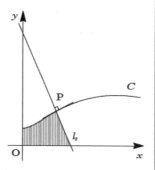

(나) 두 함수 $f(t)$, $g(t)$가 미분 가능하고 $f'(t) \neq 0$일 때, 매개변수로 나타내어진 함수 $x = f(t)$,
$y = g(t)$의 도함수는

$$\frac{dy}{dx} = \frac{\dfrac{dy}{dt}}{\dfrac{dx}{dt}} = \frac{g'(t)}{f'(t)}$$

(다) 곡선 $y = f(x)$ 위의 점 $P(a, f(a))$에서의 접선의 기울기는 $x = a$에서의 미분계수 $f'(a)$ 와 같다.
따라서 곡선 $y = f(x)$ 위의 한 점 P에서의 접선은 점 $(a, \, f(a))$를 지나고 기울기가 $f'(a)$인 직선이
므로 법선의 방정식은 다음과 같다.

$$y - f(a) = -\frac{1}{f'(a)}(x - a)$$

으로 나타낸다.

(라) 함수 $y = f(x)$가 구간 $[a, b]$에서 연속일 때, 곡선 $y = f(x)$와 x축 및 두 직선 $x = a, x = b$로 둘러
싸인 도형의 넓이 S는

$$S = \int_a^b |f(x)| \, dx$$

(논제1) 직선 l_θ을 구하여라.

(논제2) $S(\theta)$를 구하여라.

(논제3) $T(\theta)$를 구하여라.

(논제4) 극한값 $\displaystyle\lim_{\theta \to +0} \frac{T(\theta)}{S(\theta)}$를 구하여라.

[문제5] 다음 제시문을 읽고 물음에 답하여라.

(가) 자연수 $n = 1, 2, 3, \cdots$ 대해 함수 $f_n(x) = x^{n+1}(1-x)$를 생각한다.

(나) 곡선 $y = f(x)$ 위의 점 $P(a, f(a))$에서의 접선의 기울기는 $x = a$에서의 미분계수 $f'(a)$ 와 같다. 따라서 곡선 $y = f(x)$ 위의 한 점 P에서의 접선은 점 $(a, f(a))$를 지나고 기울기가 $f'(a)$인 직선이므로 접선의 방정식은 다음과 같다.
$$y - f(a) = f'(a)(x - a)$$

(다) 상수 e는 탄젠트 곡선의 기울기에서 유도되는 특정한 실수로 무리수이자 초월수이다. 스위스의 수학자 레온하르트 오일러의 이름을 따 오일러의 수로도 불리며, 로그 계산법을 도입한 스코틀랜드의 수학자 존 네이피어를 기려 네이피어 상수라고도 한다. 또한, e는 자연로그의 밑이기 때문에 자연상수라고도 불린다.

e는 다음의 식으로 표현되는 급수의 값이다.
$$a_n = \left(1 + \frac{1}{n}\right)^n \text{일 때, } \lim_{n \to \infty} a_n = \lim_{n \to \infty} \left(1 + \frac{1}{n}\right)^n = e$$
e는 무리수이기 때문에 십진법으로 표현할 수 없고 근삿값만을 추정할 수 있다.

(논제1) 곡선 $y = f_n(x)$상의 점 $(a_n, f(a_n))$의 접선이 원점을 통과할 때, a_n을 n의 식으로 표현하여라. 여기서, $a_n > 0$으로 한다.

(논제2) $0 \le x \le 1$의 범위에서 곡선 $y = f_n(x)$와 x축으로 둘러싸인 도형의 면적을 B_n이라 한다. 또한, (논제1)에서 구한 a_n에 대해 $0 \le x \le a_n$의 범위에서 곡선 $y = f_n(x)$, x축 및 직선 $x = a_n$로 둘러싸인 도형의 면적을 C_n이라 한다. B_n 및 C_n을 n의 식으로 나타내어라.

(논제3) (논제2)에서 구한 B_n 및 C_n에 대해 극한값 $\lim_{n \to \infty} \dfrac{C_n}{B_n}$를 구하여라.

여기서, $\lim_{n \to \infty} \left(1 + \dfrac{1}{n}\right)^n$이 자연로그의 밑 e 임을 이용하여라.

Note

제7장

연속관련 사이값 정리

[문제1] 다음 제시문을 읽고 물음에 답하여라.

(가) $0 < x < \dfrac{1}{2}$ 이다. 한 변의 길이가 1인 정사각형 종이의 네 귀퉁이에서 한 변의 길이가 x인 정사각형을 잘라내 뚜껑이 없는 상자 A를 만든다. 또한 잘라낸 한 변의 길이가 x인 정사각형의 네 귀퉁이를 잘라 상자 A와 비율이 같은 뚜껑 없는 상자 $B_i\,(i = 1,\ 2,\ 3,\ 4)$를 만든다.

(나) 함수 $f(x)$가 닫힌 구간 $[a, b]$에서 연속이면, $f(x)$는 이 구간에서 반드시 최댓값과 최솟값을 갖는다. 이것을 최대·최소의 정리라 한다. 또한, 닫힌 구간 $[a, b]$에서 연속인 함수 $y = f(x)$의 최솟값은 구간의 양 끝점에서의 함숫값 $f(a)$, $f(b)$와 이 구간에서의 극솟값 중에서 가장 작은 값이다.

(다) **[사이값의 정리]**
함수 $f(x)$가 닫힌 구간 $[a,\ b]$에서 연속이고 $f(a) \neq f(b)$일 때, $f(a)$와 $f(b)$ 사이의 임의의 값 k에 대하여 $f(c) = k$인 c가 a와 b 사이에서 적어도 하나는 존재한다.

(논제1) 상자 A의 용량 $f(x)$를 최대가 되게 하는 x의 값 a를 구하여라.

(논제2) 상자 B_1의 용량 $g(x)$를 최대가 되게 하는 x의 값 b를 구하여라.

(논제3) 방정식 $f'(x) + 4g'(x) = 0$이 구간 $a < x < b$의 해가 존재함을 보여라.

[문제2] 다음 제시문을 읽고 물음에 답하시오.

(가) **[한 점에서의 함수의 연속의 정의]**

함수 $f(x)$가 실수 a에 대하여 다음 세 조건을 모두 만족할 때, 함수 $f(x)$는 $x = a$에서 연속이라고 한다.

(1) 함수 $f(x)$는 $x = a$에서 정의되어 있다.

(2) 극한값 $\lim_{x \to a} f(x)$가 존재한다.

(3) $\lim_{x \to a} f(x) = f(a)$

[구간에서 함수의 연속의 정의]

함수 $f(x)$가 어떤 구간에 속하는 모든 점에서 연속일 때, 함수 $f(x)$는 그 구간에서 연속이라고 한다.

(나) **[사이값 정리]**

함수 $f(x)$가 닫힌 구간 $[a, \ b]$에서 연속이고 $f(a) \neq f(b)$일 때, $f(a)$와 $f(b)$ 사이의 임의의 값 k에 대하여 $f(c) = k$인 c가 a와 b 사이에서 적어도 하나는 존재한다.

(다) **[미분계수의 정의]**

함수 $f(x)$가 a를 포함하는 어떤 열린 구간에서 정의되고 있고 극한값

$\lim_{h \to 0} \dfrac{f(a+h) - f(a)}{h}$ 이 존재하면 함수 $f(x)$가 $x = a$에서 미분 가능하다고 한다. 이 극한값을 $f(x)$의 a에서의 미분계수라 하고, 기호 $f'(a)$로 나타낸다.

[도함수의 정의]

함수 $f(x)$가 미분 가능한 점 x들의 집합을 정의역으로 하고, 정의역에 속하는 모든 x에 대하여 $f(x)$의 x에서의 미분계수를 대응시키는 함수를 $f(x)$의 도함수라 하고, 기호 $f'(x)$로 나타낸다.

함수 $f(x)$가 다음과 같이 실수 전체에서 정의되어 있다.

$$f(x) = \begin{cases} x \sin \dfrac{1}{x} & (x \neq 0) \\ 0 & (x = 0) \end{cases}$$

(논제1) 함수 $f(x)$가 $x = 0$에서 연속인지 여부에 대하여 논하시오.

(논제2) 함수 $f(x)$가 $x = 0$에서 미분 가능한지 여부에 대하여 논하시오.

(논제3) 등식 $f'(x) = 3$을 만족하는 x가 얼마나 많이 있는가에 대하여 논하시오.

제8장

미분계수의 정의

[문제1] 다음 제시문을 읽고 물음에 답하시오.

(가) 좌표평면상에서 곡선 $C: y = x^3 - 3x$ 와 $b > a^3 - 3a$을 만족하게 움직이는 점 $P(a, b)$를 고려하자. 또한, 점 P에 대하여 두 부등식 $|x - a| \leq 1$, $|y - b| \leq 1$에 따른 좌표평면상의 영역을 B라고 한다. 영역 B와 곡선 C에 대하여 B와 C가 공유점 Q를 가지고, 또한, B와 C의 공유점이 B의 경계선상 밖에 안 될 때, B와 C는 점 Q에서 접한다고 한다.

(나) **[미분 가능성]**
함수 $y = f(x)$의 $x = a$에서의 미분계수 $f'(a)$가 존재할 때, 이 함수는 $x = a$에서 미분 가능 하다고 한다.
$$f'(a) = \lim_{h \to 0} \frac{f(a+h) - f(a)}{h} = \lim_{x \to a} \frac{f(x) - f(a)}{x - a}$$
따라서 위의 식에서 극한값이 존재할 때 미분 가능하다.

(논제1) 곡선 C의 개형을 그리고, 점 P의 좌표가 $(-2, 3)$일 때의 영역 B를 도시하여라.

(논제2) B와 C가 $x < -1$의 범위에 있는 점으로 접하도록 점 P가 움직인다고 한다. 이때의 점 P의 자취를 구하여라.

(논제3) B와 C가 있는 점에서 접하도록 하는 점 P가 움직인다고 한다. 이때의 점 P의 자취를 구하여라.

(논제4) (논제3)의 점 P의 자취는 함수 $y = f(x)$의 그래프에서 나타내는 것이 가능하다. $f(x)$가 $x = 0$에서의 미분 가능성 여부를 보여라.

[문제2] 다음 제시문을 읽고 물음에 답하시오.

임의의 실수 α, β에 대하여 아래의 결과는 쉽게 유도할 수 있는 성질이다.

$$\sin(\alpha + \beta) = \sin\alpha\cos\beta + \sin\beta\cos\alpha$$
$$\sin(\alpha - \beta) = \sin\alpha\cos\beta - \sin\beta\cos\alpha$$

(논제1) 제시문의 성질을 이용하여, α, β에 대하여 $\sin\alpha - \sin\beta = 2\sin\left(\dfrac{\alpha - \beta}{2}\right)\cos\left(\dfrac{\alpha + \beta}{2}\right)$이 성립함을 보여라.

(논제2) 실수 $x\left(0 < |x| < \dfrac{\pi}{2}\right)$에 대하여, 부등식 $|\sin x| < |x| < |\tan x|$이 성립하는 이유를 설명하시오.

(논제3) 위의 부등식을 이용하여, $\displaystyle\lim_{x \to 0}\dfrac{\sin x}{x} = 1$이 됨을 증명하시오.

(논제4) 도함수의 정의를 이용하여 $(\sin x)' = \cos x$임을 증명하시오.

제9장

평균값 정리

1. 평균값 정리

함수 $f(x)$가 닫힌 구간 $[a,\ b]$에서 연속이고 열린 구간 $(a,\ b)$에서 미분 가능할 때 $\dfrac{f(b)-f(a)}{b-a}=f'(c)$인 c가 열린 구간 $(a,\ b)$에 적어도 하나는 존재한다.

2. 평균값 정리의 다른 표현

(1) 코시의 평균값 정리

함수 $f(x)$, $g(x)$가 닫힌 구간 $[a,\ b]$에서 연속이고 열린 구간 $(a,\ b)$에서 미분 가능하고 $g'(x)\neq 0$일 때 $\dfrac{f(b)-f(a)}{g(b)-g(a)}=\dfrac{f'(c)}{g'(c)}$인 c가 열린 구간 $(a,\ b)$에 적어도 하나는 존재한다.

(2) 정적분의 평균값 정리

함수 $f(x)$가 닫힌 구간 $[a,\ b]$에서 연속이고 열린 구간 $(a,\ b)$에서 미분 가능할 때 $\dfrac{1}{b-a}\displaystyle\int_a^b f(x)\,dx=f(c)$인 c가 열린 구간 $(a,\ b)$에 적어도 하나는 존재한다.

3. 평균값 정리의 활용

(1) 부등식에서의 증명 문제

볼록성과 관련하여 그래프 성질을 이용하는 것으로 부등식의 증명에 활용된다.

(2) 수열의 극한 관련

일반항을 계산할 수 없는 수열의 극한에서 부동점과 관련되어 있다.

(3) 적분의 평균값 정리

적분의 평균값 정리와 관련하여 실근의 개수를 구하는 문제와 관련되어 있다.

(4) 극한값 구하기

평균값 정리를 이용하여 함수의 극한값 계산에도 활용된다.

[문제1] 다음 제시문를 읽고 물음에 답하시오.

(가) **[음함수의 미분법]**

x의 함수 y가 음함수 $f(x,\ y) = 0$의 꼴로 주어질 때에는 y를 x의 함수로 보고, 각 항을 x에 대하여 미분하여 $\dfrac{dy}{dx}$를 구한다.

(나) **[역함수 미분법]**

함수 $y = f(x)$가 미분 가능하고 그 역함수가 존재하고 미분 가능할 때

$$\frac{dy}{dx} = \frac{1}{\dfrac{dx}{dy}}$$

역함수 미분법은 음함수 미분법의 형태로 보는 경우도 있다.

(다) **[평균값 정리]**

함수 $f(x)$가 닫힌 구간 $[a,\ b]$에서 연속이고 열린 구간 $(a,\ b)$에서 미분 가능하면

$$\frac{f(b) - f(a)}{b - a} = f'(c)\ (\text{단},\ a < c < b)$$

인 c가 적어도 하나는 존재한다.

(논제1) $-\dfrac{\pi}{2} < x < \dfrac{\pi}{2}$에서 정의된 함수 $\tan x$는 $\tan^{-1}(\tan x) = x$을 만족한다. 음함수의 미분법을 써서 $\dfrac{d}{dx}\tan^{-1} x$를 구하여라.

(논제2) $0 < a < b$일 때, $\dfrac{b-a}{1+b^2} < \tan^{-1} b - \tan^{-1} a < \dfrac{b-a}{1+a^2}$임을 보여라.

(논제3) $\dfrac{\pi}{4} + \dfrac{3}{25} < \tan^{-1}\dfrac{4}{3} < \dfrac{\pi}{4} + \dfrac{1}{6}$임을 보여라.

[문제2] 다음 제시문을 읽고 물음에 답하시오.

(가) **[평균값 정리]**

함수 $f(x)$가 닫힌 구간 $[a, b]$에서 연속이고 열린 구간 (a, b)에서 미분 가능하면

$$\frac{f(b) - f(a)}{b - a} = f'(c) \text{ (단, } a < c < b\text{)}$$

인 c가 적어도 하나는 존재한다.

(나) 일반적으로 수렴여부를 직접 판단할 수 있는 경우는 직접 판단하면 되고 수렴여부를 직접 판단할 수 없는 경우에는 간접적으로 수렴여부를 판단한다. 대소비교법, 적분판정법 등이 대표적이다.

(다) **[비교판정법 (대소 관계 이용)]**

$0 \le b_n \le a_n$일 때 $\displaystyle\sum_{n=1}^{\infty} a_n$, $\displaystyle\sum_{n=1}^{\infty} b_n$에서 다음의 명제가 성립한다.

1) $\displaystyle\sum_{n=1}^{\infty} a_n$이 수렴하면 $\displaystyle\sum_{n=1}^{\infty} b_n$도 수렴한다.

2) $\displaystyle\sum_{n=1}^{\infty} b_n$이 발산하면 $\displaystyle\sum_{n=1}^{\infty} a_n$도 발산한다.

비교

☞ **적분판정법**

적분법을 이용하여 다음과 같이 무한급수의 수렴여부를 판정할 수 있다.

연속함수 $f(x)$가 $f(x) > 0$이고 감소함수일 때

1) $\displaystyle\int_{1}^{\infty} f(x)dx$가 수렴하면 $\displaystyle\sum_{n=1}^{\infty} f(n)$도 수렴한다.

2) $\displaystyle\int_{1}^{\infty} f(x)dx$가 발산하면 $\displaystyle\sum_{n=1}^{\infty} f(n)$도 발산한다.

(논제1) $x > 0$일 때, 다음 부등식이 성립함을 보여라.

$$\frac{1}{x+1} < \ln(x+1) - \ln x < \frac{1}{x}$$

(논제2) $n(n \ge 2)$을 양의 정수라 할 때, 다음 부등식이 성립함을 보여라.

$$\frac{1}{2} + \frac{1}{3} + \cdots + \frac{1}{n} < \ln n < 1 + \frac{1}{2} + \cdots + \frac{1}{n-1}$$

(논제3) 무한급수 $\displaystyle\sum_{n=1}^{\infty} \frac{1}{n} = 1 + \frac{1}{2} + \frac{1}{3} + \cdots + \frac{1}{n} + \cdots$이 발산함을 보여라.

[문제3] 다음 제시문을 읽고 물음에 답하시오.

(가) **[평균값 정리]**

함수 $f(x)$가 닫힌 구간 $[a, b]$에서 연속이고 열린 구간 (a, b)에서 미분 가능하면

$$\frac{f(b) - f(a)}{b - a} = f'(c) \text{ (단, } a < c < b)$$

인 c가 적어도 하나는 존재한다.

(나) 함수 $f(x)$가 어떤 구간에서 미분 가능하고 그 구간에서 항상 $f'(x) > 0$이면 $f(x)$는 그 구간에서 단조증가 한다.

(다) 부동점과 극한값이 같은 말이 아니지만 수열의 극한 문제에서는 대부분의 경우 부동점 이 곧 극한값이기에 비슷하다. 부동점 이론은 일반항을 구할 수 없을 때, 초항 a_1과 점화식 $a_{n+1} = f(a_n)$이 주어지고 a_n의 추세를 구하는 문제이다. 수학에서 함수의 부동점은 함수에 의해 자신의 점에 대응되는 점을 의미한다. 다시 말해서, x가 함수 $f(x)$의 부동점이기 위한 필요충분조건은 $f(x) = x$이다.

부동점의 활용은 다음의 형식으로 이루어진다.

수열 $\{x_n\}$에 대해서 $f(x_n) = x_{n+1}$을 만족하는 함수 f를 찾자. 다음에 $f(x) = x$를 만족하는 x를 α라고 하자. 그리고 다음과 같이 식을 변형하자

$$|x_{n+1} - \alpha| = \left|\frac{x_{n+1} - \alpha}{x_n - \alpha}\right| |x_n - \alpha| = \left|\frac{f(x_n) - f(\alpha)}{x_n - \alpha}\right| |x_n - \alpha|$$

이때 대부분의 문제에서 함수, f는 미분 가능한 함수로 주어지기 때문에 $\left|\dfrac{f(x_n) - f(\alpha)}{x_n - \alpha}\right|$에 평균값 정리를 적용할 수 있다.

대부분의 문제는 평균값 정리를 적용 시 $\left|\dfrac{f(x_n) - f(\alpha)}{x_n - \alpha}\right| < c < 1$ 임을 보일 수 있기 때문에 $|x_{n+1} - \alpha| < c^n |x_1 - \alpha|$와 같은 식이 성립하고 $\lim_{n \to \infty} x_n = \alpha$임을 보일 수 있다.

(라) 수열 $\{a_n\}$, $\{b_n\}$이 수렴하고 $\lim_{n \to \infty} a_n = \alpha$, $\lim_{n \to \infty} b_n = \beta$일 때, 수열 $\{c_n\}$이 모든 자연수 n에 대하여 $a_n \le c_n \le b_n$이고, $\alpha = \beta$이면 $\lim_{n \to \infty} c_n = \alpha$이다.

(논제1) 다음 물음에 답하여라.

(1) x에 관한 정식 $f(x)$가 $(x - a)^2$로 나누어떨어지기 위한 필요충분조건은 $f(a) = 0$, $f'(a) = 0$인 것을 보여라.

(2) n을 자연수라고 할 때, 정식 $f_n(x) = a_n x^{n+1} + b_n x^n + 1$ 이 $(x-1)^2$ 으로 나누어떨어지도록 a_n, b_n을 정하여라.

(3) (2)의 $f_n(x)$을 $(x-1)^2$ 로 나누었을 때의 몫을 구하여라.

(논제2) 다음 물음에 답하여라.

(1) 함수 $f(x) = (x+2)e^{-x}$ 의 도함수 $f'(x)$는 $x > 0$에서 단조증가하는 것을 증명하여라.

(2) $0 < a < b$ 일 때 $-(a+1)e^{-a} < \dfrac{(b+1)e^{-b} - (a+2)e^{-a}}{b-a} < -(b+1)e^{-b}$ 가 성립함을 증명하여라.

(논제3) $f(x) = \dfrac{3}{2}x(1-x)$로 하고 수열 $\{a_n\}$을 $a_1 = \dfrac{1}{2}$, $a_{n+1} = f(a_n)$ $(n = 1, 2, \cdots)$에 의해서 정할 때 다음 물음에 답하여라.

(1) $n \geq 2$ 일 때 $\dfrac{1}{3} < a_n < \dfrac{1}{2}$ 인 것을 보여라.

(2) $n \geq 1$ 일 때 평균값 정리를 이용하여 $\dfrac{a_{n+1} - \dfrac{1}{3}}{a_n - \dfrac{1}{3}} < \dfrac{1}{2}$ 인 것을 보여라.

(3) $\lim_{n \to \infty} a_n$ 의 값을 구하여라.

[문제4] 다음 제시문을 읽고 물음에 답하시오.

(가) x에 관한 다항식 $f(x)$가 $(x-a)^2$으로 나누어떨어지기 위한 필요충분조건은 $f(a)=0$ $f'(a)=0$ 이다.

(나) 함수 $f(x)$가 어떤 구간에서 미분 가능하고 그 구간에서 항상 $f'(x)>0$이면 $f(x)$는 그 구간에서 단조증가 한다.

(다) **[평균값 정리]**
   함수 $f(x)$가 닫힌 구간 $[a,b]$에서 연속이고 열린 구간 (a,b)에서 미분 가능하면
   $$\frac{f(b)-f(a)}{b-a}=f'(c) \ (단, a<c<b)$$
   인 c가 적어도 하나는 존재한다.

(논제1) n을 자연수라고 할 때, 다항식 $f(x)=a_n x^{n+1}+b_n x^n+1$이 $(x-1)^2$으로 나누어떨어지도록 a_n, b_n을 구하여라.

(논제2) 함수 $f(x)=(x+2)e^{-x}$의 도함수 $f'(x)$는 $x>0$에서 단조증가 하는 것을 보이고, 이를 이용하여 $0<a<b$일 때 $-(a+1)e^{-a}<\dfrac{(b+2)e^{-b}-(a+2)e^{-a}}{b-a}<-(b+1)e^{-b}$가 성립함을 증명하여라.

(논제3) 함수 $f(x)=\dfrac{3}{2}x(1-x)$라 하고 수열 $\{a_n\}$에 대하여 $a_1=\dfrac{1}{2}$, $a_{n+1}=f(a_n)$ $(n=1,2,\cdots)$ 이고, $\dfrac{1}{3}<a_n<\dfrac{1}{2}$ $(n\geq 2)$만족될 때, $\dfrac{3a_{n+1}-1}{3a_n-1}<\dfrac{1}{2}$ 임을 보여라.

[문제5] 다음 제시문을 읽고 물음에 답하시오.

(가) **[평균값 정리]**

함수 $f(x)$가 닫힌 구간 $[a, b]$에서 연속이고 열린 구간 (a, b)에서 미분 가능하면

$$\frac{f(b) - f(a)}{b - a} = f'(c) \ (\text{단}, a < c < b)$$

인 c가 적어도 하나는 존재한다.

(나) **[정적분과 부등식의 관계]**

$a \leq x \leq b$에서 $f(x) \leq g(x)$이면 $\displaystyle\int_a^b f(x)dx \leq \int_a^b g(x)dx$가 성립한다.

여기서 등호가 성립하는 것은 구간 $[a, b]$에서 항상 $f(x) = g(x)$일 때이다.

(다) **[조임정리]**

수열 $\{a_n\}$, $\{b_n\}$이 수렴하고 $\displaystyle\lim_{n \to \infty} a_n = \alpha$, $\displaystyle\lim_{n \to \infty} b_n = \beta$일 때, 수열 $\{c_n\}$이 모든 자연수 n에 대하여

$a_n \leq c_n \leq b_n$이고, $\alpha = \beta$이면 $\displaystyle\lim_{n \to \infty} c_n = \alpha$이다.

(논제1) 다음 부등식을 증명하시오.

$$\frac{1}{1 + x} < \ln(1 + x) - \ln x < \frac{1}{x}$$

(논제2) 다음 부등식이 성립하는 것을 보이시오.

$$x + \frac{1}{1 + e^x} < \ln(1 + e^x) < x + \frac{1}{e^x}$$

(논제3) $\displaystyle\lim_{a \to \infty} \frac{1}{a^2} \int_0^a \ln(1 + e^x)dx$를 구하시오.

[문제6] 다음 제시문을 읽고 물음에 답하시오.

(가) **[평균값 정리]**

함수 $f(x)$가 닫힌 구간 $[a, b]$에서 연속이고 열린 구간 (a, b)에서 미분 가능하면,

$$\frac{f(b) - f(a)}{b - a} = f'(c) \ (단, a < c < b)$$

인 c가 적어도 하나는 존재한다.

(나) **[정적분과 미분의 관계]**

함수 $f(x)$가 닫힌 구간 $[a, b]$에서 연속일 때, 함수 $F(x)$를 $F(x) = \displaystyle\int_a^x f(t)dt$ 와 같이 정의하자.

그러면 $F(x)$는 $x \in [a, b]$에서 연속이고 $\dfrac{d}{dx}F(x) = f(x)$가 $x \in (a, b)$에 대해서 성립한다.

(논제1) 실수 $a_0, a_1, a_2, \cdots, a_{n-1}, a_n$ 이 다음을 만족시킨다.

$$a_0 + \frac{a_1}{2} + \frac{a_2}{3} + \cdots + \frac{a_{n-1}}{n} + \frac{a_n}{n+1} = 0$$

이때, 방정식

$$a_0 + a_1 x + a_2 x^2 + \cdots + a_{n-1}x^{n-1} + a_n x^n = 0$$은 0과 1 사이에 실근을 가짐을 증명하여라.

(논제2) 적분의 평균값 정리를 이용하여

$$f(x) = a_0 + a_1 x + a_2 x^2 + \cdots + a_{n-1}x^{n-1} + a_n x^n \ 라 할 때,$$

$$f(\sin x) = a_0 + \frac{a_1}{2} + \frac{a_2}{3} + \cdots + \frac{a_{n-1}}{n} + \frac{a_n}{n+1} \left(0 < \theta < \frac{\pi}{2}\right) \ 가 되는 \ \theta 가 반드시 존재함을 보여라.$$

[문제7] 다음 제시문을 읽고 물음에 답하시오.

(가) **[평균값 정리]**

함수 $f(x)$가 닫힌 구간 $[a, b]$에서 연속이고 열린 구간 (a, b)에서 미분 가능하면,

$$\frac{f(b) - f(a)}{b - a} = f'(c) \text{(단, } a < c < b)$$

인 c가 적어도 하나는 존재한다.

(나) **[정적분과 미분의 관계]**

함수 $f(x)$가 닫힌 구간 $[a, b]$에서 연속일 때, 함수 $F(x)$를 $F(x) = \int_a^x f(t)dt$와 같이 정의 하자. 그

러면 $F(x)$는 $x \in [a, b]$에서 연속이고 $\frac{d}{dx}F(x) = f(x)$가 $x \in (a, b)$에 대해서 성립한다.

(논제1) 함수 $f(x)$가 닫힌 구간 $[a, b]$에서 연속이면, $\dfrac{1}{b-a}\displaystyle\int_a^b f(x)dx = f(c)$를 만족하는 c가 열린 구

간 (a, b)에 존재함을 보이시오.

(논제2) 자연수 n에 대하여, 0이 아닌 실수 $a_0, a_1, \ldots, a_n$이 $\dfrac{a_0}{1} + \dfrac{a_1}{3} + \dfrac{a_2}{5} + \cdots + \dfrac{a_n}{2n+1} = 0$을 만족한

다. 이때 방정식 $a_0 + a_1 x^2 + a_2 x^4 + \cdots + a_n x^{2n} = 0$의 실근이 적어도 두 개임을 보이시오.

[문제] 다음 제시문을 읽고 물음에 답하여라.

(가) 삼각 치환 적분(三角置換積分)은 적분법 중 하나로, 변수를 직접 적분하기 어려울 때 삼각함수의 성질을 이용하기 위해 변수를 삼각함수로 치환하여 적분하는 방법이다.

$\int \dfrac{1}{x^2 + a^2} dx$ 일 때, $x = a\tan\theta$ $\left(\text{단}, -\dfrac{\pi}{2} \leq \theta \leq \dfrac{\pi}{2}\right)$ 로 치환하여 적분계산 가능하다.

(나) 자연수 n에 대하여 명제 $P(n)$이 모든 자연수에 대하여 성립함을 증명하려면 다음 두 가지를 보이면 된다.

(i) $n = 1$일 때 명제 $P(n)$이 성립한다.

(ii) $n = k$일 때 명제 $P(n)$이 성립한다고 가정하면, $n = k+1$일 때에도 명제 $P(n)$이 성립한다.

이와 같은 증명을 수학적 귀납법이라 한다.

(다) 부동점과 극한값이 같은 말이 아니지만 수열의 극한 문제에서는 대부분의 경우 부동점이 곧 극한값이기에 비슷하다. 부동점 이론은 일반항을 구할 수 없을 때, 초항 a_1과 점화식 $a_{n+1} = f(a_n)$이 주어지고 a_n의 추세를 구하는 문제이다. 수학에서 함수의 부동점은 함수에 의해 자신의 점에 대응되는 점을 의미한다. 다시 말해서, x가 함수 $f(x)$의 부동점이기 위한 필요충분조건은 $f(x) = x$이다.

부동점의 활용은 다음의 형식으로 이루어진다.

수열 $\{x_n\}$에 대해서 $f(x_n) = x_{n+1}$을 만족하는 함수 f를 찾자. 다음에 $f(x) = x$를 만족하는 x를 α라고 하자. 그리고 다음과 같이 식을 변형하자.

$$|x_{n+1} - \alpha| = \left|\dfrac{x_{n+1} - \alpha}{x_n - \alpha}\right| |x_n - \alpha| = \left|\dfrac{f(x_n) - f(\alpha)}{x_n - \alpha}\right| |x_n - \alpha|$$

이때 대부분의 문제에서 함수, f는 미분 가능한 함수로 주어지기 때문에 $\left|\dfrac{f(x_n) - f(\alpha)}{x_n - \alpha}\right|$에 평균값 정리를 적용할 수 있다. 대부분의 문제는 평균값 정리를 적용 시 $\left|\dfrac{f(x_n) - f(\alpha)}{x_n - \alpha}\right| < c < 1$임을 보일 수 있기 때문에 $|x_{n+1} - \alpha| < c^n |x_1 - \alpha|$와 같은 식이 성립하고 $\lim_{n\to\infty} x_n = \alpha$임을 보일 수 있다.

(논제) $f(x)=\displaystyle\int_0^x \frac{4\pi}{t^2+\pi^2}dt$ 이고, $c \geq \pi$ 라 하자. 수열 $\{a_n\}$은 $a_1 = c$, $a_{n+1}=f(a_n)$ $(n=1, 2, \cdots)$ 이라 한다.

(논제1) $f(\pi)$를 구하여라. 또한, $x \geq \pi$일 때, $0 < f'(x) \leq \dfrac{2}{\pi}$가 성립함을 보여라.

(논제2) 모든 자연수 n에 대하여 $a_n \geq \pi$가 성립함을 보여라.

(논제3) 모든 자연수 n에 대하여 $|a_{n+1} - \pi| \leq \dfrac{2}{\pi}|a_n - \pi|$가 성립함을 보여라.

또한, $\displaystyle\lim_{n \to \infty} a_n$을 구하여라.

Note

제10장

점화식과 미분

[문제1] 다음 제시문을 읽고 물음에 답하시오.

(가) 함수 $f(x) = x^3 - 3x$의 그래프 위의 점 $(a_0, f(a_0))$ (단, $a_0 > 3$)에서 접선을 긋고, x축과의 교점을 $(a_1, 0)$라고 한다. 다음에 점 $(a_1, f(a_1))$에서 접선을 긋고, x축과의 교점을 $(a_2, 0)$으로 한다. 이하 마찬가지로 점 $(a_{n-1}, f(a_{n-1}))$에서 접선을 긋고, x축과의 교점을 $(a_n, 0)$으로 한다.

(나) 자연수 n에 대하여 명제 $P(n)$이 모든 자연수에 대하여 성립함을 증명하려면 다음 두 가지를 보이면 된다.
    (i) $n = 1$일 때 명제 $P(n)$이 성립한다.
    (ii) $n = k$일 때 명제 $P(n)$이 성립한다고 가정하면, $n = k+1$일 때에도 명제 $P(n)$이 성립한다.
이와 같은 증명을 수학적 귀납법이라 한다.

(다) 모든 자연수 n에 대하여, $a_{n+1} < a_n$이 성립하고, 실수 K가 존재하여 모든 자연수 n에 대하여 $a_n > K$이 성립하면 수열 $\{a_n\}$은 수렴한다.

(라) 수열 $\{a_n\}$, $\{b_n\}$이 수렴하고 $\lim\limits_{n \to \infty} a_n = \alpha$, $\lim\limits_{n \to \infty} b_n = \beta$일 때, 수열 $\{c_n\}$이 모든 자연수 n에 대하여 $a_n \leq c_n \leq b_n$이고, $\alpha = \beta$이면 $\lim\limits_{n \to \infty} c_n = \alpha$이다.

(**논제1**) 제시문 (가)의 주어진 조건에서 a_n을 a_{n-1}의 식으로 나타내어라.

(**논제2**) $a_0 > a_1 > a_2 > \cdots > a_{n-1} > a_n \cdots > \sqrt{3}$ 이 됨을 보여라.

(**논제3**) $\lim\limits_{n \to \infty} a_n$을 구하여라.

[문제2] 다음 제시문을 읽고 물음에 답하시오.

(가) 다항함수 $P(x) = x^2 - 4$의 그래프 위의 점 $Q_0(3, P(3))$에서 그래프의 접선이 x축과 만나는 점의 x좌표를 a_1이라 하고, 점 $Q_1(a_1, P(a_1))$에서 그래프의 접선이 x축과 만나는 점의 x좌표를 a_2이라 하고, 점 $Q_2(a_2, P(a_2))$에서 그래프의 접선이 x축과 만나는 점의 x 좌표를 a_3이라 하자. 이와 같은 방법으로, 자연수 n에 대하여, a_n이 주어졌을 때, 점 $Q_n(a_n, P(a_n))$에서 그래프의 접선이 x축과 만나는 점의 x좌표를 a_{n+1}이라 하자.

(나) 열린 구간 (a, b) $(a < b)$의 모든 원소 x에서 $P'(x) > 0$이 성립하는 다항함수 $P(x)$에 대하여, 원소 $y, z \in (a, b)$가 $y < z$를 만족하면 $P(y) < P(z)$가 성립한다.

(다) 모든 자연수 n에 대하여, $a_{n+1} < a_n$이 성립하고, 실수 K가 존재하여 모든 자연수 n에 대하여 $a_n > K$이 성립하면 수열 $\{a_n\}$은 수렴한다.

(라) 수렴하는 수열 $\{a_n\}$과 $\{b_n\}$에 대하여 $\lim\limits_{n \to \infty} (a_n + b_n) = \lim\limits_{n \to \infty} a_n + \lim\limits_{n \to \infty} b_n$이 성립하며, $\lim\limits_{n \to \infty} a_n \neq 0$

인 경우 $\lim\limits_{n \to \infty} \dfrac{b_n}{a_n} = \dfrac{\lim\limits_{n \to \infty} b_n}{\lim\limits_{n \to \infty} a_n}$이 성립한다.

(논제1) a_1을 구하고, 모든 자연수 n에 대하여 $a_{n+1} = a_n - \dfrac{P(a_n)}{P'(a_n)}$이 성립함에 관하여 논하시오.

(논제2) 수학적 귀납법에 의하여, 모든 자연수 n에 대하여 $a_n > K$이 성립하는 실수 K가 존재함에 관하여 논하고, 모든 자연수 n에 대하여, $a_{n+1} < a_n$이 성립함에 관하여 논하시오.

(논제3) 열린 구간 $(0, 3)$에서 $P(x) = 0$의 해는 하나만 존재함을 보이고, $\lim\limits_{n \to \infty} a_n = a$라 할 때, 그 해가 a임에 관하여 논하시오.

[문제] 다음 제시문을 읽고 물음에 답하여라.

(가) 곡선 $f(x) = (2x-1)^3$이 있다. 수열 $\{x_n\}$은 다음과 같이 정의한다.

$x_1 = 2$이고, $x_{n+1}(n \geq 1)$은 점 $(x_n, f(x_n))$에서 곡선 $y = f(x)$에 그은 접선의 방정식이 x축과 만나는 x의 좌표를 나타낸다.

(나) 곡선 $y = f(x)$ 위의 점 $P(a, f(a))$에서의 접선의 기울기는 $x = a$에서의 미분계수 $f'(a)$와 같다. 따라서 곡선 $y = f(x)$ 위의 한 점 P에서의 접선은 점 $(a, f(a))$를 지나고 기울기가 $f'(a)$인 직선이므로 접선의 방정식은 다음과 같다.

$$y - f(a) = f'(a)(x - a)$$

(다) $a_{n+1} = pa_n + q$로 정의되는 수열 $\{a_n\}$의 일반항 a_n은 다음의 방법으로 구할 수 있다.

$a_{n+1} = pa_n + q \cdots\cdots$ ① $a_{n+1} - \alpha = p(a_n - \alpha) \cdots\cdots$ ②

①은 반드시 ②의 꼴로 변형되며 이때의 α의 값은 ①의 a_{n+1}, a_n 대신에 α를 대입하여 $\alpha = p\alpha + q$에서 구한다. 즉, $a_{n+1} = pa_n + q$의 양변에 α를 빼면,

$$a_{n+1} - \alpha = pa_n + q - \alpha = p\left(a_n - \frac{\alpha - q}{p}\right)$$

여기서 $\alpha = \frac{\alpha - q}{p}$(곧, $\alpha = p\alpha + q$)로 놓으면, $a_{n+1} - \alpha = p(a_n - \alpha)$

따라서, 수열 $\{a_n - \alpha\}$은 첫째항 $(a_1 - \alpha)$, 공비 p인 등비수열을 이룬다.

$\therefore \quad a_n - \alpha = (a_1 - \alpha)p^{n-1} \quad \therefore \quad a_n = \alpha + (a_1 - \alpha)p^{n-1}$

(논제1) 점 $(t, f(t))$에서 곡선 $y = f(x)$에 그은 접선의 방정식을 구하여라. 만약, $t \neq \frac{1}{2}$이라 하면 접선의 방정식이 x축과 만나는 x의 좌표를 구하여라.

(논제2) $x_n > \frac{1}{2}$임을 보여라. 또한, x_n을 n의 식으로 나타내어라.

(논제3) $|x_{n+1} - x_n| < \frac{3}{4} \times 10^{-5}$을 만족하는 최소의 자연수 n을 구하여라.

여기서, $0.301 < \log 2 < 0.302$, $0.477 < \log 3 < 0.478$이다.

Note

제11장

트로코이드, 사이클로이드와 매개변수

[문제1] 다음 제시문을 읽고 물음에 답하여라.

(가) 반지름 1인 원판의 중심을 A, 그 둘레 위의 한 점을 P로 한다. 또한 선분 AP 위의 한 점을 Q로 한다. 선분 AQ의 길이 a는 $0 < a < 1$로 한다. 이 원판을 그림과 같이 xy 평면 내에서 x축에 접하면서 미끄러지는 일 없이, x축 양의 방향으로 회전시킨다. P의 최초의 위치를 원점 O로 하여 원판이 회전한 각도가 θ라디안일 때의 Q의 위치의 좌표를 (x, y)로 한다.

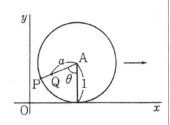

또한, 두 벡터 $\vec{a} = (a_1, a_2)$, $\vec{b} = (b_1, b_2)$와 실수 k에 대하여
$\vec{a} + \vec{b} = (a_1 + b_1, a_2 + b_2)$, $\vec{a} - \vec{b} = (a_1 - b_1, a_2 - b_2)$, $k\vec{a} = (ka_1, ka_2)$으로 나타낼 수 있다.

(나) 두 함수 $f(t)$, $g(t)$가 미분 가능하고 $f'(t) \neq 0$일 때, 매개변수로 나타내어진 함수 $x = f(t)$, $y = g(t)$의 도함수는

$$\frac{dy}{dx} = \frac{\dfrac{dy}{dt}}{\dfrac{dx}{dt}} = \frac{g'(t)}{f'(t)}$$

(다) **[적분과 도형의 넓이]**
구간 $[a, b]$에서 도형의 넓이는 다음과 같이 표현된다.
$$S = \int_a^b y \, dx$$

(라) **[삼각함수의 반각공식]**
$$\sin^2 \frac{x}{2} = \frac{1 - \cos x}{2}, \quad \cos^2 \frac{x}{2} = \frac{1 + \cos x}{2}$$

(논제1) x, y 및 $\dfrac{dy}{dx}$를 θ로 나타내어라.

(논제2) Q가 xy평면에 그리는 곡선 C는, y를 x의 함수로 하여 $y = f(x)$로 나타냈을 때의 그래프이다. $0 \leq \theta \leq 4\pi$의 범위에서 $\dfrac{dy}{dx}$의 부호를 조사하여 $y = f(x)$의 증감표를 만들고, C의 개형을 그려라.

(논제3) 곡선 C, x축, y축 및 $x = 2\pi$에서 둘러싸인 부분의 넓이를 구하여라.

[문제2] 다음 제시문을 읽고 물음에 답하여라.

(가) **[트로코이드(trochoid)]**

트로코이드(trochoid)는 직선을 따라 굴러가는 원에 붙어있는 점의 자취로 그려지는 곡선이다. 반지름이 a인 원이 직선 L 위를 미끄러지지 않고 구를 때, 원의 중심 C는 L과 평행하게 움직이며, 원 위의 회전하는 면 위에 있는 점 P는 트로코이드라 불리는 곡선을 그리게 된다. $CP = b$라고 하자, P가 원 내부에 있다면, $b < a$를 만족하고, 원주에 있다면, $b = a$(이 경우는 사이클로이드이다.), 원 바깥에 있다면, $b > a$를 만족한다.

(나) 좌표평면 위에 반지름 a의 원이 그 중심이 $(0, a)$인 것처럼 놓여 있다. 좌표 $(0, a-r)$를 갖는 원의 내부의 점을 P로 한다. 단, $0 < r < a$로 한다. 이 원이 x축에 접하면서 미끄러지지 않고 x축의 양의 방향으로 회전한다.

또한, 두 벡터 $\vec{a} = (a_1, a_2)$, $\vec{b} = (b_1, b_2)$와 실수 k에 대하여
$\vec{a} + \vec{b} = (a_1 + b_1, a_2 + b_2)$, $\vec{a} - \vec{b} = (a_1 - b_1, a_2 - b_2)$, $k\vec{a} = (ka_1, ka_2)$으로 나타낼 수 있다.

(다) **[적분과 도형의 넓이]**

구간 $[a, b]$에서 도형의 넓이는 다음과 같이 표현된다.

$$S = \int_a^b y \, dx$$

(라) **[삼각함수의 반각공식]**

$$\sin^2 \frac{x}{2} = \frac{1 - \cos x}{2}, \ \cos^2 \frac{x}{2} = \frac{1 + \cos x}{2}$$

(논제1) 점 P가 그리는 자취의 방정식을 구하여라.

(논제2) 이 자취와 x축, y축 및 직선 $x = 2\pi a$로 둘러싸인 도형의 넓이를 구하여라.

[문제3] 제시문을 읽고 물음에 답하시오.

(가) 사이클로이드 곡선은 적당한 반지름을 갖는 원 위에 한 점을 찍고, 그 원을 한 직선 위에서 굴렸을 때 점이 그리며 나아가는 곡선이다. 동점 P의 좌표 (x, y)가 θ를 매개변수로 하여

$$x = a(\theta - \sin\theta), \ y = a(1 - \cos\theta) \ (a > 0, \ 0 \leq \theta \leq 2\pi)$$로 나타내어진다. 17세기 여러 수학자들이 사이클로이드 가지고 서로 먼저 발견했다고 싸우면서 불화의 사과라는 별명을 갖고 있고 비운의 천재 파스칼이 수학을 그만둔 뒤 극심한 치통을 잊기 위해 8일간 밤낮으로 연구해서 사이클로이드 곡선에 대해 모든 성질을 증명했다고 한다.

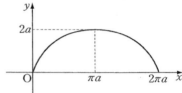

(나) [삼각함수의 공식]

(1) 삼각함수의 반각공식

$$\sin^2 \frac{x}{2} = \frac{1 - \cos x}{2}, \ \cos^2 \frac{x}{2} = \frac{1 + \cos x}{2}$$

(2) 3배각 공식

$$\sin 3\alpha = 3\sin\alpha - 4\sin^3\alpha, \ \cos 3\alpha = 4\cos^3\alpha - 3\cos\alpha$$

(다) [이계도함수]

함수 $y = f(x)$의 도함수 $f'(x)$가 미분 가능할 때, $f'(x)$의 도함수 $\lim\limits_{\Delta x \to 0} \dfrac{f'(x + \Delta x) - f'(x)}{\Delta x}$

를 $f(x)$의 이계도함수라 하고, 기호로 다음과 같이 나타낸다.

$$y'', f''(x), \frac{d^2 y}{dx^2}, \frac{d^2}{dx^2} f(x)$$

$f''(x) > 0$인 경우는 아래로 볼록을 의미하고 $f''(x) < 0$은 위로 볼록을 의미한다. 또한, 매개변수의 이계도함수는 두 번 미분 가능한 $x = f(t)$, $y = g(t)$에서

$$\frac{d^2 y}{dx^2} = \frac{d}{dx}\left(\frac{dy}{dx}\right) = \frac{dy'}{dx} = \frac{\dfrac{dy'}{dt}}{\dfrac{dx}{dt}}$$

로 표현된다.

(라) [적분과 도형의 넓이, 회전체 부피, 겉넓이, 곡선의 길이]

구간 $[a, b]$에서 도형의 넓이는 다음과 같이 표현된다.

$$S_1 = \int_a^b y \, dx$$

구간 $[a, b]$에서 x축 둘레로 회전하는 도형의 부피는 다음과 같이 표현된다.

$$V = \pi \int_a^b y^2 \, dx$$

구간 $[a, b]$에서 x축 둘레로 회전하는 도형의 겉넓이는 다음과 같이 표현된다.

$$S_2 = 2\pi \int_a^b y \sqrt{1 + \{f'(x)\}^2} \, dx \ \text{또는} \ S_2 = 2\pi \int_\alpha^\beta g(t) \sqrt{\left(\frac{dx}{dt}\right)^2 + \left(\frac{dy}{dt}\right)^2} \, dt$$

구간 $[a, b]$에서 곡선의 길이는 다음과 같이 표현된다.

$$L = \int_a^b \sqrt{1 + \left(\frac{dy}{dx}\right)^2}\, dx = \int_a^b \sqrt{1 + \{f'(x)\}^2}\, dx$$

$$L = \int_\alpha^\beta \sqrt{\{f'(t)\}^2 + \{g'(t)\}^2}\, dt = \int_\alpha^\beta \sqrt{\left(\frac{dx}{dt}\right)^2 + \left(\frac{dy}{dt}\right)^2}\, dt$$

(마) **[정적분의 치환적분법과 부분적분법]**

구간 $[a, b]$ 에서 연속인 함수 $f(x)$에 대하여, 미분 가능한 함수 $x = g(t)$의 도함수 $g'(t)$가 구간 $[\alpha, \beta]$에서 연속이고, $a = g(\alpha)$, $b = g(\beta)$이면

$$\int_a^b f(x)dx = \int_\alpha^\beta f(g(t))g'(t)\, dt$$

두 함수 $f(x)$, $g(x)$가 미분 가능하고, $f'(x)$, $g'(x)$가 연속일 때,

$$\int_a^b f(x)g'(x)dx = [f(x)g(x)]_a^b - \int_a^b f'(x)g(x)dx$$

(논제1) 동점 P의 좌표 (x, y)가 θ를 매개변수로 하여 $x = a(\theta - \sin\theta)$, $y = a(1 - \cos\theta)$ $(a > 0, 0 \leq \theta \leq 2\pi)$로 나타내어질 때, 점 P가 그리는 곡선이 위로 볼록한 그래프가 됨을 보이시오

(논제2) 동점 P의 좌표 (x, y)가 θ를 매개변수로 하여 $x = a(\theta - \sin\theta)$, $y = a(1 - \cos\theta)$ $(a > 0, 0 \leq \theta \leq 2\pi)$로 나타내어질 때, 점 P가 그리는 곡선과 x축으로 둘러싸인 부분의 넓이를 구하여라.

(논제3) 동점 P의 좌표 (x, y)가 θ를 매개변수로 하여 $x = a(\theta - \sin\theta)$, $y = a(1 - \cos\theta)$ $(a > 0, 0 \leq \theta \leq 2\pi)$로 나타내어질 때, 점 P가 그리는 곡선의 길이를 구하여라.

(논제4) 동점 P의 좌표 (x, y)가 θ를 매개변수로 하여 $x = a(\theta - \sin\theta)$, $y = a(1 - \cos\theta)$ $(a > 0, 0 \leq \theta \leq 2\pi)$로 나타내어질 때, 점 P가 그리는 곡선과 x축으로 둘러싸인 부분을 x축 둘레로 회전할 때 생기는 입체의 부피를 구하여라.

(논제5) 동점 P의 좌표 (x, y)가 θ를 매개변수로 하여 $x = a(\theta - \sin\theta)$, $y = a(1 - \cos\theta)$ $(a > 0, 0 \leq \theta \leq 2\pi)$로 나타내어질 때, 점 P가 그리는 곡선과 x축으로 둘러싸인 부분을 x축 둘레로 회전할 때 생기는 회전체의 겉넓이를 구하여라.

[문제4] 다음 제시문를 읽고 물음에 답하시오.

(가) 반지름이 a인 원이 x축 위를 양의 방향으로 구르면서 회전을 할 때, 원 주위의 두 점 P, Q의 운동에 대해서 생각하여 보자. 시각 $t = 0$에서 P는 원점 O이고, Q는 점 $(0, 2a)$이다. 원은 매초 1라디안의 속도로 회전을 한다. 이때 점 P의 시각 t에서의 좌표 (x, y)는 $x = a(t - \sin t)$, $y = a(1 - \cos t)$로 표현한다.

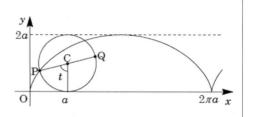

(나) 시각 t에서 각 좌표의 속도의 순서쌍 $\left(\dfrac{dx}{dt}, \dfrac{dy}{dt} \right)$을 시각 t에서 한 점의 속도라 하고

$\sqrt{\left(\dfrac{dx}{dt} \right)^2 + \left(\dfrac{dy}{dt} \right)^2}$ 을 각각 시각 t에서 한 점의 속력이라고 한다.

(다) 곡선의 방정식이 매개변수 t를 사용하여 $x = f(t)$, $y = g(t)$ $(a \leq t \leq b)$와 같이 나타내어질 때,

$$L = \int_a^b \sqrt{\{f'(t)\}^2 + \{g'(t)\}^2}\, dt = \int_a^b \sqrt{\left(\dfrac{dx}{dt} \right)^2 + \left(\dfrac{dy}{dt} \right)^2}\, dt$$

으로 나타낸다.

(논제1) 시각 t에서 원의 중심 C와 점 Q의 좌표를 구하여라.

(논제2) 시각 t에서 점 P의 속도벡터 $\overrightarrow{v_P} = \left(\dfrac{dx}{dt}, \dfrac{dy}{dt} \right)$를 구하여라. 또한 시각 t가 $0 \leq t \leq 2\pi$의 범위일 때, 속도 $|\overrightarrow{v_P}|$의 최댓값과 최솟값, 그 때의 P의 좌표를 구하여라.

(논제3) 시각 t에서 점 Q의 속도벡터 $\overrightarrow{v_Q}$를 구하여라. 또한, 내적 $\overrightarrow{v_P} \cdot \overrightarrow{v_Q}$를 구하여라.

(논제4) 시각 $t = \dfrac{\pi}{2}$에서 $t = \dfrac{3\pi}{2}$까지 움직일 때, 점 P의 운동 거리를 L_P, 점 Q의 운동 거리를 L_Q라 할 때, 이들의 값을 구하여라.

[문제5] 다음 제시문을 읽고 물음에 답하시오.

(가) **[매개변수로 나타낸 곡선의 길이]**

두 함수 $f(t)$, $g(t)$의 도함수 $f'(t)$, $g'(t)$가 모두 구간 (α, β)에서 연속일 때, 매개변수 t로 나타낸 곡선 $x = f(t)$, $y = g(t)$ $(\alpha \le t \le \beta)$의 길이 l은

$$l = \int_{\alpha}^{\beta} \sqrt{(f'(t))^2 + (g'(t))^2}\, dt$$

(나) **[삼각함수의 반각공식]**

$$\sin^2 \frac{x}{2} = \frac{1 - \cos x}{2}, \quad \cos^2 \frac{x}{2} = \frac{1 + \cos x}{2}$$

(다) **[정적분의 치환적분법]**

구간 $[a, b]$에서 연속인 함수 $f(x)$에 대하여, 미분 가능한 함수 $x = g(t)$의 도함수 $g'(t)$가 구간 $[\alpha, \beta]$에서 연속이고, $a = g(\alpha)$, $b = g(\beta)$이면

$$\int_{a}^{b} f(x)dx = \int_{\alpha}^{\beta} f(g(t))g'(t)\, dt$$

(라) **[정적분의 부분적분법]**

두 함수 $f(x)$, $g(x)$가 미분 가능하고, $f'(x)$, $g'(x)$가 연속일 때,

$$\int_{a}^{b} f(x)g'(x)dx = [f(x)g(x)]_{a}^{b} - \int_{a}^{b} f'(x)g(x)dx$$

(논제1) 반지름의 길이가 2인 원이 왼쪽에서 오른쪽으로 굴러갈 때, 원 위의 한 점이 그리는 자취의 방정식을 사이클로이드라 한다. 다음은 원점 O에서 출발한 점 P가 그리는 사이클로이드의 방정식을 원이 회전하는 각 θ $(0 \le \theta \le \frac{\pi}{2}$, 단위는 라디안)를 매개변수로 하여 나타내는 과정이다. 아래 그림을 참고하여 ( )안에 들어갈 수식 또는 값을 구하시오.

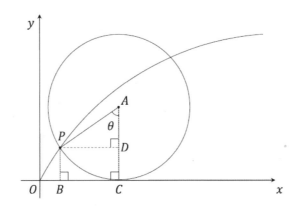

중심이 A이고 반지름의 길이가 2인 원이 x축 위를 θ만큼 굴러가면 원점 O에서 출발한 점 P의 위치는 위의 그림과 같다. 점 P의 좌표를 (x, y)라 하면 $x = \overline{OB} = \overline{OC} - \overline{BC}$이다.

여기서 $\overline{OC}$와 $\overline{BC}$를 θ를 이용하여 나타내 보자.

원이 x축 위를 굴러가면 $\overline{OC} = \overset{\frown}{PC}$ 이므로 $\overline{OC} = $ (가)이고, $\triangle APD$에서 $\overline{BC} = \overline{PD} = $ (나) 이다.

따라서 $x = $ (다)이다. 또 $y = \overline{PB} = \overline{AC} - \overline{AD} = 2 - \overline{AD}$인데, $\triangle APD$에서 $\overline{AD} = $ (라)이다.

따라서 $y = $ (마)이다.

(논제2) (논제1)에서는 편의상 $0 \leq \theta \leq \dfrac{\pi}{2}$로 제한하였으나, $\theta \geq \dfrac{\pi}{2}$일 때도 같은 방법으로 구하면 (논제1)에서 구한 방정식과 같다. 특히, $0 \leq \theta \leq 2\pi$일 때 사이클로이드 곡선 하나가 생기고 이후에는 같은 모양이 반복된다. 사이클로이드 곡선 하나의 길이를 구하시오.

(논제3) 자연수 k에 대하여, x축 구간 $[4(k-1)\pi,\ 4k\pi]$에서 사이클로이드와 x축 사이의 영역을 A_k라 하자. x좌표가 x인 점에서 밀도가 $\rho(x) = x$로 주어졌을 때, 영역 A_k의 질량 m_k는 $m_k = \displaystyle\int_{4(k-1)\pi}^{4k\pi} xy\, dx$ 이다. 이때 정적분 m_k를 계산하고, 이를 이용하여 극한값 $\displaystyle\lim_{n \to \infty} \frac{1}{n^3} \sum_{k=1}^{n} k m_k$를 구하시오.

[문제6] 다음 제시문를 읽고 물음에 답하시오.

(가) **[에피사이클로이드 (epicycloid)]**

사이클로이드(cycloid)란 직선을 따라 원이 굴러서 회전할 때 원주상의 한 점이 그리는 곡선이다. 이 때 원이 직선이 아니라 다른 원 위를 굴러서 회전하면 사이클로이드와는 다른 모습의 곡선이 나타난다. 원 B가 고정된 원 A의 바깥쪽을 굴러서 회전할 때, 원 B 위의 한 점이 그리는 곡선을 에피사이클로이드라고 한다.

고정된 원 A의 반지름의 길이 R와 둘레를 굴러 가는 원 B의 반지름의 길이 r 사이의 관계에 따라 곡선의 형태가 달라진다.

(나) xy 평면에서 원점을 중심으로 하는 반지름 2인 원을 A, 점 $(3, 0)$을 중심으로 하는 반지름 1인 원을 B로 한다. B가 A의 둘레 위를 반시계 방향으로 미끄러지지 않고 굴러 원래의 위치로 되돌아갈 때, 처음에 $(2, 0)$에 있었던 B 위의 점 P가 그리는 곡선을 C로 한다.

또한, 두 벡터 $\vec{a} = (a_1, a_2)$, $\vec{b} = (b_1, b_2)$와 실수 k에 대하여

$\vec{a} + \vec{b} = (a_1 + b_1,\ a_2 + b_2)$, $\vec{a} - \vec{b} = (a_1 - b_1,\ a_2 - b_2)$, $k\vec{a} = (ka_1, ka_2)$으로 나타낼 수 있다.

(다) **[적분과 곡선의 길이]**

구간 $[a, b]$에서 곡선의 길이는 다음과 같이 표현된다.

$$L = \int_a^b \sqrt{1 + \left(\frac{dy}{dx}\right)^2}\, dx = \int_a^b \sqrt{1 + \{f'(x)\}^2}\, dx$$

$$L = \int_\alpha^\beta \sqrt{\{f'(t)\}^2 + \{g'(t)\}^2}\, dt = \int_\alpha^\beta \sqrt{\left(\frac{dx}{dt}\right)^2 + \left(\frac{dy}{dt}\right)^2}\, dt$$

(라) **[삼각함수의 반각공식]**

$$\sin^2 \frac{x}{2} = \frac{1 - \cos x}{2},\ \cos^2 \frac{x}{2} = \frac{1 + \cos x}{2}$$

(논제1) C 위의 점에서 x좌표가 최대가 되는 점의 좌표를 구하여라.

(논제2) 곡선 C의 길이를 구하여라.

[문제7] 다음 제시문을 읽고 물음에 답하시오.

(가) **[에피사이클로이드 (epicycloid)]**

사이클로이드(cycloid)란 직선을 따라 원이 굴러서 회전할 때 원주상의 한 점이 그리는 곡선이다. 이때 원이 직선이 아니라 다른 원 위를 굴러서 회전하면 사이클로이드와는 다른 모습의 곡선이 나타난다. 원 B 가 고정된 원 A 의 바깥쪽을 굴러서 회전할 때, 원 B 위의 한 점이 그리는 곡선을 에피사이클로이드라고 한다. 고정된 원 A 의 반지름의 길이 R 와 둘레를 굴러 가는 원 B 의 반지름의 길이 r 사이의 관계에 따라 곡선의 형태가 달라진다.

(나) 다음 그림은 각각 $R = r$ 와 $R = 3r$ 일 때의 에피사이클로이드 곡선의 모양을 나타낸다.

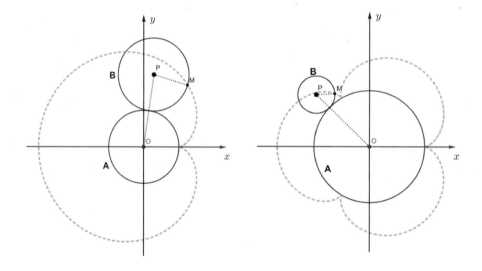

점 M 은 원 B 위의 점이다. 맨 처음 B 의 중점 P 는 양의 x 축 위에 있고, M 은 원 A 와의 교점이었다. 원 B 가 반시계 방향으로 원 A 위를 구르면서 제시문 (나)의 그림처럼 이동한다. 선분 $\overline{OP}$ 가 양의 x 축과 이루는 각을 θ 라고 할 때, M 의 좌표를 $(x(\theta), y(\theta))$ 라고 가정하고 다음 물음에 답하시오.

(논제1) $R = r = 1$ 라고 가정하면 $x(\theta) = 2\cos\theta - \cos(2\theta)$, $y(\theta) = 2\sin\theta - \sin(2\theta)$ 이다. 점 $\left(0, \dfrac{3^{1/4}(1+\sqrt{3})}{\sqrt{2}}\right)$ 에서 이 곡선의 접선의 기울기를 m 이라고 할 때, $3^{3/4}\sqrt{2}\, m$ 의 값을 구하시오.

(논제2) $R = 3r$ 이라고 가정하자. M 의 좌표 $(x(\theta), y(\theta))$ 를 구하고 이것을 이용하여, 에피사이클로이드 곡선의 길이 L 을 구하시오. (단, θ 의 범위는 $0 \le \theta \le 2\pi$ 이다.)

[문제8] 다음 제시문를 읽고 물음에 답하시오.

(가) xy평면 제 1사분면에 있는 점 H가, 원점 O를 중심으로 하는 반지름 a의 원 주위에 있다. 점 H에서 x축, y축으로 떨어지는 수선의 발 각각을 A, B라 하고, 점 H에서 선분 AB에 내린 수선의 발을 P라 하고, 선분 HP의 길이를 l, $\angle AHP = \theta$ 라 한다.

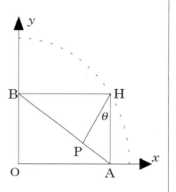

(나) **[인수분해 공식]**
$$a^3 + b^3 = (a+b)\left(a^2 - ab + b^2\right),$$
$$a^3 - b^3 = (a-b)\left(a^2 + ab + b^2\right)$$

(다) 삼각함수의 덧셈정리로부터 배각의 공식은 다음과 같다.

① $\sin 2\alpha = 2\sin\alpha\cos\alpha$

② $\cos 2\alpha = \cos^2\alpha - \sin^2\alpha = 2\cos^2\alpha - 1 = 1 - 2\sin^2\alpha$

③ $\tan 2\alpha = \dfrac{2\tan\alpha}{1 - \tan^2\alpha}$

(논제1) l을 a와 θ로 나타내어라.

(논제2) 점 $P(x, y)$의 좌표 (x, y)를 a와 θ로 나타내어라.

(논제3) 점 H가 원 주위를 움직일 때, 선분 OP의 길이의 최솟값을 구하여라.

[문제9] 다음 제시문을 읽고 아래 질문에 답하시오.

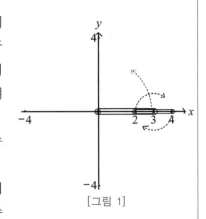

[그림 1]

일변수 함수로 직선 위의 움직임을 표현하는 데는 충분하지만 평면에 있는 점 $p(x, y)$의 움직임을 표현하기에는 부족하다. 예를 들어 인공위성의 이동을 추적하려 한다면 시간의 변화에 따른 인공위성의 위치를 알아야 한다. 이때 좌표를 설정하고 시간 t를 매개변수로 사용하여 위성의 위치를 나타내는 점 $P(x, y)$의 움직임을 방정식 $x = x(t), y = y(t)$로 표현할 수 있는데 이러한 방정식을 매개변수 방정식이라 한다.

놀이공원에서 볼 수 있는 오른쪽 [그림1]과 같은 스크램블러 (scrambler)는 회전하는 두 팔로 구성되어 있다. 길이가 $3\,m$인 안쪽 팔은 반시계방향으로 회전한다. 이 경우 각속도가 $\omega\,rad/sec$라고 가정하면 안쪽 팔 끝점의 위치는 매개변수방정식 $x = 3\cos\omega t, y = 3\sin\omega t$로 나타낼 수 있다. 안쪽 팔 끝에서는 한 쪽의 길이가 $1\,m$인 바깥쪽 팔이 시계방향으로 회전한다. 이 스크램블러의 바깥쪽 팔의 회전 속도는 안쪽 팔 회전 속도의 세 배라고 한다. [그림 1]과 같은 상태에서 바깥쪽 팔의 오른쪽 끝점에 한 사람을 태우고 스크램블러가 움직이기 시작하였다.

(논제1) 안쪽 팔의 각속도가 $1\,rad/sec$라고 할 때, 스크램블러의 안쪽 팔이 한 바퀴 회전하는 동안에 타고 있는 사람의 움직임을 나타내는 매개변수방정식을 구하고, 그 그래프를 좌표평면에 그리시오.

(논제2) 위의 (논제1)에서 구한 매개변수방정식을 이용하여 스크램블러에 타고 있는 사람의 속력이 0인 시각을 모두 구하고, (논제1)에서 그린 곡선의 길이를 구하시오.

(논제3) 위 (논제1)에서 그린 곡선으로 둘러싸인 영역의 넓이를 구하시오.

[문제10] 다음 제시문를 읽고 물음에 답하시오.

(가) xy평면의 곡선

$$C: x = \frac{\cos t}{1 - \sin t},\ y = \frac{\sin t}{1 - \cos t}\ \left(0 < t < \frac{\pi}{2}\right)$$

이다.

(나) 두 함수 $f(t)$, $g(t)$가 미분 가능하고 $f'(t) \neq 0$일 때, 매개변수로 나타내어진 함수
$x = f(t)$, $y = g(t)$의 도함수는

$$\frac{dy}{dx} = \frac{\dfrac{dy}{dt}}{\dfrac{dx}{dt}} = \frac{g'(t)}{f'(t)}$$

(다) 곡선 $y = f(x)$ 위의 점 $P(a, f(a))$에서의 접선의 기울기는 $x = a$에서의 미분계수 $f'(a)$와 같다.
따라서 곡선 $y = f(x)$ 위의 한 점 P에서의 접선은 점 $(a,\ f(a))$를 지나고 기울기가 $f'(a)$인 직선이
므로 접선의 방정식은 다음과 같다.

$$y - f(a) = f'(a)(x - a)$$

(라) 일반적으로 치환을 할 때 주의하여야 할 경우는 치환의 범위가 한정되는 경우가 있을 때이다.

(논제1) 곡선 C 위의 $t = \theta$에 대해, 대응하는 점 $P\left(\dfrac{\cos\theta}{1 - \sin\theta},\ \dfrac{\sin\theta}{1 - \cos\theta}\right)$에 접하는 C의 접선 l의 방정
식을 구하여라.

(논제2) $\alpha = \sin\theta + \cos\theta$이다. 점 $P\left(\dfrac{\cos\theta}{1 - \sin\theta},\ \dfrac{\sin\theta}{1 - \cos\theta}\right)$에서 접하는 C의 접선 l과 x축, y축으로
둘러싸인 삼각형의 넓이 S를 α식으로 나타내어라.

(논제3) $0 < \theta < \dfrac{\pi}{2}$일 때, (논제2)에서 구한 넓이 S값의 범위를 구하여라.

제12장

미분 일반과 최대, 최소

[문제1] 다음 제시문을 읽고 물음에 답하시오.

(가) $x > \dfrac{1}{2}$ 에서 정의된 미분 가능한 함수 $f(x)$가 항상 $f(x) > 0$, $f'(x) > 0$이고, $f(1) = 1$이다. 곡선 $y = f(x)$ 위의 점 $P(t, f(t))$에서의 접선과 x축과의 교점을 Q, P에서의 접선과 x축과의 교점을 R이라 한다. (단, $t > \dfrac{1}{2}$)

(나) 곡선 $y = f(x)$ 위의 점 $P(a, \ f(a))$에서의 접선의 방정식은 $y - f(a) = f'(a)(x - a)$이고, 접선에 수직인 법선의 방정식은 다음과 같다.

$$y - f(a) = -\frac{1}{f'(a)}(a)(x - a)$$

(다) 삼각형의 세 변을 a, b, c라 하고, 외접원의 반지름을 R이라하면 삼각형의 넓이 S는

$$S = \frac{abc}{4R} \quad R = \frac{abc}{4S}$$

(논제1) Q, R의 좌표를 구하여라.

(논제2) $\triangle PQR$의 외접원의 넓이를 S_1, $\triangle PQR$의 넓이를 S_2라 할 때, $\dfrac{S_1}{S_2}$를 구하여라.

(논제3) $\dfrac{S_1}{S_2} = \pi t f'(t)$가 성립할 때, $f'(x)$와 $f(x)$를 구하여라.

[문제2] 다음 제시문을 읽고 물음에 답하시오.

(가) 함수 $f(x)$가 닫힌 구간 $[a, b]$에서 연속이면, $f(x)$는 이 구간에서 반드시 최댓값과 최솟값을 갖는다. 이것을 최대 · 최소의 정리라 한다. 또한, 닫힌 구간 $[a, b]$에서 연속인 함수 $y = f(x)$의 최솟값은 구간의 양 끝점에서의 함숫값 $f(a)$, $f(b)$와 이 구간에서의 극솟값 중에서 가장 작은 값이다.

(나) 곡선 $y = f(x)$ 위의 점 $P(a, f(a))$에서의 접선의 기울기는 $x = a$에서의 미분계수 $f'(a)$와 같다. 따라서 곡선 $y = f(x)$ 위의 한 점 P에서의 접선은 점 $(a, f(a))$를 지나고 기울기가 $f'(a)$인 직선이므로 접선의 방정식은 다음과 같다.
$$y - f(a) = f'(a)(x - a)$$

(다) 함수 $y = f(x)$가 구간 $[a, b]$에서 연속일 때, 곡선 $y = f(x)$와 x축 및 두 직선 $x = a$, $x = b$로 둘러싸인 도형의 넓이 S는
$$S = \int_a^b |f(x)| dx$$

(논제) $a\,(a > 0)$는 상수이고, $f(x) = 2a\ln x - (\ln x)^2$으로 한다. 함수 $y = f(x)$의 그래프는 x축과 점 $P_1(x_1, 0)$, $P_2(x_2, 0)$ $(x_1 < x_2)$에서 만난다고 한다. 다음 물음에 답하여라.

(논제1) x_1, x_2의 값을 구하여라. 또한, $y = f(x)$의 최댓값과 그 때의 x의 값을 구하여라.

(논제2) 점 P_1, P_2에서의 $y = f(x)$의 접선을 각각 l_1, l_2라 한다. l_1과 l_2의 교점의 x좌표를 $X(a)$로 표시할 때, $\lim_{a \to \infty} X(a)$를 구하여라.

(논제3) $a = 1$이라 할 때, $y = f(x)$의 그래프와 x 축으로 둘러싸인 도형의 넓이를 구하여라.

[문제3] 다음 제시문을 읽고 물음에 답하시오.

(가) 어떤 함수의 최댓값과 최솟값을 구하는 문제는 실생활에서 유용하게 활용된다. 예를 들면 비용함수, 거리함수 및 시간함수에 대한 최대 혹은 최소를 구하는 문제 등이 이에 해당된다. 보통 함수의 최대 혹은 최소문제는 도함수를 이용하여 해결할 수 있는데, 도함수를 이용하여 주어진 함수의 증가와 감소 혹은 극대와 극소를 판정할 수 있기 때문이다.

(나) 함수 $f(x)$ 가 $x = c$ 에서 연속이고, $x = c$ 를 경계로 $f(x)$ 가 감소 상태에서 증가 상태로 바뀌면, $f(x)$ 는 $x = c$ 에서 극소라 하고 함숫값 $f(c)$ 를 극솟값이라 한다.

(다) 함수 $f(x)$ 가 닫힌 구간 $[a, b]$ 에서 연속이면, $f(x)$ 는 이 구간에서 반드시 최댓값과 최솟값을 갖는다. 이것을 최대·최소의 정리라 한다. 또한, 닫힌 구간 $[a,b]$ 에서 연속인 함수 $y = f(x)$ 의 최솟값은 구간 의 양 끝점에서의 함숫값 $f(a)$, $f(b)$ 와 이 구간에서의 극솟값 중에서 가장 작은 값이다.

(라) 함수 $y = f(x)$ 는 $x = a$ 에서의 미분계수 $f'(a)$ 가 존재할 때, $x = a$ 에서 미분 가능하다고 한다. 그 리고 함수 $y = f(x)$ 가 $x = a$ 에서 미분 가능하면 $y = f(x)$ 는 $x = a$ 에서 연속이다.

(마) 최대 · 최소 문제는 빛을 연구하는 광학에서도 적용된다. 17세기 프랑스의 수학자 피에르 페르마는 최단 시간의 원리(페르마 원리)를 발견하였는데, 빛이 반사와 굴절을 통하여 진행할 때 소요 시간이 최소가 되는 경로를 따른다는 것이다.

(논제) 그림과 같이 평면이 x 축을 경계로 매질 A 영역과 매질 B 영역으로 나누어져 있다. 매질 A 와 매질 B 영역에서의 빛의 속력이 각각 $v_A = 1$, $v_B = \dfrac{1}{2}$ 이고, x 축 위를 움직이는 점 $M(x, 0)$ 과 M 을 지나면 서 x 축에 수직인 직선을 ℓ 이라 하자. 두 점 $P(0, 1)$, $Q(6, -2)$ 에 대하여 직선 ℓ 과 두 선분 PM, MQ 가 이루는 예각을 각각 θ_A, θ_B 라 할 때, 다음 물음에 답하시오. (단, 빛이 두 매질의 경계면에서 모두 반사되 는 않으며, x 축을 통과할 때 점 $M(x, 0)$ 를 지난다.)

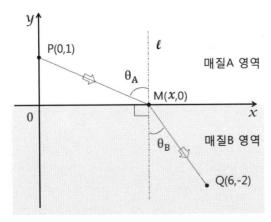

(논제1) 빛이 점 P에서 x축 위의 점 M을 지나 점 Q까지 가는데 걸리는 시간을 T라 할 때, $0 \leq x \leq 6$에서 정의되는 함수 $T = h(x)$를 구하시오.

(논제2) 제시문 (마)에서 언급된 최단 시간의 원리(페르마 원리)를 만족하는 경로를 찾고자 한다. 빛이 점 P에서 점 Q까지 가는데 걸리는 시간 T가 최소가 되게 하는 x축 위의 점 $M(c, 0)$이 존재함을 보이고, 꼭 하나만 존재함을 이계도함수를 이용하여 설명하시오. (단, $0 \leq c \leq 6$)

(논제3) 그림에서 최단 시간의 원리(페르마 원리)를 만족하는 점 M에 의해 정해지는 θ_A, θ_B에 대하여 $\dfrac{\sin \theta_A}{\sin \theta_B}$의 값을 구하시오.

제13장

방정식과 미분

[문제] 다음 제시문을 읽고 물음에 답하시오.

(가) **[적분과 미분의 관계]**

함수 $f(x)$가 닫힌 구간 $[a, \ b]$에서 연속일 때,

$$\frac{d}{dx}\int_a^x f(t)dt = f(x) \ (단, \ a \le x \le b)$$

(나) **[방정식과 미분]**

방정식 $f(x) = g(x)$의 실근은 두 함수 $y = f(x)$와 $y = g(x)$의 그래프의 교점의 x좌표이다. 따라서 두 함수 $y = f(x)$와 $y = g(x)$의 그래프의 교점의 개수를 조사하면 방정식 $f(x) = g(x)$의 실근의 개수를 구할 수 있다.

(논제) 함수 $f(x)$가 등식 $f(x) = |x - 1| + \int_0^2 xf(t)dt$ 를 만족하고, $\int_0^2 f(t)dt = a$ 라 하자. 다음 물음에 답하여라.

(논제1) $f(2)$를 a를 이용하여 표시하여라.

(논제2) a의 값을 구하여라.

(논제3) k를 정수라 하자. $y = xf(x) - k$의 그래프와 $y = ax^2$의 그래프의 공통점의 개수를 구하여라.

Note

제14장

부등식과 미분

[문제1] 다음 제시문을 읽고 물음에 답하시오.

(가) 어떤 구간에서 부등식 $f(x) \geq 0$이 성립하는 것을 증명할 때에는 주어진 구간에서 함수 $y = f(x)$의 최솟값을 구하여 (최솟값)≥ 0임을 보이면 된다. 또한, 어떤 구간에서 부등식 $f(x) \geq g(x)$가 성립하는 것을 증명할 때에는 $h(x) = f(x) - g(x)$라 하고, 주어진 구간에서 함수 $h(x)$의 최솟값을 구하여 (최솟값)≥ 0임을 보이면 된다.

(나) 자연수 n에 대하여 명제 $P(n)$이 모든 자연수에 대하여 성립함을 증명하려면 다음 두 가지를 보이면 된다.
(i) $n = 1$일 때 명제 $P(n)$이 성립한다.
(ii) $n = k$일 때 명제 $P(n)$이 성립한다고 가정하면, $n = k+1$일 때에도 명제 $P(n)$이 성립한다.
이와 같은 증명을 수학적 귀납법이라 한다.

(다) 주어진 주장이 간접적으로 옳음을 보여주는 간접증명법의 하나이다. 귀류법은 결론을 부정하여 가정이나 이미 정리된 내용에 모순이 발생함을 보여줌으로써 '결론을 부정하는 것이 옳지 않다'라고 말하는 방법이다.

(논제) $e(= 2.718\cdots)$을 자연로그의 밑으로 한다. 다음 물음에 답하여라.

(논제1) $n = 1, 2, 3, \cdots$ 에 대하여 $f_n(x) = 1 + x + \dfrac{x^2}{2!} + \cdots + \dfrac{x^n}{n!}$ 로 놓는다. $x > 0$일 때

$f_n(x) < e^x < f_n(x) + \dfrac{x^{n+1}e^x}{(n+1)!}$ 임을 보여라.

(논제2) $n = 2, 3, 4, \cdots$ 일 때
$0 < n!e - [n! + 1 + \{n + n(n-1) + n(n-1)(n-2) + \cdots + n!\}] < 1$임을 보여라.

(논제3) e가 유리수가 아님을 보여라.

[문제2] 다음 제시문을 읽고 물음에 답하여라.

(가) $f(x) = \ln(e^x + e^{-x})$이라 둔다. 곡선 $y = f(x)$의 점 $(t, f(t))$의 접선을 l로 한다. 직선 l과 y 축의 교점의 y 좌표를 $b(t)$로 둔다.

(나) 곡선 $y = f(x)$ 위의 점 $P(a, f(a))$에서의 접선의 기울기는 $x = a$에서의 미분계수 $f'(a)$ 와 같다. 따라서 곡선 $y = f(x)$ 위의 한 점 P에서의 접선은 점 $(a, f(a))$를 지나고 기울기가 $f'(a)$인 직선이므로 접선의 방정식은 다음과 같다.

$$y - f(a) = f'(a)(x - a)$$

(다) 어떤 구간에서 부등식 $f(x) \geq 0$이 성립하는 것을 증명할 때에는 주어진 구간에서 함수 $y = f(x)$의 최솟값을 구하여 (최솟값)≥ 0임을 보이면 된다. 또한, 어떤 구간에서 부등식 $f(x) \geq g(x)$가 성립하는 것을 증명할 때에는 $h(x) = f(x) - g(x)$라 하고, 주어진 구간에서 함수 $h(x)$의 최솟값을 구하여 (최솟값)≥ 0임을 보이면 된다.

(라) 방정식에서 $f(x) = g(x)$이면 적분에서 다음의 관계식이 성립한다.

$$\int_0^x f(x)dx = \int_0^x g(x)dx$$

(논제1) 다음의 등식을 보여라.

$$b(t) = \frac{2te^{-t}}{e^t + e^{-t}} + \ln(1 + e^{-2t})$$

(논제2) $x \geq 0$일 때, $\ln(1+x) \leq x$임을 보여라.

(논제3) $t \geq 0$일 때, $b(t) \leq \dfrac{2}{e^t + e^{-t}} + e^{-2t}$임을 보여라.

(논제4) $b(0) = \displaystyle\lim_{x \to \infty} \int_0^x \frac{4t}{(e^t + e^{-t})^2} dt$임을 보여라.

[문제3] 다음 제시문을 읽고 물음에 답하여라.

(가) **[부등식과 미분]**

어떤 구간에서 부등식 $f(x) \geq 0$이 성립하는 것을 증명할 때에는 주어진 구간에서 함수 $y = f(x)$의 최솟값을 구하여 (최솟값) ≥ 0임을 보이면 된다. 또한, 어떤 구간에서 부등식 $f(x) \geq g(x)$가 성립하는 것을 증명할 때에는 $h(x) = f(x) - g(x)$라 하고, 주어진 구간에서 함수 $h(x)$의 최솟값을 구하여 (최솟값) ≥ 0임을 보이면 된다.

(나) **[넓이와 적분]**

함수 $y = f(x)$가 구간 $[a, b]$에서 연속일 때, 곡선 $y = f(x)$와 x축 및 두 직선 $x = a$, $x = b$로 둘러싸인 도형의 넓이 S는 $S = \displaystyle\int_a^b |f(x)| dx$로 나타낸다.

(논제) 두 함수를 $f(x) = \cos x$, $g(x) = \sqrt{\dfrac{\pi^2}{2} - x^2} - \dfrac{\pi}{2}$라 하자. 다음 물음에 답하여라.

(논제1) $0 \leq x \leq \dfrac{\pi}{2}$일 때, 부등식 $\dfrac{2}{\pi}x \leq \sin x$가 성립함을 보여라.

(논제2) $0 \leq x \leq \dfrac{\pi}{2}$일 때, 부등식 $g(x) \leq f(x)$가 성립함을 보여라.

(논제3) $0 \leq x \leq \dfrac{\pi}{2}$의 범위에서, 두 곡선 $y = f(x)$, $y = g(x)$과 y축으로 둘러싸인 부분의 넓이를 구하여라.

Note

제15장

적분 일반

[문제1] 다음 제시문를 읽고 물음에 답하시오.

(가) 수열 $\{a_n\}$, $\{b_n\}$이 수렴하고 $\lim\limits_{n\to\infty} a_n = \alpha$, $\lim\limits_{n\to\infty} b_n = \beta$일 때, 수열 $\{c_n\}$이 모든 자연수 n에 대하여

$a_n \le c_n \le b_n$이고, $\alpha = \beta$이면 $\lim\limits_{n\to\infty} c_n = \alpha$이다.

(나) **[정적분의 성질]**

임의의 실수 a, b, c를 포함하는 구간에서 함수 $f(x)$가 연속일 때,

$$\int_a^c f(x)dx + \int_c^b f(x)dx = \int_a^b f(x)dx$$

(다) 수열, 미적분이나 함수에서 주로 쓰이는 도구로, 뉴턴과 라이프니츠는 굉장히 모호한 의미인 '어떤 수는 절대 아니지만 그 수에 한없이 접근한다.'는 개념을 들고 와서 미분과 적분을 정의하는 데 아주 요긴하게 쓰였다. n이 무한히 커지는 상황에서 a_n이 α에 한없이 가까워질 때, $\lim\limits_{n\to\infty} a_n = \alpha$라 적으며, 이를 수열의 극한으로 삼는다.

(논제1) n을 양의 정수라 할 때, $0 \le x \le 1$에서 부등식 $e^x - ex^n \le \dfrac{e^x}{1+x^n} \le e^x$이 성립함을 보여라.

(논제2) $\lim\limits_{n\to\infty} \displaystyle\int_0^1 \dfrac{e^x}{1+x^n} dx$를 구하여라.

(논제3) $a > 1$일 때, $\lim\limits_{n\to\infty} \displaystyle\int_0^a \dfrac{e^x}{1+x^n} dx$를 구하여라.

[문제2] 다음 제시문를 읽고 물음에 답하시오.

(가) 일반적으로 함수 $f(x)$의 최댓값과 최솟값은 다음과 같이 구한다.

함수 $y = f(x)$가 구간 $[a,\ b]$에서 극값을 가질 때

① $f(x)$의 최댓값은 극댓값, $f(a)$, $f(b)$ 중에서 가장 큰 값이다.

② $f(x)$의 최솟값은 극솟값, $f(a)$, $f(b)$ 중에서 가장 작은 값이다.

(나) 조임정리는 함수의 극한에 관한 정리이다. 이 정리에 따르면, 두 함수가 어떤 점에서 같은 극한을 갖고, 어떤 함수가 두 함수 사이에서 값을 가지면, 그 함수도 똑같은 값의 극한을 가진다.

"함수 f, g, h에 대하여, a에 충분히 가까운 모든 x에 대해 $f(x) \le h(x) \le g(x)$이고 $\lim\limits_{x \to a} f(x) = \lim\limits_{x \to a} g(x) = L$ 이면, $\lim\limits_{x \to a} h(x) = L$ 이다."

(다) 부분적분법은 적분을 계산하는 중요하고 유용한 방법 중의 하나다. 실수 닫힌구간 $a \le x \le b$에서 연속이고 열린구간 $a < x < b$에서 미분 가능인 두 함수 $f(x)$와 $g(x)$에 대하여

$$\int_a^b f(x)g'(x)\,dx = \{f(b)g(b) - f(a)g(a)\} - \int_a^b f'(x)g(x)\,dx$$ 이 성립한다는 것이 부분적분법 의 내용이다.

(논제1) 부등식 $a\sqrt{x} \ge \ln x$가 모든 양수 x에 대하여 성립하도록 a의 최솟값을 구하여라.

(논제2) (논제1)의 부등식을 이용하여 $\lim\limits_{x \to \infty} \dfrac{\ln x}{x} = 0$임을 보여라.

(논제3) $I(t) = \displaystyle\int_1^t \dfrac{\ln x}{(x+1)^2}\,dx\ (t > 0)$이라 할 때, $I(t)$와 $\lim\limits_{t \to \infty} I(t)$를 구하여라.

제16장

치환 적분

[문제1] 다음 제시문을 읽고 물음에 답하시오.

(가) **[정적분의 기본 성질]**

f가 닫힌 구간 $[a, b]$에서 연속이면 $F(x) = \displaystyle\int_a^x f(t)\,dt$는 $[a, b]$에서 연속이고 (a, b)에서 미분가능이고 그 도함수는 $f(x)$이다.

$$F'(x) = \frac{d}{dx}\int_a^x f(t)\,dt = f(x)$$

(나) **[삼각함수의 여각과 보각 관계]**

(i) $\pi \pm \theta$의 삼각함수의 경우

$\sin(\pi+\theta) = -\sin\theta,\ \sin(\pi-\theta) = \sin\theta,\ \cos(\pi+\theta) = -\cos\theta,\ \cos(\pi-\theta) = -\cos\theta$

(ii) $\dfrac{\pi}{2} \pm \theta$의 삼각함수

$\sin\left(\dfrac{\pi}{2}+\theta\right) = \cos\theta,\ \sin\left(\dfrac{\pi}{2}-\theta\right) = \cos\theta,\ \cos\left(\dfrac{\pi}{2}+\theta\right) = -\sin\theta,\ \cos\left(\dfrac{\pi}{2}-\theta\right) = \sin\theta$

(논제1) 함수 $\dfrac{\cos x}{1+\sin x} + x$를 x에 관하여 미분하여라.

(논제2) 연속함수 $f(x)$에 대하여 $\displaystyle\int_0^a f(x)\,dx = \int_0^a f(a-x)\,dx$ 임을 보여라.

(논제3) (논제1), (논제2)를 이용하여 $\displaystyle\int_0^\pi \dfrac{x\sin x}{1+\sin x}\,dx$를 구하여라.

[문제2] 다음 제시문을 읽고 물음에 답하시오.

(가) **[삼각함수의 여각과 보각 관계]**

(i) $\pi \pm \theta$의 삼각함수의 경우

$\sin(\pi+\theta) = -\sin\theta$, $\sin(\pi-\theta) = \sin\theta$, $\cos(\pi+\theta) = -\cos\theta$, $\cos(\pi-\theta) = -\cos\theta$

(ii) $\dfrac{\pi}{2} \pm \theta$의 삼각함수

$\sin\left(\dfrac{\pi}{2}+\theta\right) = \cos\theta$, $\sin\left(\dfrac{\pi}{2}-\theta\right) = \cos\theta$, $\cos\left(\dfrac{\pi}{2}+\theta\right) = -\sin\theta$, $\cos\left(\dfrac{\pi}{2}-\theta\right) = \sin\theta$

(나) 삼각함수의 덧셈정리로부터 배각의 공식 $\cos 2\alpha = 2\cos^2\alpha - 1 = 1 - 2\sin^2\alpha$ 에서

$$\sin^2\alpha = \frac{1-\cos 2\alpha}{2}, \ \cos^2\alpha = \frac{1+\cos 2\alpha}{2}, \ \tan^2\alpha = \frac{\sin^2\alpha}{\cos^2\alpha} = \frac{1-\cos 2\alpha}{1+\cos 2\alpha}$$

이때, 위의 각 식에 α 대신 $\dfrac{\alpha}{2}$ 를 대입하면 다음과 같은 반각의 공식을 얻을 수 있다.

① $\sin^2\dfrac{\alpha}{2} = \dfrac{1-\cos\alpha}{2}$ ② $\cos^2\dfrac{\alpha}{2} = \dfrac{1+\cos\alpha}{2}$ ③ $\tan^2\dfrac{\alpha}{2} = \dfrac{1-\cos\alpha}{1+\cos\alpha}$

(다) 산술-기하 평균 부등식은 산술 평균과 기하 평균 사이에 성립하는 절대부등식이다. 이 부등식은 음수가 아닌 실수들의 산술 평균이 같은 숫자들의 기하 평균보다 크거나 같고 특히 숫자들이 모두 같을 때만 두 평균이 같음을 나타낸다.

$$\sqrt{ab} \le \frac{a+b}{2} \ (a \ge 0, \ b \ge 0) \ (a=b일 \ 때 \ 등호가 \ 성립)$$

(논제) 함수 $f(x)$는 $0 \le x \le \pi$일 때 $f(x) = \sin x$이고, $x < 0$ 또는 $\pi < x$일 때 $f(x) = 0$이다.

(논제1) 두 정적분 $\displaystyle\int_0^{\frac{3\pi}{2}} \{f(x)\}^2 dx$와 $\displaystyle\int_0^{\frac{3\pi}{2}} \left\{f\left(x-\dfrac{\pi}{2}\right)\right\}^2 dx$의 값을 구하라.

(논제2) 정적분 $\displaystyle\int_0^{\frac{3}{2}\pi} f(x)f\left(x-\dfrac{\pi}{2}\right)dx$값을 구하라.

(논제3) $a > 0$일 때, $T(a) = \displaystyle\int_0^{\frac{3}{2}\pi} \left\{2af(x) + \dfrac{1}{a}f\left(x-\dfrac{\pi}{2}\right)\right\}^2 dx$이다. $T(a)$의 최솟값과 그것을 부여하는 a값을 구하라.

[문제3] 다음 제시문을 읽고 물음에 답하여라.

(가) **[삼각함수의 성질]**

삼각함수에서 다음과 같은 식이 성립된다.

$\pi \pm \theta$의 삼각함수

$\sin(\pi+\theta)=-\sin\theta$, $\sin(\pi-\theta)=\sin\theta$, $\cos(\pi+\theta)=-\cos\theta$, $\cos(\pi-\theta)=-\cos\theta$

$\dfrac{\pi}{2}\pm\theta$의 삼각함수

$\sin\left(\dfrac{\pi}{2}-\theta\right)=\cos\theta$, $\sin\left(\dfrac{\pi}{2}+\theta\right)=\cos\theta$, $\cos\left(\dfrac{\pi}{2}-\theta\right)=\sin\theta$, $\cos\left(\dfrac{\pi}{2}+\theta\right)=-\sin\theta$

(나) **[삼각함수의 합성]**

삼각함수 합성은 다음과 같다.

$a\sin\theta + b\cos\theta = \sqrt{a^2+b^2}\sin(\theta+\alpha)$ (단, $\cos\alpha = \dfrac{a}{\sqrt{a^2+b^2}}$, $\sin\alpha = \dfrac{b}{\sqrt{a^2+b^2}}$)

삼각함수 합성은 함수의 최대, 최소를 판단할 때 주로 사용한다.

(논제) 다음 물음에 답하여라.

(논제1) $\displaystyle\int_0^{\frac{\pi}{2}} \dfrac{\sin x}{\sin x+\cos x}\,dx = \int_0^{\frac{\pi}{2}} \dfrac{\cos x}{\cos x+\sin x}\,dx$ 임을 증명하여라.

(논제2) (논제1)을 이용하여 $\displaystyle\int_0^{\frac{\pi}{2}} \dfrac{\sin x}{\sin x+\cos x}\,dx$를 계산하여라.

(논제3) (논제1), (논제2)의 결과를 이용하여

$f(\alpha)=\displaystyle\int_0^{\frac{\pi}{2}} \dfrac{\sin(x+\alpha)}{\sin x+\cos x}\,dx$의 최댓값과 그 때의 α의 값을 구하여라.

[문제4] 다음 제시문을 읽고 물음에 답하시오.

(가) $\sin(\alpha + \beta) = \sin\alpha\cos\beta + \cos\alpha\sin\beta$

$\cos(\alpha + \beta) = \cos\alpha\cos\beta - \sin\alpha\sin\beta$

예를 들어 $\sin\left(x + \dfrac{\pi}{4}\right) = \dfrac{1}{\sqrt{2}}(\sin x + \cos x)$이고 $\sin 2x = 2\sin x \cos x$이다.

(나) $f(x) = \dfrac{x^2}{x + \sqrt{a^2 - x^2}}$ $(0 \leq x \leq a)$ (단, $a > 0$)

(논제1) 함수 $f(x)$가 일대일 함수임을 보이시오.

(논제2) $\displaystyle\int_0^\pi xf(a\sin x)dx = \int_0^{\frac{\pi}{2}} xf(a\sin x)dx + \int_{\frac{\pi}{2}}^\pi xf(a\sin x)dx = \pi\int_0^{\frac{\pi}{2}} f(a\sin x)dx$ 임을 보이

시오.

(논제3) 정적분 $\displaystyle\int_0^\pi xf(a\sin x)dx$ 의 값을 구하시오.

[문제1] 다음 제시문를 읽고 물음에 답하시오.

(가) 삼각 치환 적분(三角置換積分)은 적분법 중 하나로, 변수를 직접 적분하기 어려울 때 삼각함수의 성질을 이용하기 위해 변수를 삼각함수로 치환하여 적분하는 방법이다.

$$\int \sqrt{a^2 - x^2}\, dx \text{ 일 때, } x = a\sin\theta \left(\text{단, } -\frac{\pi}{2} \leq \theta \leq \frac{\pi}{2}\right) \text{로 치환하여 적분계산 가능하다.}$$

(나) 부분적분법은 적분을 계산하는 중요하고 유용한 방법 중의 하나다. 실수 폐구간 $a \leq x \leq b$에서 연속이고 개구간 $a < x < b$에서 미분 가능인 두 함수 $f(x)$와 $g(x)$에 대하여

$$\int_a^b f(x)g'(x)\, dx = \{f(b)g(b) - f(a)g(a)\} - \int_a^b f'(x)g(x)\, dx \text{ 이 성립한다는 것이 부분적분}$$

법의 내용이다.

(다) 삼각함수는 수학에서 중요한 함수로, 대단히 넓은 범위에까지 활용되고 있다. 이제 정수 $n \geq 0$에 대하여 $I_n = \int_0^\pi (\sin x)^n\, dx\ (n \geq 0)$라 두고 수학적 귀납법과 부분적분을 이용하여 I_n의 값을 계산할 수 있다.

(라) 수열, 미적분이나 함수에서 주로 쓰이는 도구로, 뉴턴과 라이프니츠는 굉장히 모호한 의미인 '어떤 수는 절대 아니지만 그 수에 한없이 접근한다.'는 개념을 들고 와서 미분과 적분을 정의하는 데 아주 요긴하게 쓰였다.

n이 무한히 커지는 상황에서 a_n이 α에 한없이 가까워질 때, $\displaystyle\lim_{n \to \infty} a_n = \alpha$라 적으며, 이를 수열의 극한으로 삼는다.

(논제) $a_n = \displaystyle\int_0^1 x^{2n} \sqrt{1 - x^2}\, dx\ (n = 0,\ 1,\ 2,\ \cdots)$ 에 대하여 다음 물음에 답하여라.

(논제1) a_n과 a_{n-1}의 대소를 비교하여라.

(논제2) $\displaystyle\lim_{n \to \infty} \frac{a_n}{a_{n-1}}$ 의 값을 구하여라.

[문제2] 다음 제시문을 읽고 물음에 답하시오.

(가) 어떤 구간에서 부등식 $f(x) \geq 0$이 성립하는 것을 증명할 때에는 주어진 구간에서 함수 $y = f(x)$의 최솟값을 구하여 (최솟값) ≥ 0임을 보이면 된다. 또한, 어떤 구간에서 부등식 $f(x) \geq g(x)$가 성립하는 것을 증명할 때에는 $h(x) = f(x) - g(x)$라 하고, 주어진 구간에서 함수 $h(x)$의 최솟값을 구하여 (최솟값) ≥ 0임을 보이면 된다.

(나) 삼각 치환 적분(三角置換積分)은 적분법 중 하나로, 변수를 직접 적분하기 어려울 때 삼각함수의 성질을 이용하기 위해 변수를 삼각함수로 치환하여 적분하는 방법이다. $x^2 + a^2$이 들어간 식을 적분할 때 $\int \dfrac{1}{a^2 + x^2}\,dx$를 구할 때, $x = a\tan\theta$로 치환하여 적분한다.

(논제1) $x \geq 0$일 때, 부등식 $e^x \geq 1 + x$을 증명하여라. (단, e는 자연로그이다)

(논제2) $\tan\theta = M \left(0 < \theta < \dfrac{\pi}{2} \right)$ 일 때, 등식 $\displaystyle\int_0^M \dfrac{1}{1 + x^2}\,dx = \theta$를 증명하여라.

(논제3) $M > 0$일 때, 부등식 $\displaystyle\int_0^M \dfrac{1}{e^{x^2}}\,dx < \dfrac{\pi}{2}$를 구하여라.

제17장

부분적분과 점화식

[문제1] 다음 제시문를 읽고 물음에 답하시오.

(가) 부분적분법은 적분을 계산하는 중요하고 유용한 방법 중의 하나다. 실수 폐구간 $a \le x \le b$에서 연속이고 개구간 $a < x < b$에서 미분 가능인 두 함수 $f(x)$와 $g(x)$에 대하여

$$\int_a^b f(x)g'(x)\,dx = \{f(b)g(b) - f(a)g(a)\} - \int_a^b f'(x)g(x)\,dx$$ 이 성립한다는 것이 부분적분법 의 내용이다.

(나) 삼각함수는 수학에서 중요한 함수로, 대단히 넓은 범위에까지 활용되고 있다. 이제 정수 $n \ge 0$에 대하여 $a_n = \int_0^\pi (\sin x)^n\,dx \ (n \ge 0)$라 두고 수학적 귀납법과 부분적분을 이용하여 a_n의 값을 계산할 수 있다.

(다) $a_{n+1} = f(n)a_n$ 유형의 점화식은 주어진 점화식의 n대신 $1, 2, 3, \cdots, n-1$을 대입하여 변변 곱하면 일반항을 구할 수 있다.

(라) 단조감소수열은 자연수 n에 대하여 $a_{n+1} < a_n$보이면 된다.

(논제) $a_n = \int_0^{\frac{\pi}{2}} \sin^n x\,dx$라 할 때, 다음 물음에 답하여라.

(논제1) $n > 2$에 대하여 $a_n = \dfrac{n-1}{n} a_{n-2}$임을 보여라.

(논제2) a_{2n}과 a_{2n+1}을 n의 식으로 나타내어라.

(논제3) a_n은 단조감소함을 보여라.

[문제2] 정수 $n \geq 0$에 대하여 아래와 같이 표현된 수열 $\{I_n\}$이 있다.

$$I_n = \int_0^{\frac{\pi}{2}} \sin^n x \, dx$$

다음 물음에 답하시오.

(논제1) 정수 $n \geq 0$에 대하여 $I_{n+1} \leq I_n$이 성립함을 보이시오.

(논제2) 자연수 $n \geq 2$에 대하여 $I_n = \dfrac{n-1}{n} I_{n-2}$가 성립함을 보이시오.

(논제3) 자연수 n에 대하여 $\dfrac{2n}{2n+1} = \dfrac{I_{2n+1}}{I_{2n-1}} \leq \dfrac{I_{2n+1}}{I_{2n}} \leq 1$이 성립함을 보이시오.

(논제4) 극한값 $\displaystyle \lim_{n \to \infty} \dfrac{I_{2n+1}}{I_{2n}}$ 을 구하시오.

[문제3] 다음 제시문를 읽고 물음에 답하시오.

(가) 부분적분법은 적분을 계산하는 중요하고 유용한 방법 중의 하나다. 실수 폐구간 $a \le x \le b$에서 연속이고 개구간 $a < x < b$에서 미분 가능인 두 함수 $f(x)$와 $g(x)$에 대하여

$$\int_a^b f(x)g'(x)\,dx = \{f(b)g(b) - f(a)g(a)\} - \int_a^b f'(x)g(x)\,dx$$ 이 성립한다는 것이 부분적분법의 내용이다.

(나) 삼각함수는 수학에서 중요한 함수로, 대단히 넓은 범위에까지 활용되고 있다. 이제 정수 $n \ge 0$에 대하여 $a_n = \int_0^\pi (\cos x)^n\,dx\ (n \ge 0)$라 두고 수학적 귀납법과 부분적분을 이용하여 a_n의 값을 계산할 수 있다.

(다) 수열 $\{a_n\}$, $\{b_n\}$이 수렴하고 $\lim\limits_{n \to \infty} a_n = \alpha$, $\lim\limits_{n \to \infty} b_n = \beta$일 때, 수열 $\{c_n\}$이 모든 자연수 n에 대하여 $a_n \le c_n \le b_n$이고, $\alpha = \beta$이면 $\lim\limits_{n \to \infty} c_n = \alpha$이다.

(논제) $a_n = \int_{-\frac{\pi}{2}}^{\frac{\pi}{2}} \cos^n x\,dx\ (n = 1, 2, 3, \cdots)$ 이라고 놓을 때, 다음 물음에 답하여라.

(논제1) a_{n+1}과 $a_{n-1}\ (n \ge 2)$ 사이의 관계식을 구하여라.

(논제2) $a_{n+1}a_n = \dfrac{2\pi}{n+1}$ 임을 보여라.

(논제3) $\lim\limits_{n \to \infty} a_n$을 구하여라.

[문제4] 다음 제시문을 읽고 물음에 답하여라.

> (가) 부분적분법은 적분을 계산하는 중요하고 유용한 방법 중의 하나다. 실수 폐구간 $a \le x \le b$에서 연속이고 개구간 $a < x < b$에서 미분 가능인 두 함수 $f(x)$와 $g(x)$에 대하여
>
> $$\int_a^b f(x)g'(x)\,dx = \{f(b)g(b) - f(a)g(a)\} - \int_a^b f'(x)g(x)\,dx$$이 성립한다는 것이 부분적분법의 내용이다.
>
> (나) 삼각함수는 수학에서 중요한 함수로, 대단히 넓은 범위에까지 활용되고 있다. 이제 정수 $n \ge 0$에 대하여 $I_n = \int_0^\pi (\cos x)^n\,dx\ (n \ge 0)$라 두고 수학적 귀납법과 부분적분을 이용하여 I_n의 값을 계산해보자.

(논제1) 부분적분법이 성립하는 이유를 설명하시오.

(논제2) 정수 $n \ge 1$에 대하여 $f(x) = (\cos x)^{n-1}$, $g(x) = \sin x$라 두면
$I_n = \int_0^\pi f(x)g'(x)\,dx$이 됨을 설명하시오.

(논제3) 정수 $n \ge 2$에 대하여, $I_n = \dfrac{n-1}{n} I_{n-2}$이 성립함을 증명하시오.

(논제4) $I_8 = \int_0^\pi (\cos x)^8\,dx$ 를 계산하시오.

(논제5) $I_{81} = \int_0^\pi (\cos x)^{81}\,dx$ 를 계산하시오.

[문제5] 다음 제시문를 읽고 물음에 답하시오.

(가) 부분적분법은 적분을 계산하는 중요하고 유용한 방법 중의 하나다. 실수 폐구간 $a \le x \le b$에서 연속이고 개구간 $a < x < b$에서 미분 가능인 두 함수 $f(x)$와 $g(x)$에 대하여

$$\int_a^b f(x)g'(x)\,dx = \{f(b)g(b) - f(a)g(a)\} - \int_a^b f'(x)g(x)dx$$ 이 성립한다는 것이 부분적분법의 내용이다.

(나) 삼각함수는 수학에서 중요한 함수로, 대단히 넓은 범위에까지 활용되고 있다. 이제 정수 $n \ge 0$에 대하여 $a_n = \int_0^\pi (\tan x)^n \, dx \ (n \ge 0)$라 두고 수학적 귀납법과 부분적분을 이용하여 a_n의 값을 계산할 수 있다.

(다) 수열 $\{a_n\}$, $\{b_n\}$이 수렴하고 $\lim_{n \to \infty} a_n = \alpha$, $\lim_{n \to \infty} b_n = \beta$일 때, 수열 $\{c_n\}$이 모든 자연수 n에 대하여 $a_n \le c_n \le b_n$이고, $\alpha = \beta$이면 $\lim_{n \to \infty} c_n = \alpha$이다.

(논제) 자연수 n에 대해, $a_n = \int_0^{\frac{\pi}{4}} (\tan x)^{2n} \, dx$이다.

(논제1) a_1을 구하라.

(논제2) a_{n+1}을 a_n으로 나타내라.

(논제3) $\lim_{n \to \infty} a_n$을 구하라.

(논제4) $\lim_{n \to \infty} \sum_{k=1}^{n} \frac{(-1)^{k+1}}{2k-1}$ 을 구하라.

[문제6] 다음 제시문를 읽고 물음에 답하시오.

(가) 부분적분법은 적분을 계산하는 중요하고 유용한 방법 중의 하나다. 실수 폐구간 $a \le x \le b$에서 연속이고 개구간 $a < x < b$에서 미분 가능인 두 함수 $f(x)$와 $g(x)$에 대하여

$$\int_a^b f(x)g'(x)\,dx = \{f(b)g(b) - f(a)g(a)\} - \int_a^b f'(x)g(x)\,dx$$ 이 성립한다는 것이 부분적분법의 내용이다.

(나) 로그함수는 수학에서 중요한 함수로, 대단히 넓은 범위에까지 활용되고 있다. 이제 정수 $n \ge 0$에 대하여 $a_n = \int_0^\pi (\ln x)^n\,dx \ (n \ge 0)$라 두고 수학적 귀납법과 부분적분을 이용하여 a_n의 값을 계산할 수 있다.

(다) 단조감소수열은 자연수 n에 대하여 $a_{n+1} < a_n$보이면 된다.

(라) $a_{n+1} = f(n)a_n$ 유형의 점화식은 주어진 점화식의 n대신 $1, 2, 3, \cdots, n-1$을 대입하여 변변 곱하면 일반항을 구할 수 있다.

(논제) e는 자연로그의 밑이고, 수열 $\{a_n\}$은 다음과 같이 정의된다.

$$a_n = \int_1^e (\ln x)^n dx \quad (n = 1, 2, 3, \cdots)$$

(논제1) $n \ge 3$ 일 때, 다음의 점화식을 증명하라.

$$a_n = (n-1)(a_{n-2} - a_{n-1})$$

(논제2) $n \ge 1$에 대해, $a_n > a_{n+1} > 0$이 됨을 증명하라.

(논제3) $n \ge 2$일 때, 아래의 부등식이 성립함을 증명하라.

$$a_{2n} < \frac{3 \cdot 5 \cdot \cdots (2n-1)}{4 \cdot 6 \cdot \cdots (2n)}(e-2)$$

제18장

무한급수와 정적분

[문제1] 다음 제시문을 읽고 물음에 답하여라.

(가) 매개변수 θ로 나타낸 곡선이 xy평면에서 다음과 같이 주어졌다.

$$\begin{cases} x_k = 2\left(1 + \cos\dfrac{k\pi}{n}\right)\cos\dfrac{k\pi}{n} \\ y_k = 2\left(1 + \cos\dfrac{k\pi}{n}\right)\sin\dfrac{k\pi}{n} \end{cases}$$

로 정의된 점 $P_k(x_k,\ y_k)\,(k = 0,\ 1,\ 2,\ \cdots,\ n)$ 이라 하자. (단, n은 자연수)

(나) 수열 $\{a_n\}$, $\{b_n\}$이 수렴하고 $\lim\limits_{n\to\infty} a_n = \alpha$, $\lim\limits_{n\to\infty} b_n = \beta$일 때, 수열 $\{c_n\}$이 모든 자연수 n에 대하여 $a_n \le c_n \le b_n$이고, $\alpha = \beta$이면 $\lim\limits_{n\to\infty} c_n = \alpha$이다.

(다) **[무한급수와 정적분]**

사각형의 넓이의 합인 구분구적법의 형태를 정적분으로 변환하는 과정을 무한급수와 정적분의 관계로 표현하고 있다. 사각형 넓이의 합에서

$$S = \lim_{n\to\infty} S_n = \lim_{n\to\infty} \sum_{k=1}^{n} f(x_k)\Delta x$$

일반적으로 함수 $f(x)$가 구간 $[a,\ b]$에서 연속이면 극한값 $\lim\limits_{n\to\infty} \sum\limits_{k=1}^{n} f(x_k)\Delta x$가 반드시 존재함이 알려져 있다. 이 극한값을 함수 $f(x)$의 a에서 b까지의 정적분이라 하고, 기호로

$$\int_a^b f(x)dx$$ 와 같이 나타낸다.

(논제1) 제시문 (가)에서 $n = 6$ 일 때 $\triangle OP_1P_2$ 의 넓이를 구하여라. (단, O는 원점)

(논제2) 점 $P_0,\ P_1,\ P_2, \cdots,\ P_{n-2}$ 을 순서대로 연결한 선과 x축과의 도형의 넓이를 S_n이라 할 때 $\lim\limits_{n\to\infty} S_n$ 을 구하여라.

[문제2] 다음 제시문을 읽고 물음에 답하여라.

(가) 수열 $\{a_n\}$, $\{b_n\}$이 수렴하고 $\lim\limits_{n\to\infty} a_n = \alpha$, $\lim\limits_{n\to\infty} b_n = \beta$일 때, 수열 $\{c_n\}$이 모든 자연수 n에 대하여

$a_n \le c_n \le b_n$이고, $\alpha = \beta$이면 $\lim\limits_{n\to\infty} c_n = \alpha$이다.

(나) 매개변수 θ로 나타낸 곡선 C가 다음과 같이 주어졌다.

$$C: \begin{cases} x = \left(1 - \sin\dfrac{\theta}{2}\right)\cos\theta \\ y = \left(1 - \sin\dfrac{\theta}{2}\right)\sin\theta \end{cases} \quad (0 \le \theta \le \pi)$$

닫힌 구간 $[0, \pi]$를 $n(n \ge 2)$등분했을 때 각 분점을 $\theta_k\,(k = 0, 1, 2, \cdots, n)$라 하고, θ_k에 대응하는 곡선 위의 점을 P_k라 하자. (단, $\theta_0 = 0$, $\theta_n = \pi$)

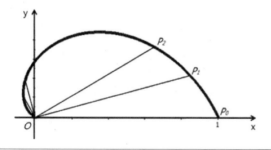

(논제1) 삼각형 $OP_k P_{k+1}$의 넓이 $A_k\,(k = 0, 1, 2, \cdots, n-2)$를 구하시오. (단, O는 원점)

(논제2) $0 \le k \le n-2$일 때 다음 부등식을 증명하시오.

$$\left(1 - \sin\frac{k+1}{2n}\pi\right)^2 \le \left(1 - \sin\frac{k\pi}{2n}\right)\left(1 - \sin\frac{k+1}{2n}\pi\right) \le \left(1 - \sin\frac{k\pi}{2n}\right)^2$$

(논제3) 점 P_0, P_1, $\cdots$, P_n의 순서대로 연결한 선분들과 x축으로 둘러싸인 도형의 넓이를 S_n이라 할 때, (논제1)과 (논제2)의 결과를 이용하여 $\lim\limits_{n\to\infty} S_n$을 구하시오.

[문제3] 다음 제시문을 읽고 물음에 답하시오.

(가) 반지름 1인 원에 내접하는 n각형이 xy평면 위에 있다. 한 변 AB가 x축 포함 상태로 시작하여 정 n각형이 그림과 같이 x축 위에서 떨어지지 않도록 굴려, 다시 점 A가 x축에 포함되는 상태까지 계속한다. 점 A가 그리는 궤적의 길이는 $L(n)$이다.

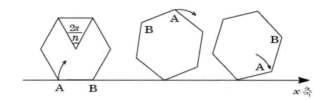

(*그림은 $n = 6$인 경우이다.)

(나) **[무한급수와 정적분]**

사각형의 넓이의 합인 구분구적법의 형태를 정적분으로 변환하는 과정을 무한급수와 정적분의 관계로 표현하고 있다. 사각형 넓이의 합에서

$$S = \lim_{n \to \infty} S_n = \lim_{n \to \infty} \sum_{k=1}^{n} f(x_k) \Delta x$$

일반적으로 함수 $f(x)$가 구간 $[a, b]$에서 연속이면 극한값 $\displaystyle\lim_{n \to \infty} \sum_{k=1}^{n} f(x_k) \Delta x$가 반드시 존재함이 알려져 있다. 이 극한값을 함수 $f(x)$의 a에서 b까지의 정적분이라 하고, 기호로

$\displaystyle\int_a^b f(x)dx$와 같이 나타낸다.

(논제1) 제시문 (가)에 주어진 조건에서 $L(6)$을 구하라.

(논제2) 제시문 (가)에 주어진 조건에서 $\displaystyle\lim_{n \to \infty} L(n)$을 구하라.

[문제4] 다음 제시문을 읽고 답하시오.

(가) 3이상인 자연수 n에 대하여, 반지름이 1인 원에 내접하는 정n각형의 꼭짓점을 시계방향 순서대로 각각 $P_1, P_2, \cdots, P_n$ 이라 한다.

(나) 정n각형 $P_1, P_2, \cdots, P_n$ 을 아래 그림과 같이 단단하고 평평한 지면 위에 일직선으로 굴린다. 굴리기 전 선분 P_2P_3이 지면에 닿아있다. (그림은 $n = 3$인 경우)

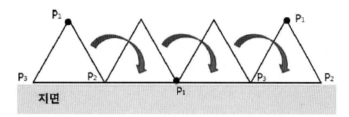

(다) 정n각형을 한 바퀴 굴리는 동안, 즉 선분 P_2P_3이 다시 지면에 닿을 때까지 점 P이 이동한 경로의 길이는 L_n이다.

(라) 반지름이 r이고 중심각이 $\theta(\mathrm{rad})$인 원호의 길이는 $r\theta$이다.

(논제1) L_3의 값을 구하고, 그 이유를 논하시오.

(논제2) L_n을 n에 관한 식으로 표현하고, 그 이유를 논하시오.

(논제3) (논제2)의 결과를 이용하여, $\lim_{n \to \infty} L_n$의 값을 구하고 그 이유를 논하시오.

제19장

부등식과 적분

[문제1] 다음 제시문을 읽고 물음에 답하여라.

> (가) 수열 $\{a_n\}$, $\{b_n\}$ 을
>
> $$a_n = \int_{-\frac{\pi}{6}}^{\frac{\pi}{6}} e^{n\sin\theta} d\theta, \ b_n = \int_{-\frac{\pi}{6}}^{\frac{\pi}{6}} e^{n\sin\theta} \cos\theta \, d\theta \ \ (n=1, 2, 3, \cdots)$$
>
> 으로 정한다.
> 여기서, e 는 자연로그의 밑이다.
>
> (나) **[치환적분법]**
>
> 미분 가능한 함수 $g(t)$에 대하여 $x=g(t)$로 놓으면 $\int f(x)dx = \int f(g(t))g'(t)dt$
>
> 로 나타낸다.
>
> (다) **[정적분과 부등식의 관계]**
>
> $a \leq x \leq b$에서 $f(x) \leq g(x)$이면 $\int_a^b f(x)dx \leq \int_a^b g(x)dx$
>
> 가 성립한다.
> 여기서 등호가 성립하는 것은 구간 $[a, b]$에서 항상 $f(x)=g(x)$일 때이다.
>
> (라) 수열 $\{a_n\}$, $\{b_n\}$이 수렴하고 $\lim\limits_{n \to \infty} a_n = \alpha$, $\lim\limits_{n \to \infty} b_n = \beta$일 때, 수열 $\{c_n\}$이 모든 자연수 n에 대하여
>
> $a_n \leq c_n \leq b_n$이고, $\alpha = \beta$이면 $\lim\limits_{n \to \infty} c_n = \alpha$이다.

(논제1) 일반항 b_n을 구하여라.

(논제2) 모든 n에 대하여, $b_n \leq a_n \leq \dfrac{2}{\sqrt{3}} b_n$가 성립함을 나타내어라.

(논제3) $\lim\limits_{n \to \infty} \dfrac{1}{n} \ln(na_n)$를 구하여라. 여기서, 로그는 자연로그로 한다.

[문제2] 다음 제시문을 읽고 물음에 답하여라.

(가) a를 양의 실수라 한다. 좌표 평면에서 곡선 $C_1 : y = \sqrt{a(x+2)}$ $(x \geq -2)$와 곡선

$C_2 : y = \sqrt{x^2 + 2x}$ $(x \geq 0)$를 생각한다. 곡선 C_1과 곡선 C_2 및 x 축으로 둘러싸인 부분의 면적

$S_1(a)$로 곡선 C_1과 곡선 C_2 및 직선 $x = 2a$로 둘러싸인 부분의 면적을 $S_2(a)$로 한다.

(나) **[넓이와 적분]**

함수 $y = f(x)$가 구간 $[a, b]$에서 연속일 때, 곡선 $y = f(x)$와 x축 및 두 직선 $x = a$, $x = b$로 둘러

싸인 도형의 넓이 S는

$$S = \int_a^b |f(x)| dx$$

로 나타낸다.

(다) **[정적분과 부등식의 관계]**

$a \leq x \leq b$에서 $f(x) \leq g(x)$이면 $\displaystyle\int_a^b f(x) dx \leq \int_a^b g(x)\, dx$

가 성립한다. 여기서 등호가 성립하는 것은 구간 $[a, b]$에서 항상 $f(x) = g(x)$일 때이다.

(논제1) $\displaystyle\int_{-2}^{2a} \sqrt{a(x+2)}\, dx$를 구하여라.

(논제2) $f(a) = S_1(a) - S_2(a)$라 하자. 함수 $f(a)$가 극값을 취하는 a의 값을 구하여라.

(논제3) $\displaystyle\int_0^{2a} \sqrt{x^2 + 2x}\, dx > 2a^2$ 가 성립됨을 증명하여라.

(논제4) $S_1(a) = S_2(a)$이 되는 a가 존재하는 것을 증명하여라.

제20장

적분의 활용

[문제1] 다음 제시문를 읽고 물음에 답하시오.

(가) 좌표평면상의 $x > 0$인 영역에서, 두 개의 곡선 $C_1 : y = \dfrac{\ln x}{x}$와 $C_2 : y = \dfrac{k}{x}$에 대해 살펴보자. 여기서 k는 양의 실수이다. 곡선 C_1과 곡선 C_2가 하나의 교점을 가질 때, 이때 x의 좌표를 a라 한다. a는 $1 < a < e$의 범위에 있다고 하자.

(나) 여기서 e는 자연로그의 밑이며, 또한, 필요한 경우 $\displaystyle\lim_{x \to \infty} \dfrac{\ln x}{x} = 0$을 이용하여라.

(다) 함수 $y = f(x)$가 구간 $[a, b]$에서 연속일 때, 곡선 $y = f(x)$와 x축 및 두 직선 $x = a$, $x = b$로 둘러싸인 도형의 넓이 S는

$$S = \int_a^b |f(x)|\, dx$$

로 나타낸다.

(논제1) k의 값의 범위를 구하여라.

(논제2) 곡선 C_1, 곡선 C_2, 직선 $x = 1$과 직선 $x = e$로 둘러싸인 도형의 넓이를 S라 할 때, k를 이용하여 나타내어라.

(논제3) 넓이 S의 최솟값과 그 때의 k값을 구하여라.

[문제2] 다음 제시문을 읽고 물음에 답하여라.

(가) 곡선 $y = f(x)$ 위의 점 $P(a, f(a))$에서의 접선의 기울기는 $x = a$에서의 미분계수 $f'(a)$와 같다. 따라서 곡선 $y = f(x)$ 위의 한 점 P에서의 접선은 점 $(a, \ f(a))$를 지나고 기울기가 $f'(a)$인 직선이므로 접선의 방정식은 다음과 같다.
$$y - f(a) = f'(a)(x - a)$$

(나) 함수 $f(x)$가 $x = c$에서 연속이고, $x = c$를 경계로 $f(x)$가 감소 상태에서 증가 상태로 바뀌면, $f(x)$는 $x = c$에서 극소라 하고 함숫값 $f(c)$를 극솟값이라 한다.

(다) 함수 $y = f(x)$가 구간 $[a, b]$에서 연속일 때, 곡선 $y = f(x)$와 x축 및 두 직선 $x = a$, $x = b$로 둘러싸인 도형의 넓이 S는
$$S = \int_a^b |f(x)| dx$$

(논제) 함수 $f(x) = xe^x$에서 정해지는 곡선 $C: y = f(x)$를 생각한다. p를 양수라고 한다. 다음 질문에 답하여라.

(논제1) $f'(x)$와 $f''(x)$를 구하여라. 또한, 모든 x에 대하여, $\{(ax + b)e^x\}' = f(x)$가 성립되는 상수 a, b의 값을 구하여라.

(논제2) 곡선 C 위의 점 $P(p, f(p))$에서 C의 접선을 $l: y = c(x - p) + d$로 한다. c와 d의 값을 p를 사용하여 나타내어라. 또한, 구간 $x \geq 0$에서 함수 $g(x) = f(x) - \{c(x - p) + d\}$의 증감을 조사하여 부등식 $f(x) \geq c(x - p) + d \ (x \geq 0)$이 성립함을 보여라.

(논제3) $x \geq 0$의 범위에서 곡선 C와 접선 l 및 y축으로 둘러싸인 도형을 F로 한다. 그때의 넓이 $S(p)$를 구하여라.

(논제4) 두 변이 x축, y축에 평행한 사각형 R을 생각한다. R이 도형 F를 둘러싸고 있을 때, R의 면적의 최소 $T(p)$를 구하여라. 또한, $\lim\limits_{p \to \infty} \dfrac{S(p)}{T(p)}$를 구하여라.

[문제3] 다음 제시문을 읽고 물음에 답하여라.

(가) 포물선 $C: y = x^2 + 2x$ 위의 두 점 $(a, a^2 + 2a)$, $(b, b^2 + 2b)$에서의 접선을 각각 l_a, l_b로 한다. 단, $a < b$로 한다.

(나) 곡선 $y = f(x)$ 위의 점 $P(a, f(a))$에서의 접선의 기울기는 $x = a$에서의 미분계수 $f'(a)$와 같다. 따라서 곡선 $y = f(x)$ 위의 한 점 P에서의 접선은 점 $(a, f(a))$를 지나고 기울기가 $f'(a)$인 직선이 므로 접선의 방정식은 다음과 같다.
$$y - f(a) = f'(a)(x - a)$$

(다) 함수 $y = f(x)$가 구간 $[a, b]$에서 연속일 때, 곡선 $y = f(x)$와 x축 및 두 직선 $x = a$, $x = b$로 둘러 싸인 도형의 넓이 S는
$$S = \int_a^b |f(x)| dx$$

(라) **[두 직선의 수직 조건]**
좌표평면 위의 두 직선 $y = mx + n$, $y = m'x + n'$이 수직일 조건은
$$mm' = -1$$

(마) 산술-기하 평균 부등식은 산술 평균과 기하 평균 사이에 성립하는 절대부등식이다. 이 부등식은 음수 가 아닌 실수들의 산술 평균이 같은 숫자들의 기하 평균보다 크거나 같고 특히 숫자들이 모두 같을 때 만 두 평균이 같음을 나타낸다.
$$\sqrt{ab} \leq \frac{a + b}{2} \ (a \geq 0, b \geq 0) \ (a = b일 때 등호가 성립)$$

(논제1) 두 직선 l_a, l_b의 방정식을 구하여라. 또한, l_a와 l_b의 교점의 x 좌표를 구하여라.

(논제2) 포물선 C와 두 직선 l_a, l_b로 둘러싸인 도형의 넓이 S를 구하여라.

(논제3) 두 직선 l_a, l_b가 수직으로 교차하여 a, b가 움직일 때 a, b가 충족하는 관계식을 구하여라. 또한, 넓이 S의 최솟값과 그 때의 a, b 값을 구하여라.

[문제1] 다음 제시문을 읽고 물음에 답하시오.

(가) **[방정식과 미분]**

방정식 $f(x) = g(x)$의 실근은 두 함수 $y = f(x)$와 $y = g(x)$의 그래프의 교점의 x좌표이다. 따라서 두 함수 $y = f(x)$와 $y = g(x)$의 그래프의 교점의 개수를 조사하면 방정식 $f(x) = g(x)$의 실근의 개수를 구할 수 있다.

(나) **[회전체의 부피]**

x축의 구간 $[a, b]$에서 연속인 곡선 $y = f(x)$를 x축의 둘레로 회전시킬 때 생기는 회전체의 부피 V는

$$V = \int_a^b \pi y^2 dx = \pi \int_a^b \{f(x)\}^2 dx$$

(논제) a, k는 상수이고, 곡선 $C_1 : y = e^x$과 곡선 $C_2 : y = k\sqrt{x-a}$를 고려한다. 다음 물음에 답하여라.

(논제1) 두 개의 곡선 C_1, C_2가 공유점을 가질 때, 만족하는 a, k의 조건을 구하여라.

※이하에서는 두 개의 곡선 C_1, C_2은 공유점 $P(t, e^t)$에서 동일한 직선 l에 접하는 것으로 한다.

(논제2) a, k를 t를 써서 표시하여라.

(논제3) 직선 l이 원점을 지난다. 이때 곡선 C_1, 곡선 C_2, x축, y축으로 둘러싸인 도형을 y축 둘레로 회전할 때 부피를 구하여라.

[문제2] 다음 제시문을 읽고 물음에 답하여라.

(가) **[삼각함수의 합성]**

삼각함수 합성은 다음과 같다.

$$a\sin\theta + b\cos\theta = \sqrt{a^2+b^2}\sin(\theta+\alpha) \ (\text{단}, \cos\alpha = \frac{a}{\sqrt{a^2+b^2}}, \sin\alpha = \frac{b}{\sqrt{a^2+b^2}})$$

삼각함수 합성은 함수의 최대, 최소를 판단할 때 주로 사용한다.

(나) **[회전체의 부피]**

x축의 구간 $[a, b]$에서 연속인 곡선 $y = f(x)$를 x축의 둘레로 회전시킬 때 생기는 회전체의 부피 V는

$$V = \int_a^b \pi y^2 dx = \pi \int_a^b \{f(x)\}^2 dx$$

(논제) 두 개의 곡선 $C_1 : y = \dfrac{1}{\sqrt{2}\sin x} \ (0 < x < \pi)$, $C_2 : y = \sqrt{2}(\sin x - \cos x) \ (0 < x < \pi)$이라

할 때 다음 물음에 답하여라.

(논제1) 곡선 C_1과 곡선 C_2의 공유점의 x의 좌표를 구하여라.

(논제2) 곡선 C_1과 곡선 C_2으로 둘러싸인 도형을 x축 둘레로 회전할 때 생기는 도형의 회전체 부피 V가 π^2이 됨을 보여라.

[문제3] 다음 제시문을 읽고 물음에 답하시오.

(가) $1 < a < b$이다. 원점 O와 점 $A\left(a, \dfrac{1}{a}\right)$을 지나는 직선, 원점 O와 점 $B\left(b, \dfrac{1}{b}\right)$을 지나는 직선 및 곡선 $y = \dfrac{1}{x}\,(x > 0)$로 둘러싸인 부분은 R이다. R의 넓이는 E, R을 직선 $y = -x$를 중심으로 회전시켜 구할 수 있는 회전체의 부피는 V이다.

(나) **[점과 직선 사이의 거리]**

좌표평면 위의 점 $P(x_1,\, y_1)$과 직선 $ax + by + c = 0$ 사이의 거리 d는

$$d = \frac{|ac_1 + by_1 + c|}{\sqrt{a^2 + b^2}}$$

특히, 원점과 직선 $ax + by + c = 0$ 사이의 거리는 $\dfrac{|c|}{\sqrt{a^2 + b^2}}$ 이다.

(다) **[회전체의 부피]**

x축의 구간 $[a,\, b]$에서 연속인 곡선 $y = f(x)$를 x축의 둘레로 회전시킬 때 생기는 회전체의 부피 V는

$$V = \int_a^b \pi y^2 dx = \pi \int_a^b \{f(x)\}^2 dx$$

(논제1) E를 a와 b식으로 나타내어라.

(논제2) $c > 1$이고, 곡선 $y = \dfrac{1}{x}$ 위의 점 $P\left(c, \dfrac{1}{c}\right)$에서 $y = -x$에 내린 수선은 PQ이다. 선분 OQ의 길이가 s, 선분 PQ의 길이가 t이면, $t^2 = s^2 + 2$가 됨을 증명하여라.

(논제3) V를 a와 b식으로 나타내어라.

(논제4) $b = a + 1$일 때, $\displaystyle\lim_{a \to \infty} E$, $\displaystyle\lim_{a \to \infty} V$를 구하여라.

[문제1] 다음 제시문을 읽고 물음에 답하시오.

(가) xy평면 위를 움직이는 점 P의 시각 t에서 좌표 $(x(t), y(t))$는
$$x(t) = f(t)\cos t, \ y(t) = f(t)\sin t$$
로 주어져 있다. 단, $f(t)$는 미분 가능으로, $f'(t)$는 연속이라 하자.
$t = a$에서 $t = b$까지 점 P가 움직이는 궤적을 L이라 한다.

(나) 곡선의 방정식이 매개변수 t를 사용하여 $x = f(t), \ y = g(t) \ (a \leq t \leq b)$와 같이 나타내어질 때,
$$L = \int_a^b \sqrt{\{f'(t)\}^2 + \{g'(t)\}^2}\, dt = \int_a^b \sqrt{\left(\frac{dx}{dt}\right)^2 + \left(\frac{dy}{dt}\right)^2}\, dt$$
으로 나타낸다.

(다) **[정적분과 부등식의 관계]**

$a \leq x \leq b$에서 $f(x) \leq g(x)$이면
$$\int_a^b f(x)dx \leq \int_a^b g(x)\, dx$$
가 성립한다.
여기서 등호가 성립하는 것은 구간 $[a, b]$에서 항상 $f(x) = g(x)$일 때이다.

(논제1) $L = \displaystyle\int_a^b \sqrt{\{f(t)\}^2 + \{f'(t)\}^2}\, dt$ 가 성립함을 증명하여라.

(논제2) $L \leq \displaystyle\int_a^b \{|f(t)| + |f'(t)|\}dt$이 성립함을 증명하여라.

(논제3) $f(t) = e^{-\sqrt{t}}$, $a = 1$, $b = 4$일 때 (논제2)의 부등식을 이용해 $L \leq \dfrac{5}{e} - \dfrac{7}{e^2}$ 이 성립함을 증명하여라.

[문제2] 다음 제시문을 읽고 물음에 답하시오.

(가) 평면 위의 곡선 C가 매개변수 t를 이용해

$x = \sin t - t \cos t,\ y = \cos t + t \sin t\ (0 \le t \le \pi)$

로 주어져 있다.

(나) 곡선의 방정식이 매개변수 t를 사용하여 $x = f(t),\ y = g(t)\ (a \le t \le b)$와 같이 나타내어질 때,

$$L = \int_a^b \sqrt{\{f'(t)\}^2 + \{g'(t)\}^2}\, dt = \int_a^b \sqrt{\left(\frac{dx}{dt}\right)^2 + \left(\frac{dy}{dt}\right)^2}\, dt$$

으로 나타낸다.

(다) 부분적분법은 적분을 계산하는 중요하고 유용한 방법 중의 하나다. 실수 폐구간 $a \le x \le b$에서 연속이고 개구간 $a < x < b$에서 미분 가능인 두 함수 $f(x)$와 $g(x)$에 대하여

$$\int_a^b f(x)g'(x)\, dx = \{f(b)g(b) - f(a)g(a)\} - \int_a^b f'(x)g(x)\, dx$$ 이 성립한다는 것이 부분적분법의 내용이다.

(라) 구간 $[a, b]$에서 정의된 연속함수 $x = f(t),\ y = g(t)$의 그래프와 x축 및 두 직선 $x = a$와 $x = b$로 둘러싸인 도형의 넓이 S는

$$S = \int_a^b y\, dx$$

으로 나타낸다.

(논제1) 곡선 C의 길이를 구하여라.

(논제2) 곡선 C 위의 각 점 P에 대해, P에 접하는 접선과 P에 수직 교차하는 직선이 있다. 이 직선 위의 점에서 원점까지의 거리가 최단이 되는 점은, P를 움직였을 때 도형의 자취를 구하시오.

(논제3) $\displaystyle\int_0^\pi t \sin 2t\, dt$를 구하여라.

(논제4) 곡선 C와 y축, 직선 $y = -1$로 둘러싸인 도형의 면적 S를 구하여라.

제21장

순열, 조합과 이항정리

[문제1] 다음 제시문를 읽고 물음에 답하시오.

(가) **[이항정리]**

n이 자연수일 때, 다음의 식이 성립한다.

$$(a+b)^n = {}_nC_0a^n + {}_nC_1a^{n-1}b + \cdots + {}_nC_ra^{n-r}b^r + \cdots + {}_nC_nb^n$$

$$= \sum_{r=0}^{n} {}_nC_ra^{n-r}b^r$$

(나) **[조임정리]**

수열 $\{a_n\}$, $\{b_n\}$이 수렴하고 $\lim_{n \to \infty} a_n = \alpha$, $\lim_{n \to \infty} b_n = \beta$ 일 때, 수열 $\{c_n\}$이 모든 자연수 n에 대하여 $a_n \le c_n \le b_n$이고, $\alpha = \beta$이면 $\lim_{n \to \infty} c_n = \alpha$ 이다.

(논제1) $x > 0$일 때, $(1+x)^n > 1 + \dfrac{n(n-1)}{2}x^2$를 보여라.

(논제2) $a_n = (1+n)^{\frac{1}{n}} - 1$로 놓을 때, $\lim_{n \to \infty} a_n = 0$를 보여라.

(논제3) $0 \le x \le \dfrac{1}{2}$일 때, $2x \le \sin\pi x \le 1$를 사용해서 $\lim_{n \to \infty} \left(\int_0^1 \sin^n x\pi \, dx \right)^{\frac{1}{n}}$를 구하여라.

[문제2] 다음 제시문를 읽고 물음에 답하시오.

(가) 자연수 n과 $0 \leq k \leq n$에 대하여, 이항계수 $_nC_k$는 n개의 사물 중 k개의 사물을 선택하는 방법의 수로 정의하며, 다음의 식으로 주어진다.

$$_nC_k = \frac{n!}{(n-k)! \times k!}$$

(나) **[이항정리]**

n이 자연수일 때, 다음의 식이 성립한다.

$$(a+b)^n = {_nC_0}a^n + {_nC_1}a^{n-1}b + \cdots + {_nC_r}a^{n-r}b^r + \cdots + {_nC_n}b^n$$

$$= \sum_{r=0}^{n} {_nC_r}a^{n-r}b^r$$

(다) **[등비수열의 합]**

첫째항이 a, 공비가 r인 등비수열의 첫째항부터 제 n항까지의 합 S_n은

$r \neq 1$일 때, $S_n = \dfrac{a(1-r^n)}{1-r} = \dfrac{a(r^n-1)}{r-1}$

$r = 1$일 때, $S_n = na$

(논제) n이 자연수일 때, 다음의 물음에 답하여라.

(논제1) k가 $1 \leq k \leq n$을 만족시키는 자연수일 때,

$\left(\dfrac{n}{k}\right)^k \leq {_nC_k} \leq \dfrac{n^k}{2^{k-1}}$ 이 성립함을 증명하여라. 단, $_nC_k$는 이항계수이다.

(논제2) 부등식 $\dfrac{1}{2^n} \displaystyle\sum_{k=1}^{n} \left(\dfrac{n}{k}\right)^k < 1$이 성립함을 증명하여라.

(논제3) 부등식 $\left(1 + \dfrac{1}{n}\right)^n < 3$이 성립함을 증명하여라.

[문제3] 다음 제시문을 읽고 물음에 답하시오.

(가) A 지점에서 B 지점까지 0 또는 1의 한 자리 신호를 보낸다. A 지점과 B 지점 사이 중계점을 $2n-1$ 개 만들고 AB 사이를 $2n$ 개의 구간으로 분할하여 한 구간을 0 또는 1로 신호가 전환될 확률은 $\dfrac{1}{4n}$ 이다. 이때 A 지점에서 보낸 신호 0이 B 지점에 0으로 전달될 확률을 P_{2n} 이라 하자.

(나) **[이항정리]**

   n 이 자연수일 때, 다음의 식이 성립한다.

   $$(a+b)^n = {_nC_0}a^n + {_nC_1}a^{n-1}b + \cdots + {_nC_r}a^{n-r}b^r + \cdots + {_nC_n}b^n$$

   $$= \sum_{r=0}^{n} {_nC_r}a^{n-r}b^r$$

(다) 상수 e 는 탄젠트 곡선의 기울기에서 유도되는 특정한 실수로 무리수이자 초월수이다. 스위스의 수학자 레온하르트 오일러의 이름을 따 오일러의 수로도 불리며, 로그 계산법을 도입한 스코틀랜드의 수학자 존 네이피어를 기려 네이피어 상수라고도 한다. 또한, e 는 자연로그의 밑이기 때문에 자연상수라고도 불린다.

   e 는 다음의 식으로 표현되는 급수의 값이다.

   $a_n = \left(1+\dfrac{1}{n}\right)^n$ 일 때, $\displaystyle\lim_{n\to\infty} a_n = \lim_{n\to\infty}\left(1+\dfrac{1}{n}\right)^n = e$

   e 는 무리수이기 때문에 십진법으로 표현할 수 없고 근삿값만을 추정할 수 있다.

(논제1) 제시문 (가)에서 짝수 횟수로 신호 전환이 있을 경우 A 지점에서 보낸 신호 0이 B 지점에 0으로 전달될 때의 P_2 를 구하라.

(논제2) $(a+b)^{2n} + (a-b)^{2n} = 2\displaystyle\sum_{k=0}^{n} {_{2n}C_{2k}}a^{2n-2k}b^{2k}$ 를 나타내라.

(논제3) P_{2n} 을 구하라.

(논제4) $\displaystyle\lim_{n\to\infty} P_{2n}$ 을 구하라.

[문제4] 다음 제시문을 읽고 논제에 답하시오.

(가) 자연수 n에 대하여 $n!$은 n 이하인 자연수의 곱으로 정의한다. 즉,

$n! = n \times (n-1) \times \cdots \times 2 \times 1$ 이며 $0! = 1$로 정의한다.

(나) 자연수 n과 $0 \leq k \leq n$에 대하여, 이항계수 $_nC_k$는 n개의 사물 중 k개의 사물을 선택하는 방법의 수로 정의하며, 다음의 식으로 주어진다.

$_nC_k = \dfrac{n!}{(n-k)! \times k!}$

(다) 자연수 n에 대하여 이항정리는 다음과 같다.

$(x+y)^n = {_nC_0}\,x^n y^0 + {_nC_1}\,x^{n-1}y^1 + \cdots + {_nC_n}\,x^0 y^n = \displaystyle\sum_{k=0}^{n} {_nC_k}\,x^{n-k}y^k$

(라) 자연수 n에 대하여 a_n을 방정식 $x+y+z=n$의 음이 아닌 정수해의 순서쌍 (x, y, z)의 개수로 정의한다.

(논제1) 자연수 n이 1 또는 2인 경우, $x+y+z=n$의 음이 아닌 정수해의 순서쌍 (x, y, z)를 모두 나열하고, 제시문 (라)에 정의된 a_n의 초기항 a_1과 a_2의 값을 각각 구하시오.

(논제2) 2 이상의 자연수 n에 대해 방정식 $x+y+z=n$을 만족하고 z의 값이 1 이상인 음이 아닌 정수해의 순서쌍 (x, y, z)의 개수가 a_{n-1}과 같음을 보이고 이를 이용하여 $a_n = a_{n-1} + n + 1$이 성립함을 논하시오.

(논제3) 제시문 (다)을 이용하여 부등식 $2^n \geq n+1$이 모든 자연수 n에 대하여 성립하는 이유를 논하시오.

(논제4) 제시문 (라)에서 정의된 a_n은 모든 자연수 n에 대하여 부등식 $a_n \leq 2^{n+1}$을 만족한다. 그 이유를 (논제2), (논제3)의 결과와 수학적 귀납법을 이용하여 논하시오.

[문제5] 아래의 제시문을 참고하여 다음 질문에 답하시오.

(가) 식 $(a+b)^n$ 을 전개하면

$$(a+b)^n = {}_nC_0 a^n + {}_nC_1 a^{n-1}b + \cdots + {}_nC_r a^{n-r}b^r + \cdots + {}_nC_n b^n = \sum_{r=0}^{n} {}_nC_r a^{n-r}b^r$$

이 된다. 이것을 이항정리라 한다.

(나) 양의 실수의 수열 $\{b_n\}$ 이 어떤 양의 실수 r 에 대하여 $\lim\limits_{n\to\infty} \dfrac{b_{n+1}}{b_n} = r$ 을 만족한다면, 그것은 n 이 커짐에 따라 b_{n+1} 이 rb_n 과 가까워진다는 뜻이므로 수열 $\{b_n\}$ 은 공비가 r 인 등비수열과 가까워진다. 따라서, 만일 $0 < R < r$ 이라면, $R^N < b_N$ 을 만족하는 양의 정수 N 이 존재하게 된다.

(논제1) 모든 양의 정수 n 에 대하여 등식 $4^n = {}_{2n}C_0 + {}_{2n}C_1 + \cdots + {}_{2n}C_n + \cdots + {}_{2n}C_{2n}$ 이 성립함을 보이시오.

(논제2) 모든 양의 정수 n 에 대하여 $a^n > {}_{2n}C_n$ 이 성립하는 <u>양의 정수</u> a 값 중 가장 작은 값을 구하시오.

(논제3) 모든 양의 정수 n 에 대하여 $a^n > {}_{2n}C_n$ 이 성립하는 <u>양의 실수</u> a 값 중 가장 작은 값을 구하시오.

Note

제22장

확률 일반

[문제1] 다음 물음에 답하여라.

(논제1) 길이 $2a$인 선분 AB 위에 임의로 두 점 C, D를 잡을 때, CD의 길이가 a 이하가 될 확률 P를 구하여라.

(논제2) 한 변의 길이가 3인 정사각형의 둘레 및 내부에 두 점 A, B를 임의로 잡을 때, 두 점 A, B 사이의 거리가 $\sqrt{3}$ 이하일 확률은?

(논제3) 두 사람이 일정한 장소에서 12시와 13시 사이에 만나기로 하고, 누가 먼저 도착하든 20분 이상은 기다리지 않기로 하였다. 두 사람이 12시와 13시 사이에 임의로 도착한다고 할 때, 두 사람이 만나게 될 확률을 구하여라.

(논제4) 현아와 현우가 특정 장소에서 만나기로 했다. 현우는 오전 7시에서 8시 사이 임의의 시간에 도착해 10분만 기다리고, 현아는 오전 7시에서 8시 사이 임의의 시간에 도착해 5분만 기다릴 때 둘이 만날 확률은 얼마인가? 현아 혹은 현우 둘 중에 한 명을 5분 더 기다리게 한다면 누구를 기다리게 해야 만날 확률이 높아지는가? (서울대 심층 변형)

[문제2] 다음 제시문을 읽고 물음에 답하여라.

(가) 우리는 대부분의 경우 사람들과 사회적 관계 속에서 일어나는 여러 가지 사건(현상)을 경험하며 살고 있다. 이러한 관계는 구성원 간의 약속을 통하여 만들어지곤 한다. 약속의 연속이 매일을 이룬다고 하여도 무방할 것이다. 다음에 제시되는 이야기는 흔히 우리가 경험하는 것인데, 이를 과학적으로 접근하여, 호기심을 가질 만한 수치를 얻고 그 의미를 찾아보기로 하자.

진우와 서희는 친구 사이로 서울의 다른 지역에서 거주한다. 일요일인 오늘 진우는 서희에게 전화를 하여 지하철 신촌역 근처에 있는 서점에 들러 미분적분학 교재를 사기로 약속한다. 그들은 만남의 편리함 때문에 자주 이용하던 신촌역에서 만나기로 정한다.

(나) 두 사람은 정오부터 오후 1시 사이에 신촌역 앞에서 만나 같이 서점에 가기로 하였다. 지하철 도착시간표를 모두 잘 알고 있는 그들은 기다리는 시간을 줄이기 위하여 먼저 도착한 사람이 도착한 직후부터 정확히 10분만 기다린 후 서점으로 향하기로 하였다.
서희는 약속장소인 신촌역으로 가기 위하여 집 근처 역에서 지하철을 기다리다가 아래 그림 Ⓐ와 같이 선로변 승강장 가장자리에 걸쳐 있는 연필 한 자루를 발견하였다.

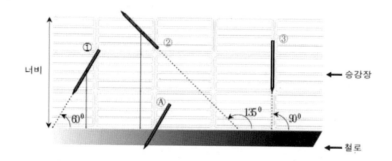

(다) 얼마 후 신촌역에서 만난 두 사람은 그들이 만날 수 있다는 사실에 놀랐다. 왜냐하면 서로 10분만 기다리기로 하였기 때문에 역에서 만날 가능성이 낮을 것이라고 생각했기 때문이다. 두 사람은 그들이 실제로 만날 수 있을 확률을 계산해 보기로 하였다. x-축, y-축을 진우, 서희가 각각 도착한 시간 축으로 하는 표본 공간을 구성하고 둘이 만날 수 있는 경우를 생각해 보았다.

(라) 서희가 승강장의 연필 모양을 진우에게 자세히 설명하자, 두 사람은 모양 Ⓐ처럼 연필이 철로변 승강장 가장자리에 걸쳐있을 가능성을 조사해 보기로 하였다. 이 경우 연필은 부피가 거의 없는 길이 L인 단순 선분이라 하고, 승강장의 너비를 D라 하고, 철로 변 승강장 가장자리 직선을 시초선으로 정하였다. ①, ②, ③의 예처럼, 연필의 중심으로부터 시초선까지의 거리와 연필과 시초선이 이루는 각으로 이루어진 좌표들을 표본 공간으로 고려하였다. 단 연필의 중심은 항상 승강장에 놓인다고 가정한다.

(**논제1**) 제시문 (다)를 이용하여 두 사람이 실제로 만날 수 있는 확률 값에 대하여 논술하라.

(**논제2**) 제시문 (라)를 이용하여 표본 공간을 구성하고, 연필이 승강장 가장자리에 걸쳐 있을 확률 값에 대하여 논술하라.

(**논제3**) 만약 제시문들의 내용을 서로 다른 곳에 살고 있는 세 친구의 만남으로 바꾸어 좀 더 일반적인 경우로 확장하면, 그들 모두가 역에서 만날 수 있는 확률 값이 어떻게 달라지는지 적절한 표본 공간을 사용하여 구체적으로 논술하라.

[문제1] 3개의 문이 있다. 이 중 하나의 문 뒤에는 자동차가, 나머지 2개의 문 뒤에는 염소가 있다. 참가자가 3개의 문 중에서 하나를 선택하면 사회자가 나머지 2개의 문 중에서 염소가 있는 문 하나를 열어 보여준다. 그리고 사회자는 참가자에게 열리지 않은 2개의 문 중에서 다시 한 번 문을 선택할 기회를 준다. 참가자는 처음에 선택한 문을 바꾸지 않을 수도 바꿀 수도 있다. 다음 물음에 답하여라.

(논제1) 선택한 문을 바꾸지 않을 경우 참가자가 자동차를 얻게 될 확률을 구하여라.

(논제2) 선택한 문을 바꿀 경우 참가자가 자동차를 얻게 될 확률을 구하여라.

사고력 확장

(논제1) 위의 문제에서 4개의 문이 있고, 이 중 하나의 문 뒤에는 자동차가, 나머지 3개의 문 뒤에는 염소가 있다. 기타 상황은 위의 문제와 같다고 할 때, 참가자가 선택한 문을 바꿀 경우에 자동차를 얻게 될 확률을 구하여라.

(논제2) 위의 문제에서 4개의 문이 있고, 이 중 2개의 문 뒤에는 자동차가, 나머지 2개의 문 뒤에는 염소가 있다. 기타 상황은 위의 문제와 같다고 할 때, 참가자가 선택한 문을 바꿀 경우에 자동차를 얻게 될 확률을 구하여라.

[문제2] 다음 제시문을 읽고 물음에 답하시오.

(가) S씨는 10여 년 전 몸에 이상을 느껴 병원을 찾아갔다. 당시 의사는 증상을 듣고 암이 의심된다며 새로 개발된 암 진단검사를 제안하였다. 이 검사의 경우 암에 걸렸을 때 양성반응이 나올 가능성은 90% 이고 정상일 때(암에 걸리지 않았을 때) 양성반응이 나올 가능성은 10% 라고 한다. 검사 결과, 양성으로 판정되었고 이에 S씨는 충격을 받았지만, 의사는 "S씨 연령의 여성이 암에 걸릴 가능성은 1% 이고 검사 정확도가 90% 이므로 설령 검사에서 양성으로 나왔더라도 진짜 암에 걸렸을 확률은 8% 정도밖에 안 되니 너무 걱정하지 말고 추가 정밀검사를 해봅시다."라고 했다. 여러 검사를 한 결과 다행히 암이 아닌 것으로 판정됐다. S씨의 사례에서 중요한 것은 '양성반응이 나왔을 때 암일 확률'이며, 이 확률은 'P(암|양성)'으로 표시한다. 양성반응이 나올 확률을 P(양성), 암일 확률을 P(암)이라 할 때,

$$P(\text{암}|\text{양성})= \frac{P(\text{암} \cap \text{양성})}{P(\text{양성})}$$

이 된다. 여기에서 P(암 ∩ 양성)은 암이면서 양성반응이 나올 확률이다. 위의 식을 이용하면

$$P(\text{양성})P(\text{암}|\text{양성}) = P(\text{암} \cap \text{양성}) = P(\text{양성} \cap \text{암}) = P(\text{암})P(\text{양성}|\text{암})$$

인 것을 알 수 있으며, 이는 아래의 식으로 변형될 수 있다.

$$P(\text{암}|\text{양성})= \frac{P(\text{암} \cap \text{양성})}{P(\text{양성})}$$

여기서 P(양성|암)은 '암일 때 양성반응이 나올 확률'로 검사의 정확도인 90% 이다. 결국 S씨가 검사결과에 충격을 받은 건 P(양성|암)과 P(암|양성)을 동일시했기 때문이다. 한편 P(암)은 암일 확률이므로 0.01 이다. 암이면서 양성반응이 나올 수 있고, 정상이면서 양성반응이 나올 수 있으므로, 양성반응이 나올 확률은 10.8% , 즉 0.108이 된다. 따라서

$$P(\text{암}|\text{양성})= \frac{0.01 \times 0.9}{0.108} \simeq 0.083$$

이다. 즉 검사에서 양성반응이 나왔을 때 암일 확률은 약 8.3% 가 된다.

(논제1) 최근 S씨는 비슷한 증상이 있어 이번에도 예전 병원의 그 의사를 찾아갔다. 의사의 말에 의하면, S씨 연령의 여성이 암에 걸릴 확률은 2%이고, 지난 10년 사이 진단 기술의 발달로, 암에 걸렸을 때 양성반응이 나올 확률은 98%이다. 이 검사에서 양성반응이 나왔을 때 암일 확률이 40%이상이라고 한다면 정상일 때 양성반응이 나올 확률의 최댓값이 얼마인지를 논리적으로 유도하시오.

(논제2) 현재 S씨와 동일한 연령의 여성이 암에 걸릴 확률은 2%이다. S씨보다 나이가 한 살 증가할 때마다 암에 걸릴 확률이 0.2% 포인트씩 증가한다고 가정하자. 만약 진단검사에서 암일 때 양성반응이 나올 확률이 99%, 정상일 때 양성반응이 나올 확률은 0.99%라고 한다면, 검사결과가 양성반응이 나왔을 때 암일 확률이 $\frac{80}{99}$ 보다 크게 되는 최소 연령은 현재 S씨 연령보다 얼마나 많은지 (단위: 년)를 논리적으로 유도하시오. (단, 최종 답은 정수로 쓰시오).

제23장

점화식과 확률

[문제1] 다음 제시문을 읽고 물음에 답하시오.

(가) 1에서 7까지 차례로 번호를 붙인 상자가 있다. 하나의 공을 다음의 규칙에 따라서 하나의 상자에서 다른 상자로 옮기는 시행을 반복하는 것으로 한다. 공이 들어 있는 상자의 번호를 a로 하여 주사위를 던져서 나온 눈의 수를 b로 한다. $a > b$이면 $a-1$번의 상자로 옮겨서 $a \leq b$이면 $a+1$번의 상자로 옮긴다. 최초는 4번의 상자에 공이 들어있다. $2n$회(짝수 회)의 시행 후 공이 4번의 상자에 들어 있을 확률을 p_n, 2번의 상자에 들어있을 확률을 q_n, 6번의 상자에 들어 있을 확률을 r_n으로 한다.

(나) $a_{n+1} = pa_n + q$로 정의되는 수열 $\{a_n\}$의 일반항 a_n은 다음의 방법으로 구할 수 있다.

$a_{n+1} = pa_n + q \cdots\cdots$ ① $a_{n+1} - \alpha = p(a_n - \alpha) \cdots\cdots$ ②

①은 반드시 ②의 꼴로 변형되며 이때의 α의 값은 ①의 a_{n+1}, a_n 대신에 α를 대입하여 $\alpha = p\alpha + q$에서 구한다. 즉, $a_{n+1} = pa_n + q$의 양변에 α를 빼면,

$$a_{n+1} - \alpha = pa_n + q - \alpha = p\left(a_n - \frac{\alpha - q}{p}\right)$$

여기서 $\alpha = \dfrac{\alpha - q}{p}$(곧, $\alpha = p\alpha + q$)로 놓으면, $a_{n+1} - \alpha = p(a_n - \alpha)$

따라서, 수열 $\{a_n - \alpha\}$은 첫째항 $(a_1 - \alpha)$, 공비 p인 등비수열을 이룬다.

$\therefore \quad a_n - \alpha = (a_1 - \alpha)p^{n-1} \quad \therefore \quad a_n = \alpha + (a_1 - \alpha)p^{n-1}$

(논제1) 제시문 (가)에서 p_1, q_1, r_1을 구하여라.

(논제2) 제시문 (가)에서 $n \geq 2$에 대해서 p_n, q_n, r_n을 구하여라.

(논제3) (논제2)의 $\lim_{n \to \infty} p_n$를 구하여라.

[문제2] 다음 제시문을 읽고 물음에 답하시오.

(가) 어떤 한 면에만 도장이 찍힌 정육면체가 수평의 평면 위에 있다. 평면에 접하는 면 (밑면)의 네 변 가운데 한 변을 골라, 이 변을 축으로 삼아 그 정육면체를 가로로 굴리는 조작을 가한다. 단, 어떤 변이 선택된다는 것은 확실하고, 도장이 찍힌 면은 제일 처음에 윗면으로 있다. 이 조작을 n회 가할 때, 도장이 찍힌 면이 정육면체의 측면에 올 확률은 a_n이고, 밑면에 올 확률은 b_n이라 하자.

(나) $a_{n+1} = pa_n + q$로 정의되는 수열 $\{a_n\}$의 일반항 a_n은 다음의 방법으로 구할 수 있다.

$a_{n+1} = pa_n + q$ ······ ① $a_{n+1} - \alpha = p(a_n - \alpha)$ ······ ②

①은 반드시 ②의 꼴로 변형되며 이때의 α의 값은 ①의 a_{n+1}, a_n 대신에 α를 대입하여 $\alpha = p\alpha + q$에서 구한다. 즉, $a_{n+1} = pa_n + q$의 양변에 α를 빼면,

$$a_{n+1} - \alpha = pa_n + q - \alpha = p\left(a_n - \frac{\alpha - q}{p}\right)$$

여기서 $\alpha = \dfrac{\alpha - q}{p}$ (곧, $\alpha = p\alpha + q$)로 놓으면, $a_{n+1} - \alpha = p(a_n - \alpha)$

따라서, 수열 $\{a_n - \alpha\}$은 첫째항 $(a_1 - \alpha)$, 공비 p인 등비수열을 이룬다.

$$\therefore \quad a_n - \alpha = (a_1 - \alpha)p^{n-1} \quad \therefore \quad a_n = \alpha + (a_1 - \alpha)p^{n-1}$$

(다) 수열, 미적분이나 함수에서 주로 쓰이는 도구로, 뉴턴과 라이프니츠는 굉장히 모호한 의미인 '어떤 수는 절대 아니지만 그 수에 한없이 접근한다.'는 개념을 들고 와서 미분과 적분을 정의하는 데 아주 요긴하게 쓰였다.

n이 무한히 커지는 상황에서 a_n이 α에 한없이 가까워질 때, $\lim\limits_{n \to \infty} a_n = \alpha$라 적으며, 이를 수열의 극한으로 삼는다.

(논제1) 제시문 (가)의 주어진 조건에서 a_2를 구하라.

(논제2) 제시문 (가)의 주어진 조건에서 a_{n+1}과 a_n의 관계식을 도출하라.

(논제3) 제시문 (가)의 주어진 조건에서 b_n을 n의 식으로 나타내고, $\lim\limits_{n \to \infty} b_n$을 구하라.

[문제3] 다음 제시문을 읽고 물음에 답하시오.

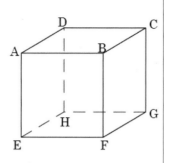

(가) n이 0 이상의 정수로 한다. 정육면체 $ABCD - EFGH$의 꼭대기 점을 다음과 같이 이동하는 2개의 움직이는 점 P, Q를 생각한다. 시각 0에서 P는 정점 A에 위치하고 있으며, Q는 정점 C에 위치하고 있다. 시각 n에서 P와 Q가 다른 정점에 위치하고 있으며 시각 $n+1$에서 P는 시각 n에 위치한 정점에서 그에 인접한 3 정점 중 하나에 동일한 확률로 옮겨가고, Q도 시각 n에 위치한 정점에서 그에 인접한 세 꼭짓점 중 하나에 동일한 확률로 옮긴다. 한편, 시각 n에서 P와 Q가 동일한 정점에 위치하고 있으면, 시각 $n+1$에는 P도 Q도 시각 n의 위치에서 이동하지 않는다.

(나) $a_{n+1} = pa_n + q$로 정의되는 수열 $\{a_n\}$의 일반항 a_n은 다음의 방법으로 구할 수 있다.

$a_{n+1} = pa_n + q \cdots\cdots$ ① $a_{n+1} - \alpha = p(a_n - \alpha) \cdots\cdots$ ②

①은 반드시 ②의 꼴로 변형되며 이때의 α의 값은 ①의 a_{n+1}, a_n 대신에 α를 대입하여 $\alpha = p\alpha + q$에서 구한다. 즉, $a_{n+1} = pa_n + q$의 양변에 α를 빼면,

$$a_{n+1} - \alpha = pa_n + q - \alpha = p\left(a_n - \frac{\alpha - q}{p}\right)$$

여기서 $\alpha = \dfrac{\alpha - q}{p}$ (곧, $\alpha = p\alpha + q$)로 놓으면, $a_{n+1} - \alpha = p(a_n - \alpha)$

따라서, 수열 $\{a_n - \alpha\}$은 첫째항 $(a_1 - \alpha)$, 공비 p인 등비수열을 이룬다.

$\therefore\ a_n - \alpha = (a_1 - \alpha)p^{n-1}$ $\therefore\ a_n = \alpha + (a_1 - \alpha)p^{n-1}$

(다) 수열, 미적분이나 함수에서 주로 쓰이는 도구로, 뉴턴과 라이프니츠는 굉장히 모호한 의미인 '어떤 수는 절대 아니지만 그 수에 한없이 접근한다.'는 개념을 들고 와서 미분과 적분을 정의하는 데 아주 요긴하게 쓰였다.

n이 무한히 커지는 상황에서 a_n이 α에 한없이 가까워질 때, $\lim\limits_{n \to \infty} a_n = \alpha$라 적으며, 이를 수열의 극한으로 삼는다.

(논제1) 시각 1에서 P와 Q가 다른 정점에 위치 할 때, P와 Q는 어느 정점에 있다. 가능한 조합을 모두 열거하여라.

(논제2) 시각 n에서 P와 Q가 다른 정점에 위치하는 확률 r_n을 구하라.

(논제3) 시각 n에서 P와 Q가 모두 윗면 $ABCD$의 다른 정점에 위치하거나, 또는 아랫면 $EFGH$ 다른 정점에 위치하는 경우 중 하나일 확률을 p_n이라 한다. 또한, 시각 n에서 P와 Q 중 어느 한쪽이 윗면 $ABCD$ 다른 하나는 아래쪽 $EFGH$H에 있는 확률을 q_n 한다. p_{n+1}을 p_n와 q_n을 사용하여 나타내어라.

(논제4) $\displaystyle\lim_{n \to \infty} \frac{q_n}{p_n}$ 을 구하라.

제24장

독립시행

[문제] 다음 제시문을 읽고 물음에 답하시오.

(가) 주사위 한 개를 n회 계속 던질 때, 그 중에서 4 이하의 눈이 홀수 번 나올 확률을 $P(n)$이라 한다.

(나) 주사위나 동전을 여러 번 던지는 경우와 같이 어떤 시행을 되풀이할 때, 각 시행의 결과가 다른 시행의 결과에 아무런 영향을 주지 않을 경우, 즉 매회 일어나는 사건이 서로 독립인 경우, 그러한 시행을 독립시행이라고 한다.

매회의 시행에서 사건 A가 일어날 확률이 p로 일정할 때, n회의 독립시행에서 사건 A가 r회 일어날 확률 P_r는

$$P_r = {}_n C_r \, p^r (1-p)^{n-r} \ (\text{단},\ r = 0,\, 1,\, 2,\, \cdots,\, n)$$

(다) **[이항정리]**

n이 자연수일 때, 다음의 식이 성립한다.

$$(a+b)^n = {}_n C_0 a^n + {}_n C_1 a^{n-1} b + \cdots + {}_n C_r a^{n-r} b^r + \cdots + {}_n C_n b^n$$

$$= \sum_{r=0}^{n} {}_n C_r a^{n-r} b^r$$

(라) 수열, 미적분이나 함수에서 주로 쓰이는 도구로, 뉴턴과 라이프니츠는 굉장히 모호한 의미인 '어떤 수는 절대 아니지만 그 수에 한없이 접근한다.'는 개념을 들고 와서 미분과 적분을 정의하는 데 아주 요긴하게 쓰였다.

n이 무한히 커지는 상황에서 a_n이 α에 한없이 가까워질 때, $\lim\limits_{n \to \infty} a_n = \alpha$라 적으며, 이를 수열의 극한으로 삼는다.

(논제1) $P(5)$를 구하여라.

(논제2) $\lim\limits_{n \to \infty} P(n)$를 구하여라.

Note

제25장

통계 일반

[문제1] 다음 제시문을 읽고 물음에 답하여라.

(가) n개의 제품 중 2개의 불량품이 포함되어 있다. 이 중에서 비복원추출로 1개씩 임의로 뽑아 검사할 때, 제 X번째에 두 번째 불량품이 나왔다.

(나) 일반적으로 확률변수 X의 확률분포가 다음 표와 같이 주어졌다고 하자.

X	x_1	x_2	x_3	$\cdots$	x_n	합계
$P(X=x)$	p_1	p_2	p_3	$\cdots$	p_n	1

확률변수 X의 기댓값(평균) $E(X)$와 분산 $V(X)$는

$$E(X) = x_1 p_1 + x_2 p_2 + \cdots + x_n p_n = \sum_{i=1}^{n} x_i p_i$$

$$V(X) = E((X-m)^2) = \sum_{i=1}^{n} (x_i - m)^2 p_i$$

$$= E((X-m)^2) = E(X^2) - \{E(X)\}^2$$

으로 나타낸다.

(다) 상수 e는 탄젠트 곡선의 기울기에서 유도되는 특정한 실수로 무리수이자 초월수이다. 스위스의 수학자 레온하르트 오일러의 이름을 따 오일러의 수로도 불리며, 로그 계산법을 도입한 스코틀랜드의 수학자 존 네이피어를 기려 네이피어 상수라고도 한다. 또한, e는 자연로그의 밑이기 때문에 자연상수라고도 불린다.

e는 다음의 식으로 표현되는 급수의 값이다.

$a_n = \left(1 + \dfrac{1}{n}\right)^n$ 일 때, $\displaystyle\lim_{n \to \infty} a_n = \lim_{n \to \infty} \left(1 + \dfrac{1}{n}\right)^n = e$

e는 무리수이기 때문에 십진법으로 표현할 수 없고 근삿값만을 추정할 수 있다.

(논제1) 제시문 (가)에서 적당한 자연수 $k\,(k \geqq 2)$에 대하여 $X = k$가 될 확률을 구하라.

(논제2) X의 기댓값을 n의 식으로 나타내라.

(논제3) X의 분산 $V(X)$을 n의 식으로 나타내고, $\displaystyle\lim_{n \to \infty} \left\{ \dfrac{18}{n^2} V(X) \right\}^n$ 을 구하라.

[문제2] 다음 제시문를 읽고 물음에 답하시오.

(가) 구간 $[0, 1]$ 의 값을 취하는 연속확률변수 X 가 있다. 임의의 $x\,(0 \le x \le 1)$에 대하여 $X \le x$ 일 확률 $P(X \le x)$ 가 $P(X \le x) = \displaystyle\int_0^x kt^n(1-t)^2 dt$ 로 정의된다고 한다. (단, n은 자연수이다)

(나) 연속확률변수 X의 평균, 분산, 표준편차

① 평균 : $E(X) = m = \displaystyle\int_a^b xf(x)dx$

② 분산 : $V(X) = E((X-m)^2) = \displaystyle\int_a^b (x-m)^2 f(x)dx$

분산 $V(X)$는 다음과 같이 계산할 수도 있다.

$$V(X) = E((X-m)^2) = \int_a^b (x-m)^2 f(x)dx$$

$$= \int_a^b \{x^2 f(x) - 2mxf(x) + m^2 f(x)\}dx$$

$$= \int_a^b x^2 f(x)dx - 2m\int_a^b xf(x)dx + m^2 \int_a^b f(x)dx$$

$$= \int_a^b x^2 f(x)dx - m^2 = E(X^2) - \{E(X)\}^2$$

(다) 무한급수 $\displaystyle\sum_{n=1}^{\infty} a_n$ 의 부분합으로 이루어진 수열 $\{S_n\}$ 이 일정한 수 S에 수렴할 때, 즉

$$\lim_{n\to\infty} S_n = \lim_{n\to\infty} \sum_{k=1}^{n} a_k = S \text{이면 무한급수} \sum_{n=1}^{\infty} a_n \text{은 } S \text{에 수렴한다고 한다.}$$

한편, 무한급수 $\displaystyle\sum_{n=1}^{\infty} a_n$ 의 부분합으로 이루어진 수열 $\{S_n\}$ 이 발산할 때, 이 무한급수는 발산한다고 한다.

(논제1) k를 n으로 나타내어라.

(논제2) 확률변수 X의 평균 $E(X)$, 분산 $V(X)$를 구하여라.

(논제3) $\dfrac{V(X)}{\{E(X)\}^2} = a_n$ 이라 할 때, 무한급수 $a_1 + a_2 + a_3 + \cdots + a_n + \cdots$ 의 값을 구하여라.

[문제3] 다음 제시문를 읽고 물음에 답하시오.

(가) 수직선 위에서 움직이는 점 P가 원점을 출발점으로 하여, 동전을 던져서 앞면이 나오면 x축의 양의 방향으로, 뒷면이 나오면 음의 방향으로 1씩 움직이기로 한다. 동전을 n번 던진 후 점 P의 좌표를 X_n이라 할 때, $X_n = k$일 확률을 $P_n(k)$, 분산을 V_n이라 하자.

(나) 수학에서 점화식(漸化式)이란 수열의 항 사이에서 성립하는 관계식을 말한다. 즉, 수열 $\{a_n\}$의 각 항 a_n이 함수 f를 이용해서

$a_{n+1} = f(a_1, a_2, \cdots, a_n)$

처럼 귀납적으로 정해져 있을 때, 함수 f를 수열 $\{a_n\}$의 점화식이라고 하며, 또한, 수열 $\{a_n\}$은 점화식 f로 정의된다고 한다. 점화식을 푼다는 것은 귀납적으로 주어진 수열 $\{a_n\}$의 일반항 a_n을 n의 명시적인 식으로 나타내는 것을 말한다.

(다) 일반적으로 확률변수 X의 확률분포가 다음 표와 같이 주어졌다고 하자.

X	x_1	x_2	x_3	$\cdots$	x_n	합계
$P(X=x)$	p_1	p_2	p_3	$\cdots$	p_n	1

확률변수 X의 기댓값(평균) $E(X)$와 분산 $V(X)$는

$$E(X) = x_1 p_1 + x_2 p_2 + \cdots + x_n p_n = \sum_{i=1}^{n} x_i p_i$$

$$V(X) = E((X-m)^2) = \sum_{i=1}^{n} (x_i - m)^2 p_i$$

$$= E((X-m)^2) = E(X^2) - \{E(X)\}^2$$

으로 나타낸다.

(논제1) $P_n(k)$을 $P_{n-1}(k-1)$, $P_{n-1}(k+1)$을 써서 나타내어라.

(논제2) V_1, V_2, V_3을 구하여라.

(논제3) (논제2)의 결과로부터 V_n을 추정하고, 수학적 귀납법으로 증명하여라.

[문제4] 다음 제시문을 읽고 물음에 답하여라.

(가) A, B 두 상자에 A에는 붉은 공이 2개, B에는 흰 공이 2개 들어 있다. 이제 양쪽 상자에서 동시에 공을 한 개씩 꺼내서 꺼낸 공을 다른 상자에 담는다고 한다. 이 시행을 n회 반복할 때에, 상자 A에 들어 있는 붉은 공의 개수를 확률변수 X_n이라 하고, X_n이 0, 1, 2개의 값을 가질 확률이 각각 p_n, q_n, r_n이라고 한다.

(나) $a_{n+1} = pa_n + q$로 정의되는 수열 $\{a_n\}$의 일반항 a_n은 다음의 방법으로 구할 수 있다.
$$a_{n+1} = pa_n + q \cdots\cdots ① \qquad a_{n+1} - \alpha = p(a_n - \alpha) \cdots\cdots ②$$
①은 반드시 ②의 꼴로 변형되며 이때의 α의 값은 ①의 a_{n+1}, a_n 대신에 α를 대입하여 $\alpha = p\alpha + q$에서 구한다. 즉, $a_{n+1} = pa_n + q$의 양변에 α를 빼면,
$$a_{n+1} - \alpha = pa_n + q - \alpha = p\left(a_n - \frac{\alpha - q}{p}\right)$$
여기서 $\alpha = \dfrac{\alpha - q}{p}$(곧, $\alpha = p\alpha + q$)로 놓으면, $a_{n+1} - \alpha = p(a_n - \alpha)$
따라서, 수열 $\{a_n - \alpha\}$은 첫째항 $(a_1 - \alpha)$, 공비 p인 등비수열을 이룬다.
$$\therefore \quad a_n - \alpha = (a_1 - \alpha)p^{n-1} \quad \therefore \quad a_n = \alpha + (a_1 - \alpha)p^{n-1}$$

(다) 일반적으로 확률변수 X의 확률분포가 다음 표와 같이 주어졌다고 하자.

X	x_1	x_2	x_3	$\cdots$	x_n	합계
$P(X=x)$	p_1	p_2	p_3	$\cdots$	p_n	1

확률변수 X의 기댓값(평균) $E(X)$은
$$E(X) = x_1 p_1 + x_2 p_2 + \cdots + x_n p_n = \sum_{i=1}^{n} x_i p_i$$
으로 나타낸다.

(논제1) $n \geq 2$일 때, p_n, q_n, r_n을 p_{n-1}, q_{n-1}, r_{n-1}을 써서 나타내어라.

(논제2) p_n, q_n, r_n의 값을 구하여라.

(논제3) X_n의 기댓값 $E(X_n)$을 구하여라.

제26장

통계관련 무한급수와 정적분

[문제1] 다음 제시문을 읽고 물음에 답하여라.

(가) 확률변수 X가 취하는 값은 $1, 2, 3, \cdots, n$ 중 하나이고, $X = k$가 되는 확률 $p_k (1 \leq k \leq n)$라 한다. $X \leq k$가 될 확률이 ak^2이다.

(나) 일반적으로 확률변수 X의 확률분포가 다음 표와 같이 주어졌다고 하자.

X	x_1	x_2	x_3	$\cdots$	x_n	합계
$P(X=x)$	p_1	p_2	p_3	$\cdots$	p_n	1

확률변수 X의 기댓값(평균) $E(X)$은

$$E(X) = x_1 p_1 + x_2 p_2 + \cdots + x_n p_n = \sum_{i=1}^{n} x_i p_i \text{으로 나타낸다.}$$

(다) **[무한급수와 정적분]**

사각형의 넓이의 합인 구분구적법의 형태를 정적분으로 변환하는 과정을 무한급수와 정적분의 관계로 표현하고 있다. 사각형 넓이의 합에서

$$S = \lim_{n \to \infty} S_n = \lim_{n \to \infty} \sum_{k=1}^{n} f(x_k) \Delta x$$

일반적으로 함수 $f(x)$가 구간 $[a, b]$에서 연속이면 극한값 $\displaystyle\lim_{n \to \infty} \sum_{k=1}^{n} f(x_k) \Delta x$가 반드시 존재함이 알려져 있다. 이 극한값을 함수 $f(x)$의 a에서 b까지의 정적분이라 하고, 기호로

$$\int_{a}^{b} f(x) dx \text{와 같이 나타낸다.}$$

(논제1) p_k를 n과 k로 나타내라.

(논제2) X의 평균값(기댓값)을 구하라.

(논제3) $\displaystyle\lim_{n \to \infty} \sum_{k=1}^{n} e^{\frac{k}{n}} p_k$을 구하라.(단, e는 자연로그의 밑이다.)

[문제2] 다음 제시문를 읽고 물음에 답하시오.

(가) n은 양의 정수이다. 좌표평면 위에서 원점을 중심으로 하는 반지름 1인 원의 둘레를 n등분하는 점 A_1, A_2, A_3, $\cdots$, A_n을 오른쪽 그림과 같이 취하여 각 점 A_k의 y좌표를 $f(k)$라 한다.

한편, 각 정수 $k \, (k = 1, \, 2, \, 3, \, \cdots, \, n)$에 대해서 숫자 k를 기입한 카드가 k장 있다. 합계 $\dfrac{n(n+1)}{2}$장의 카드에서 무작위로 카드 1장을 고를 때의 숫자를 X라 한다.

(나) 일반적으로 확률변수 X의 확률분포가 다음 표와 같이 주어졌다고 하자.

X	x_1	x_2	x_3	$\cdots$	x_n	합계
$P(X = x)$	p_1	p_2	p_3	$\cdots$	p_n	1

확률변수 X의 기댓값(평균) $E(X)$은

$$E(X) = x_1 p_1 + x_2 p_2 + \cdots + x_n p_n = \sum_{i=1}^{n} x_i p_i \text{ 으로 나타낸다.}$$

(다) **[무한급수와 정적분]**

사각형의 넓이의 합인 구분구적법의 형태를 정적분으로 변환하는 과정을 무한급수와 정적분의 관계로 표현하고 있다. 사각형 넓이의 합에서

$$S = \lim_{n \to \infty} S_n = \lim_{n \to \infty} \sum_{k=1}^{n} f(x_k) \Delta x$$

일반적으로 함수 $f(x)$가 구간 $[a, \, b]$에서 연속이면 극한값 $\displaystyle \lim_{n \to \infty} \sum_{k=1}^{n} f(x_k) \Delta x$가 반드시 존재함이 알려져 있다. 이 극한값을 함수 $f(x)$의 a에서 b까지의 정적분이라 하고, 기호로

$$\int_a^b f(x) dx \text{ 와 같이 나타낸다.}$$

(논제1) 제시문 (가)에서 확률변수 X의 기댓값을 구하여라.

(논제2) 확률변수 $f(X)$의 기댓값을 E_n이라 할 때 $\displaystyle \lim_{n \to \infty} E_n$을 구하여라.

[문제3] 다음 제시문을 읽고 물음에 답하시오.

(가) n장의 카드에 순서대로 $1, 4, 9, \cdots, n^2$ 의 번호를 써넣고 상자 속에 넣어 잘 섞는다. 이 상자 속에서 1장의 카드를 꺼내어 그 번호를 적은 후 다시 상자에 넣는다. 이러한 시행을 3번 반복하여 나온 번호의 최댓값을 X라 나타낸다. (단, n은 자연수이다.)

(나) 일반적으로 확률변수 X의 확률분포가 다음 표와 같이 주어졌다고 하자.

X	x_1	x_2	x_3	$\cdots$	x_n	합계
$P(X=x)$	p_1	p_2	p_3	$\cdots$	p_n	1

확률변수 X의 기댓값(평균) $E(X)$은

$$E(X) = x_1 p_1 + x_2 p_2 + \cdots + x_n p_n = \sum_{i=1}^{n} x_i p_i \text{으로 나타낸다.}$$

(다) **[무한급수와 정적분]**

사각형의 넓이의 합인 구분구적법의 형태를 정적분으로 변환하는 과정을 무한급수와 정적분의 관계로 표현하고 있다. 사각형 넓이의 합에서

$$S = \lim_{n \to \infty} S_n = \lim_{n \to \infty} \sum_{k=1}^{n} f(x_k) \Delta x$$

일반적으로 함수 $f(x)$가 구간 $[a, b]$에서 연속이면 극한값 $\displaystyle\lim_{n \to \infty} \sum_{k=1}^{n} f(x_k) \Delta x$가 반드시 존재함이 알려져 있다. 이 극한값을 함수 $f(x)$의 a에서 b까지의 정적분이라 하고, 기호로

$$\int_a^b f(x)dx \text{와 같이 나타낸다.}$$

(논제1) 제시문 (가)에서 k를 $1 \le k \le n$인 자연수라 할 때, $X \le k^2$일 확률 $P(X \le k^2)$과 $X = k^2$일 확률 $P(X = k^2)$을 구하여라.

(논제2) X의 기댓값을 $E_n(X)$라 할 때, $E_n(X) = \dfrac{1}{n^3} \displaystyle\sum_{k=1}^{n} (3k^4 - 3k^3 + k^2)$임을 보여라.

(논제3) $\displaystyle\lim_{n \to \infty} \dfrac{E_n(X)}{n^2}$을 구하여라.

Note

제27장

이항분포

[문제1]

(논제) 확률변수 X가 이항분포 $B(n,\,p)$를 따를 때, 다음을 증명하시오.

(논제1) $E(X) = np$

(논제2) $V(X) = np(1-p)$

[문제2] 다음 제시문을 읽고 물음에 답하여라.

(가) 확률변수 X는 $0, 1, 2, \cdots, n$ 의 값을 가지고 $P(X=k)=p_k$이다.

$$p_k = \frac{n-k+1}{k} p_{k-1} \ (k=1, 2, 3, \cdots)$$을 만족한다.

(나) 일반적으로 확률변수 X의 확률분포가 다음 표와 같이 주어졌다고 하자.

X	x_1	x_2	x_3	$\cdots$	x_n	합계
$P(X=x)$	p_1	p_2	p_3	$\cdots$	p_n	1

확률변수 X의 기댓값(평균) $E(X)$와 분산 $V(X)$는

$$E(X) = x_1 p_1 + x_2 p_2 + \cdots + x_n p_n = \sum_{i=1}^{n} x_i p_i$$

$$V(X) = E((X-m)^2) = \sum_{i=1}^{n} (x_i - m)^2 p_i$$

$$= E((X-m)^2) = E(X^2) - \{E(X)\}^2 \ \text{으로 나타낸다.}$$

(다) 이항분포는 연속된 n번의 독립적 시행에서 각 시행이 확률 p를 가질 때의 이산 확률분포이다. 이러한 시행은 베르누이 시행이라고 불리기도 한다. 일반적으로 n회의 독립시행에서 어떤 사건 A가 일어나는 횟수를 X라고 하면 X는 $0, 1, 2, \cdots, n$의 값을 갖는 확률변수가 된다. 그리고 1회의 시행에서 사건 A가 일어날 확률을 p라고 할 때, 확률변수 X의 확률 질량함수는 $P(X=k) = {}_n C_k p^k q^{n-k}$ $(q=1-p, k=0, 1, 2, \cdots, n)$이다. 확률변수 X의 확률이 독립시행을 이룰 때, 이항분포라고 하며, 기호로 $B(n, p)$와 같이 나타낸다.

(논제1) p_0를 구하여라.

(논제2) p_k를 구하여라.

(논제3) X의 평균과 분산을 구하여라.

제28장

통계적 추정

[문제1] 다음 물음에 답하여라.

(논제1) 아래 표는 어느 시점의 W당, H당, M당의 정당 지지도를 I, G, T 여론조사 기관에서 조사한 것이다.

조사 기관 정당	I	G	T
W당	35.5	27.3	32.1
H당	33.1	28.1	34.1
M당	15.3	13.3	18.0
무응답	16.1	31.3	15.5

[표] 정당 지지도(신뢰도 95%, 표본 오차 3.1%)

(1) 위 표를 보고 각 정당 간 지지율에 대한 (통계적 의미를 포함한) 자신의 견해를 주어진 수치를 이용하여 서술하시오.

(2) I, T 여론조사 기관과 G 여론조사 기관의 조사결과를 보고, 지지율이 차이가 나는 이유에 대하여 자신의 견해를 자유롭게 서술하시오.

(논제2) 어느 정당이 A라는 법안을 국회에 상정하기 위하여 성인 1,000명을 무작위로 추출하여 이 법안에 대한 찬성과 반대 여부를 묻는 여론조사를 실시하였다. 총 480명이 이 법안에 찬성하는 의견을 보였다. 찬성률이 50% 미만이므로 이 정당은 법안을 철회하였다. 연령별로 나타난 여론조사 결과는 다음의 표와 같다.

연령세대	인구 구성비($\%$)	표본 수	찬성자 수
20대	30	100	80
30대	30	200	140
40대	25	300	120
50대	15	400	140

위에 제시된 표에 나타난 여론조사의 문제점을 지적하고, 이에 대한 해결방안을 논하시오.

[문제2] 우리가 표본조사를 하는 이유는 모집단에 대해서 알고 싶지만 전수조사는 많은 비용과 시간이 들기 때문이다. 잘 설계된 표본추출 방법을 이용하게 되면 적절한 크기의 표본만으로도 모집단에 대한 정확한 추정이 가능하다. 하지만 적절하지 못한 방법으로 표본을 추출 하게 되면 표본의 크기와 상관없이 의외의 결과가 나오기도 한다.

(논제1) 다음 경우는 1936년 미국 대선에서 표본조사와 실제 결과가 다르게 나온 예이다

당시 공화당의 $Landon$ 후보와 당시 대통령이었던 민주당의 $Roosevelt$ 후보와의 대결이 뜨거웠다. 서로 자기의 우세를 장담하고 있었는데, $American\ Literary\ Digest$ 잡지에서 2백만 명 이상의 유권자들에게 우편조사를 실시하였다. 조사 결과 공화당의 $Landon$ 후보가 큰 표 차이로 이기는 것으로 나왔는데 실제 결과는 정반대였다. 이 잡지에서 조사한 유권자들 은 그 잡지사의 독자들과 소유자들, 그리고 전화 소유자들로 이루어져 있었다. 참고로 1930년대에 미국에서는 100명에 20명 정도의 사람들이 자동차를 소유하고 있었고, 전체 가구의 35% 정도가 전화를 소유하고 있었다고 한다.

위 잡지사에서는 상당히 큰 표본을 사용하였는데도 반대의 선거결과가 나온 이유를 유추하여 설명해 보시오.

(논제2) 어떤 선거를 치르려고 할 때 유권자들의 투표율을 예측하기 위한 여론조사를 시행한다고 해보자. 모집단의 투표율에 대한 추정을 할 때에 추정오차의 한계는 $2\sqrt{\dfrac{p(1-p)}{n}}$ 으로 근사할 수 있다. 여기서 p 는 투표율 추정치이고, n은 표본의 크기이다. 만약 투표율 추정치 p가 0.3과 0.7 사이에 있다는 것을 알고 있다고 할 때, 추정오차의 한계를 0.05 이하로 보장하기 위한 표본의 크기는 최소한 얼마가 되어야 하는지 구하시오.

(논제3) 각 TV 방송사에서는 투표일 이전에는 지지하는 후보를 묻는 '전화여론조사'를 투표일 당일에는 투표를 마치고 나온 사람들을 대상으로 몇 명에 한 명씩 누구를 투표했는지를 묻는 '출구조사'를 시행한다. 실제로 출구조사가 전화여론조사보다 더 정확하게 투표결과를 예측하는 것으로 알려져 있다.

어떤 선거에 대한 전화여론조사와 출구조사를 시행할 때, 두 조사의 표본 수가 같았고 사람들이 모두 솔직하게 응답했다고 가정하자. 또한 전화여론조사 당시 부동층(어떤 후보를 지지할지 아직 결정하지 않은 사람들)이 없었다고 가정하자. 위의 조건 아래서도 출구조사가 전화여론조사보다 투표 결과를 더 정확하게 예측할 수 있는 이유가 무엇인지를 설명하시오.

제29장

기하의 기본

[문제1] 다음 제시문을 읽고 물음에 답하시오.

(가) θ는 $0 < \theta < \dfrac{\pi}{2}$를 만족하고, 포물선 $y = x^2$ 위의 세 점 $O(0, 0)$, $A(\tan\theta, \tan^2\theta)$,

$B(-\tan\theta, \tan^2\theta)$이다. 삼각형 OAB의 내심의 y좌표는 p이고, 외심의 y좌표는 q이다. 또한, 양

의 실수 a에 대하여, 직선 $y = a$와 포물선 $y = x^2$으로 둘러싸인 도형의 넓이를 $S(a)$로 나타낸다.

(나) **[삼각형의 내심과 외심의 성질]**

삼각형의 내심은 삼각형의 각을 이등분하고 외심은 삼각형의 변을 이등분한다.

(다) **[넓이와 적분]**

함수 $y = f(x)$가 구간 $[a, b]$에서 연속일 때, 곡선 $y = f(x)$와 x축 및 두 직선 $x = a$, $x = b$로 둘러

싸인 도형의 넓이 S는

$$S = \int_a^b |f(x)|\, dx$$

로 나타낸다

(논제1) p, q를 $\cos\theta$를 이용하여 나타내어라.

(논제2) $\dfrac{S(p)}{S(q)}$가 정수일 때, $\cos\theta$의 값을 구하여라.

[문제2] 다음 제시문을 읽고 물음에 답하여라.

(가) 반지름이 1인 원을 내접원으로 하는 삼각형 ABC가 변 AB와 변 AC의 길이가 같은 이등변삼각형이라고 한다. 변 BC, CA, AB와 내접원의 접점을 각각 P, Q, R로 한다. 또한, $\alpha = \angle CAB$, $\beta = \angle ABC$으로, 삼각형 ABC의 넓이를 S로 한다.

(나) **[탄젠트함수의 덧셈정리]**
탄젠트함수의 덧셈정리는 다음과 같이 된다.
$$\tan(\alpha + \beta) = \frac{\tan\alpha + \tan\beta}{1 - \tan\alpha\tan\beta}, \tan(\alpha - \beta) = \frac{\tan\alpha - \tan\beta}{1 + \tan\alpha\tan\beta}$$

(다) 함수 $f(x)$가 닫힌 구간 $[a, b]$에서 연속이면, $f(x)$는 이 구간에서 반드시 최댓값과 최솟값을 갖는다. 이것을 최대·최소의 정리라 한다. 또한, 닫힌 구간 $[a, b]$에서 연속인 함수 $y = f(x)$의 최솟값은 구간의 양 끝점에서의 함숫값 $f(a)$, $f(b)$와 이 구간에서의 극솟값 중에서 가장 작은 값이다.

(논제1) 선분 AQ의 길이를 α를 사용하여 나타내고, 선분 QC의 길이를 β를 이용하여 나타내어라.

(논제2) $t = \tan\dfrac{\beta}{2}$로 둔다. 그러면 S를 t를 사용하여 나타내어라.

(논제3) 부등식 $S \geq 3\sqrt{3}$ 이 성립한 것을 보여라. 또한, 등호가 성립하는 삼각형 ABC가 정삼각형임을 보여라.

[문제3] 다음 제시문을 읽고 물음에 답하여라.

(가) 원 위에 다섯 개의 점 A, B, C, D, E는 반 시계 방향으로 순서
대로 원 주위를 5등분하고 있다. 다섯 개의 점 A, B, C, D, E
를 정점으로 하는 정오각형을 R_1으로 한다.
$\overrightarrow{AB} = \vec{a}$, $\overrightarrow{CD} = \vec{c}$ 및 $\vec{a}$의 크기를 x로 한다.

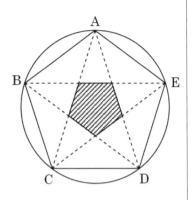

(나) 수학에서 닮음이란 어떤 두 도형이 있을 때, 두 도형은 크기에 관
계없이 모양이 같을 때를 말한다. 즉, 닮음은 두 도형의 모양과 크
기가 같아야 하는 합동의 경우를 포함하며, 두 도형의 크기가 달
라도 모양이 같은 경우까지 포함한다. 빗금 친 부분 R_2 닮음은 두 닮은 삼각형의 관계를 이용해서 모르
는 변의 길이를 구하는데 매우 유용하다. 그 이유는 닮음인 두 도형의 대응변의 비가 각각 같으므로
비례식을 이용해서 식을 세울 수 있는데, 삼각형은 도형 중에서 변의 개수가 제일 적은 다각형이므로
다른 다각형들과 달리 비례식을 매우 간단히 세울 수 있다.

(다) 첫째항이 $a(a \neq 0)$, 공비가 r인 무한등비수열 $\{ar^{n-1}\}$에서 얻은 무한급수

$$\sum_{n=1}^{\infty} ar^{n-1} = a + ar + ar^2 + \cdots + ar^{n-1} + \cdots \text{을 첫째항이 } a, \text{ 공비가 } r\text{인 무한등비급수라고 한다.}$$

무한등비급수 $\displaystyle\sum_{n=1}^{\infty} ar^{n-1} (a \neq 0)$의 수렴, 발산은 r의 값에 따라 다음과 같이 결정된다.

(i) $|r| < 1$일 때, $\displaystyle\lim_{n \to \infty} r^n = 0$이므로

$$\sum_{n=1}^{\infty} ar^{n-1} = \lim_{n \to \infty} S_n = \lim_{n \to \infty} \frac{a(1-r^n)}{1-r} = \frac{a}{1-r}$$

(ii) $|r| \geq 1$일 때, $\displaystyle\lim_{n \to \infty} ar^n \neq 0$이므로 무한등비급수 $\displaystyle\sum_{n=1}^{\infty} ar^{n-1}$은 발산한다.

(논제1) $\overrightarrow{AC}$의 크기를 y로 할 때, $x^2 = y(y-x)$가 성립되는 것을 보여라.

(논제2) $\overrightarrow{BC}$를 $\vec{a}$, $\vec{c}$를 사용하여 나타내어라.

(논제3) R_1의 대각선의 교점으로 얻을 수 있는 R_1의 내부 다섯 개의 점을 정점으로 하는 정오각형을 R_2로 한다. R_2의 한 변의 길이를 x를 사용하여 나타내어라.

(논제4) $n = 1, 2, 3, \cdots$ 에 대하여 R_n의 대각선의 교점으로 얻을 수 있는 내부의 다섯 개의 점을 정점으로 하는 정오각형을 R_{n+1}로, R_n의 넓이를 S_n으로 한다. $\displaystyle\lim_{n \to \infty} \frac{1}{S_1} \sum_{k=1}^{n} (-1)^{k+1} S_k$를 구하여라.

제30장

이차곡선

[문제1] 다음 제시문을 읽고 물음에 답하시오.

---

xy평면 위에서, 이차곡선 $C: x^2 + ay^2 + by = 0$ 이 직선 $L: y = 2x - 1$ 에 점 P 에서 접한다. 단, $a \neq -\dfrac{1}{4}$ 이다.

(논제1) a와 b의 관계식을 구하여라.

(논제2) C가 타원, 포물선, 쌍곡선이 되도록 각각의 경우에 b값 범위를 구하여라.

(논제3) C가 타원이 되는 경우에 접점 P가 존재하는 범위를 구하여 xy평면 위에 그림으로 나타내어라.

[문제2] 다음 제시문을 읽고 물음에 답하시오.

(가) 좌변이 인수분해가 되지 않는 x, y에 대한 이차방정식 $Ax^2 + By^2 + Cx + Dy + E = 0$이 한 변수만의 방정식이 되는 경우가 아니면, 이 방정식이 나타내는 곡선을 이차곡선이라고 한다. 이때, 계수의 관계에 따라 원, 포물선, 타원, 쌍곡선이 된다.

(나) 평면 위에 그려진 원뿔곡선들을 다음과 같이 정의한다. 원은 한 정점에서 이르는 거리가 일정한 점들의 집합이고, 포물선은 한 정점과 그 점을 지나지 않는 한 정직선에 이르는 거리가 같은 점들의 집합이다. 타원은 두 정점에서의 거리의 합이 일정한 점들의 집합이고, 쌍곡선은 두 정점에서의 거리의 차가 일정한 점들의 집합이다.

(다) **[벡터의 내적]**

두 벡터 $\vec{a}$, $\vec{b}$가 이루는 각의 크기가 θ일 때

$\vec{a} \cdot \vec{b} = |\vec{a}||\vec{b}|\cos\theta$

(논제) 중심이 $C(0,\ 0,\ 1)$이고 반지름의 길이가 1인 구에 광원의 위치를 달리하여 빛을 비추었을 때, xy평면에 나타나는 구의 그림자를 구하여라.

(논제1) 광원의 위치를 $A(0,\ 0,\ 3)$으로 할 때 그림자의 식을 구하여라.

(논제2) 광원의 위치를 $A(0,\ -1,\ 3)$으로 할 때 그림자의 식을 구하여라.

(논제3) 광원의 위치를 $A(0,\ -2,\ 2)$으로 할 때 그림자의 식을 구하여라.

(논제4) 광원의 위치를 $A(0,\ -2,\ 1)$으로 할 때 그림자의 식을 구하여라.

[문제1] 다음 제시문을 읽고 물음에 답하시오.

(가) $0 < b < a$를 만족시키는 상수 a, b에 대해 두 타원 $A : \dfrac{x^2}{a^2} + \dfrac{y^2}{b^2} = 1$, $B : \dfrac{x^2}{b^2} + \dfrac{y^2}{a^2} = 1$이 있다.

또한 α, β는 $\sin\alpha = \dfrac{a}{\sqrt{a^2 + b^2}}$, $\sin\beta = \dfrac{b}{\sqrt{a^2 + b^2}}$을 만족시키는 0과 $\dfrac{\pi}{2}$ 사이의 실수이다.

(나) **[삼각함수의 덧셈 정리]**

사인함수, 코사인함수의 덧셈정리는 다음과 같다.

$\sin(\alpha + \beta) = \sin\alpha\cos\beta + \cos\alpha\sin\beta$, $\sin(\alpha - \beta) = \sin\alpha\cos\beta - \cos\alpha\sin\beta$

$\cos(\alpha + \beta) = \cos\alpha\cos\beta - \sin\alpha\sin\beta$, $\cos(\alpha - \beta) = \cos\alpha\cos\beta + \sin\alpha\sin\beta$

(다) **[삼각함수 반각 공식]**

$\sin^2\dfrac{\alpha}{2} = \dfrac{1 - \cos\alpha}{2}$, $\cos^2\dfrac{\alpha}{2} = \dfrac{1 + \cos\alpha}{2}$, $\tan^2\dfrac{\alpha}{2} = \dfrac{1 - \cos\alpha}{1 + \cos\alpha}$

(라) 함수 $y = f(x)$가 구간 $[a, b]$에서 연속일 때, 곡선 $y = f(x)$와 x축 및 두 직선 $x = a$, $x = b$로 둘러싸인 도형의 넓이 S는

$$S = \int_a^b |f(x)| dx$$

(논제1) $\alpha + \beta = \dfrac{\pi}{2}$를 증명하라.

(논제2) 두 타원 A, B의 제 1사분면에 있는 교점의 좌표를 구하라.

(논제3) 타원 A로 둘러싸인 도형과 타원 B로 둘러싸인 도형의 공통부분 가운데, $x \geq 0$, $y \geq 0$범위에 있는 부분의 면적 S를 a, b, β를 이용해 나타내라.

[문제2] 다음 제시문을 읽고 물음에 답하시오.

(가) 좌표평면상의 타원 $\dfrac{(x+2)^2}{16}+\dfrac{(y-1)^2}{4}=1$ 이라 한다.

(나) **[삼각함수의 합성]**

삼각함수 합성은 다음과 같다.

$a\sin\theta+b\cos\theta=\sqrt{a^2+b^2}\sin(\theta+\alpha)$ (단, $\cos\alpha=\dfrac{a}{\sqrt{a^2+b^2}}$, $\sin\alpha=\dfrac{b}{\sqrt{a^2+b^2}}$)

삼각함수 합성은 함수의 최대, 최소를 판단할 때 주로 사용한다.

(다) 이차곡선에서 타원의 방정식을 $\dfrac{x^2}{a^2}+\dfrac{y^2}{b^2}=1$ 이라 할 때, 경우에 따라서는 삼각함수를 활용하는 경우가 있다. 예로 $x=a\cos\theta$, $y=b\sin\theta$ 를 두면 계산이 편리한 경우가 있다.

(논제1) 제시문 (가)의 타원과 직선 $y=x+a$ 가 교차점을 가질 때의 a 의 값의 범위를 구하여라.

(논제2) $|x|+|y|=1$ 을 충족 점 (x,y) 전체가 이루는 도형의 개형을 나타내어라.

(논제3) 점 (x,y) 가 제시문 (가)의 타원 위를 움직일 때, $|x|+|y|$ 의 최댓값, 최솟값과 그것을 제공하는 (x,y) 를 각각 구하여라.

[문제3] 다음 제시문을 읽고 물음에 답하시오.

(가) xy 평면에서 다음의 원 C와 타원 E를 생각한다.

$$C: x^2 + y^2 = 1, \ E: x^2 + \frac{y^2}{2} = 1$$

또한, C 위의 점 $P(s, t)$에서 C의 접선을 l이라 한다.

(나) 산술-기하 평균 부등식은 산술 평균과 기하 평균 사이에 성립하는 절대부등식이다. 이 부등식은 음수가 아닌 실수들의 산술 평균이 같은 숫자들의 기하 평균보다 크거나 같고 특히 숫자들이 모두 같을 때만 두 평균이 같음을 나타낸다.

$$\sqrt{ab} \leq \frac{a+b}{2} \ (a \geq 0, \ b \geq 0) \ (a = b일 \ 때 \ 등호가 \ 성립)$$

(다) 삼각 치환 적분(三角置換積分)은 적분법 중 하나로, 변수를 직접 적분하기 어려울 때 삼각함수의 성질을 이용하기 위해 변수를 삼각함수로 치환하여 적분하는 방법이다.

$$\int \sqrt{a^2 - x^2} \, dx \ 일 \ 때, \ x = a\sin\theta \ \left(단, \ -\frac{\pi}{2} \leq \theta \leq \frac{\pi}{2}\right) \ 로 \ 치환하여 \ 적분계산 \ 가능하다.$$

(논제1) l의 방정식을 s, t를 사용하여 나타내어라. 이하, $t > 0$에서 E가 l로부터 잘라내 접선 길이를 L이라 한다.

(논제2) L을 t를 사용하여 나타내어라.

(논제3) P가 움직일 때, L의 최댓값을 구하여라.

(논제4) L이 (논제3)에서 구한 최댓값을 취할 때, l와 E가 둘러싸는 영역 중 원점을 포함하지 않는 영역의 넓이를 A라 한다. A의 값을 구하여라.

[문제1] 다음 제시문을 읽고 물음에 답하시오.

(가) 원점을 O라 두고, 두 점 $A_1(r_1\cos\theta, r_1\sin\theta)$, $A_2\left(r_2\cos\left(\theta+\dfrac{\pi}{2}\right), r_2\sin\left(\theta+\dfrac{\pi}{2}\right)\right)$

$(r_1 > 0, r_2 > 0)$가 타원 $\dfrac{x^2}{a^2}+\dfrac{y^2}{b^2}=1\,(a>0, b>0)$ 위에 있다고 한다.

(나) 타원 $\dfrac{x^2}{a^2}+\dfrac{y^2}{b^2}=1$ 위의 한 점 $P(x_1, y_1)$에서의 접선의 방정식은 다음과 같다.

$\dfrac{x_1 x}{a^2}+\dfrac{y_1 y}{b^2}=1$

(다) 삼각형 ABC의 넓이를 S라고 하면

$S=\dfrac{1}{2}\,\overline{AB}\,\overline{AC}\sin\angle A$ 이다.

(논제1) 삼각형 OA_1A_2의 넓이 S를 a, b, θ로 나타내어라.

(논제2) θ가 $0 \leq \theta \leq \pi$의 범위에서 변할 때, S의 최댓값과 최솟값을 구하여라.

[문제2] 다음 제시문을 읽고 물음에 답하여라.

(가) 곡선 $y = f(x)$ 위의 점 $P(a, f(a))$에서의 접선의 기울기는 $x = a$에서의 미분계수 $f'(a)$와 같다. 따라서 곡선 $y = f(x)$ 위의 한 점 P에서의 접선은 점 $(a, f(a))$를 지나고 기울기가 $f'(a)$인 직선이므로 접선의 방정식은 다음과 같다.

$$y - f(a) = f'(a)(x - a)$$

(나) 함수 $y = f(x)$가 구간 $[a, b]$에서 연속일 때, 곡선 $y = f(x)$와 x축 및 두 직선 $x = a$, $x = b$로 둘러싸인 도형의 넓이 S는

$$S = \int_a^b |f(x)| dx$$

로 나타낸다.

(다) 산술-기하 평균 부등식은 산술 평균과 기하 평균 사이에 성립하는 절대부등식이다. 이 부등식은 음수가 아닌 실수들의 산술 평균이 같은 숫자들의 기하 평균보다 크거나 같고 특히 숫자들이 모두 같을 때만 두 평균이 같음을 나타낸다.

$$\sqrt{ab} \le \frac{a+b}{2} \ (a \ge 0, b \ge 0) \ (a = b일 \ 때 \ 등호가 \ 성립)$$

(논제) 포물선 $C: y = x^2 + ax + b$ 는 두 직선 $l_1 : y = px(p > 0)$, $l_2 : y = qx(q < 0)$에 접한다. 또한, C와 l_1, l_2로 둘러싸인 도형의 넓이를 S라 하자.

(논제1) a, b를 p, q를 사용하여 나타내어라.

(논제2) S를 p, q를 사용하여 나타내어라.

(논제3) l_1, l_2이 직교하도록 p, q가 움직인다고 할 때, S의 최솟값을 구하여라.

[문제1] 다음 제시문을 읽고 물음에 답하여라.

(가) 타원 $\dfrac{x^2}{a^2} + y^2 = 1 \ (a > 1)$ 위에 점 $A(a, 0)$에 위치한다. C 위의 점 $B(p, q) \ (q > 0)$를 지나는 접선 l과 선분 BA가 이루는 각과, l과 선분 $x = p$가 이루는 각이 같다고 하자. 단, 두 직선이 이루는 각은 예각이다.

(나) 타원 $\dfrac{x^2}{a^2} + \dfrac{y^2}{b^2} = 1$ 위의 점 (x_1, y_1)에서의 접선의 방정식은 $\dfrac{x_1 x}{a^2} + \dfrac{y_1 y}{b^2} = 1$이며 이 직선의 법선벡터는 $\left(\dfrac{x_1}{a^2}, \dfrac{y_1}{b^2} \right)$이며, 법선벡터와 방향벡터는 수직이다.

(다) 수열, 미적분이나 함수에서 주로 쓰이는 도구로, 뉴턴과 라이프니츠는 굉장히 모호한 의미인 '어떤 수는 절대 아니지만 그 수에 한없이 접근한다.'는 개념을 들고 와서 미분과 적분을 정의하는 데 아주 요긴하게 쓰였다.

x값이 어떤 점에 한없이 가까워질 때, $\displaystyle\lim_{x \to a} f(x) = a$이라 적으며, 이를 함수의 극한으로 삼는다.

(**논제1**) 좌표 p를 a를 이용해 나타내어라.

(**논제2**) 극한값 $\displaystyle\lim_{a \to 1} p$ 및 $\displaystyle\lim_{a \to \infty} \dfrac{p}{a}$를 구하여라.

[문제2] 다음 제시문을 읽고 물음에 답하여라.

(가) a는 양의 상수이고, xy평면 위의 곡선 $y = a\sqrt{1-x^2}$ $(-1 \leq x \leq 1)$은 C이다. $0 < \theta < \dfrac{\pi}{2}$를 만족시키는 실수 θ에 대해, 점 $A\left(\dfrac{1}{\cos\theta}, 0\right)$에서 곡선 C에 접선 l을 긋고, 그 접점을 P라 한다.

(나) 곡선 $y = f(x)$ 위의 점 $P(a, f(a))$에서의 접선의 기울기는 $x = a$에서의 미분계수 $f'(a)$와 같다. 따라서 곡선 $y = f(x)$ 위의 한 점 P에서의 접선은 점 $(a, f(a))$를 지나고 기울기가 $f'(a)$인 직선이므로 접선의 방정식은 다음과 같다.

$$y - f(a) = f'(a)(x - a)$$

(다) 반지름의 길이가 r, 중심각의 크기가 θ인 부채꼴의 호의 길이 l과 넓이 S는 다음과 같이 표현된다.

$$l = r\theta, \; S = \frac{1}{2}r^2\theta = \frac{1}{2}rl$$

(논제1) l의 방정식과 P의 좌표를 구하여라.

(논제2) 직선 $x = -1$과 직선 l 및 곡선 C로 둘러싸인 부분의 면적이 S_1이고, x와 직선 l 및 곡선 C로 둘러싸인 부분의 면적은 S_2이다. S_1, S_2를 구하여라.

(논제3) 직선 l과 직선 $x = -1$의 교점은 B이다. 점 P가 선분 AB의 중점이라면, $S_1 = 2S_2$가 성립함을 증명하여라.

[문제3] 다음 제시문을 읽고 물음에 답하여라.

> (가) xy평면에서 포물선 $C: y = x^2$ 와, 그 아래쪽에 있는 점 $P(p, q)\,(q < p^2)$이 있다. P를 지나는 C의 두 접선이 있고, 그 접점은 각각 A, B이다. 또한, P를 지나는 기울기가 m인 직선이 C와 서로 다른 두 점 S, T에서 교차한다. 점 A, B의 x좌표가 각각 a, b이고, 점 S, T의 x좌표는 각각 s, t이다.
>
> (나) 곡선 $y = f(x)$ 위의 점 $P(a, f(a))$에서의 접선의 기울기는 $x = a$에서의 미분계수 $f'(a)$ 와 같다. 따라서 곡선 $y = f(x)$ 위의 한 점 P에서의 접선은 점 $(a,\ f(a))$를 지나고 기울기가 $f'(a)$인 직선이므로 접선의 방정식은 다음과 같다.
> $$y - f(a) = f'(a)(x - a)$$

(논제1) $a + b$, ab를 p, q로 나타내어라.

(논제2) $s + t$, st를 p, q, m으로 나타내어라.

(논제3) 직선 AB와 직선 ST의 교점은 Q이고, Q의 x좌표는 u이다. 오른쪽 그림과 같이 $s < u < t < p$가 되는 경우에 대해,

등식 $\dfrac{1}{PS} + \dfrac{1}{PT} = \dfrac{2}{PQ}$ 가 성립함을 증명하여라.

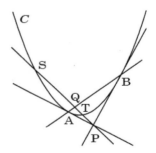

[문제4] 다음 제시문을 읽고 물음에 답하시오.

(가) xy평면에서 원점 O가 중심이고 반지름이 1인 원은 C이다. a는 양의 실수이고, 점 $A(0, 1)$을 지나며, 기울기가 a인 직선은 l이다. C와 l의 교점이고, A가 아닌 것은 P이고, l과 직선 $y = -2$의 교점은 Q이다. 또한, P에서 접하는 C의 접선은 m이고, m과 직선 $y = -2$의 교점은 R이다.

(나) 산술-기하 평균 부등식은 산술 평균과 기하 평균 사이에 성립하는 절대부등식이다. 이 부등식은 음수가 아닌 실수들의 산술 평균이 같은 숫자들의 기하 평균보다 크거나 같고 특히 숫자들이 모두 같을 때만 두 평균이 같음을 나타낸다.

$$\sqrt{ab} \leq \frac{a+b}{2} \ (a \geq 0, \ b \geq 0) \ (a = b일 \ 때 \ 등호가 \ 성립)$$

(다) 점 (x_1, y_1)과 직선 $ax + by + c = 0$ 사이의 거리는 $\dfrac{|ax_1 + by_1 + c|}{\sqrt{a^2 + b^2}}$ 이다.

(논제1) 직선 m의 방정식을 a를 이용해 나타내어라.

(논제2) a가 양수 값을 취하며 움직일 때, 선분 OR의 길이의 최솟값과 그 때의 a값을 구하여라.

(논제3) (논제2)에서 구한 a값에 대하여, 점 A를 지나고, $\angle QAR$을 이등분하는 직선의 방정식을 구하여라.

Ⅰ. 포물선의 작도

1. 포물선을 만드는 원리

직선 l 위쪽의 한 점 F와 l 위의 동점 P에 대하여 선분 PF의 수직이등분선과 점 P를 지나고 직선 l에 수직인 직선의 교점을 Q라고 하면 점 Q의 자취는 포물선이 된다.

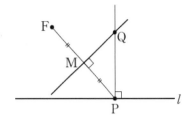

즉, $\triangle QMF \equiv \triangle QPM$ 이므로 $\overline{QF} = \overline{QP}$

따라서 점 Q의 자취는 점 F를 초점, 직선 l을 준선으로 하는 포물선이다.

2. 종이접기

위의 내용을 종이접기에 적용하여 포물선의 자취를 구하여 보자.

● 종이접기

① $A4$ 용지를 긴 변이 가로가 되도록 놓아 아랫변을 l이라 하고, $A4$ 용지의 내부에 한 점 F를 찍는다.

② | 그림1 | 과 같이 직선 l 위의 한 점이 점 F와 닿도록 종이를 접는다.

③ | 그림2 | 와 같이 접힌 부분을 다시 펼친 뒤에 접힌 선을 긋는다.

④ | 그림3 | 과 같이 종이를 여러 번 접어 ②, ③과정을 반복한다.

⑤ | 그림4 | 와 같이 포물선의 자취를 구할 수 있다.

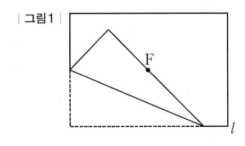

| 그림1 |

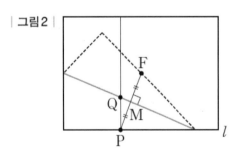

| 그림2 |

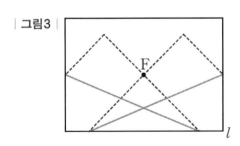

| 그림3 |

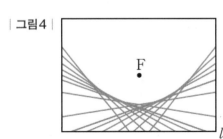

| 그림4 |

Ⅱ. 타원의 작도

1. 타원을 만드는 원리

원 O의 내부의 한 점 A와 원 위의 동점 P에 대하여 선분 AP의 수직이등분선과 선분 OP의 교점을 Q라고 하면 점 Q의 자취는 타원이 된다. 즉, $\triangle QPM \equiv \triangle QAM$ 이므로 $\overline{QP} = \overline{QA}$ 이고, 다음이 성립한다.

$$\overline{OP} = \overline{OQ} + \overline{QP} = \overline{OQ} + \overline{QA}$$

$\therefore \overline{OQ} + \overline{QA} = $ (원의 반지름의 길이)

따라서 점 Q의 자취는 두 점 O와 A를 초점으로 하는 타원이다.

2. 종이접기

원 위의 내용을 종이접기에 적용하여 타원의 자취를 구하여 보자.

● 종이접기

① 종이에 원을 그려 가위로 오려 낸다.

② 원의 내부에 한 점 A를 잡는다.

③ |그림1| 과 같이 원의 둘레가 점 A에 닿도록 원을 접는다.

④ |그림2| 와 같이 접힌 부분을 다시 펼친 뒤에 접힌 선을 긋는다.

⑤ |그림3| 과 같이 원을 여러 번 접어 ③, ④과정을 반복한다.

⑥ |그림4| 와 같은 타원의 자취를 구할 수 있다.

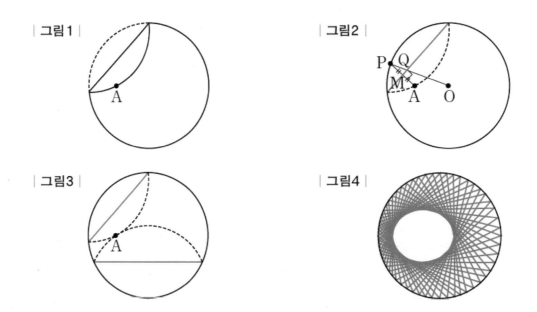

|그림1| |그림2|

|그림3| |그림4|

Ⅲ. 쌍곡선의 작도

1. 쌍곡선을 만드는 원리

원 O의 외부의 한 점 F와 원 위의 동점 P에 대하여 선분 PF의 수직이등분선과 직선 OP의 교점을 Q라고 하면 점 Q의 자취는 쌍곡선이 된다.

즉, $\triangle QFM \equiv \triangle QPM$ 이므로 $\overline{QF} = \overline{QP}$ 이고, 다음이 성립한다.

$$\overline{OQ} - \overline{FQ} = \overline{OQ} - \overline{QP} = \overline{OP}$$

$\therefore \overline{OQ} - \overline{FQ} =$ (원의 반지름의 길이)

따라서 점 Q의 자취는 두 점 O와 F를 초점으로 하는 쌍곡선이다.

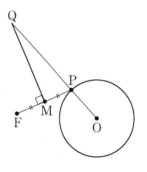

2. 종이접기

위의 내용을 종이접기에 적용하여 쌍곡선의 자취를 구하여 보자.

● 종이접기

① 반투명 종이 위에 원을 그리고, 원 밖에 한 점 A를 잡는다.

② | 그림1 | 과 같이 원의 둘레가 점 A에 닿도록 종이를 접는다.

③ | 그림2 | 와 같이 접힌 부분을 다시 펼친 뒤에 접힌 선을 긋는다.

④ | 그림3 | 과 같이 종이를 여러 번 접어 ②, ③과정을 반복한다.

⑤ | 그림4 | 와 같은 쌍곡선의 자취를 구할 수 있다.

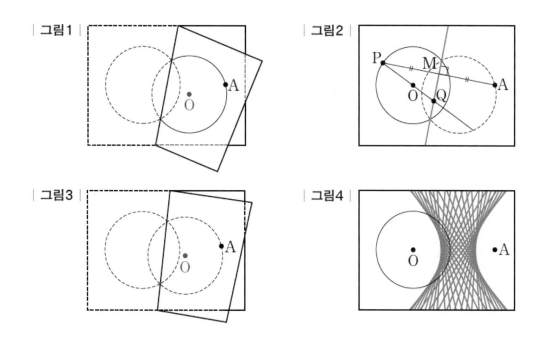

제31장

공간도형

[문제1] 다음 제시문을 읽고 물음에 답하시오.

(가) 좌표공간 내 삼각기둥 $0 \leq x \leq 1$, $0 \leq y \leq 1$, $0 \leq z \leq 1$이 있고, 그 xy평면 내의 면은 S, zx평면 내의 면은 T이다. 점 $A(a, b, 0)$는 S내에, 점 $B(c, 0, d)$는 T내에 있고, $C(1, 1, 1)$이다. 단, 점 A, B는 원점 O가 아니다.

(나) 단위벡터는 벡터의 크기가 1이며 벡터의 방향을 나타내는 벡터를 말하며, 두 벡터가 수직인 경우 두 벡터의 내적이 0이 된다.

(다) 사면체의 부피는 $V = \dfrac{1}{3}S \cdot h$ 이다. 여기서 S는 밑면의 넓이, h는 높이를 나타낸다.

(**논제1**) 벡터 $\overrightarrow{OA}$와 $\overrightarrow{OC}$에 수직인 단위벡터를 구하고, 그 단위벡터와 벡터 $\overrightarrow{OB}$의 스칼라 곱의 절댓값을 구하여라.

(**논제2**) 사면체 $OABC$의 부피를 구하여라. 단, 점 O, A, B, C는 동일 평면 위에 있지 않다.

(**논제3**) 점 A가 S내를, 점 B가 T내를 움직인다. 이때 사면체 $OABC$ 부피의 최댓값 및 그 최댓값을 부여하는 점 A, B의 위치를 모두 구하여라.

[문제2] 다음 제시문을 읽고 물음에 답하시오.

(가) 공간 내에 아래와 같은 원기둥과 정사각기둥이 있다. 원기둥의 중심은 x축이고, 중심 축에 수직인 평면에 의해 잘린 절단면은 반지름이 r인 원이다. 정사각기둥의 중심축은 z축 이고, xy평면에 의해 절단된 절단면은 한 변의 길이가 $\dfrac{2\sqrt{2}}{r}$인 정사각형이다. 그 정사각형의 대각선은 x축과 y축이다. $0 < r \leq \sqrt{2}$ 일 때, 원기둥과 사각기둥의 공통부분은 K이다.

(나) **[입체도형의 부피]**
구간 $[a, b]$의 임의의 x에서 x축에 수직인 평면으로 자른 단면의 넓이가 $S(x)$일 때, 입체도형의 부피 V는

$$V = \int_a^b S(x)\,dx$$

(다) 삼각 치환 적분(三角置換積分)은 적분법 중 하나로, 변수를 직접 적분하기 어려울 때 삼각함수의 성질을 이용하기 위해 변수를 삼각함수로 치환하여 적분하는 방법이다.
$\displaystyle\int \sqrt{a^2 - x^2}\,dx$ 일 때, $x = a\sin\theta$ $\left(\text{단},\ -\dfrac{\pi}{2} \leq \theta \leq \dfrac{\pi}{2}\right)$ 로 치환하여 적분계산 가능하다.

(라) 함수 $f(x)$가 닫힌 구간 $[a, b]$ 에서 연속이면, $f(x)$는 이 구간에서 반드시 최댓값과 최솟값을 갖는다. 이것을 최대 · 최소의 정리라 한다. 또한, 닫힌 구간 $[a, b]$ 에서 연속인 함수 $y = f(x)$ 의 최솟값은 구간의 양 끝점에서의 함숫값 $f(a)$, $f(b)$ 와 이 구간에서의 극솟값 중에서 가장 작은 값 이다.

(논제1) 높이가 $z = t\ (-r \leq t \leq r)$일 때 xy평면에 평행인 평면과 K가 교차하는 넓이를 구하여라.

(논제2) K의 부피 $V(r)$을 구하여라.

(논제3) $0 < r \leq \sqrt{2}$ 일 때 $V(r)$의 최댓값을 구하여라.

[문제3] 다음 제시문을 읽고 물음에 답하시오.

(가) a, b는 양수이고, 공간 내에 세 점 $A(a, -a, b)$, $B(-a, a, b)$, $C(a, a, -b)$ 이 있다.
A, B, C를 지나는 평면은 α, 원점이 중심이고 A, B, C를 지나는 구면은 S이다.

(나) 영벡터가 아닌 두 벡터 $\vec{a}$, $\vec{b}$가 이루는 각의 크기가 θ일 때, $|\vec{a}||\vec{b}|\cos\theta$를 $\vec{a}$와 $\vec{b}$의 내적이라고 하며 $\vec{a} \cdot \vec{b} = |\vec{a}||\vec{b}|\cos\theta$로 나타낸다. 또한, 영벡터가 아닌 두 벡터 $\vec{a}$, $\vec{b}$가 이루는 각의 크기를 θ $(0 \leq \theta \leq \pi)$라고 할 때 $\vec{a} = (a_1, a_2)$, $\vec{b} = (b_1, b_2)$이면

$$\cos\theta = \frac{\vec{a} \cdot \vec{b}}{|\vec{a}||\vec{b}|} = \frac{a_1 b_1 + a_2 b_2}{\sqrt{a_1{}^2 + a_2{}^2}\sqrt{b_1{}^2 + b_2{}^2}}$$

이며, 두 벡터가 수직일 때, 두 벡터의 내적은 0이 된다.

(다) 사면체의 부피는 $V = \frac{1}{3}S \cdot h$ 이다. 여기서 S는 밑면의 넓이, h는 높이를 나타낸다.

(논제1) 선분 AB의 중점이 D일 때, $\overrightarrow{DC} \perp \overrightarrow{AB}$와 $\overrightarrow{DO} \perp \overrightarrow{AB}$임을 증명하여라. 또한, $\triangle ABC$의 면적을 구하여라.

(논제2) 벡터 $\overrightarrow{DC}$와 $\overrightarrow{DO}$가 이루는 각이 θ일 때, $\sin\theta$를 구하여라. 또한 평면 α와의 교점이 H일 때, 선분 OH의 길이를 구하여라.

(논제3) 점 P가 구면 S 위를 움직일 때, 사면체 $ABCP$의 부피의 최댓값을 구하여라. 단, P는 평면 α 위에 있지 않다.

[문제1] 평면 $\alpha : x + 2y + z = 3$ 과 직선 $l : x - 2 = \dfrac{y}{-3} = \dfrac{z-4}{2}$ 에 대하여 다음 물음에 답하여라.

(논제1) 직선 l의 평면 α 위로의 정사영의 방정식을 구하여라.

(논제2) 점 $(2, 0, 4)$의 평면 α에 대한 대칭점을 구하여라.

(논제3) 평면 α에 대하여 직선 l과 대칭인 직선의 방정식을 구하여라.

[문제2] 공간에 다음과 같은 직선 l과 평면 α가 주어져 있다.

$$l : \dfrac{x+1}{-1} = \dfrac{y+2}{3} = \dfrac{z-1}{2} \qquad \alpha : x - 2y + 3z - 5 = 0$$

(논제1) l과 α의 교점의 좌표를 구하여라.

(논제2) l을 품고 α와 수직인 평면 β의 방정식을 구하여라.

(논제3) l을 α 위로 정사영한 직선의 방정식을 구하여라.

제32장

벡터 일반

[**문제1**] 다음 제시문을 읽고 물음에 답하여라.

정삼각형 OAB에 대하여 직선 OA 위의 점을 P_1, P_2, P_3, $\cdots$ 이고 직선 OB 위의 점을 Q_1, Q_2, Q_3, $\cdots$ 라 할 때, 다음의 (가), (나), (다) 조건을 만족한다.

(가) $P_1 = A$ 이다.

(나) 선분 P_1Q_1, P_2Q_2, P_3Q_3, $\cdots$ 은 선분 OA에 수직이다.

(다) 선분 Q_1P_2, Q_2P_3, Q_3P_4, $\cdots$ 은 선분 OB에 수직이다.

$\overrightarrow{OA} = \vec{a}$, $\overrightarrow{OB} = \vec{b}$ 라 한다. 점 O를 기준으로 위치벡터는 상수 k, l로 하는 $k\vec{a} + l\vec{b}$로 표시되는 점 전체의 집합을 S라 하자. n이 자연수라 한다.

(**논제1**) $\overrightarrow{OP_n}$과 $\overrightarrow{OQ_n}$은 $\vec{a}$, $\vec{b}$를 이용하여 나타내어라.

(**논제2**) $\overrightarrow{OR} = x\vec{a} + y\vec{b}$ 라 하고 점 R은 선분 Q_nP_{n+1} 위에 있다고 할 때, x와 y를 이용하여 나타내어라. 또한, 선분 Q_nP_{n+1} 위에 있는 S의 점의 값을 구하여라.

(**논제3**) 삼각형 $OP_{n+1}Q_n$의 둘레와 내부에 있는 S의 점의 값을 구하여라.

[문제2] 다음 제시문을 읽고 물음에 답하여라.

공간 내에, 세 점 $A_0(1, 0, 0)$, $A_1(1, 1, 0)$, $A_2(1, 0, 1)$을 지나는 평면 α와, 세 점 $B_0(2, 0, 0)$, $B_1(2, 1, 0)$, $B_2\left(\dfrac{5}{2}, 0, \dfrac{\sqrt{3}}{2}\right)$을 지나는 평면은 β이다.

(논제1) 공간의 기본벡터가 $\vec{e_1} = (1, 0, 0)$, $\vec{e_2} = (0, 1, 0)$, $\vec{e_3} = (0, 0, 1)$일 때, 벡터 $\overrightarrow{OA_0}$, $\overrightarrow{OA_1}$, $\overrightarrow{OA_2}$, $\overrightarrow{OB_0}$, $\overrightarrow{OB_1}$, $\overrightarrow{OB_2}$을 $\vec{e_1}$, $\vec{e_2}$, $\vec{e_3}$로 표현하여라. 단, O는 공간의 원점을 나타낸다.

(논제2) 원점 O와 α 위의 점 P를 지나는 직선이 β 위의 점 P'도 지난다고 하자.
$\overrightarrow{OP} = \overrightarrow{OA_0} + a\overrightarrow{A_0A_1} + b\overrightarrow{A_0A_2}$, $\overrightarrow{OP'} = \overrightarrow{OB_0} + p\overrightarrow{B_1B_2} + q\overrightarrow{B_0B_2}$ 이면, a, b를 p, q로 나타내어라.

(논제3) 점 P가 α 위의 점 A_0이 중심이고 반지름이 1인 원 C의 둘레 위를 움직일 때, 점 P'가 움직여 생기는 도형 C'의 방정식을 (논제2)의 p, q로 나타내고, C'가 타원임을 증명하라.

[문제3] 다음 제시문을 읽고 물음에 답하시오.

(가) 점 O가 원점인 좌표평면 위에, 두 점 $A(1, 0)$, $B(\cos\theta, \sin\theta)$ $\left(\dfrac{\pi}{2} < \theta < \pi\right)$을 지나고 아래의 조건을 만족시키는 두 점 C, D가 있다.

$$\overrightarrow{OA} \cdot \overrightarrow{OC} = 1, \quad \overrightarrow{OA} \cdot \overrightarrow{OD} = 0, \quad \overrightarrow{OB} \cdot \overrightarrow{OC} = 0, \quad \overrightarrow{OB} \cdot \overrightarrow{OD} = 1$$

또한, $\triangle OAB$의 면적은 S_1, $\triangle OCD$의 면적은 S_2이다.

(나) 삼각형의 넓이가 두 변 a, b와 사잇각 θ가 주어지면 넓이는 $S = \dfrac{1}{2}ab\sin\theta$ 가 되며, 세 점이 $(0, 0)$, (x_1, y_1), (x_2, y_2)로 주어지면 넓이는 $S = \dfrac{1}{2}|x_1 y_2 - x_2 y_1|$로 간단하게 계산할 수 있다.

(다) 산술-기하 평균 부등식은 산술 평균과 기하 평균 사이에 성립하는 절대부등식이다. 이 부등식은 음수가 아닌 실수들의 산술 평균이 같은 숫자들의 기하 평균보다 크거나 같고 특히 숫자들이 모두 같을 때만 두 평균이 같음을 나타낸다.

$$\sqrt{ab} \leq \frac{a+b}{2} \ (a \geq 0, \, b \geq 0) \ (a = b일 \ 때 \ 등호가 \ 성립)$$

(논제1) 벡터 $\overrightarrow{OC}$, $\overrightarrow{OD}$의 성분을 구하여라.

(논제2) $S_2 = 2S_1$이 성립할 때, θ와 S_1값을 구하여라.

(논제3) $S = 4S_1 + 3S_2$가 가장 작아지는 θ와, 그 때의 S값을 구하여라.

Note

제33장

벡터의 내적과 방정식

[문제] 다음 제시문을 읽고 물음에 답하여라.

(가) O를 원점으로 하는 좌표평면 위의 곡선 $C: -\dfrac{1}{3}x^3 + \dfrac{1}{2}x + \dfrac{13}{6}$ 가 있다. C 위의 점 $D(-1, 2)$에서 C의 접선을 l이라 하면, D와 다른 C와 l의 공유점을 E라 한다.

(나) 곡선 $y = f(x)$ 위의 점 $P(a, f(a))$에서의 접선의 기울기는 $x = a$에서의 미분계수 $f'(a)$ 와 같다. 따라서 곡선 $y = f(x)$ 위의 한 점 P에서의 접선은 점 $(a, f(a))$를 지나고 기울기가 $f'(a)$인 직선이므로 접선의 방정식은 다음과 같다.

$$y - f(a) = f'(a)(x - a)$$

(다) **[벡터의 내적]**

두 벡터 $\vec{a}, \vec{b}$가 이루는 각의 크기가 θ일 때 $\vec{a} \cdot \vec{b} = |\vec{a}||\vec{b}|\cos\theta$이고 성분이 주어져 있을 때, 평면벡터의 내적 : $\vec{a} = (a_1, a_2), \vec{b} = (b_1, b_2)$일 때

$$\vec{a} \cdot \vec{b} = a_1 b_1 + a_2 b_2$$

공간벡터의 내적 : $\vec{a} = (a_1, a_2, a_3), \vec{b} = (b_1, b_2, b_3)$일 때

$$\vec{a} \cdot \vec{b} = a_1 b_1 + a_2 b_2 + a_3 b_3 \text{으로 표현된다.}$$

(논제1) l의 방정식을 구하시오.

(논제2) E의 좌표를 구하시오.

(논제3) 원점 O를 중심으로 하는 반지름 1의 원주상의 점 $A(a, b)$가 있다. 단, a와 b는 정수이다. 직선 l 위의 움직이는 점 P에 대하여, $\overrightarrow{OA} \cdot \overrightarrow{OP}$가 P의 위치에 관계없이 일정하다고 할 때, A의 좌표를 구하시오.

(논제4) A를 (논제3)에서 구한 점으로 한다. 점 Q가 C 위를 D부터 E까지 움직일 때, $\overrightarrow{OA} \cdot \overrightarrow{OQ}$의 최댓값을 구하시오.

Note

제34장

공간도형의 방정식

[문제1] 다음 제시문를 읽고 물음에 답하시오.

(가) xyz 공간의 두 점을 $A(0, 0, 1)$, $B\left(2 - \dfrac{2}{3}\sin\theta, \cos\theta, \sin\theta\right)$로 한다. 단, $-\pi \leq \theta \leq \pi$로 한다.

(나) 구간 $[a, b]$에서 정의된 연속함수 $y = f(x)$의 그래프와 x축 및 두 직선 $x = a$와 $x = b$로 둘러싸인 도형을 x축을 회전축으로 하여 회전시킬 때 생기는 회전체의 부피는

$$\pi \int_a^b \{f(x)\}^2\, dx$$

이다.

(다) 함수 $f(x)$가 $x = c$에서 연속이고, $x = c$를 경계로 $f(x)$가 감소 상태에서 증가 상태로 바뀌면, $f(x)$는 $x = c$에서 극소라 하고 함숫값 $f(c)$를 극솟값이라 한다.

(라) 함수 $f(x)$가 닫힌 구간 $[a, b]$에서 연속이면, $f(x)$는 이 구간에서 반드시 최댓값과 최솟값을 갖는다. 이것을 최대·최소의 정리라 한다. 또한, 닫힌 구간 $[a, b]$에서 연속인 함수 $y = f(x)$의 최솟값은 구간의 양 끝점에서의 함숫값 $f(a)$, $f(b)$와 이 구간에서의 극솟값 중에서 가장 작은 값 이다.

(논제1) 두 점 A, B를 지나는 직선의 방정식을 구하여라.

(논제2) 선분 AB 위의 점 $P(x, y, z)$에서 x축까지의 거리 r을 x의 함수로 해서 구하여라.

(논제3) 선분 AB를 x축 둘레에 회전시켜서 얻어지는 곡면과 점 A, B를 지나 x축에 수직인 두 개의 평면에 의해서 둘러싸인 입체의 부피 V를 구하여라.

(논제4) 이 입체의 부피 V를 최대, 최소로 하는 θ의 값과 그때의 부피 V를 구하여라.

[문제2] 다음 제시문을 읽고 물음에 답하여라.

좌표공간에서, O를 원점으로 하여 $A(2, 0, 0)$, $B(0, 2, 0)$, $C(1, 1, 0)$로 한다. $\triangle OAB$를 직선 OC의 주변에 1회전하여 가능한 회전체를 L이라 한다.

(논제1) 직선 OC 위에 있지 않는 점 $P(x, y, z)$에서 직선 OC에 내린 수선을 PH라고 한다. $\overrightarrow{OH}$와 $\overrightarrow{PH}$를 x, y, z의 식으로 나타내시오.

(논제2) P가 L 위의 점으로 있기 위한 조건은, $z^2 \leq 2xy$와 $0 \leq x + y \leq 2$인 것을 보이시오

(논제3) $1 \leq a \leq 2$로 한다. L를 평면 $x = a$로 자른 단면의 넓이 $S(a)$를 구하시오.

(논제4) 입체 $\{(x, y, z)|(x, y, z) \in L, 1 \leq x \leq 2\}$의 부피를 구하시오.

[문제3] 다음 제시문을 읽고 물음에 답하시오.

xyz 공간에서 세 점 $A(2, 0, 1)$, $B(0, 3, -1)$, $C(0, 3, -3)$ 이 있다. 선분 BC 위의 점을 $P(0, 3, s)$ 라 하자. 선분 AP를 $t : (1-t)$로 내분하는 점을 Q라 한다. 또한 t는 $0 < t < 1$을 만족한다. 점 Q를 중심으로 하고 반지름의 길이가 3인 구를 K라 할 때, 구 K가 xy 평면과 만나는 단면의 넓이를 S_1, 구 K가 yz 평면과 만나는 단면의 넓이를 S_2라 한다.

(논제1) 구 K의 방정식을 구하여라.

(논제2) S_1을 s와 t로 나타내어라.

(논제3) 점 P는 선분 BC 위에 고정하고, 점 Q는 선분 AP 위를 움직인다고 하자. $S_1 + S_2$의 최댓값을 s와 t의 식으로 표현하여라.

(논제4) (논제3)에서 점 Q가 선분 AP의 중점이라고 할 때 $S_1 + S_2$의 최댓값을 구하여라. 그리고 이때 s의 값을 구하여라.

[문제4] 다음 제시문을 읽고 물음에 답하시오.

좌표공간에서 원점 $(0, 0, 0)$과 점 $(1, 1, -3)$을 지나는 직선을 l, 두 점 $(-6, 6, 0)$, $(1, 2, 1)$을 지나는 직선을 m이라 하자. 직선 l 위의 점 P와 직선 m 위의 점을 Q라 할 때, 직선 PQ과 직선 l, m이 서로 수직이라 한다.

(논제1) $\left| \overrightarrow{PQ} \right|$ 를 구하여라.

(논제2) A가 직선 l 위의 점, B가 직선 m 위의 점이라 한다. 그리고 $A \neq P$이다. 이때 $\angle APB = \dfrac{\pi}{2}$ 임을 보여라.

(논제3) 직선 l 위의 두 점 A, C의 중점을 P로 한다. 동일하게 직선 m 위의 두 점을 B, D의 중점을 Q라 한다. $\left| \overrightarrow{PA} \right| = a$, $\left| \overrightarrow{PB} \right| = b$라 할 때, 삼각형 BDP의 넓이와 사면체 $ABCD$의 부피를 구하여라.

[문제5] 다음 제시문을 읽고 물음에 답하시오.

좌표공간에 점 $A(1, 0, 0)$이 있다. 점 $P(x, y, z)$에서 yz평면으로 내린 수선의 발은 H이다. $k > 1$인 상수 k에 대해, $PH : PA = k : 1$ 을 만족시키는 점 P 전체에 의한 도형을 S라 하자.

(논제1) S의 점 P와 x축의 거리의 최댓값을 구하여라.

(논제2) S 가운데 $y \geq 0$이면 $z = 0$을 만족시키는 부분은 C이다. S는 C를 x축 중심으로 한 바퀴 회전시켜 얻을 수 있는 도형임을 증명하여라.

(논제3) S로 둘러싸인 입체의 부피를 구하여라.

Note

제35장

논증 일반

[문제1] 다음을 증명하여라.

(논제1) 급수 $\displaystyle\sum_{k=1}^{\infty} a_k$ 가 수렴하는 경우 $\displaystyle\lim_{n\to\infty} a_n = 0$ 이다.

(논제2) 함수 $f(x)$ 가 미분 가능이면 연속이다.

(논제3) $\displaystyle\lim_{x\to 0}\frac{a^x - 1}{x} = \ln a$ 임을 증명하여라.

(논제4) $\displaystyle\lim_{x\to 0}\frac{\sin x}{x} = 1$ 임을 증명하여라.

(논제5) 아래 그림의 원에 내접하는 정다각형과 원에 외접하는 정다각형의 둘레의 길이를 이용하여 원의 둘레의 길이가 $2\pi r$ 임을 보여라.

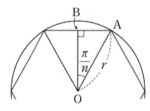
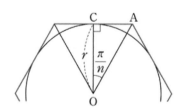

[원에 내접하는 정 n 각형]　　　　　　[원에 외접하는 정 n 각형]

[문제2]

상수 e는 탄젠트 곡선의 기울기에서 유도되는 특정한 실수로 무리수이자 초월수이다. 스위스의 수학자 레온하르트 오일러의 이름을 따 오일러의 수로도 불리며, 로그 계산법을 도입한 스코틀랜드의 수학자 존 네이피어를 기려 네이피어 상수라고도 한다. 또한, e는 자연로그의 밑이기 때문에 자연상수라고도 불린다. e는 다음의 식으로 표현되는 급수의 값이다.

$a_n = \left(1 + \dfrac{1}{n}\right)^n$ 일 때, $\displaystyle\lim_{n \to \infty} a_n = \lim_{n \to \infty}\left(1 + \dfrac{1}{n}\right)^n = e$

e는 무리수이기 때문에 십진법으로 표현할 수 없고 근삿값만을 추정할 수 있다.

(논제1) $\displaystyle\lim_{n \to \infty} a_n$의 수렴 값이 $2 < \displaystyle\lim_{n \to \infty} a_n < 3$임을 보여라.

(논제2) $\displaystyle\lim_{n \to \infty} a_n = \lim_{n \to \infty}\left(1 + \dfrac{1}{n}\right)^n = e$로 정의된 오일러 수가 함수로의 확장 $\displaystyle\lim_{x \to \infty}\left(1 + \dfrac{1}{x}\right)^x = e$ 됨을 보여라.

(논제3) 오일러 상수(e)가 무리수임을 증명하여라.

[문제3] 다음을 증명하여라.

(논제1) $y = x^n$ 의 도함수가 $y' = nx^{n-1}$ 임을 증명하여라. (단, n은 자연수)

(논제2) $y = \sin x$ 의 도함수가 $y' = \cos x$ 임을 증명하여라.

(논제3) $y = \cos x$ 의 도함수가 $y' = -\sin x$ 임을 증명하여라.

(논제4) $y = a^x$ 의 도함수가 $y' = a^x \ln a$ 임을 증명하여라.

(논제5) $y = \log_a x$ 의 도함수가 $y' = \dfrac{1}{x \ln a}$ 임을 증명하여라.

[문제4] 다음을 증명하여라.

(논제1) 로울의 정리

함수 $f(x)$가 닫힌 구간 $[a,\ b]$에서 연속이고 열린 구간 $(a,\ b)$에서 미분 가능할 때, $f(a)=f(b)$이면 $f'(c)=0$인 c가 열린 구간 $(a,\ b)$에 적어도 하나는 존재한다.

(논제2) 평균값 정리

함수 $f(x)$가 닫힌 구간 $[a,\ b]$에서 연속이고 열린 구간 $(a,\ b)$에서 미분 가능할 때

$\dfrac{f(b)-f(a)}{b-a}=f'(c)$인 c가 열린 구간 $(a,\ b)$에 적어도 하나는 존재한다.

[문제5] 다음을 증명하여라.

(논제1) $I_n=\displaystyle\int_a^b \tan^n x\,dx$ 일 때, $I_n+I_{n-2}=\left[\dfrac{1}{n-1}\cdot \tan^{n-1}x\right]_a^b$ 임을 증명하여라.

(논제2) $I_n=\displaystyle\int_a^b \sin^n x\,dx$ 일 때, $nI_n-(n-1)I_{n-2}=\left[-\cos x\cdot \sin^{n-1}x\right]_a^b$ 임을 증명하여라.

(논제3) $I_n=\displaystyle\int_a^b \cos^n x\,dx$ 일때, $n\cdot I_n-(n-1)\cdot I_{n-2}=\left[(\sin x)\cdot \left(\cos^{n-1}x\right)\right]_a^b$ 임을 증명하여라.

(논제4) $I_n=\displaystyle\int_a^b (\ln x)^n dx$ 일 때, $I_n=[x(\ln x)^n]_a^b-n\{I_{n-1}\}$ 임을 증명하여라.

[문제6] $0 < P(A) < 1$이고 $0 < P(B) < 1$인 사건 A와 사건 B가 서로 독립이면 A와 B^c, A^c과 B, A^c 과 B^c도 각각 서로 독립이다.

(논제1) 사건 A와 사건 B^c, 사건 A^c과 사건 B^c이 각각 서로 독립임을 증명하여라.

(논제2) 사건 A와 사건 B가 서로 독립이면 사건 A^c과 사건 B도 서로 독립임을 증명하여라.

[문제7] 다음을 증명하여라.

(논제1) 정의를 이용하여 확률변수 X가 이항분포 $B(n, p)$를 따를 때, $E(X) = np$, $V(X) = npq$임을 증명하여 보자.

(논제2) 미분을 이용하여 확률변수 X가 이항분포 $B(n, p)$를 따를 때, $E(X) = np$, $V(X) = npq$임을 증명하여 보자.

[문제8] 다음을 증명하여라.

(논제1) 원 $x^2 + y^2 = r^2$ 위의 점 (x_1, y_1)에서 접선의 방정식이 $x_1 x + y_1 y = r^2$임을 보여라.

(논제2) 포물선 $y^2 = 4px$ 위의 점 (x_1, y_1)에서 접선의 방정식이 $y_1 y = 2p(x + x_1)$임을 보여라.

(논제3) 타원 $\dfrac{x^2}{a^2} + \dfrac{y^2}{b^2} = 1$ 위의 점 (x_1, y_1)에서 접선의 방정식이 $\dfrac{x_1 x}{a^2} + \dfrac{y_1 y}{b^2} = 1$임을 보여라.

(논제4) 쌍곡선 $\dfrac{x^2}{a^2} - \dfrac{y^2}{b^2} = 1$ 위의 점 (x_1, y_1)에서 접선의 방정식이 $\dfrac{x_1 x}{a^2} - \dfrac{y_1 y}{b^2} = 1$임을 보여라.

[문제9] 점 $A(x_1, y_1, z_1)$에서 평면 $ax + by + cz + d = 0$에 내린 수선의 발을 H라고 할 때, 점과 평면 사이의 거리가 다음의 식이 됨을 증명하여라.

$$|\overline{AH}| = \frac{|ax_1 + by_1 + cz_1 + d|}{\sqrt{a^2 + b^2 + c^2}}$$

[문제1] 다음 제시문을 읽고 물음에 답하시오.

(가) 자연수 n에 대하여 명제 $P(n)$이 모든 자연수에 대하여 성립함을 증명하려면 다음 두 가지를 보이면 된다.

(i) $n = 1$일 때 명제 $P(n)$이 성립한다.

(ii) $n = k$일 때 명제 $P(n)$이 성립한다고 가정하면, $n = k + 1$일 때에도 명제 $P(n)$이 성립한다. 이와 같은 증명을 수학적 귀납법이라 한다.

(나) 수열 $\{a_n\}$, $\{b_n\}$이 수렴하고 $\lim_{n \to \infty} a_n = \alpha$, $\lim_{n \to \infty} b_n = \beta$일 때, 수열 $\{c_n\}$이 모든 자연수 n에 대하여 $a_n \le c_n \le b_n$이고, $\alpha = \beta$이면 $\lim_{n \to \infty} c_n = \alpha$이다.

(다) 상수 e는 탄젠트 곡선의 기울기에서 유도되는 특정한 실수로 무리수이자 초월수이다. 스위스의 수학자 레온하르트 오일러의 이름을 따 오일러의 수로도 불리며, 로그 계산법을 도입한 스코틀랜드의 수학자 존 네이피어를 기려 네이피어 상수라고도 한다. 또한, e는 자연로그의 밑이기 때문에 자연상수라고도 불린다.

e는 나음의 식으로 표현되는 급수의 값이다.

$a_n = \left(1 + \dfrac{1}{n}\right)^n$ 일 때, $\lim_{n \to \infty} a_n = \lim_{n \to \infty} \left(1 + \dfrac{1}{n}\right)^n = e$

e는 무리수이기 때문에 십진법으로 표현할 수 없고 근삿값만을 추정할 수 있다.

(논제) 일반항이 $a_n = \dfrac{1 + 2^2 + 3^3 + \cdots + n^n}{(n+1)^n}$ 로 표시되는 수열 $\{a_n\}$에 관해서 다음 물음에 답하시오.

(논제1) 부등식 $a_n < 1$을 표시하여라.

(논제2) a_{n+1}을 n과 a_n을 사용해서 표시하여라.

(논제3) $\lim_{n \to \infty} a_n$을 구하여라.

[문제2] 다음 제시문을 읽고 물음에 답하시오.

> (가) $\alpha > 1$로 한다. 수열 $\{a_n\}$을
>
> $$a_1 = \alpha, \ a_{n+1} = \sqrt{\frac{2a_n}{a_n + 1}} \quad (n = 1, 2, 3, \cdots)$$에 의해 정한다.
>
> (나) 자연수 n에 대하여 명제 $P(n)$이 모든 자연수에 대하여 성립함을 증명하려면 다음 두 가지를 보이면 된다.
> (i) $n = 1$일 때 명제 $P(n)$이 성립한다.
> (ii) $n = k$일 때 명제 $P(n)$이 성립한다고 가정하면, $n = k + 1$일 때에도 명제 $P(n)$이 성립한다.
> 이와 같은 증명을 수학적 귀납법이라 한다.
>
> (다) 어떤 구간에서 부등식 $f(x) \geq 0$이 성립하는 것을 증명할 때에는 주어진 구간에서 함수 $y = f(x)$의 최솟값을 구하여 (최솟값) ≥ 0임을 보이면 된다.
> 또한, 어떤 구간에서 부등식 $f(x) \geq g(x)$가 성립하는 것을 증명할 때에는
> $$h(x) = f(x) - g(x)$$
> 라 하고, 주어진 구간에서 함수 $h(x)$의 최솟값을 구하여 (최솟값) ≥ 0임을 보이면 된다.

(논제) 다음 부등식이 성립하는 것을 증명하여라.

(논제1) 제시문 (가)에서 $a_n > 1 \ (n = 1, 2, 3, \cdots)$

(논제2) $\sqrt{x} - 1 \leq \dfrac{1}{2}(x - 1)$ (단, $x \geq 0$으로 한다.)

(논제3) $a_n - 1 \leq \left(\dfrac{1}{4}\right)^{n-1} (\alpha - 1) \ (n = 1, 2, 3, \cdots)$

[문제3] 다음 제시문을 읽고 물음에 답하시오.

(가) 수열 $\{a_n\}$을

$$a_1 = 1, \ a_{n+1} = \sqrt{\frac{3a_n + 4}{2a_n + 3}} \ (n = 1, 2, 3, \cdots)$$으로 정한다.

(나) 부동점과 극한값이 같은 말이 아니지만 수열의 극한 문제에서는 대부분의 경우 부동점이 곧 극한값이기에 비슷하다. 부동점 이론은 일반항을 구할 수 없을 때, 초항 a_1과 점화식 $a_{n+1} = f(a_n)$이 주어지고 a_n의 추세를 구하는 문제이다. 수학에서 함수의 부동점은 함수에 의해 자신의 점에 대응되는 점을 의미한다. 다시 말해서, x가 함수 $f(x)$의 부동점이기 위한 필요충분조건은 $f(x) = x$이다.

부동점의 활용은 다음의 형식으로 이루어진다.
수열 $\{x_n\}$에 대해서 $f(x_n) = x_{n+1}$을 만족하는 함수 f를 찾자. 다음에 $f(x) = x$를 만족하는 x를 α라고 하자. 그리고 다음과 같이 식을 변형하자

$$|x_{n+1} - \alpha| = \left| \frac{x_{n+1} - \alpha}{x_n - \alpha} \right| |x_n - \alpha| = \left| \frac{f(x_n) - f(\alpha)}{x_n - \alpha} \right| |x_n - \alpha|$$

이때 평균값 정리를 적용하거나 식을 변형하여 $\left| \dfrac{f(x_n) - f(\alpha)}{x_n - \alpha} \right| < c < 1$임을 보일 수 있기 때문에

$|x_{n+1} - \alpha| < c^n |x_1 - \alpha|$ 와 같은 식이 성립하고 $\lim\limits_{n \to \infty} x_n = \alpha$임을 보일 수 있다.

(다) 수열 $\{a_n\}$, $\{b_n\}$이 수렴하고 $\lim\limits_{n \to \infty} a_n = \alpha$, $\lim\limits_{n \to \infty} b_n = \beta$일 때, 수열 $\{c_n\}$이 모든 자연수 n에 대하여 $a_n \leq c_n \leq b_n$이고, $\alpha = \beta$이면 $\lim\limits_{n \to \infty} c_n = \alpha$이다.

(논제1) 제시문 (가)에서 $n \geq 2$의 경우, $a_n > 1$이 되는 것을 나타내어라.

(논제2) $\alpha^2 = \dfrac{3\alpha + 4}{2\alpha + 3}$를 충족 양의 실수 α를 구하여라.

(논제3) 모든 자연수 n에 대하여 $a_n < \alpha$가 되는 것을 보여라.

(논제4) $0 < r < 1$을 만족하는 실수 r에 대해, 부등식

$\dfrac{\alpha - a_{n+1}}{\alpha - a_n} \leq r \ (n = 1, 2, 3, \cdots)$이 성립함을 나타내어라. 또한, 극한 $\lim\limits_{n \to \infty} a_n$를 구하여라.

[문제4] 다음 제시문을 읽고 논제에 답하시오.

(가) 자연수 n에 대하여 명제 $P(n)$이 모든 자연수에 대하여 성립함을 증명하려면 다음 두 가지를 보이면 된다.

(i) $n=1$일 때 명제 $P(n)$이 성립한다.

(ii) $n=k$일 때 명제 $P(n)$이 성립한다고 가정하면, $n=k+1$일 때에도 명제 $P(n)$이 성립한다.

이와 같은 증명을 수학적 귀납법이라 한다.

(나) 수열 $\{a_n\}$에서 n이 한없이 커짐에 따라, 일반항 a_n의 값이 한없이 커지면 수열 $\{a_n\}$은 양의 무한대로 발산한다하고, 이것을 기호 $\lim_{n \to \infty} a_n = \infty$로 나타낸다. 또한 일반항 a_n의 값이 음수이면서 그 절댓값이 한없이 커지면 수열 $\{a_n\}$은 음의 무한대로 발산한다하고, 이것을 기호 $\lim_{n \to \infty} a_n = -\infty$로 나타낸다.

다음과 같이 정의된 수열 $\{a_n\}$이 있다.

$a_1 = 1,\ a_n = 1 + a_1 a_2 \cdots a_{n-1}\ (n \geq 2)$

이때, $S_n = \dfrac{1}{a_1} + \dfrac{1}{a_2} + \cdots + \dfrac{1}{a_n}$이라 하자.

(논제1) 모든 자연수 n에 대하여 $S_n = 2 - \dfrac{1}{a_{n+1} - 1}$임을 보여라.

(논제2) $\lim_{n \to \infty} S_n = 2$임을 보여라.

[문제] 다음 제시문을 읽고 물음에 답하시오.

(가) 수학에서 귀류법은 증명하려는 명제의 결론이 부정이라는 것을 가정하였을 때 모순되는 가정이 나온다는 것을 보여, 원래의 명제가 참인 것을 증명하는 방법이다. 귀류법은 유클리드가 2000년 전 소수의 무한함을 증명하기 위해 사용하였을 정도로 오래된 증명법이다.

(나) a, b, c, d가 유리수이고 $\sqrt{m}$ 이 무리수일 때 다음의 등식이 성립한다.

① $a + b\sqrt{m} = 0 \Leftrightarrow a = b = 0$

② $a + b\sqrt{m} = c + d\sqrt{m} \Leftrightarrow a = c, \ b = d$

(다) 비대칭 연립점화식 a, b, p, q, r, s는 상수, $n = 1, 2, 3, \cdots\cdots$ 이라 할 때, 두 개의 수열 $\{a_n\}, \{b_n\}$ 이 다음과 같이 정의될 때

$$\begin{cases} a_1 = a \\ b_1 = b \end{cases} \begin{cases} a_{n+1} = pa_n + qb_n & \cdots\cdots ① \\ b_{n+1} = ra_n + sb_n & \cdots\cdots ② \end{cases}$$

3항간의 점화식으로 해결할 수도 있지만 등비수열이 되는 새로운 수열을 만들어서 푼다.
a_{n+1}과 b_{n+1}의 일차결합 $a_{n+1} + kb_{n+1}$(k는 상수)을 만들면

$$a_{n+1} + kb_{n+1} = (pa_n + qb_n) + k(ra_n + sb_n) = (p + kr)\left(a_n + \frac{q + ks}{p + kr}b_n\right)$$

여기서 $\frac{q + ks}{p + kr} = k$ 곧, $rk^2 + (p - s)k - q = 0 \cdots\cdots ③$ 의 두 근을 $k = \alpha, \beta$ 라 하고, 이를 사용하면 수열 $\{a_n + \alpha b_n\}$은 첫째 항 $a_1 + kb_1 = a + \alpha b$, 공비 $p + r\alpha$의 등비수열이 되므로

$$a_{n+1} + \alpha b_{n+1} = (a + \alpha b)(p + r\alpha)^n \cdots\cdots ④$$

1) $\alpha \neq \beta$: $\{a_n + \beta b_n\}$ 이 등비수열이므로 이와 같은 방법으로

$$a_{n+1} + \beta b_{n+1} = (a + \beta b)(p + r\beta)^n \cdots\cdots ⑤$$

⑥, ⑦를 이용하여 일반항을 구하면 된다.

2) $\alpha = \beta$: ④와 ①에서 b_{n+1}을 소거하면 $\{a_n\}$ 에 대해서는 $a_{n+1} = pa_n + r^n$ 에서 일반항 을 구할 수 있다.

(논제) 자연수 수열 $\{a_n\}, \{b_n\}$은 $(5 + \sqrt{2})^n = a_n + b_n\sqrt{2}$ $(n = 1, 2, 3, \cdots)$을 만족시킨다.

(**논제1**) $\sqrt{2}$ 는 무리수임을 증명하라.

(**논제2**) a_{n+1}, b_{n+1} 을 a_n, b_n 을 이용해 나타내라.

(**논제3**) 모든 자연수 n에 대해, $a_{n+1} + pb_{n+1} = q(a_n + pb_n)$이 성립되게 하는 상수 p, q를 두 쌍 구하여라.

(**논제4**) a_n, b_n 을 n을 이용해 나타내라.

대입수시전형,
수리논술로
승부하라

제2부

정답 및 해설

1장. 점화식과 극한 정리

[문제1]

(논제1)

$a_{n+1} = 7a_n + 3b_n$ ······ ①, $b_{n+1} = a_n + 5b_n$ ······ ②에서

$a_{n+1} + kb_{n+1} = (7+k)a_n + (3+5k)b_n$ ······ ③

$a_n + kb_n$ 이 등비수열이 되어야 하므로

$a_{n+1} + kb_{n+1} = (7+k)(a_n + kb_n)$ ······ ④

③과 ④의 우변이 일치해야 한다.

$\therefore (3+5k) = k(7+k)$ $\quad k^2 + 2k - 3 = 0$

$\therefore k = 1, -3$

(i) $k = 1$일 때

④에서 $a_{n+1} + b_{n+1} = 8(a_n + b_n)$이므로,

수열 $\{a_n + b_n\}$은 첫째항 $a_1 + b_1 = -2$, 공비 8인 등비수열이다.

$\therefore a_n + b_n = -2 \cdot 8^{n-1}$

(ii) $k = -3$일 때

④에서 $a_{n+1} - 3b_{n+1} = 4(a_n - 3b_n)$이므로,

수열 $\{a_n - 3b_n\}$은 첫째항 $a_1 - 3b_1 = 30$, 공비 8인 등비수열이다.

$\therefore a_n - 3b_n = 30 \cdot 4^{n-1}$

(논제2)

$a_n + b_n = -2 \cdot 8^{n-1}$ ······ ⑤, $a_n - 3b_n = 30 \cdot 4^{n-1}$ ······ ⑥에서

⑤×3＋⑥을 정리하면

$4a_n = 30 \cdot 4^{n-1} - 6 \cdot 8^{n-1}$

$\therefore a_n = 30 \cdot 4^{n-2} - 12 \cdot 8^{n-2}$

$\qquad = 3 \cdot 4^{n-2}(10 - 2^n)$

또한, $b_n = -a_n - 2 \cdot 8^{n-1}$ 이므로

$$b_n = -30 \cdot 4^{n-2} + 12 \cdot 8^{n-2} - 2 \cdot 8^{n-1}$$

$$= -30 \cdot 4^{n-2} 4 \cdot 8^{n-2}$$

$$= -4^{n-2}(30 + 2^n)$$

[문제2]

(논제1)

k, l은 정수이고, $\sqrt{2} = \dfrac{l}{k}$ $(k > 0$, k는 서로소)라고 가정하면,

$\sqrt{2}\,k = l$, $2k^2 = l^2$ ······①

이에 따라 l^2은 짝수, 즉 l은 짝수이다.

그러면 m이 정수일 때, $l = 2m$으로 나타내고 ①에 대입하면,

$2k^2 = 4m^2$, $k^2 = 2m^2$

이에 따라, k^2은 짝수, 다시 말해 k는 짝수이다.

따라서 k, l 모두 짝수가 되고, 서로소라는 가정에 반한다.

따라서 $\sqrt{2}$ 는 유리수가 아니고, 무리수이다.

(논제2)

조건에 의해

$$a_{n+1} + b_{n+1}\sqrt{2} = (5 + \sqrt{2})^{n+1} = (5 + \sqrt{2})(a_n + b_n\sqrt{2}) = (5a_n + 2b_n) + (a_n + 5b_n)\sqrt{2}$$

a_n, b_n은 자연수, $\sqrt{2}$ 은 무리수이므로

$a_{n+1} = 5a_n + 2b_n$ ······②, $b_{n+1} = a_n + 5b_n$ ······③

(논제3)

②, ③을 $a_{n+1} + pb_{n+1} = q(a_n + pb_n)$에 적용하면,

$$5a_n + 2b_n + p(a_n + 5b_n) = q(a_n + pb_n)$$

임의의 n에 대해 성립하므로,

$5 + p = q$ ······④, $2 + 5p = pq$ ······⑤

④, ⑤에 의해 $2 + 5p = p(5 + p)$, $p = \pm\sqrt{2}$

④에서 $(p, q) = (\sqrt{2},\, 5 + \sqrt{2})$, $(-\sqrt{2},\, 5 - \sqrt{2})$

(논제4)

조건에 의해 $a_1 = 5$, $b_1 = 1$이다.

우선, $a_{n+1} + b_{n+1}\sqrt{2} = (5 + \sqrt{2})(a_n + b_n\sqrt{2})$이므로,

$$a_n + b_n \sqrt{2} = \left(a_1 + b_1 \sqrt{2}\right)\left(5 + \sqrt{2}\right)^{n-1} = \left(5 + \sqrt{2}\right)^n \quad \cdots\cdots \textcircled{6}$$

또한, $a_{n+1} - b_{n+1} \sqrt{2} = \left(5 - \sqrt{2}\right)\left(a_n - b_n \sqrt{2}\right)$ 이므로,

$$a_n - b_n \sqrt{2} = \left(a_1 - b_1 \sqrt{2}\right)\left(5 - \sqrt{2}\right)^{n-1} = \left(5 - \sqrt{2}\right)^n \quad \cdots\cdots \textcircled{7}$$

$\textcircled{6}$, $\textcircled{7}$에 의해 $a_n = \dfrac{1}{2}\left\{\left(5 + \sqrt{2}\right)^n + \left(5 - \sqrt{2}\right)^n\right\}$, $b_n = \dfrac{1}{2\sqrt{2}}\left\{\left(5 + \sqrt{2}\right)^n - \left(5 - \sqrt{2}\right)^n\right\}$

[문제3]

(논제1)

양변에 역수를 취하면 $\dfrac{1}{a_{n+1}} = \dfrac{2a_n + 1}{a_n} = 2 + \dfrac{1}{a_n}$ 이므로, 수열 $\left\{\dfrac{1}{a_n}\right\}$은 공차가 2, 첫째항이 $\dfrac{1}{a_1} = 3$인

등차수열이다.

따라서 $\dfrac{1}{a_n} = 3 + (n-1)2 = 2n + 1$이고 $\{a_n\}$의 일반항 $a_n = \dfrac{1}{2n+1}$이다.

이때, $\lim\limits_{n \to \infty} a_n = 0$이므로 수열 $\{a_n\}$은 실제로 $\alpha = 0$에 수렴한다.

$b_1 = 2$이고, $b_{n+1} - b_n = \dfrac{b_n^2 + 1}{b_n - 1} - b_n = \dfrac{b_n + 1}{b_n - 1} = 1 + \dfrac{2}{b_n - 1} > 0$이므로, 수열 $\{b_n\}$은 ∞로 발산한

다. 따라서 $\beta = -1$은 수열 $\{b_n\}$의 극한값이 아니다. 따라서 이 학생의 방법이 항상 타당한 것은 아니다.

(논제2)

점 O로부터 화살표를 따라 점 P_{n+1}으로 갈 수 있는 경로의 수(x_{n+1})

= 점 O에서 점 P_n으로 갈 수 있는 경로의 수(x_n) + 점 O에서 점 Q_n으로 갈 수 있는 경로의 수(y_n)

따라서 $x_{n+1} = x_n + y_n \cdots \textcircled{1}$

점 O로부터 화살표를 따라 점 Q_{n+1}로 갈 수 있는 경로의 수(y_{n+1})

= 점 O에서 점 P_n으로 갈 수 있는 경로의 수$(x_n) \times 2$ + 점 O에서 점 Q_n으로 갈 수 있는 경로의 수(y_n)

따라서 $y_{n+1} = 2x_n + y_n \cdots \textcircled{2}$

$\textcircled{1}$과 $\textcircled{2}$에 의해

$$\begin{aligned}
y_n + \sqrt{2}\, x_n &= 2x_{n-1} + y_{n-1} + \sqrt{2}\left(x_{n-1} + y_{n-1}\right) = \left(1 + \sqrt{2}\right)y_{n-1} + \sqrt{2}\left(1 + \sqrt{2}\right)x_{n-1} \\
&= \left(1 + \sqrt{2}\right)\left(y_{n-1} + \sqrt{2}\, x_{n-1}\right) = \left(1 + \sqrt{2}\right)^2\left(y_{n-2} + \sqrt{2}\, x_{n-2}\right) = \cdots \\
&= \left(1 + \sqrt{2}\right)^{n-1}\left(y_1 + \sqrt{2}\, x_1\right) = \left(1 + \sqrt{2}\right)^n
\end{aligned}$$

같은 방법으로,

$$\begin{aligned}
y_n - \sqrt{2}\, x_n &= 2x_{n-1} + y_{n-1} - \sqrt{2}\left(x_{n-1} + y_{n-1}\right) = \left(1 - \sqrt{2}\right)y_{n-1} - \sqrt{2}\left(1 - \sqrt{2}\right)x_{n-1} \\
&= \left(1 - \sqrt{2}\right)\left(y_{n-1} - \sqrt{2}\, x_{n-1}\right) = \left(1 - \sqrt{2}\right)^2\left(y_{n-2} - \sqrt{2}\, x_{n-2}\right) = \cdots \\
&= \left(1 - \sqrt{2}\right)^{n-1}\left(y_1 - \sqrt{2}\, x_1\right) = \left(1 - \sqrt{2}\right)^n
\end{aligned}$$

(논제3)

(논제2)에서 구한 두 식 $y_n + \sqrt{2}\,x_n = (1+\sqrt{2})^n$와 $y_n - \sqrt{2}\,x_n = (1-\sqrt{2})^n$을 연립하여 풀면

$x_n = \dfrac{1}{2\sqrt{2}}\{(1+\sqrt{2})^n - (1-\sqrt{2})^n\}$, $y_n = \dfrac{1}{2}\{(1+\sqrt{2})^n + (1-\sqrt{2})^n\}$이다.

따라서 수열 $\{z_n\}$의 일반항은 $z_n = \dfrac{y_n}{x_n} = \dfrac{\sqrt{2}\{(1+\sqrt{2})^n + (1-\sqrt{2})^n\}}{(1+\sqrt{2})^n - (1-\sqrt{2})^n}$이다.

$$\therefore \lim_{n \to \infty} z_n = \lim_{n \to \infty} \frac{\sqrt{2}\{(1+\sqrt{2})^n + (1-\sqrt{2})^n\}}{(1+\sqrt{2})^n - (1-\sqrt{2})^n} = \lim_{n \to \infty} \sqrt{2}\left(\frac{1+\left(\frac{1-\sqrt{2}}{1+\sqrt{2}}\right)^n}{1-\left(\frac{1-\sqrt{2}}{1+\sqrt{2}}\right)^n}\right) = \sqrt{2}$$

(논제4)

$x_1 = y_1 = 1$, $x_{n+1} = x_n + y_n$, $y_{n+1} = 5x_n + y_n$이라 하자.

위와 같이 정의된 수열 $\{x_n\}$과 $\{y_n\}$에 대해 수열 $\left\{\dfrac{y_n}{x_n}\right\}$은 (논제2), (논제3)의 과정과 같은 방법으로 $\sqrt{5}$로 수렴함을 알 수 있다.

따라서 이 수열의 첫 다섯 항은 $\dfrac{y_1}{x_1} = 1$, $\dfrac{y_2}{x_2} = 3$, $\dfrac{y_3}{x_3} = 2$, $\dfrac{y_4}{x_4} = \dfrac{7}{3}$, $\dfrac{y_5}{x_5} = \dfrac{11}{5}$ 이다.

[문제4]

(논제1)

$a = y + x\sqrt{3}$, $b = z + w\sqrt{3}$이라 하면(단, x, y, z, w는 정수), $\bar{a} = y - x\sqrt{3}$, $\bar{b} = z - w\sqrt{3}$이고, 제시문 (가)에 의하여

$\overline{(\bar{a})} = \overline{y - x\sqrt{3}} = y - (-x)\sqrt{3} = y + x\sqrt{3} = a$

$\overline{a+b} = \overline{y + z + (x+w)\sqrt{3}} = y + z - (x+w)\sqrt{3}$

$\qquad = y - x\sqrt{3} + z - w\sqrt{3} = \bar{a} + \bar{b}$

$\overline{a-b} = \overline{y - z + (x-w)\sqrt{3}} = y - z + (-x+w)\sqrt{3}$

$\qquad = y - x\sqrt{3} - (z - w\sqrt{3}) = \bar{a} - \bar{b}$

$\overline{ab} = \overline{(y+x\sqrt{3})(z+w\sqrt{3})} = \overline{yz + 3xw + (yw+xz)\sqrt{3}}$

$\qquad = yz + 3xw - (yw+xz)\sqrt{3} = (y - x\sqrt{3})(z - w\sqrt{3}) = \bar{a}\bar{b}$

(논제2)

(1) L의 두 원소 (x, y)와 (z, w)에 대하여 $(x, y) \neq (z, w)$이면 $x \neq z$ 또는 $y \neq w$이므로, 제시문 (가)에 의해 $y + x\sqrt{3} \neq w + z\sqrt{3}$이다. $f((x, y)) \neq f((z, w))$이므로 제시문 (다)에 의하여 $f((x, y)) = y + x\sqrt{3}$는 일대일 함수이다.

(2) B의 원소 $a = y + x\sqrt{3}$에 대하여, $\bar{a} = y - x\sqrt{3}$이고 $a\bar{a} = (y + x\sqrt{3})(y - x\sqrt{3}) = 1$이다. (논제 1)에서 $\overline{(\bar{a})} = a$이므로 $\bar{a}(\overline{\bar{a}}) = \bar{a}a = (y - x\sqrt{3})(y + x\sqrt{3}) = 1$이고, 따라서 $\bar{a} \in B$이다. B의 원소 $a = y + x\sqrt{3}$와 $b = z + w\sqrt{3}$에 대하여 (논제1)의 $\overline{ab} = \bar{a}\bar{b}$에 의하면 $ab\overline{ab} = ab\bar{a}\bar{b} = a\bar{a}b\bar{b}$이다. 한편 $a, b \in B$이므로 $a\bar{a} = 1 = b\bar{b}$이고 $ab\overline{ab} = a\bar{a}b\bar{b} = 1$이다. 따라서 $ab \in B$이다.

$n = 1$일 때 $a^1 = a$이므로 B에 포함된다.

임의의 자연수 k에 대하여 $a^k \in B$임을 가정하면 $a^k\overline{(a^k)} = 1$이다. 또한 $k + 1$에 대하여 $a^{k+1}\overline{(a^{k+1})} = a^k a \overline{a^k}\bar{a} = a^k a \overline{a^k}\bar{a} = a^k \overline{a^k} a\bar{a} = 1 \times 1 = 1$이므로 $a^{k+1} \in B$이다.

따라서, 제시문 (라)에 의해 임의의 자연수 n에 대하여 a^n도 B에 포함된다.

(3) 임의의 자연수 n에 대하여

$$y_{n+1} + x_{n+1}\sqrt{3} = (2 + \sqrt{3})^{n+1} = (2 + \sqrt{3})^n(2 + \sqrt{3}) = (y_n + x_n\sqrt{3})(2 + \sqrt{3})$$

$$= (2y_n + 3x_n) + (y_n + 2x_n)\sqrt{3}$$ 이므로 $y_{n+1} = 2y_n + 3x_n$, $x_{n+1} = y_n + 2x_n$이다.

$$a_{n+1} = \frac{y_{n+1}}{x_{n+1}} = \frac{2y_n + 3x_n}{y_n + 2x_n} = \frac{2\dfrac{y_n}{x_n} + 3}{\dfrac{y_n}{x_n} + 2} = \frac{2a_n + 3}{a_n + 2}$$ 이므로 $a_{n+1}a_n + 2a_{n+1} = 2a_n + 3 \quad \cdots \textcircled{1}$이

다. 한편 수열 a_n이 수렴하므로 $\lim_{n \to \infty} a_n = \alpha$라 하면, 제시문 (마)에 의해, 등식 $\textcircled{1}$의 좌변의 극한은

$$\lim_{n \to \infty}(a_{n+1}a_n + 2a_{n+1}) = \lim_{n \to \infty} a_{n+1}a_n + \lim_{n \to \infty} 2a_{n+1} = \lim_{n \to \infty} a_{n+1} \lim_{n \to \infty} a_n + 2\lim_{n \to \infty} a_{n+1} = \alpha^2 + 2\alpha$$

이고, 등식 $\textcircled{1}$의 우변의 극한은 $\lim_{n \to \infty}(2a_n + 3) = 2\lim_{n \to \infty} a_n + \lim_{n \to \infty} 3 = 2\alpha + 3$ 이다.

따라서 $\alpha^2 = 3$이며, 수열 a_n이 양수의 수열이므로 $\alpha = \sqrt{3}$ 이다.

수열 $a_n = \dfrac{y_n}{x_n}$은 쌍곡선 $y^2 - 3x^2 = 1$의 그래프 위의 제 1사분면에 위치한 자연수 좌표점 (x_n, y_n)의 x좌표와 y좌표의 비율로 이루어진 수열이다. 따라서 그 극한은 쌍곡선 $y^2 - 3x^2 = 1$에서 기울기가 양수인 점근선 직선 $y = \sqrt{3}\,x$의 기울기 $\sqrt{3}$이다.

[문제5]

(논제1)

$p + q + r \neq 0$에 대하여 $pa_{n+2} + qa_{n+1} + ra_n = 0$을 만족하는 수열 $\{a_n\}$이 수렴한다고 하자. $\lim_{n \to \infty} a_n = \alpha$라 놓고 등식 $pa_{n+2} + qa_{n+1} + ra_n = 0$에 $n \to \infty$의 극한을 취하면 $(p + q + r)\alpha = 0$을 얻는다. 이때 $p + q + r \neq 0$이므로 $\alpha = 0$이어야 한다. 한편 $p + q + r = 0$인 경우에는 $(p + q + r)\alpha = 0$은 모든 실수 α에 대하여 성립하므로 $\alpha = \lim_{n \to \infty} a_n = 0$이 반드시 성립할 필요가 없다. 실제로 제시문 (가)에

서 수열의 일반항

$$a_n = a_1 + \frac{(a_2 - a_1)\left(1 - \left(\frac{r}{p}\right)^{n-1}\right)}{1 - \left(\frac{r}{p}\right)} \text{은} -1 < \frac{r}{p} < 1 \text{인 경우에 } a_1 + \frac{a_2 - a_1}{1 - \left(\frac{r}{p}\right)} \text{으로 수렴한다.}$$

(논제2)

$a_1 = 1$, $a_2 = 4$ 그리고 $(a_{n+2} - 2a_{n+1}) = 2(a_{n+1} - 2a_n)$에서 $a_{n+1} - 2a_n = b_n$이라 놓으면,

$b_{n+1} = 2b_n$, $b_1 = a_2 - 2a_1 = 2$이므로 $b_n = 2 \times 2^{n-1} = 2^n$이고 따라서 $a_{n+1} - 2a_n = 2^n$ 성립한다.

이 식의 양변을 2^{n+1}로 나누면 $\frac{a_{n+1}}{2^{n+1}} - \frac{a_n}{2^n} = \frac{1}{2}$가 성립하므로 수열 $\left\{\frac{a_n}{2^n}\right\}$은 첫째항이 $\frac{1}{2}$이고 공차가

$\frac{1}{2}$인 등차수열이다. 따라서 $\frac{a_n}{2^n} = \frac{1}{2} + (n-1)\frac{1}{2} = \frac{n}{2}$가 성립하여 $a_n = n \cdot 2^{n-1}$을 얻는다.

한편, $a_1 = 1$, $a_2 = 4$, $a_{n+2} - 4a_{n+1} + 3a_n = 0$인 경우 $(a_{n+2} - \alpha a_{n+1}) = \beta(a_{n+1} - \alpha a_n)$라 놓고 비교하면 $\alpha + \beta = 4$, $\alpha\beta = 3$으로부터 $(\alpha, \beta) = (1, 3)$ 또는 $(3, 1)$을 얻으므로, 제시문 (나)로부터

$$a_{n+1} - a_n = (4-1)3^{n-1} = 3^n$$

$$a_{n+1} - 3a_n = (4-3)1^{n-1} = 1$$

이 성립한다. 위 식에서 아래 식을 빼고 정리하면 $a_n = \frac{1}{2}(3^n - 1)$을 얻는다.

(논제3)

$a_k = k$ 분 후에 용기 A에 들어있게 되는 리터 단위의 물의 양

$b_k = k$ 분 후에 용기 B에 들어있게 되는 리터 단위의 물의 양이라 놓으면 다음이 성립한다.

$a_{k+1} = 0.9a_k + 0.2b_k$
$b_{k+1} = 0.1a_k + 0.8b_k$

위의 식에서 $b_k = 5a_{k+1} - 4.5a_k$을 얻고 이를 아래 식에 대입하면 다음을 얻는다.

$$5a_{k+2} - 4.5a_{k+1} = 0.1a_k + 0.8(5a_{k+1} - 4.5a_k)$$

이를 정리하면 $5a_{k+2} - 8.5a_{k+1} + 3.5a_k = 0$이 성립하고 ($p + q + r = 0$인 경우) 따라서

$$a_{k+2} - a_{k+1} = \frac{7}{10}(a_{k+1} - a_k) \text{가 성립하고, } -1 < \frac{7}{10} < 1 \text{이므로 } \lim_{k \to \infty} a_k = a \text{가 존재한다.}$$

모든 자연수 k에 대하여 $a_k + b_k$는 일정한 값이므로 $\lim_{k \to \infty} b_k = b$도 존재한다.

이제 방정식

$a = 0.9a + 0.2b$
$b = 0.1a + 0.8b$

를 풀면 $a = 2b$를 얻고 따라서 A에 담긴 물의 양과 용기 B에 담긴 물의 양의 비율은 특정한 값 2에 수렴한다.

[문제6]

(논제1)

$\{y_n\}$이 공비가 r인 등비수열이라 하자.

$y_{n+1} = ry_n = r\dfrac{x_n + a}{x_n + b}$ 한편,

$$y_{n+1} = \frac{x_{n+1} + a}{x_{n+1} + b} = \frac{\dfrac{5x_n + 8}{x_n + 3} + a}{\dfrac{5x_n + 8}{x_n + 3} + b}$$

$$= \frac{(5x_n + 8) + a(x_n + 3)}{(5x_n + 8) + b(x_n + 3)}$$

$$= \frac{(5 + a)x_n + (8 + 3a)}{(5 + b)x_n + (8 + 3b)}$$

$$= \frac{5 + a}{5 + b} \cdot \frac{x_n + \dfrac{8 + 3a}{5 + a}}{x_n + \dfrac{8 + 3b}{5 + b}}$$

에서 $r = \dfrac{5 + a}{5 + b}$ ...... ① 이고, a, b는 방정식 $x = \dfrac{8 + 3x}{5 + x}$

$\therefore x^2 + 2x - 8 = 0$

$\therefore (x + 4)(x - 2) = 0$의 두 개의 해이다.

따라서 $a < b$에서 $a = -4$, $b = 2$

(논제2)

①에서 $r = \dfrac{1}{7}$이므로 $y_{n+1} = \dfrac{1}{7}y_n$, $y_1 = \dfrac{x_1 - 4}{x_1 + 2} = \dfrac{19 - 4}{19 + 2} = \dfrac{5}{7}$

$\therefore y_n = y_1\left(\dfrac{1}{7}\right)^{n-1} = \dfrac{5}{7} \cdot \left(\dfrac{1}{7}\right)^{n-1} = \dfrac{5}{7^n}$

$\therefore \dfrac{x_n - 4}{x_n + 2} = \dfrac{5}{7^n}$

$\therefore x_n = \dfrac{4 \cdot 7^n + 10}{7^n - 5}$

(논제3)

$\displaystyle\lim_{n \to \infty} x_n = \lim_{n \to \infty} \frac{4 + 10^{-n}}{1 - 5 \cdot 7^{-n}} = 4$

[문제7]

(논제1)

수열 $\{a_n\}$이 $a_1 = 1$, $a_{n+1} = \dfrac{7a_n - 1}{4a_n + 3}$ $(n = 1, 2, \cdots)$ 로 정의될 때, 모든 자연수 n에 대하여 $a_n > \dfrac{1}{2}$을

수학적 귀납법으로 보이자.

(i) $n = 1$일 때, $a_1 = 1 > \dfrac{1}{2}$이 성립한다.

(ii) $n = k$일 때, $a_k > \dfrac{1}{2}$이라 가정하자.

$$a_{k+1} - \frac{1}{2} = \frac{7a_k - 1}{4a_k + 3} - \frac{1}{2} = \frac{14a_k - 2 - 4a_k - 3}{2(4a_k + 3)} = \frac{5(2a_k - 1)}{2(4a_k + 3)} > 0$$

$n = k + 1$에서도 성립한다.

(i), (ii)에서 모든 자연수 n에 대하여 $a_n > \dfrac{1}{2}$이 성립한다.

(논제2)

$b_n = \dfrac{2}{2a_n - 1}$ 이라 하면, $b_1 = \dfrac{2}{2a_1 - 1} = 2$가 된다.

또한, (논제1)에서 $\dfrac{2a_{n+1} - 1}{2} = \dfrac{5(2a_n - 1)}{2(4a_n + 3)}$ 이므로

$$b_{n+1} = \frac{2}{2a_{n+1} - 1} = \frac{2(4a_n + 3)}{5(2a_n - 1)} = \frac{2}{5} \cdot \frac{2(2a_n - 1) + 5}{2a_n - 1} = \frac{2}{5}\left(2 + \frac{5}{2a_n - 1}\right)$$

$$= \frac{4}{5} + \frac{2}{2a_n - 1} = \frac{4}{5} + b_n$$

따라서 $b_n = b_1 + \dfrac{4}{5}(n - 1) = 2 + \dfrac{4}{5}n - \dfrac{4}{5} = \dfrac{4}{5}n + \dfrac{6}{5}$ 이다.

(논제3)

(논제2)에서 $b_n = \dfrac{2}{2a_n - 1} = \dfrac{4}{5}n + \dfrac{6}{5}$ 이므로 이를 정리하면 $\dfrac{2a_n - 1}{2} = \dfrac{5}{4n + 6}$ 이므로

$2a_n - 1 = \dfrac{5}{2n + 3}$

$\therefore a_n = \dfrac{n + 4}{2n + 3}$

[문제1]

(논제1)

$a_0 > 2$ 가 성립하므로 $a_k > 2$ 일 때 $a_{k+1} > 2$ 임을 증명하면 된다.

곧, $a_{k+1} = \dfrac{1}{2}\left(a_k + \dfrac{4}{a_k}\right) > \sqrt{a_k \cdot \dfrac{4}{a_k}} = 2 \Leftarrow a_k > 0, \ a_k \neq \dfrac{4}{a_k}$

$\therefore \ a_{k+1} > 2$

그러므로 수학적 귀납법에 따라 모든 자연수 n 에 대해 $a_n > 2$

(논제2)

$a_n - a_{n-1} = \dfrac{1}{2}\left(a_{n-1} + \dfrac{4}{a_{n-1}}\right) - a_{n-1} = \dfrac{4 - a_{n-1}{}^2}{2a_{n-1}} = \dfrac{(2 - a_{n-1})(2 + a_{n-1})}{2a_{n-1}}$

(논제1)에서 $a_{n-1} > 2$ 이므로 $2 - a_{n-1} < 0$

$\therefore \ a_n - a_{n-1} < 0 \Rightarrow a_n < a_{n-1}$

(논제3)

$a_n - 2 = \dfrac{1}{2}\left(a_{n-1} + \dfrac{4}{a_{n-1}}\right) - 2 = \dfrac{1}{2} \cdot \dfrac{a_{n-1}{}^2 - 4a_{n-1} + 4}{a_{n-1}}$

$\qquad = \dfrac{1}{2} \cdot \dfrac{(a_{n-1} - 2)^2}{a_{n-1}} = \dfrac{1}{2}(a_{n-1} - 2)\dfrac{(a_{n-1} - 2)}{a_{n-1}}$

$\qquad = \dfrac{1}{2}(a_{n-1} - 2)\left(1 - \dfrac{2}{a_{n-1}}\right)$

한편, $a_{n-1} > 2$ 이므로 $0 < 1 - \dfrac{2}{a_{n-1}} < 1$ 이 성립한다.

$\therefore \ a_n - 2 < \dfrac{1}{2}(a_{n-1} - 2)$

(논제4)

(논제3)의 결과를 이용하면

$0 < a_n - 2 < \dfrac{1}{2}(a_{n-1} - 2) < \left(\dfrac{1}{2}\right)^2(a_{n-2} - 2) < \cdots\cdots < \left(\dfrac{1}{2}\right)^n(a_0 - 2)$

$\therefore \ 0 < a_n - 2 < \left(\dfrac{1}{2}\right)^n(a_0 - 2)$, 여기서 $\displaystyle\lim_{n \to \infty}\left(\dfrac{1}{2}\right)^n = 0$ 이므로

$\displaystyle\lim_{n \to \infty}(a_n - 2) = 0 \Rightarrow \lim_{n \to \infty} a_n = 2$

[문제2]

(논제1)

(i) $n=1$일 때, $c=a_1<1$이므로 성립한다.

(ii) $n=k$일 때, $c=a_k<1$이 성립한다고 가정하면

$\quad n=k+1$일 때,

$$1-a_{k+1}=1-\frac{3}{2}a_k+\frac{1}{2}a_k^2$$

$$=\frac{1}{2}(1-a_k)(2-a_k)>0 \quad \cdots\cdots ①$$

$$a_{k+1}-a_k=\frac{3}{2}a_k-\frac{1}{2}a_k^2-a_k$$

$$=\frac{1}{2}a_k(1-a_k)>0$$

①, ②에서 $c<a_{k+1}<1$이 되어 $n=k+1$에서도 성립한다.

따라서, (i), (ii)에서 모든 자연수 n에 대하여 $c\le a_n<1$이 성립한다.

(논제2)

우변-좌변$=\left(1-\dfrac{c}{2}\right)(1-a_n)-(1-a_{n+1})$

$$=\left(1-\frac{c}{2}\right)(1-a_n)-\frac{1}{2}(1-a_n)(2-a_n)\ (\because ①)$$

$$=\frac{1}{2}(1-a_n)(a_n-c)\ge 0\ (\because \text{(논제1)의 결과})$$

$$\therefore\ 1-a_{n+1}\le\left(1-\frac{c}{2}\right)(1-a_n)\ (\text{등호 성립은 }a_n=c,\ \text{즉 }n=1\text{일 때})$$

(논제3)

(논제2)의 결과로부터

$$0<1-a_n\le\left(1-\frac{c}{2}\right)(1-a_{n-1})\le\left(1-\frac{c}{2}\right)^2(1-a_{n-2})$$

$$\le\cdots\le\left(1-\frac{c}{2}\right)^{n-1}(1-a_1)$$

$$\therefore\ 0<1-a_n\le\left(1-\frac{c}{2}\right)^{n-1}(1-a_1)$$

여기서, $\dfrac{1}{2}<1-\dfrac{c}{2}<1$에 의해 $\left(1-\dfrac{c}{2}\right)^{n-1}\to 0\ (n\to\infty)$

$$\therefore\ \lim_{n\to\infty}(1-a_n)=0$$

$$\therefore\ \lim_{n\to\infty}a_n=1$$

[문제3]

(논제1)

극한값이 수렴하므로 $\lim\limits_{n \to \infty} a_n = \lim\limits_{n \to \infty} a_{n+1} = \alpha$ 라 두면

$a_{n+1} = \sqrt{a_n + 6}$ 에 대하여 $n \to \infty$ 일 때, $\alpha = \sqrt{\alpha + 6}$, $\alpha^2 = \alpha + 6$

$\therefore \alpha = 3, -2$ $\alpha > 0$이므로 $\alpha = 3$

(논제2)

$|a_{n+1} - 3| = |\sqrt{a_n + 6} - 3|$

$= \left| \dfrac{a_n + 6 - 3^2}{\sqrt{a_n + 6} + 3} \right| = \dfrac{|a_n - 3|}{\sqrt{a_n + 6} + 3}$

$n \geq 2$일 때 $a_n \geq 0$이므로

$\sqrt{a_n + 6} + 3 \geq \sqrt{6} + 3 > 3$

$\therefore |a_{n+1} - 3| < \dfrac{1}{3}|a_n - 3|$

(논제3)

$|a_n - 3| < \dfrac{1}{3}|a_{n-1} - 3|$, $|a_{n-1} - 3| < \dfrac{1}{3}|a_{n-2} - 3|$, $\cdots$ 이므로

$0 \leq |a_n - 3| < \dfrac{1}{3^{n-1}}|a_1 - 3|$

여기서 $|a_1 - 3|$은 일정하므로 $\lim\limits_{n \to \infty} \dfrac{1}{3^{n-1}} = 0$

$\therefore \lim\limits_{n \to \infty} |a_n - 3| = 0$

$\lim\limits_{n \to \infty} a_n = 3$

[문제4]

(논제1)

$n \geq 2$의 경우, $a_n > 1$임을 수학적 귀납법을 이용하여 나타낸다.

(i) $n = 2$일 때, $a_1 = 1$이므로 $a_2 = \sqrt{\dfrac{3a_1 + 4}{2a_1 + 3}} = \sqrt{\dfrac{7}{5}} > 1$

(ii) $n = k$일 때, $a_k > 1$이라 가정하면,

$a_{k+1} - 1 = \sqrt{\dfrac{3a_k + 4}{2a_k + 3}} - 1 = \sqrt{1 + \dfrac{a_k + 1}{2a_k + 3}} - 1 > 0$

(i), (ii)에서, $n \geq 2$일 때, $a_n > 1$이다.

(논제2)

$\alpha^2 = \dfrac{3\alpha + 4}{2\alpha + 3}$ 에서, $2\alpha^3 + 3\alpha^2 - 3\alpha - 4 = 0$이므로 $(\alpha + 1)(2\alpha^2 + \alpha - 4) = 0$

$\alpha > 0$에서 $\alpha = \dfrac{-1 + \sqrt{33}}{4}$

(논제3)

모든 자연수 n에 대하여 $a_n < \alpha$가 되는 것을 수학적 귀납법을 이용하여 나타낸다.

(i) $n = 1$일 때, $\alpha - a_1 = \dfrac{-1 + \sqrt{33}}{4} - 1 = \dfrac{\sqrt{33} - 5}{4} > 0$에서 $a_1 < \alpha$가 성립한다.

(ii) $n = k$일 때, $a_k < \alpha$라 가정하면

$$\alpha - a_{k+1} = \sqrt{\frac{3\alpha + 4}{2\alpha + 3}} - \sqrt{\frac{3a_k + 4}{2a_k + 3}} = \frac{\sqrt{(3\alpha + 4)(2a_k + 3)} - \sqrt{(2\alpha + 3)(3a_k + 4)}}{\sqrt{2\alpha + 3}\,\sqrt{2a_k + 3}}$$

$$= \frac{(3\alpha + 4)(2a_k + 3) - (2\alpha + 3)(3a_k + 4)}{\sqrt{2\alpha + 3}\,\sqrt{2a_k + 3}\left\{\sqrt{(3\alpha + 4)(2a_k + 3)} + \sqrt{(2\alpha + 3)(3a_k + 4)}\right\}}$$

$$= \frac{\alpha - a_k}{\sqrt{2\alpha + 3}\,\sqrt{2a_k + 3}\left\{\sqrt{(3\alpha + 4)(2a_k + 3)} + \sqrt{(2\alpha + 3)(3a_k + 4)}\right\}}$$

따라서, $\alpha - a_{k+1} > 0$에서 $a_{k+1} < \alpha$이다.

(i), (ii)에서 모든 자연수 n에 대하여 $a_n < \alpha$이다.

(논제4)

(논제1)과 (논제3)의 결과에서 $1 \le a_n < \alpha$가 되어,

$$\frac{\alpha - a_{n+1}}{\alpha - a_n} = \frac{1}{\sqrt{2\alpha + 3}\,\sqrt{2a_n + 3}\left\{\sqrt{(3\alpha + 4)(2a_n + 3)} + \sqrt{(2\alpha + 3)(3a_n + 4)}\right\}}$$

$$\le \frac{1}{\sqrt{5}\,\sqrt{5}\,(\sqrt{35} + \sqrt{35})} = \frac{1}{10\sqrt{35}}$$

그러면 $r = \dfrac{1}{10\sqrt{35}}$ 라 할 수 있으며, 이때 $\alpha - a_{n+1} \le r(\alpha - a_n)$이므로,

$$0 < \alpha - a_n \le (\alpha - a_1)r^{n-1} = (\alpha - 1)r^{n-1}$$

따라서, $0 < r < 1$에서 $\displaystyle\lim_{n \to \infty}(\alpha - a_n) = 0$, 즉, $\displaystyle\lim_{n \to \infty}a_n = \alpha = \dfrac{-1 + \sqrt{33}}{4}$

[문제5]

(논제1)

점 $Q_0(3, P(3))$에서 그래프의 접선의 방정식은 $y - P(3) = P'(3)(x - 3)$이므로

$-5 = 6(a_1 - 3)$이고 $a_1 = \dfrac{13}{6}$이다. $Q_n(a_n, P(a_n))$에서 그래프의 접선의 방정식은

$y - P(a_n) = P'(a_n)(x - a_n)$이므로 $-P(a_n) = P'(a_n)(a_{n+1} - a_n)$이고 $a_{n+1} = a_n - \dfrac{P(a_n)}{P'(a_n)}$이다.

(논제2)

$a_{n+1} = a_n - \dfrac{P(a_n)}{P'(a_n)} = a_n - \dfrac{a_n^2 - 4}{2a_n} = \dfrac{1}{2}\left(a_n + \dfrac{4}{a_n}\right)$이다.

1) 모든 자연수 n에 대하여 $a_n > 2$임을 수학적 귀납법으로 보이자.

　(i) $a_1 = \dfrac{13}{6} > 2$가 성립한다.

　(ii) $n = k$일 때, $a_k > 2$가 성립한다고 가정하자.

　　$n = k+1$일 때, $a_{k+1} = \dfrac{1}{2}\left(a_k + \dfrac{4}{a_k}\right) > \dfrac{1}{2} \cdot 2\sqrt{a_k \cdot \dfrac{4}{a_k}} = 2$가 성립한다.

　　따라서 수학적 귀납법에 의하여 $a_n > 2$이 성립한다.

2) $a_{n+1} = a_n - \dfrac{a_n^2 - 4}{2a_n}$이고 $a_n > 2$, $a_n^2 > 4$이므로 $a_{n+1} < a_n$이 성립한다.

(논제3)

$P(0) = -4$, $P(3) = 5$이므로 사이값 정리에 의하여 $P(c) = 0$인 $c \in (0, 3)$가 존재한다.
그런데 $P'(x) = 2x$이므로 $x \in (0, 3)$에 대하여 $P'(x) > 0$이므로 제시문 (나)에 의하여
$y, z \in (0, 3)\,(y < z)$이면 $P(y) < P(z)$이다. 그러므로 $P(c) = 0$인 $c \in (0, 3)$는 유일하다.
(논제2)의 결과와 제시문 (다)에 의하여 $\lim\limits_{n \to \infty} a_n = a$가 존재하며 $2 \le a < 3$이 성립한다.

제시문 (라)와 연속인 함수의 성질에 의하여 $a_{n+1} = a_n - \dfrac{P(a_n)}{P'(a_n)}$에서 극한을 취하면

$a = \lim\limits_{n \to \infty} a_{n+1} = \lim\limits_{n \to \infty}\left(a_n - \dfrac{P(a_n)}{P'(a_n)}\right) = a - \dfrac{P(a)}{P'(a)}$가 성립한다. 따라서 $P(a) = 0$이다.

2장. 무한급수 관련

[문제1]

(i) $\displaystyle\sum_{n=1}^{\infty} a_n = S$ 라 하면 $\displaystyle\lim_{n\to\infty} S_n = \lim_{n\to\infty} S_{n-1} = S$ 이다.

$$\lim_{n\to\infty} a_n = \lim_{n\to\infty}(S_n - S_{n-1})$$

$$= \lim_{n\to\infty} S_n - \lim_{n\to\infty} S_{n-1}$$

$$= S - S = 0$$

$\therefore \displaystyle\sum_{n=1}^{\infty} a_n$ 이 수렴하면 $\displaystyle\lim_{n\to\infty} a_n = 0$

(ii) $\displaystyle\lim_{n\to\infty} a_n = 0$이면서도 $\displaystyle\sum_{n=1}^{\infty} a_n$ 이 발산하는 예를 들어보면

$$1 + \frac{1}{2} + \frac{1}{3} + \frac{1}{4} + \frac{1}{5} + \cdots + \frac{1}{n} + \cdots$$

$$= 1 + \frac{1}{2} + \left(\frac{1}{3} + \frac{1}{4}\right) + \left(\frac{1}{5} + \frac{1}{6} + \frac{1}{7} + \frac{1}{8}\right) + \left(\frac{1}{9} + \cdots + \frac{1}{16}\right) + \cdots$$

$$> 1 + \frac{1}{2} + \left(\frac{1}{4} + \frac{1}{4}\right) + \left(\frac{1}{8} + \frac{1}{8} + \frac{1}{8} + \frac{1}{8}\right) + \left(\frac{1}{16} + \cdots + \frac{1}{16}\right) + \cdots$$

$$= 1 + \frac{1}{2} + \frac{1}{2} + \frac{1}{2} + \cdots$$

$$= \infty$$

따라서, $\displaystyle\lim_{n\to\infty} \frac{1}{n} = 0$이지만 $\displaystyle\sum_{n=1}^{\infty} \frac{1}{n}$ 은 발산한다.

(i), (ii)에서 $\displaystyle\sum_{n=1}^{\infty} a_n$ 이 수렴하면 $\displaystyle\lim_{n\to\infty} a_n = 0$ 이지만 $\displaystyle\lim_{n\to\infty} a_n = 0$ 이라고 해서 $\displaystyle\sum_{n=1}^{\infty} a_n$ 이 수렴한다고 할 수는 없다.

[문제2]

(논제1)

$f(x) = \ln(1+x) - \left(x - \dfrac{1}{2}x^2\right)$, $g(x) = \left(x + \dfrac{1}{2}x^2\right) - \ln(1+x)$라 하면

$f'(x) = \dfrac{1}{1+x} - (1-x) = \dfrac{x^2}{1+x} \geq 0 \ (\because x \geq 0)$

$g'(x) = (1+x) - \dfrac{1}{1+x} = \dfrac{x^2 + 2x}{1+x} \geq 0$

이므로 $f(x)$, $g(x)$는 단조증가함수이고 $f(0) = g(0) = 0$이므로 $f(x) \geq 0$, $g(x) \geq 0$

$\therefore x - \dfrac{1}{2}x^2 \leq \ln(1+x) \leq x + \dfrac{1}{2}x^2$

(논제2)

$$\lim_{n \to \infty} \frac{1}{\sqrt{n}} \sum_{k=1}^{n} \frac{1}{\sqrt{k}} = \lim_{n \to \infty} \frac{1}{n} \sum_{k=1}^{n} \frac{1}{\sqrt{\dfrac{k}{n}}} = \int_0^1 \frac{1}{\sqrt{x}} dx = \left[2\sqrt{x}\right]_0^1 = 2$$

(논제3)

$$\ln P_n = \frac{1}{\sqrt{n}} \sum_{k=1}^{n} \ln\left(1 + \frac{1}{\sqrt{k}}\right) \quad \cdots\cdots \ ①$$

(논제1)에서 $x = \dfrac{1}{\sqrt{k}}$ 을 대입하면

$$\frac{1}{\sqrt{k}} - \frac{1}{2} \cdot \frac{1}{k} \leq \ln\left(1 + \frac{1}{\sqrt{k}}\right) \leq \frac{1}{\sqrt{k}} + \frac{1}{2} \cdot \frac{1}{k}$$

①에서

$$\frac{1}{\sqrt{n}} \sum_{k=1}^{n}\left(\frac{1}{\sqrt{k}} - \frac{1}{2k}\right) \leq \ln P_n \leq \frac{1}{\sqrt{n}} \sum_{k=1}^{n}\left(\frac{1}{\sqrt{k}} + \frac{1}{2k}\right) \quad \cdots\cdots \ ②$$

$y = \dfrac{1}{x}$ 은 감소함수이므로 $\displaystyle\sum_{k=1}^{n} \frac{1}{k}$ 은 오른쪽 그림에서

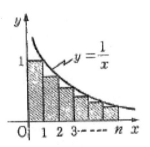

$$0 < \sum_{k=1}^{n} \frac{1}{k} < 1 + \int_1^n \frac{1}{x} dx = 1 + \ln n$$

$$\therefore 0 < \frac{1}{\sqrt{n}} \sum_{k=1}^{n} \frac{1}{k} < \frac{1 + \ln n}{\sqrt{n}} = \frac{1 + 2\ln\sqrt{n}}{\sqrt{n}}$$

$n \to \infty$ 일 때 $\dfrac{1 + 2\ln\sqrt{n}}{\sqrt{n}} \to 0$이므로 $\displaystyle\lim_{n \to \infty} \frac{1}{\sqrt{n}} \sum_{k=1}^{n} \frac{1}{k} = 0$

②에서 $\displaystyle\lim_{n \to \infty} \ln P_n = 2$

$\therefore P_n = e^2$

[문제3]

(논제1)

$p < 0$이면 $\displaystyle\lim_{n\to\infty}\frac{1}{n^p}=\infty$이고 $p=0$이면 $\displaystyle\lim_{n\to\infty}\frac{1}{n^p}=1$이다.

이 경우 모두 $\displaystyle\lim_{n\to\infty}\frac{1}{n^p}\neq 0$이므로 주어진 급수 $\displaystyle\sum_{n=1}^{\infty}\frac{1}{n^p}$은 발산한다.

$p>0$인 경우 p의 범위를 $0<p<1$, $p=1$, $p>1$로 나누어서 적분판정법을 이용하여 수렴성을 판단해 보자.

$f(x)=\dfrac{1}{x^p}$라 두면 $\displaystyle\int_1^{\infty}\frac{1}{x^p}dx=\frac{1}{1-p}\lim_{x\to\infty}(x^{1-p})-\frac{1}{1-p}$ (단, $p\neq 1$)가 성립한다.

(i) $p>1$일 때, $1-p$는 음수이므로 $\displaystyle\lim_{x\to\infty}(x^{1-p})=0$가 된다. $\displaystyle\int_1^{\infty}\frac{1}{x^p}dx$가 일정한 값

$-\dfrac{1}{1-p}$을 가지므로 급수 $\displaystyle\sum_{n=1}^{\infty}\frac{1}{n^p}$는 수렴한다.

(ii) $0<p<1$일 때, $1-p$는 양수이므로 $\displaystyle\lim_{x\to\infty}(x^{1-p})=\infty$가 된다. 따라서 급수 $\displaystyle\sum_{n=1}^{\infty}\frac{1}{n^p}$는 발산한다.

(iii) $p=1$일 때, $\displaystyle\int_1^{\infty}\frac{1}{x}dx=\lim_{x\to\infty}(\ln x)=\infty$가 된다. 따라서 급수 $\displaystyle\sum_{n=1}^{\infty}\frac{1}{n^p}$는 발산한다.

그러므로 적분판정법에 의하여 급수 $\displaystyle\sum_{n=1}^{\infty}\frac{1}{n^p}$은 $p>1$이면 수렴하고 $p\leq 1$이면 발산한다.

다음으로 급수 $\displaystyle\sum_{n=4}^{\infty}\frac{\ln n}{n}$의 수렴성을 살펴보자.

(i) 적분판정법 : 함수 $f(x)=\ln x$는 구간 $x>1$에서 양수이며, 연속이다. 그리고 이 함수는 증가함수이다. 따라서 적분판정법을 이용하여 수렴여부를 확인할 수 있다.

$$\int_4^{\infty}\frac{\ln x}{x}dx=\lim_{t\to\infty}\int_4^t\frac{\ln x}{x}dx=\lim_{t\to\infty}\left[\frac{(\ln x)^2}{2}\right]_4^t=\left\{\frac{(\ln t)^2}{2}-\frac{(\ln 4)^2}{2}\right\}=\infty$$

그러므로 적분판정법에 의하여 급수는 발산한다.

(ii) 비교판정법 : $n\geq 4$이면 $\ln n>1$이므로 $\dfrac{\ln n}{n}>\dfrac{1}{n}$ $(n\geq 4)$이 된다.

$\displaystyle\sum_{n=1}^{\infty}\frac{1}{n}$이 발산함을 $\displaystyle\sum_{n=1}^{\infty}\frac{1}{n^p}$의 수렴성 조사를 통해 알고 있다. 그러므로 비교판정법에 의해서 주어진 급수는 발산한다.

(논제2)

모든 합이 양수이므로 비판정법을 이용하여 $\displaystyle\sum_{n=1}^{\infty}\dfrac{1}{(2n-1)(2n+1)}$ 의 수렴, 발산을 생각해 보자.

$a_n = \dfrac{1}{(2n-1)(2n+1)}$ 라 두고 n 항과 $n+1$ 항의 비를 구하면

$\dfrac{a_{n+1}}{a_n} = \dfrac{\dfrac{1}{(2n+1)(2n+3)}}{\dfrac{1}{(2n-1)(2n+1)}} = \dfrac{4n^2-1}{4n^2+8n+3}$ 이고 이에 대한 극한을 구하면 1이 된다.

따라서 비판정법으로 설명할 수 없다. 비교판정법으로 수렴, 발산을 판정해 보면 다음과 같다.

$a_n = \dfrac{1}{(2n-1)(2n+1)} = \dfrac{1}{4n^2-1}$ 이므로 이는 $\dfrac{1}{n^2}$ 보다 작다. 그런데 $\displaystyle\sum_{n=1}^{\infty}\dfrac{1}{n^2}$ 은 제시문에서 알 수 있듯

이 적분판정법에 의해 수렴하기 때문에 비교판정법에 의해

$\displaystyle\sum_{n=1}^{\infty}\dfrac{1}{(2n-1)(2n+1)}$ 도 수렴하게 된다.

(논제3)

비판정법을 이용하여 $\displaystyle\lim_{n\to\infty}\left|\dfrac{a_{n+1}}{a_n}\right|$ 을 구해보면 다음과 같다.

$\displaystyle\lim_{n\to\infty}\left|\dfrac{a_{n+1}}{a_n}\right| = \lim_{n\to\infty}\left|\dfrac{x^{n+1}}{(n+2)2^{n+1}} \cdot \dfrac{(n+1)2^n}{x^n}\right| = \left|\dfrac{x}{2}\right|$

따라서 제시문에 따르면 $\left|\dfrac{x}{2}\right|$ 가 1보다 작으면 수렴하고, 1보다 크면 발산한다.

한편, $x=2$ 또는 $x=-2$ 일 때는 비판정법으로 수렴, 발산을 판정할 수 없으므로 이때는 제시문에 나와 있는 다른 판정법을 이용하여야 한다.

(i) $x=2$ 일 때 주어진 급수는 $1 + \dfrac{1}{2} + \dfrac{1}{3} + \dfrac{1}{4} + \cdots$ 가 되므로 앞의 (논제1)을 이용하면 발산한다.

(ii) $x=-2$ 일 때 주어진 급수는 $1 - \dfrac{1}{2} + \dfrac{1}{3} - \dfrac{1}{4} + \cdots$ 가 되므로 교대급수 판정법에 의하여 수렴하게 된다.

따라서 주어진 급수의 수렴구간은 $-2 \le x < 2$ 가 된다.

[문제1]

(논제1)

$$\int_0^1 \frac{1-(-1)^n x^n}{1+x}dx = \int_0^1 \frac{1-(-x)^n}{1-(-x)}dx$$

$$= \int_0^1 \{1+(-x)+(-x)^2+\cdots+(-x)^{n-1}\}dx$$

$$= \left[x-\frac{x^2}{2}+\frac{x^3}{3}-\frac{x^4}{4}+\cdots+(-1)^{n-1}\cdot\frac{x^n}{n}\right]_0^1$$

$$= 1-\frac{1}{2}+\frac{1}{3}-\frac{1}{4}+\cdots+(-1)^{n-1}\frac{1}{n}=a_n$$

(논제2)

$0 \le x \le 1$에 의해 $\dfrac{x^n}{1+x} \le x^n$

$$\therefore \int_0^1 \frac{x^n}{1+x}dx \le \int_0^1 x^n dx = \frac{1}{n+1}$$

(논제3)

(논제1)에서 $a_n = \displaystyle\int_0^1 \frac{dx}{1+x}-(-1)^n\int_0^1 \frac{x^n}{1+x}dx$

(논제2)에서 $0 < \displaystyle\int_0^1 \frac{x^n}{1+x}dx < \frac{1}{n+1} \to 0 \ (\because n\to\infty)$

$$\therefore \lim_{n\to\infty}\int_0^1 \frac{x^n}{1+x}\,dx = 0$$

따라서, $\displaystyle\lim_{n\to\infty}a_n = \int_0^1 \frac{dx}{1+x}=[\ln(1+x)]_0^1 = \ln 2$

[문제2]

(논제1)

$x > 1$에서 함수 $y = \dfrac{1}{x(\ln x)^2}$에 대해

$$y' = -\frac{(\ln x)^2+2\ln x}{x^2(\ln x)^4}=-\frac{\ln x+2}{x^2(\ln x)^3}<0$$

따라서, 함수 $y = \dfrac{1}{x(\ln x)^2}$는 $x > 1$에서 단조감소함수이다.

(논제2)

$$\int \frac{1}{x(\ln x)^2}\,dx = \int (\ln x)^{-2} \cdot \frac{1}{x}\,dx = -(\ln x)^{-1} + C = -\frac{1}{\ln x} + C$$

(논제3)

(논제1)에서, $y = \dfrac{1}{x(\ln x)^2}$ 는 단조감소함수이므로

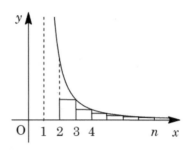

$$\sum_{k=3}^{n} \frac{1}{k(\ln k)^2} < \int_{2}^{n} \frac{1}{x(\ln x)^2}\,dx = \left[-\frac{1}{\ln x}\right]_{2}^{n}$$

$$= -\frac{1}{\ln n} + \frac{1}{\ln 2} < \frac{1}{\ln 2}$$

[문제3]

(논제1)

우선, $\displaystyle\int_{n}^{n+1} \frac{1}{x}\,dx = \big[\ln x\big]_{n}^{n+1} = \ln(n+1) - \ln n$

여기서, 자연수 n에 대하여 $n \le x \le n+1$일 때 $\dfrac{1}{n+1} \le \dfrac{1}{x} \le \dfrac{1}{n}$ 이 되고

$$\frac{1}{n+1}\int_{n}^{n+1} dx < \int_{n}^{n+1} \frac{1}{x}\,dx < \frac{1}{n}\int_{n}^{n+1} dx \,,\quad \frac{1}{n+1} < \ln(n+1) - \ln n < \frac{1}{n}$$

(논제2)

2이상의 자연수에 대하여, (논제1)에서

$$\sum_{k=1}^{n} \frac{1}{k} > \sum_{k=1}^{n} \{\ln(k+1) - \ln k\} = \ln(n+1) - \ln 1 = \ln(n+1) \ \cdots\cdots\ ①$$

$$\sum_{k=1}^{n-1} \frac{1}{k+1} < \sum_{k=1}^{n-1} \{\ln(k+1) - \ln k\} = \ln n - \ln 1 = \ln n \ \cdots\cdots\ ②$$

②의 양변에 1을 더하면, $\displaystyle\sum_{k=1}^{n} \frac{1}{k} = 1 + \sum_{k=1}^{n-1} \frac{1}{k+1} < 1 + \ln n \ \cdots\cdots\ ③$

①, ③에서 $\displaystyle \ln(n+1) < \sum_{k=1}^{n} \frac{1}{k} < 1 + \ln n$

(논제3)

(논제2)에서 2 이상의 자연수 n에 대해, ③에서

$$e\,e^{\frac{1}{2}}e^{\frac{1}{3}} \cdots e^{\frac{1}{n}} = e^{1 + \frac{1}{2} + \frac{1}{3} + \cdots + \frac{1}{n}} < e^{1 + \ln n} = en$$

또한, ①을 적용하여

$$\sum_{k=1}^{n} \frac{1}{e\,e^{\frac{1}{2}}e^{\frac{1}{3}} \cdots e^{\frac{1}{k}}} > \sum_{k=1}^{n} \frac{1}{ek} = \frac{1}{e}\sum_{k=1}^{n} \frac{1}{k} > \frac{1}{e}\ln(n+1)$$

[문제4]

(논제1)

$0 \leq x \leq 1$일 때 $0 \leq \dfrac{(1-x)^{n-1}}{(n-1)!} e^x \leq \dfrac{(1-x)^{n-1}}{(n-1)!} e$ (등호는 $x=1$일 때 성립)이므로

$a_n > 0$이고

$$a_n = \int_0^1 \frac{(1-x)^{n-1}}{(n-1)!} e^x \, dx < \int_0^1 \frac{(1-x)^{n-1}}{(n-1)!} e \, dx$$

$$= \left[\frac{-e}{(n-1)!} \cdot \frac{(1-x)^{n-1}}{n} \right]_0^1 = \frac{e}{n!}$$

$$\therefore \ 0 < a_n < \frac{e}{n!} \ (n=1, 2, 3, \cdots)$$

(논제2)

부분적분에 의해

$$a_n = \int_0^1 \frac{(1-x)^{n-1}}{(n-1)!} e^x \, dx$$

$$= \left[e^x \frac{(1-x)^{n-1}}{(n-1)!} \right]_0^1 + \int_0^1 e^x \frac{(1-x)^{n-2}}{(n-2)!} \, dx$$

$$= -\frac{1}{(n-1)!} + a_{n-1} \ (n=2, 3, \cdots)$$

또한, $a_1 = e - 1$이므로

$$a_n = (a_n - a_{n-1}) + \cdots + (a_2 - a_1) + a_1$$

$$= -\frac{1}{(n-1)!} - \cdots - \frac{1}{2!} - \frac{1}{1!} + e - 1$$

따라서

$$a_n = e - \left(1 + \frac{1}{1!} + \frac{1}{2!} + \cdots + \frac{1}{(n-1)!} \right)$$

(논제3)

(논제1)에서 $\lim\limits_{n \to \infty} a_n = 0$이므로

$$1 + \frac{1}{1!} + \frac{1}{2!} + \frac{1}{3!} + \cdots$$

$$= \lim_{n \to \infty} \left\{ 1 + \frac{1}{1!} + \frac{1}{2!} + \cdots + \frac{1}{(n-1)!} \right\}$$

$$= \lim_{n \to \infty} (e - a_n) \ (\because \text{(논제2)에서})$$

$$= e$$

[문제5]

(논제1)

$a_n = \displaystyle\int_{\frac{1}{n+1}}^{\frac{1}{n}} \frac{1}{x}\left|\sin\frac{\pi}{x}\right| dx$ 이므로

$x = \dfrac{1}{t}$ 로 놓으면 $\dfrac{dx}{dt} = -\dfrac{1}{t^2}$

$\therefore a_n = \displaystyle\int_{n+1}^{n} t\left(-\frac{1}{t^2}\right)|\sin\pi t|\, dt$

$\qquad = \displaystyle\int_{n}^{n+1} \frac{1}{t}|\sin\pi t|\, dt$ $\cdots\cdots$ ①

$n \le t \le n+1$ 일 때

$\dfrac{1}{t} \ge \dfrac{1}{n+1}$, $|\sin\pi t| \ge 0$

$\therefore a_n \ge \displaystyle\int_{n}^{n+1} \frac{1}{n+1}|\sin\pi t|\, dt = \frac{1}{n+1}\int_{n}^{n+1}|\sin\pi x|\, dx$

(논제2)

(논제1)의 ①에서 $n \le t \le n+1$ 일 때

$\dfrac{1}{t} \le \dfrac{1}{n}$, $|\sin\pi t| \le 1$

$\therefore 0 < a_n < \displaystyle\int_{n}^{n+1} \frac{1}{n}\cdot 1\, dt = \frac{1}{n}$

그런데 $\displaystyle\lim_{n\to\infty} \frac{1}{n} = 0$

$\therefore \displaystyle\lim_{n\to\infty} a_n = 0$

(논제3)

$\displaystyle\int_{n}^{n+1} |\sin\pi x|\, dx = \int_{0}^{1} |\sin\pi(u+n)|\, du$ ($x - u = n$로 놓았다.)

$\qquad\qquad = \displaystyle\int_{0}^{1} |\sin\pi u|\, du = k$ (k는 n과 무관한 양의 상수)

이것과 (논제1)의 결과에서 $a_n \ge k \cdot \dfrac{1}{n+1}$ $(n = 1, 2, 3, \cdots)$

$S_n = a_1 + a_2 + \cdots + a_n$로 놓으면

$S_n \ge k\left(\dfrac{1}{2} + \dfrac{1}{3} + \cdots + \dfrac{1}{n+1}\right)$ $(\to \infty, \ n\to\infty$ 일 때$)$

$\therefore \displaystyle\lim_{n\to\infty} S_n = \infty$

따라서 급수 $a_1 + a_2 + a_3 + \cdots + a_n + \cdots$ 는 발산이다.

주의

(논제3)에서 $\displaystyle\int_0^1 |\sin\pi u|\,du = k$ (k는 양의 실수)로 놓았는데 사실은 $0 \leq u \leq 1$로 $\sin\pi u \geq 0$에서

$k = \displaystyle\int_0^1 |\sin\pi u|\,du = \int_0^1 \sin\pi u\,du = \dfrac{2}{\pi}$ 이다.

[문제6]

(논제1)

함수 $f(x) = \dfrac{\ln x}{x}$ 는 구간 $(0, \infty)$에서 미분 가능하고 $f'(x) = \dfrac{1 - \ln x}{x^2}$ 이므로, 구간 $[1, \infty)$에서 $f(x)$

의 증가와 감소는 아래 표와 같다.

x	1	$\cdots$	e	$\cdots$
$f'(x)$		$+$	0	$-$
$f(x)$	0	$\nearrow$	$\dfrac{1}{e}$	$\searrow$

$2 \leq x \leq 3, x \neq e$ 이면 $\dfrac{\ln x}{x} < \dfrac{1}{e}$ 이므로

$\displaystyle\int_2^3 \dfrac{\ln x}{x}\,dx < \int_2^3 \dfrac{1}{e}\,dx = \dfrac{1}{e}$ 이다.

(논제2)

함수 $f(x) = \dfrac{\ln x}{x}$ 는 구간 $[1, 2]$에서 증가하므로

$\displaystyle\int_1^2 \dfrac{\ln x}{x}\,dx < \int_1^2 \dfrac{\ln 2}{2}\,dx = \dfrac{\ln 2}{2}$ 이고, 구간 $[3, n+1]$에서 감소하므로

$\displaystyle\int_3^{n+1} \dfrac{\ln x}{x}\,dx = \sum_{k=3}^{n}\int_k^{k+1} \dfrac{\ln x}{x}\,dx < \sum_{k=3}^{n}\int_k^{k+1} \dfrac{\ln k}{k}\,dx = \sum_{k=3}^{n} \dfrac{\ln k}{k}$ 이다.

$\ln n < \ln(n+1)$ 이고 $\displaystyle\int_2^3 \dfrac{\ln x}{x}\,dx < \dfrac{1}{e}$ 이므로

$$\dfrac{(\ln n)^2}{2} < \dfrac{1}{2}(\ln(n+1))^2 = \int_1^{n+1} \dfrac{\ln x}{x}\,dx = \int_1^2 \dfrac{\ln x}{x}\,dx + \int_2^3 \dfrac{\ln x}{x}\,dx + \sum_{k=3}^{n}\int_k^{k+1} \dfrac{\ln x}{x}\,dx$$
$$< \sum_{k=2}^{n} \dfrac{\ln k}{k} + \dfrac{1}{e}$$
$$= \ln\left(2^{\frac{1}{2}} 3^{\frac{1}{3}} \cdots\cdots n^{\frac{1}{n}}\right) + \dfrac{1}{e}$$

이다.

3장. 함수 일반

[문제1]

(논제1)

$f(x)$가 $x = a$에서 미분 가능하므로

$$f'(a) = \lim_{x \to a} \frac{f(x) - f(a)}{x - a}$$

이때, $\lim_{x \to a} f(x) = f(a)$를 만족하면 $x = a$에서 연속이 된다.

$$\lim_{x \to a} \{f(x) - f(a)\} = \lim_{x \to a} \frac{f(x) - f(a)}{x - a} \cdot (x - a)$$

$$= \lim_{x \to a} \frac{f(x) - f(a)}{x - a} \cdot \lim_{x \to a} (x - a)$$

$$= f'(a) \cdot 0 = 0$$

$$\therefore \lim_{x \to a} f(x) = f(a)$$

따라서 $f(x)$는 $x = a$에서 연속이다.

(논제2)

$f(x)$가 미분 가능한 우함수이므로

$$f(-x) = f(x), \; f(-x+h) = f(x-h)$$

$$f'(-x) = \lim_{h \to 0} \frac{f(-x+h) - f(-x)}{h}$$

$$= \lim_{h \to 0} \frac{f(x-h) - f(x)}{h}$$

$$= -\lim_{h \to 0} \frac{f(x) - f(x-h)}{h} = -f'(x)$$

따라서 $f'(x)$는 기함수이다.

[문제2]

(논제1)

$F(x) = \int_0^x f(t)\,dt$라 놓으면 $F(x)$는 $f(x)$의 원시함수이고

$F'(t) = f(t)$ ······ ①

$[F(t)]_{-x}^{x} = a\sin x + b\cos x$

$\therefore F(x) - F(-x) = a\sin x + b\cos x$ ······ ②

위 식의 x에 $-x$를 대입하면

$F(-x) - F(x) = -a\sin x + b\cos x$ ······ ③

②+③에서

$2b\cos x = 0$

이것이 임의의 x에 대해 성립하므로

$b = 0$

②에서 $F(x) - F(-x) = a\sin x$

양변을 x에 대해서 미분하면

$F'(x) + F'(-x) = a\cos x$

①에서

$f(x) + f(-x) = a\cos x$ ······ ④

$x = 0$을 대입하면 $f(0) = 1$에서

$a = 2$

(논제2)

$g(-x) + g(x) = f(-x) + f(x) - 2\cos x$

④와 $a = 2$에서 $g(-x) + g(x) = 0$

따라서 $g(x)$는 기함수이다.

(논제3)

$\{f(t)\}^2 = \{g(t) + \cos t\}^2$

$\qquad = \{g(t)\}^2 + 2g(t)\cos t + \cos^2 t$

$g(x)\cos x$는 기함수이므로

$\int_{-x}^{x} g(t)\cos t\,dt = 0$

$\therefore \int_{-x}^{x} \{f(t)\}^2 dt = \int_{-x}^{x} \{g(t)\}^2 dt + \int_{-x}^{x} \cos^2 t\,dt$

$\qquad\qquad \geq \int_{-x}^{x} \cos^2 t\,dt$

[문제3]

(논제1)

$$f'(x+a) = \lim_{h \to 0} \frac{f(x+a+h)-f(x+a)}{h}$$

$$= \lim_{h \to 0} \frac{f(x+h)-f(x)}{h}$$

$$= f'(x)$$

(논제2)

f는 연속함수이므로 f의 원시함수가 존재한다. $f : \mathbb{R} \to \mathbb{R}$를 f의 원시함수라 하자.

임의의 실수 x에 대하여 $\displaystyle\int_{x}^{x+a} f(t)\,dt = 0$ 가 성립하므로 임의의 실수 x에 대하여

$F(x+a) = F(x)$도 성립한다.

따라서 (논제1)로부터 모든 실수 x에 대하여 $f(x+a) = f(x)$도 성립한다.

(논제3)

(논제1)에 의해 임의의 실수 x에 대하여 $f'(x+a) = f'(x)$를 만족하므로 f'는 주기함수이다

f'는 상수함수가 아니므로 f'는 양인 주기를 갖는다. f'의 주기가 b라고 하자.

그러면 제시문 (다)에 의해 $a = nb$인 양의 정수 n이 존재한다. 임의의 실수 x에 대하여

$f(x+a) = f(x)$이므로 $\displaystyle\int_{x}^{x+a} f'(t)\,dt = 0$ 이다.

$$\int_{x}^{x+a} f'(t)\,dt = \int_{x}^{x+nb} f'(t)\,dt = \int_{x}^{x+b} f'(t)\,dt + \int_{x+b}^{x+2b} f'(t)\,dt + \cdots + \int_{x+(n-1)b}^{x+nb} f'(t)\,dt$$ 이고

임의의 실수 x에 대하여 $f'(x) = f'(x+b) = \cdots = f'(x+(n-1)b)$ 이므로

$$\int_{x}^{x+b} f'(t)\,dt = \int_{x+b}^{x+2b} f'(t)\,dt = \cdots = \int_{x+(n-1)b}^{x+nb} f'(t)\,dt$$ 이다.

따라서 $\displaystyle\int_{x}^{x+b} f'(t)\,dt = 0$ 이므로 (논제2)에 의해 임의의 실수 x에 대해서 $f(x+b) = f(x)$이다. $f(x)$

의 주기가 a이므로 어떤 양의 정수 m에 대하여 $b = ma$이다.

그러므로 $a = b$이다. 결국 f'의 주기도 a이다.

[문제4]

(논제1)

(i) $t = 0, 1$ 일 때, $f(p) \le f(p), f(q) \le f(q)$이므로 성립한다.

(ii) $0 < t < 1$ 일 때, 편의상 임의의 두 점 p, q 가 $p < q$ 라고 하자.

제시문 (나)(좌표평면에서의 내분점의 관계)에 의하여 좌표평면 위의 두 점 $(p, f(p))$, $(q, f(q))$를 잇는 선분을 $t : 1 - t$ 로 내분하는 점의 좌표는 $((1 - t)p + tq, (1 - t)f(p) + tf(q))$ 이다. 따라서 제시문 (가) (또는 아래로 볼록하다는 정의 또는 개념)에 의하여 $f((1 - t)p + tq) \leq (1 - t)f(p) + tf(q)$가 성립한다.

(논제2)

p, q가 임의의 두 점이므로 $p < q$라고 가정하자. 그리고 $g(x) = \dfrac{f(x) - f(p)}{x - p}$ 라 하자.

먼저 $x \neq p$인 임의의 $x \in (a, q)$에 대하여

$$g(x) = \frac{f(x) - f(p)}{x - p} \leq \frac{f(q) - f(p)}{q - p} \quad \cdots\cdots \text{①}$$

임을 보이자.

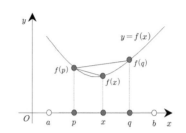

(i) $p < x < q$ 일 때, $g(x) \leq \dfrac{f(q) - f(p)}{q - p}$ 가 성립함을 보이자.

$t = \dfrac{x - p}{q - p}$ 라 하면 $0 < t = \dfrac{x - p}{q - p} < 1$, $0 < 1 - \dfrac{x - p}{q - p} < 1$ 이고 (논제1)의 부등식에 의하여

$$f(x) \leq \left(1 - \frac{x - p}{q - p}\right)f(p) + \left(\frac{x - p}{q - p}\right)f(q) = f(p) + (x - p)\frac{f(q) - f(p)}{q - p}$$

이다. 따라서 $x - p > 0$ 이므로 $g(x) \leq \dfrac{f(q) - f(p)}{q - p}$ 이다.

(ii) $a < x < p$ 일 때, $g(x) \leq \dfrac{f(q) - f(p)}{q - p}$ 또한 성립함을 보이자.

$x < p < q$에 대하여 $t = \dfrac{p - x}{q - x}$ 라 하면 $0 < t < 1$이고 (i)과 같은 계산과정을 반복하면,

$$\frac{f(p) - f(x)}{p - x} \leq \frac{f(q) - f(p)}{q - p}$$ 이 성립되어 $g(x) \leq \dfrac{f(q) - f(p)}{q - p}$ 이다.

(i) (ii)에 의해 ①이 성립한다.

함수 $f(x)$가 열린 구간 (a, b)에서 미분 가능함으로 제시문 (다)와 ①에 의하여 극한값

$$\lim_{x \to p} g(x) = f'(p) \leq \frac{f(q) - f(p)}{q - p}$$ 이다.

그러므로 $f(q) \geq f(p) + f'(p)(q - p)$가 성립한다.

4장. 삼각함수

유형1 : 삼각함수와 점화식

[문제1]

(논제1)

(i) $n = 0$일 때 $|a_0| = |a| < 1$ 이므로 성립한다.

(ii) $n = k$일 때 성립한다고 가정하면

$|a_k| < 1$, 따라서 $0 < \dfrac{1 + a_k}{2} < 1$이므로 $|a_{k+1}| = \sqrt{\dfrac{1 + a_k}{2}} < 1$

$\therefore n = k + 1$일 때도 성립한다.

(i), (ii)에서 모든 $n(n \geq 0)$에 대하여 $|a_n| < 1$ 이 성립한다.

$\therefore |a_n| < 1 \ (n \geq 1)$

(논제2)

$a_n = \sqrt{\dfrac{1 + a_{n-1}}{2}}$ 에서 $\cos\theta_n = \sqrt{\dfrac{1 + \cos\theta_{n-1}}{2}} = \sqrt{\cos^2\dfrac{\theta_{n-1}}{2}}$

$0 < \theta_{n-1} < \pi$에서 $\cos\dfrac{\theta_{n-1}}{2} > 0$이므로 $\cos\theta_n = \cos\dfrac{\theta_{n-1}}{2}$

$\therefore \theta_n = \dfrac{1}{2} \cdot \theta_{n-1} \ (n \geq 1)$

$\therefore \theta_n = \dfrac{\theta_0}{2^n}$

(논제3)

$b_n = 4^n(1 - \cos\theta_n) = 2 \cdot 4^n \sin^2\dfrac{\theta_n}{2} = 2^{2n+1}\sin^2\dfrac{\theta_0}{2^{n+1}}$

$\dfrac{\theta_0}{2^{n+1}} = x$로 놓으면 $n \to \infty$일 때 $x \to +0$이고 $2^{2n+1} = \dfrac{1}{2} \cdot 2^{2(n+1)} = \dfrac{1}{2}\left(\dfrac{\theta_0}{x}\right)^2$이므로

$b_n = \dfrac{\theta_0^2}{2x^2}\sin^2 x$

$\therefore \lim_{n\to\infty} b_n = \lim_{x\to+0}\dfrac{\theta_0^2}{2}\left(\dfrac{\sin x}{x}\right)^2 = \dfrac{\theta_0^2}{2}$

[문제2]

(논제1)

조건에 의해 $r > 0$, $-\dfrac{\pi}{2} < \theta < \dfrac{\pi}{2}$ 에 대해, $a_0 = r\cos\theta$, $b_0 = r$ 이고,

$$a_n = \frac{a_{n-1} + b_{n-1}}{2}, \quad b_n = \sqrt{a_n b_{n-1}}$$

그러면 귀납적으로 $a_n > 0$, $b_n > 0$ 이다.

한편, $a_1 = \dfrac{a_0 + b_0}{2} = \dfrac{r\cos\theta + r}{2} = r \cdot \dfrac{\cos\theta + 1}{2} = r\cos^2\dfrac{\theta}{2}$

$b_1 = \sqrt{a_1 b_0} = \sqrt{r\cos^2\dfrac{\theta}{2} \cdot r} = r\cos\dfrac{\theta}{2}$

$a_2 = \dfrac{a_1 + b_1}{2} = \dfrac{r\cos^2\dfrac{\theta}{2} + r\cos\dfrac{\theta}{2}}{2} = r\cos\dfrac{\theta}{2} \cdot \dfrac{\cos\dfrac{\theta}{2} + 1}{2} = r\cos\dfrac{\theta}{2}\cos^2\dfrac{\theta}{4}$

$b_2 = \sqrt{a_2 b_1} = \sqrt{r\cos\dfrac{\theta}{2}\cos^2\dfrac{\theta}{4} \cdot r\cos\dfrac{\theta}{2}} = r\cos\dfrac{\theta}{2}\cos\dfrac{\theta}{4}$

따라서 $\dfrac{a_1}{b_1} = \cos\dfrac{\theta}{2}$, $\dfrac{a_2}{b_2} = \cos\dfrac{\theta}{4}$

(논제2)

0이상의 정수 n 에 대해, $\dfrac{a_n}{b_n} = \cos\dfrac{\theta}{2^n}$ 임을, 수학적 귀납법으로 증명한다.

(i) $n = 0$ 일 때 $a_0 = r\cos\theta$, $b_0 = r$ 이므로, $\dfrac{a_0}{b_0} = \cos\dfrac{\theta}{2^0}$ 가 되어 성립한다.

(ii) $n = k$ 일 때 $\dfrac{a_k}{b_k} = \cos\dfrac{\theta}{2^k}$ 다시 말해 $a_k = b_k\cos\dfrac{\theta}{2^k}$ 가 성립한다고 가정하면,

$$a_{k+1} = \frac{a_k + b_k}{2} = \frac{b_k\cos\dfrac{\theta}{2^k} + b_k}{2} = b_k \cdot \frac{\cos\dfrac{\theta}{2^k} + 1}{2} = b_k\cos^2\frac{\theta}{2^{k+1}}$$

$$b_{k+1} = \sqrt{a_{k+1} b_k} = \sqrt{b_k\cos^2\frac{\theta}{2^{k+1}} \cdot b_k} = b_k\cos\frac{\theta}{2^{k+1}}$$

따라서, $\dfrac{a_{k+1}}{b_{k+1}} = \cos\dfrac{\theta}{2^{k+1}}$ 가 되고, $n = k+1$ 일 때도 성립한다.

(i), (ii)에 의해 $n \geq 0$ 일 때 $\dfrac{a_n}{b_n} = \cos\dfrac{\theta}{2^n}$ 이다.

(논제3)

(논제2)에 의해 $b_{n+1} = b_n\cos\dfrac{\theta}{2^{n+1}}$ 이므로, $n \geq 1$ 일 때,

$$b_n = b_0\cos\frac{\theta}{2}\cos\frac{\theta}{2^2} \cdot \cdots \cdot \cos\frac{\theta}{2^{n-2}}\cos\frac{\theta}{2^{n-1}}\cos\frac{\theta}{2^n}$$

$$= r\cos\frac{\theta}{2}\cos\frac{\theta}{2^2}\cdot\cdots\cdot\cos\frac{\theta}{2^{n-2}}\cos\frac{\theta}{2^{n-1}}\cos\frac{\theta}{2^n}$$

그러면 $b_n\sin\dfrac{\theta}{2^n}=b_0\cos\dfrac{\theta}{2}\cos\dfrac{\theta}{2^2}\cdot\cdots\cdot\cos\dfrac{\theta}{2^{n-2}}\cos\dfrac{\theta}{2^{n-1}}\cos\dfrac{\theta}{2^n}\sin\dfrac{\theta}{2^n}$

$$=r\cos\frac{\theta}{2}\cos\frac{\theta}{2^2}\cdot\cdots\cdot\cos\frac{\theta}{2^{n-2}}\cos\frac{\theta}{2^{n-1}}\frac{1}{2}\sin\frac{\theta}{2^{n-1}}$$

$$=r\cos\frac{\theta}{2}\cos\frac{\theta}{2^2}\cdot\cdots\cdot\cos\frac{\theta}{2^{n-2}}\cdot\frac{1}{2^2}\sin\frac{\theta}{2^{n-2}}$$

$$=r\cos\frac{\theta}{2}\cdot\frac{1}{2^{n-1}}\sin\frac{\theta}{2}=\frac{1}{2^n}r\sin\theta$$

따라서 $\displaystyle\lim_{n\to\infty}b_n=\dfrac{\dfrac{1}{2^n}r\sin\theta}{\sin\dfrac{\theta}{2^n}}=\dfrac{r\sin\theta}{\theta}\cdot\dfrac{\dfrac{\theta}{2^n}}{\sin\dfrac{\theta}{2^n}}=\dfrac{r\sin\theta}{\theta}$

(논제2)에 의해 $\displaystyle\lim_{n\to\infty}a_n=\lim_{n\to\infty}b_n\cos\frac{\theta}{2^n}=\lim_{n\to\infty}\frac{r\sin\theta}{\theta}$

[문제3]

(논제1)

아래 그림에서, 임의의 $0<t<\dfrac{\pi}{4}$에 대해, $\cos t=\dfrac{1+\cos 2t}{\sqrt{2+2\cos 2t}}=\sqrt{\dfrac{1+\cos 2t}{2}}$ 이다.

따라서 $f(x)=\sqrt{\dfrac{1+x}{2}}$ 로 할 수 있다.

이때, $f(\cos 0)=\sqrt{\dfrac{1+1}{2}}=1=\cos 0,\ f\left(\cos\dfrac{\pi}{2}\right)=\sqrt{\dfrac{1+0}{2}}=\dfrac{1}{\sqrt{2}}=\cos\left(\dfrac{\pi}{4}\right)$이므로,

$0\le t\le\dfrac{\pi}{4}$일 때, $\cos t=f(\cos 2t)$가 성립한다.

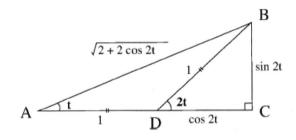

(논제2)

$a_1=\sqrt{2}=2\cos\dfrac{\pi}{4}=2\cos\dfrac{\pi}{2^2}$

$a_2=\sqrt{2+\sqrt{2}}=\sqrt{2+a_1}=2\sqrt{\dfrac{1+\cos\dfrac{\pi}{4}}{2}}=2f\left(\cos\dfrac{\pi}{4}\right)=2\cos\dfrac{\pi}{8}=2\cos\dfrac{\pi}{2^3}$

$$a_3 = \sqrt{2 + \sqrt{2 + \sqrt{2}}} = \sqrt{2 + a_2} = 2\sqrt{\frac{1 + \cos\frac{\pi}{8}}{2}} = 2f\left(\cos\frac{\pi}{8}\right) = 2\cos\frac{\pi}{16} = 2\cos\frac{\pi}{2^4}, \cdots$$

로부터 $a_n = 2f\left(\cos\frac{\pi}{2^n}\right) = 2\cos\frac{\pi}{2^{n+1}}$ 임을 알 수 있다.

따라서 극한값은 $\displaystyle\lim_{n\to\infty} a_n = \lim_{n\to\infty} 2\cos\frac{\pi}{2^{n+1}} = 2 \cdot 1 = 2$ 이다.

(논제3)

$$b_m = \lim_{n\to\infty}\sum_{k=1}^{n}\frac{1}{n}\sqrt{1 + \cos\frac{k\pi}{2^m n}} = \frac{\sqrt{2}}{\pi}\lim_{n\to\infty}\sum_{k=1}^{n}f\left(\cos\frac{\pi k}{2^m n}\right)\frac{\pi}{n} = \frac{\sqrt{2}}{\pi}\lim_{n\to\infty}\sum_{k=1}^{n}\cos\left(\frac{\pi k}{2^{m+1}n}\right)\frac{\pi}{n}$$

$$= \frac{\sqrt{2}}{\pi}\lim_{n\to\infty}\sum_{k=1}^{n}\cos\left(\frac{\frac{\pi}{2^{m+1}}k}{n}\right)\frac{\frac{\pi}{2^{m+1}}}{n}2^{m+1} = \frac{\sqrt{2}}{\pi}2^{m+1}\int_{0}^{\frac{\pi}{2^{m+1}}}\cos t\, dt = \frac{\sqrt{2}}{\pi}2^{m+1}\sin\frac{\pi}{2^{m+1}}$$

이다. 따라서 b_1은 $\dfrac{\sqrt{2}}{\pi}2^{1+1}\sin\dfrac{\pi}{2^{1+1}} = \dfrac{4}{\pi}$ 이고

$$\lim_{m\to\infty} b_m = \lim_{m\to\infty}\frac{\sqrt{2}}{\pi}2^{m+1}\sin\frac{\pi}{2^{m+1}} = \lim_{m\to\infty}\frac{\sin\dfrac{\pi}{2^{m+1}}}{\dfrac{\pi}{2^{m+1}}} = \sqrt{2}\cdot 1 = \sqrt{2}$$ 이다.

[문제4]

(논제1)

수학적 귀납법을 이용한다. $0 \leq a_1 < 1$으로 주어졌고, $0 \leq a_n < 1$을 만족한다고 하자.

그러면 $1 + a_n < 1 + 1 = 2$이고 $\dfrac{1 + a_n}{2} = a_{n+1}^2 < 1$이 성립하므로 $a_{n+1} = \sqrt{a_{n+1}^2} < 1$ 이다.

그러므로 수학적 귀납법에 의해 모든 자연수 n에 대하여 $a_n < 1$이 성립한다.

별해

만약 어떤 자연수 n에 대하여 $a_n = \sqrt{\dfrac{1 + a_{n-1}}{2}} \geq 1$ 이 성립한다고 가정하면 $\dfrac{1 + a_{n-1}}{2} \geq 1$이므로 $a_{n-1} \geq 1$도 성립하여, 이 과정을 반복하면 a_1도 1보다 같거나 크게 된다. 하지만 조건에 $a_1 < 1$으로 주어졌으므로 위의 가정은 모순이다. 따라서 $a_n > 1$인 자연수 n은 존재할 수 없다.

(논제2)

(논제1)에 의해 $a_n < 1$이므로 $2a_n < a_n + 1 < 2$이고 $a_n < \dfrac{a_n + 1}{2} = a_{n+1}^2 < 1$이다.

$0 < a_{n+1} < 1$이기 때문에 $a_{n+1}^2 < a_{n+1}$이 참이어서 $a_n < \dfrac{a_n + 1}{2} = a_{n+1}^2 < a_{n+1}$이 성립한다.

(논제3)

초항 a_1이 $\cos\theta$로 주어지면 삼각함수의 반각공식에 의해 $a_2^2 = \dfrac{1+a_1}{2} = \dfrac{1+\cos\theta}{2} = \cos^2\dfrac{\theta}{2}$이고

$a_2 = \pm\cos\dfrac{\theta}{2}$이다. 한편 $a_n > 0$이고 $\theta \in \left[0, \dfrac{\pi}{2}\right]$이므로 $\cos\dfrac{\theta}{2} \geq 0$이고 $a_2 = \cos\dfrac{\theta}{2}$이다.

그러므로 수학적 귀납법에 의해 $a_n = \cos\dfrac{\theta}{2^{n-1}}$이다.

(논제4)

θ에 상관없이 n이 커지면 $\dfrac{\theta}{2^{n-1}}$은 0으로 수렴하고 $a_n = \cos\dfrac{\theta}{2^{n-1}}$은 $\cos 0 = 1$로 수렴한다.

[문제5]

(논제1)

$S_n = a_n\sqrt{1-a_n^2}\ (n \geq 1)$과 $S_n = 2S_{n+1}a_n$에서

$a_n\sqrt{1-a_n^2} = 2a_{n+1}\sqrt{1-a_{n+1}^2}\,a_n$

이다. 양변을 제곱하면

$1-a_n^2 = 4a_{n+1}^2 - 4a_{n+1}^4$

이고 $\left(2a_{n+1}^2 - 1\right)^2 = a_n^2$이므로

$2a_{n+1}^2 - 1 = a_n\,(n \geq 1)$이다.

(논제2)

$2a_{n+1}^2 - 1 = a_n\,(n \geq 1)$에서

$a_{n+1}^2 = \dfrac{1+a_n}{2}\ (n \geq 1)$

이고 $a_1 = \cos\theta$에서

$a_2 = \cos\dfrac{1}{2}\theta,\ a_3 = \cos\dfrac{1}{2^2}\theta,\ \cdots,\ a_n = \cos\dfrac{1}{2^{n-1}}\theta$이다.

(논제3)

$S_n = 2S_{n+1}a_n$에서 $2a_n = \dfrac{S_n}{S_{n+1}}$이므로

$2a_1 \times \cdots \times 2a_n = \dfrac{S_1}{S_2} \times \cdots \times \dfrac{S_n}{S_{n+1}} = \dfrac{S_1}{S_{n+1}}$이고

$a_1 \times \cdots \times a_n = \dfrac{1}{2^n} \times \dfrac{S_1}{S_{n+1}} = \dfrac{1}{2^n} \times \dfrac{\cos\theta \times \sin\theta}{\cos\dfrac{1}{2^n}\theta \times \sin\dfrac{1}{2^n}\theta} = \dfrac{1}{2^n} \times \dfrac{\sin 2\theta}{\sin\dfrac{\theta}{2^{n-1}}}$이다.

따라서 $\displaystyle\lim_{n\to\infty} a_n \times \cdots \times a_1 = \dfrac{\sin 2\theta}{2\theta}$이다.

[문제1]

(논제1)

$2\sin\dfrac{x}{2}\sin\dfrac{n}{2}x = \cos\left(\dfrac{n-1}{2}x\right) - \cos\left(\dfrac{n+1}{2}x\right)$ 이므로 주어진 식의 양변에 $2\sin\dfrac{x}{2}$ 를 곱하여

정돈하면

$$2\left(\sin\dfrac{x}{2}\right)S_n(x) = 2\left(\sin\dfrac{x}{2}\right)\{\sin x + \sin 2x + \cdots + \sin nx\}$$

$$= 2\sin\dfrac{x}{2}\sin x + 2\sin\dfrac{x}{2}\sin 2x + \cdots + 2\sin\dfrac{x}{2}\sin nx$$

$$= \left(\cos\dfrac{x}{2} - \cos\dfrac{3}{2}x\right) + \left(\cos\dfrac{3}{2}x - \cos\dfrac{5}{2}x\right) + \cdots + \left(\cos\left(\dfrac{2n-1}{2}x\right) - \cos\left(\dfrac{2n+1}{2}x\right)\right)$$

$$= \cos\dfrac{x}{2} - \cos\dfrac{2n+1}{2}x$$

$$= 2\sin\dfrac{n+1}{2}x\sin\dfrac{n}{2}x$$

$0 < x < 2\pi$ 이므로 $\sin\dfrac{x}{2} \neq 0$ 이다.

따라서 $S_n(x) = \dfrac{\sin\left(\dfrac{n+1}{2}x\right)\sin\left(\dfrac{n}{2}x\right)}{\sin\dfrac{x}{2}}$

(논제2)

$$\lim_{n\to\infty}\dfrac{1}{n}S_n\left(\dfrac{\pi}{n}\right) = \lim_{n\to\infty}\dfrac{1}{n}\cdot\dfrac{\sin\left(\dfrac{n+1}{2n}\pi\right)\sin\left(\dfrac{\pi}{2}\right)}{\sin\left(\dfrac{\pi}{2n}\right)}$$

$$= \lim_{n\to\infty}\sin\left(\dfrac{n+1}{2n}\pi\right)\cdot\lim_{n\to\infty}\dfrac{1}{\dfrac{\sin\left(\dfrac{\pi}{2n}\right)}{\dfrac{1}{n}}}$$

$$= \lim_{n\to\infty}\dfrac{1}{\dfrac{\sin\left(\dfrac{\pi}{2n}\right)}{\dfrac{\pi}{2n}}\cdot\dfrac{\pi}{2}}$$

$$= \dfrac{2}{\pi}$$

[문제2]

(논제1)

$n \geq 0$일 때, $f_n(2\cos\theta) = 2\cos n\theta$ 임을 수학적 귀납법으로 증명한다.

(i) $n = 0, 1$일 때

$f_0(2\cos\theta) = 2 = 2\cos(0 \cdot \theta)$, $f_1(2\cos\theta) = 2\cos(1 \cdot \theta)$이므로 성립한다.

(ii) $n = k, \, k+1$일 때

$f_k(2\cos\theta) = 2 = 2\cos k\theta$, $f_{k+1}(2\cos\theta) = 2\cos(k+1)\theta$라고 가정하면

$$f_{k+2}(2\cos\theta) = 2\cos\theta \, f_{k+1}(2\cos\theta) - f_k(2\cos\theta)$$
$$= 2\cos\theta \cdot 2\cos(k+1)\theta - 2\cos k\theta$$
$$= 2\{\cos(k+2)\theta + \cos k\theta\} - 2\cos k\theta = 2\cos(k+2)\theta$$

따라서 $n = k+2$일 때도 성립한다.

(i), (ii)에 의해 $f_n(2\cos\theta) = 2\cos n\theta, \; (n = 0, 1, 2, \cdots)$

(논제2)

$|x| \leq 2$ 이므로, $x = 2\cos\theta \, (0 \leq \theta \leq \pi)$이면 $f_n(x) = 0$임에 따라

$$2\cos n\theta = 0, \; n\theta = k\pi + \frac{\pi}{2} \; (k = 0, 1, 2, \cdots, n-1)$$

따라서 $\theta = \frac{1}{n}\left(k + \frac{1}{2}\right)\pi$ 에서, $x = 2\cos\frac{1}{n}\left(k + \frac{1}{2}\right)\pi$

x가 최대가 되는 것은, $k = 0$일 때이며, 최댓값 x_n은 $x_n = 2\cos\frac{\pi}{2n}$이 된다.

이때 $I_n = \displaystyle\int_{x_n}^{2} f_n(x)\,dx = \int_{2\cos\frac{\pi}{2n}}^{2} f_n(x)\,dx$에 대해, $x = 2\cos\theta$이면

$$I_n = \int_{\frac{\pi}{2n}}^{0} f_n(2\cos\theta)(-2\sin\theta)\,d\theta = 4\int_{0}^{\frac{\pi}{2n}} \cos n\theta \sin\theta \, d\theta$$

$$= 2\int_{0}^{\frac{\pi}{2n}} \{\sin(n+1)\theta - \sin(n-1)\theta\}\,d\theta$$

$$= 2\left[-\frac{\cos(n+1)\theta}{n+1} + \frac{\cos(n-1)\theta}{n-1} \right]_0^{\frac{\pi}{2n}}$$

$$= -\frac{2}{n+1}\cos\frac{n+1}{2n}\pi + \frac{2}{n-1}\cos\frac{n-1}{2n}\pi + \frac{2}{n+1} - \frac{2}{n-1}$$

$$= -\frac{2}{n+1}\cos\left(\frac{\pi}{2} + \frac{\pi}{2n}\right) + \frac{2}{n-1}\cos\left(\frac{\pi}{2} - \frac{\pi}{2n}\right) - \frac{4}{(n+1)(n-1)}$$

$$= \frac{2}{n+1}\sin\frac{\pi}{2n} + \frac{2}{n-1}\sin\frac{\pi}{2n} - \frac{4}{(n+1)(n-1)}$$

$$= \frac{4n}{(n+1)(n-1)}\sin\frac{\pi}{2n} - \frac{4}{(n+1)(n-1)}$$

(논제3)

(논제2)에 의해 $n^2 I_n = \dfrac{4n^3}{(n+1)(n-1)} \sin \dfrac{\pi}{2n} - \dfrac{4n^2}{(n+1)(n-1)}$

$$= \dfrac{2\pi}{\left(1+\dfrac{1}{n}\right)\left(1-\dfrac{1}{n}\right)} \cdot \dfrac{\sin \dfrac{\pi}{2n}}{\dfrac{\pi}{2n}} - \dfrac{4}{\left(1+\dfrac{1}{n}\right)\left(1-\dfrac{1}{n}\right)}$$

$n \to \infty$ 일 때, $\left(1+\dfrac{1}{n}\right)\left(1-\dfrac{1}{n}\right) \to 1,\ \dfrac{\sin \dfrac{\pi}{2n}}{\dfrac{\pi}{2n}} \to 1$ 이므로

$$\lim_{n \to \infty} n^2 \int_{x_n}^{2} f_n(x)\,dx = \lim_{n \to \infty} n^2 I_n = 2\pi - 4$$

[문제1]

(논제1)

$C = 180° - (A+B)$ 에서 $\tan A = -\tan(B+C)$

이때, 주어진 공식에서 $\tan C = -\dfrac{\tan A + \tan B}{1 - \tan A \tan B}$

$\therefore \tan A + \tan B + \tan C - \tan A \tan B \tan C$

$\quad = (\tan A + \tan B)\left(1 - \dfrac{1}{1-\tan A \tan B} + \dfrac{\tan A \tan B}{1 - \tan A \tan B}\right)$

$\quad = (\tan A + \tan B)(1-1) = 0$

$\therefore \tan A + \tan B + \tan C = \tan A \tan B \tan C$

(논제2)

$0 < \tan A,\ \tan B,\ \tan C$ 이므로 (논제2)를 이용하여

$\tan A + \tan B + \tan C \ge 3\sqrt[3]{\tan A \tan B \tan C}$ ······ ①

따라서, (논제1)의 결과로부터 $P \ge 3\sqrt[3]{P}$ $\therefore P^3 \ge 27P$

$\therefore P^2 \ge 27$ $\therefore P \ge 3\sqrt{3}$

한편, ①에서 등호가 성립하는 경우는 $\tan A = \tan B = \tan C$

$\therefore A = B = C = 60°$ $(\because 0° < A,\ B,\ C < 90°)$

이때, $P = 3\tan 60° = 3\sqrt{3}$ 가 얻어진다.

따라서, P의 최솟값은 $3\sqrt{3}$ 이다.

(논제3)

(논제2)에서 나타난 것과 같이 $\triangle ABC$는 정삼각형이다.

[문제2]

(논제1)

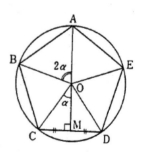

원의 중심을 O라 하면, $\angle AOB = \dfrac{360°}{5} = 72° = 2\alpha$ 에서

$\angle COM = \alpha$ 이므로

$\begin{cases} AB = 2CM = 2\sin\alpha \\ AM = AO + OM = 1 + \cos\alpha \end{cases}$

(논제2)

$5\alpha = 180°$ 에서 $3\alpha = 180° - 2\alpha$

$\therefore \sin3\alpha = \sin(180° - 2\alpha)$

$\therefore \sin3\alpha = \sin2\alpha$

$\therefore 3\sin\alpha - 4\sin^3\alpha = 2\sin\alpha\cos\alpha$

가 성립되고, $\sin\alpha = \sin36° \neq 0$에서 $3 - 4\sin^2\alpha = 2\cos\alpha$

$\therefore 4\cos^2\alpha - 2\cos\alpha - 1 = 0$ 가 얻어진다.

따라서, $\cos\alpha = \cos36° > 0$에서 $\cos\alpha = \dfrac{1+\sqrt{5}}{4}$ 이다.

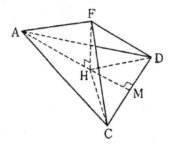

(논제3)

$FA = FC = FD$ 에서, 정점 F에서 밑면 ACD에 내린

수선의 발 H는, $\triangle ACD$의 외심이므로 원의 중심 O가 일치

한다. 따라서, $HM = MO = \cos\alpha = \dfrac{1+\sqrt{5}}{4}$ 이므로

$FH^2 = AF^2 - AH^2 = (2\sin\alpha)^2 - 1$

$\quad = 3 - 4\cos^2\alpha = 3 - 4\left(\dfrac{1+\sqrt{5}}{4}\right)^2$

$\quad = \dfrac{6 - 2\sqrt{5}}{4}$

$\therefore FH = \sqrt{\dfrac{6 - 2\sqrt{5}}{4}} = \dfrac{\sqrt{5}-1}{2}$

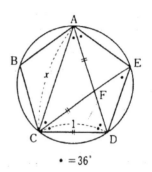

• = 36°

[문제3]

(논제1)

삼각형 ABC에서 $\angle A = 2\alpha$, $\angle B = 2\beta$, $\angle C = 2\gamma$ 일 때,

$\alpha + \beta + \gamma = \dfrac{\pi}{2}$ ······ ①

그리고 $\triangle ABC$의 내접원의 반지름 r에 대하여

$BC = \dfrac{r}{\tan\beta} + \dfrac{r}{\tan\gamma} = r\left(\dfrac{\cos\beta}{\sin\beta} + \dfrac{\cos\gamma}{\sin\gamma}\right)$

$\quad = r \cdot \dfrac{\cos\beta\sin\gamma + \sin\beta\cos\gamma}{\sin\beta\sin\gamma} = r \cdot \dfrac{\sin(\beta+\gamma)}{\sin\beta\sin\gamma}$

①에서 $\sin(\beta+\gamma) = \sin\left(\dfrac{\pi}{2} - \alpha\right) = \cos\alpha$이므로

$BC = r \cdot \dfrac{\cos\alpha}{\sin\beta\sin\gamma}$ ······ ②

또한, $\triangle ABC$의 외접원의 반지름 R에 대하여 사인법칙을 적용하면

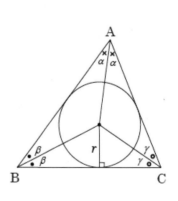

$$BC = 2R\sin 2\alpha = 4R\sin\alpha\cos\alpha \ \cdots\cdots\ ③$$

②, ③으로부터 $r \cdot \dfrac{\cos\alpha}{\sin\beta\sin\gamma} = 4R\sin\alpha\cos\alpha$ 이므로 $r = 4R\sin\alpha\sin\beta\sin\gamma$ 가 되므로

$$h = \frac{r}{R} = 4\sin\alpha\sin\beta\sin\gamma \ \cdots\cdots\ ④$$

(논제2)

$\triangle ABC$가 직각삼각형이라면 $\angle A = \dfrac{\pi}{2}\left(\alpha = \dfrac{\pi}{4}\right)$이 되어 일반성을 잃지 않는다.

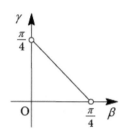

그러므로 ①에서 $\beta + \gamma = \dfrac{\pi}{4}$ 이므로 ④에 대입하면

$$h = 4\sin\frac{\pi}{4}\sin\beta\sin\gamma = 2\sqrt{2} \cdot \frac{1}{2}\{\cos(\beta-\gamma) - \cos(\beta+\gamma)\}$$

$$= \sqrt{2}\left\{\cos(\beta-\gamma) - \cos\frac{\pi}{4}\right\} = \sqrt{2}\cos(\beta-\gamma) - 1$$

그리고 $-\dfrac{\pi}{4} < \beta - \gamma < \dfrac{\pi}{4}$ 이므로 $\dfrac{\sqrt{2}}{2} < \cos(\beta-\gamma) \le 1$ 이 되어

$$h \le \sqrt{2} \cdot 1 - 1 = \sqrt{2} - 1$$

등호는 $\cos(\beta-\gamma) = 1$일 때이므로 $\beta = \gamma$가 성립되어 $\triangle ABC$은 직각이등변 삼각형이 된다.

(논제3)

만약, α가 $0 < \alpha < \dfrac{\pi}{2}$라 한다면, ①에서 $\beta + \gamma = \dfrac{\pi}{2} - \alpha$이고 (논제2)와 동일하게 적용하면

$$h = 4\sin\alpha \cdot \frac{1}{2}\{\cos(\beta-\gamma) - \cos(\beta+\gamma)\}$$

$$= 2\sin\alpha\left\{\cos(\beta-\gamma) - \cos\left(\frac{\pi}{2} - \alpha\right)\right\}$$

$$= 2\sin\alpha\{\cos(\beta-\gamma) - \sin\alpha\}$$

그리고 $-\left(\dfrac{\pi}{2} - \alpha\right) < \beta - \gamma < \dfrac{\pi}{2} - \alpha$ 이므로

$\cos\left(\dfrac{\pi}{2} - \alpha\right) < \cos(\beta-\gamma) \le 1$ 또한, $\sin\alpha < \cos(\beta-\gamma) \le 1$ 이 되어

$$h \le 2\sin\alpha(1-\sin\alpha) = 2\sin\alpha - 2\sin^2\alpha = -2\left(\sin\alpha - \frac{1}{2}\right)^2 + \frac{1}{2} \ \cdots\cdots\ ⑤$$

따라서 α가 $0 < \alpha < \dfrac{\pi}{2}$의 범위에서 움직이므로 $0 < \sin\alpha < 1$이 되고

$$-2\left(\sin\alpha - \frac{1}{2}\right)^2 + \frac{1}{2} \le \frac{1}{2} \ \cdots\cdots\ ⑥$$

⑤, ⑥에서 $h \le \dfrac{1}{2}$이 된다.

그리고 등호가 성립하는 경우는 $\beta = \gamma$와 $\sin\alpha = \dfrac{1}{2}$일 때 이므로 $\alpha = \beta = \gamma = \dfrac{\pi}{6}$가 되어 $\triangle ABC$은 정삼각형이 된다.

5장. 지수, 로그함수

[문제1]

(논제1)

$p = \dfrac{n}{m}$, $q = \dfrac{i}{j}$ $(i,\ j,\ m,\ n$은 자연수$)$ 라 놓고, 자연수 지수에서의 지수법칙을 사용하면

$a^p a^q = a^{\frac{n}{m}} a^{\frac{i}{j}} = \sqrt[m]{a^n}\ \sqrt[j]{a^i} = \sqrt[mj]{a^{nj}}\ \sqrt[mj]{a^{mi}} = \sqrt[mj]{a^{nj} a^{mi}} = \sqrt[mj]{a^{nj+mi}}$ 이고, 정의에 의하여

$\sqrt[mj]{a^{nj+mi}} = a^{\frac{nj+mi}{mj}} = a^{\frac{n}{m}+\frac{i}{j}} = a^{p+q}$ 이다. 따라서 $a^p a^q = a^{p+q}$가 성립한다.

(논제2)

먼저 $a_1 = \sqrt{2}$, $a_{n+1} = \sqrt{2 + a_n}$ 으로 정의된 수열이 단조증가하며 위로 유계임을 수학적 귀납법으로

보이자. $a_1 = \sqrt{2} < 2$이다. 이제 임의의 자연수 k에 대하여 $a_k < 2$라고 가정하자.

이때 $a_{k+1} = \sqrt{2 + a_k} < \sqrt{2+2} = 2$ 이므로 수학적 귀납법에 의하여 모든 자연수 n에 대해 $a_n < 2$이

다. 따라서 위 수열은 위로 유계이다. 또한 $a_n < 2$과 $a_{n+1} = \sqrt{2 + a_n}$ 으로부터

$a_{n+1}^2 = 2 + a_n > a_n + a_n = 2a_n > a_n^2$이므로 위 수열은 단조증가이다.

위 수열은 단조증가이고 위로 유계이므로 제시문 (나)에 의하여 극한이 존재한다.

$x = \displaystyle\lim_{n\to\infty} a_n$ 이라 놓으면 $x > 0$이고, $a_{n+1} = \sqrt{2 + a_n}$ 에서 $n \to \infty$ 의 극한을 취하면

$x = \sqrt{2+x}$ 즉 2차 방정식 $x^2 - x - 2 = 0$가 성립하고, $x > 0$이므로 $x = 2$를 얻는다.

따라서 위 수열이 수렴하는 극한값은 2이다.

(논제3)

양의 실수 x, y의 무한소수 표기를 각각 $x = x_0 x_1 x_2 \cdots x_k \cdots$ 과 $y = y_0 y_1 y_2 \cdots y_k \cdots$ 라 하고, 자연수 n

에 대하여 유리수 p_n, q_n를 $p_n = x_0 x_1 x_2 \cdots x_n$ 그리고 $q_n = y_0 y_1 y_2 \cdots y_n$라 정의하면 제시문 (다)에 의하

여 $2^x = \displaystyle\lim_{n\to\infty} 2^{p_n}$, $2^y = \displaystyle\lim_{n\to\infty} 2^{q_n}$ 그리고 $2^{x+y} = \displaystyle\lim_{n\to\infty} a^{p_n + q_n}$이다. 수렴하는 수열에서 극한의 성질과 유

리수 지수에서의 지수법칙에 의하여 다음이 성립한다.

$$2^x 2^y = \lim_{n \to \infty} 2^{p_n} \lim_{n \to \infty} 2^{q_n} = \lim_{n \to \infty} 2^{p_n} 2^{q_n} = \lim_{n \to \infty} 2^{p_n + q_n} = 2^{x+y}$$

이제 $\log_2 3 = x$ 그리고 $\log_2 5 = y$라 놓으면 $2^x = 3$, $2^y = 5$이고 x, y 는 양의 실수이므로

$15 = 3 \times 5 = 2^x 2^y = 2^{x+y}$가 성립한다. 따라서 $\log_2 3 + \log_2 5 = x + y = \log_2 15$이다.

[문제2]

(논제1)

먼저 $\dfrac{4}{3} < \sqrt{2} < \dfrac{3}{2}$임을 관찰하자. 이것은

$\left(\dfrac{4}{3}\right)^2 = \dfrac{16}{9} < 2 = \sqrt{2^2}$, $\left(\dfrac{3}{2}\right)^2 = \dfrac{9}{4} > 2 = \sqrt{2^2}$ 으로부터 알 수 있다. 따라서 제시문 (라)에 의해

$2^{\frac{4}{3}} < 2^{\sqrt{2}} < 2^{\frac{3}{2}}$ 을 얻는다. 이제 $\left(2^{\frac{4}{3}}\right)^3 = \left(\sqrt[3]{2^4}\right)^3 = 16$이고 $\left(\dfrac{5}{2}\right)^3 = \dfrac{125}{8} < 16$이므로 $\dfrac{5}{2} < 2^{\frac{4}{3}}$이 성

립하고, $\left(2^{\frac{3}{2}}\right)^2 = \left(\sqrt{2^3}\right)^2 = 8$이고 $3^2 = 9 > 8$이므로 $2^{\frac{3}{2}} < 3$이 성립한다.

그러므로 $\dfrac{5}{2} < 2^{\frac{4}{3}} < 2^{\sqrt{2}} < 2^{\frac{3}{2}} < 3$이 성립하고, 특히 $\dfrac{5}{2} < 2^{\sqrt{2}} < 3$이라는 결론에 도달한다.

(논제2)

x가 음수이면 $a^x = \dfrac{1}{a^{-x}}$로 정의하고, $x = 0$이면 $a^0 = 1$로 정의하자.

그러면, x가 양수일 때, $a^{x+(-x)} = a^0 = 1$이고 $a^x a^{-x} = a^x \cdot \dfrac{1}{a^x} = 1$이므로 $a^{x+(-x)} = a^x a^{-x}$가 성

립하게 된다. 일반적으로, $x < 0$, $y < 0$일 때,

$$a^{x+y} = \dfrac{1}{a^{-(x+y)}} = \dfrac{1}{a^{(-x)+(-y)}} = \dfrac{1}{a^{-x} a^{-y}} = \dfrac{1}{a^{-x}} \cdot \dfrac{1}{a^{-y}} = a^x a^y$$

이므로 $a^{x+y} = a^x a^y$가 성립한다.

또한, $x < 0$, $y > 0$이고 $x + y > 0$일 때

$$a^{x+y} = \dfrac{1}{a^{-x}} \cdot a^{-x} a^{x+y} = a^x a^{(-x)+(x+y)} = a^x a^y$$

이고, 이 사실을 이용하면 $x < 0$, $y > 0$이고 $x + y < 0$일 때,

$$a^{x+y} = \dfrac{1}{a^{-(x+y)}} = \dfrac{1}{a^{-x} a^{-y}} = \dfrac{1}{a^{-x}} \cdot \dfrac{1}{a^{-y}} = a^x a^y$$

이므로, x와 y가 0이 아닌 실수일 때, $a^{x+y} = a^x a^y$가 성립함을 알 수 있다.

마지막으로 x 혹은 y가 0이라 하자. $x = 0$인 경우만 생각하면 충분하다.

$$a^{0+y} = a^y = 1a^y = a^0 a^y$$

이므로, 위에서와 같이 정의하면 $a^{x+y} = a^x a^y$가 모든 실수 x, y에 대해 성립함을 알 수 있다.

[문제1]

(논제1)

$f(x) = x - \ln(1 + x)$ (단, $x \geq 0$)라 하면

$f(0) = 0$, $f'(x) = 1 - \dfrac{1}{1 + x} > 0$

$\therefore f(x) > 0$ $(x > 0)$

또한, $g(x) = \ln(1 + x) - \left(x - \dfrac{x^2}{2}\right)$ $(x \geq 0)$이라 하면

$g(0) = 0$, $g'(x) = \dfrac{1}{1 + x} - (1 - x) = \dfrac{x^2}{1 + x} > 0$

$\therefore g(x) > 0$ $(x > 0)$

이상에서 $x - \dfrac{x^2}{2} < \ln(1 + x) < x$

(논제2)

$\sin \dfrac{\pi}{12} = \sin\left(\dfrac{\pi}{3} - \dfrac{\pi}{4}\right)$

$\qquad = \sin \dfrac{\pi}{3} \cos \dfrac{\pi}{4} - \cos \dfrac{\pi}{3} \sin \dfrac{\pi}{4}$

$\qquad = \dfrac{\sqrt{3}}{2} \cdot \dfrac{\sqrt{2}}{2} - \dfrac{1}{2} \cdot \dfrac{\sqrt{2}}{2} = \dfrac{\sqrt{6} - \sqrt{2}}{4}$ $\quad \cdots\cdots$ ①

(논제1)에서 $\ln 1.25 = \ln\left(1 + \dfrac{1}{4}\right) < \dfrac{1}{4}$ $\quad \cdots\cdots$ ②

또한, $\left(\sqrt{2} + 1\right)^2 = 3 + 2\sqrt{2} < 6$

$\therefore 1 < \sqrt{6} - \sqrt{2}$ $\quad \cdots\cdots$ ③

①, ②, ③에 의해 $\sin \dfrac{\pi}{12} > \ln 1.25$

(논제3)

(논제1)에서 $\ln\left(1 + \dfrac{1}{k}\right) < \dfrac{1}{k}$

$\therefore \dfrac{1}{k + 1} \ln\left(1 + \dfrac{1}{k}\right) < \dfrac{1}{k(k + 1)}$

$\therefore \displaystyle\sum_{k=1}^{n} \dfrac{1}{k + 1} \ln\left(1 + \dfrac{1}{k}\right) < \sum_{k=1}^{n} \dfrac{1}{k(k + 1)}$

$\qquad\qquad\qquad = \displaystyle\sum_{k=1}^{n}\left(\dfrac{1}{k} - \dfrac{1}{k + 1}\right)$

$$= \left(1 - \frac{1}{2}\right) + \left(\frac{1}{2} - \frac{1}{3}\right) + \cdots + \left(\frac{1}{n} - \frac{1}{n+1}\right)$$

$$= 1 - \frac{1}{n+1}$$

따라서 $\displaystyle\sum_{k=1}^{n} \frac{1}{k+1} \ln\left(1 + \frac{1}{k}\right) < \frac{n}{n+1}$

[문제2]

(논제1)

우선, $f(x) = \dfrac{\ln x}{x}$ 라 두면

$f'(x) = \dfrac{1 - \ln x}{x^2}$

x	0	$\cdots$	e	$\cdots$	∞
$f'(x)$		$+$	0	$-$	
$f(x)$	$-\infty$	$\nearrow$	$\dfrac{1}{e}$	$\searrow$	0

$f(x)$의 증감은 오른쪽 표와 같다. 그래프의 개형은 바로 아래 그림이다.

그런데, $0 < a < b$에 대해 $a^b = b^a$에서

$b \ln a = a \ln b,\ \dfrac{\ln a}{a} = \dfrac{\ln b}{b}\ \cdots\cdots$ (*)

여기서 오른쪽 그림에서 $a < b \leq e$의 경우 $f(a) < f(b)$

$e \leq a < b$이면 $f(a) > f(b)$되어 부적합하다.

따라서, (*)이 성립하며, 즉 $f(a) = f(b)$가 되는 것은

$\displaystyle\lim_{x \to \infty} f(x) = 0$을 감안할 때, $1 < a < e < b$이다.

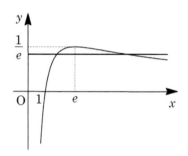

(논제2)

$2.7 < e$에서 $7 < 2.7^2 < e^2$이 되고 $1 < \sqrt{5} < \sqrt{7} < e$에서

$f(\sqrt{5}) < f(\sqrt{7}),\ \dfrac{\ln\sqrt{5}}{\sqrt{5}} < \dfrac{\ln\sqrt{7}}{\sqrt{7}},\ \sqrt{7}\ln\sqrt{5} < \sqrt{5}\ln\sqrt{7}$

따라서, $\sqrt{5}^{\sqrt{7}} < \sqrt{7}^{\sqrt{5}}$가 된다.

[문제3]

(논제1)

$f(x) = \sqrt{x} - \ln x\ (x > 0)$으로 둘 때, $f'(x) = \dfrac{1}{2\sqrt{x}} - \dfrac{1}{x} = \dfrac{\sqrt{x} - 2}{2x}$에서 $f'(4) = 0$이다.

$x < 4$이면 $f'(x) < 0$이므로 감소함수이고, $x > 4$이면 $f'(x) > 0$이므로 증가함수이다.

$\therefore f(x)$는 $x = 4$에서 최솟값을 가지고, $f(x) > f(4)\ (x > 0)$이 성립한다.

$f(4) = 2 - \ln 4 = 2 - 2\ln 2 > 0\ (\because 2 < e \Rightarrow \ln 2 < 1)$

따라서 $x > 0$일 때 $f(x) = \sqrt{x} - \ln x > 0$이 성립한다.

(논제2)

$x > 1$일 때 (논제1)로부터 $0 < \dfrac{\ln x}{x} < \dfrac{\sqrt{x}}{x} = \dfrac{1}{\sqrt{x}}$

함수의 극한에 대한 성질로부터 $0 \leq \lim_{x \to \infty} \dfrac{\ln x}{x} \leq \lim_{x \to \infty} \dfrac{1}{\sqrt{x}} = 0$이다.

따라서 $\lim_{x \to \infty} \dfrac{\ln x}{x} = 0$

(논제3)

$f'(x) = \dfrac{1 - \ln x}{x^2}$ 이고 $f''(x) = \dfrac{2\ln x - 3}{x^3}$ 이므로 증감표를 이용하면

$x = e$ 일 때 극댓값 $f(e) = \dfrac{1}{e}$ 이고 $x = e^{\frac{3}{2}}$ 일 때 변곡점 $\left(e^{\frac{3}{2}}, \dfrac{3}{2e^{\frac{3}{2}}} \right)$을 갖는다.

증감표를 이용하여 증가 감소와 볼록성을 따지고 $\lim_{x \to +0} f(x) = -\infty$, $\lim_{x \to \infty} f(x) = 0$을 이용하여

그래프의 개형을 그리면

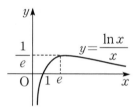

(논제4)

방정식의 양변에 자연로그를 취하면 주어진 방정식은 $\dfrac{\ln m}{m} = \dfrac{\ln n}{n}$ 과 동치이다.

(∵ 로그함수는 일대일 함수)

$\dfrac{\ln 4}{4} = \dfrac{2\ln 2}{4} = \dfrac{\ln 2}{2}$

그래프의 개형으로부터 $\dfrac{\ln m}{m} = \dfrac{\ln n}{n}$ $(m < n)$을 만족하는 자연수는 $m = 2, n = 4$뿐이다.

[문제4]

(논제1)

양변을 제곱하면 $(3^{2.5})^2 = 3^5 = 243$이고 $(2.5^3)^2 = 2.5^6 = \dfrac{5^6}{2^6} > 243$이다. 따라서

$3^{2.5} < 2.5^3$

(논제2)

2.4^3과 $3^{2.4}$의 비를 계산해 보자. 먼저 $y = \dfrac{2.4^3}{3^{2.4}}$ 라 하면

$\log y = 3 \log 2.4 - 2.4 \log 3 = 3(\log 3 + 3 \log 2 - 1) - 2.4 \log 3 = 0.6 \log 3 + 9 \log 2 - 3$

이다. 한편, $\log 2 < 0.3011$, $\log 3 < 0.4772$이므로,

$\log y = 0.6 \log 3 + 9 \log 2 - 3 \ < (0.6)(0.4772) + 9(0.3011) - 3$

$\qquad = 0.28632 + 2.7099 - 3 = 2.99622 - 3 < 0$

$\therefore y = \dfrac{2.4^3}{3^{2.4}} < 1$이므로 $3^{2.4} > 2.4^3$이다.

(논제3)

함수 $f(x) = x^{\frac{1}{x}}$ 의 양변에 $\ln$ 로그를 걸면 $\ln f(x) = \dfrac{1}{x} \ln x$ 이다. 양변을 x에 대해 미분하면,

$\dfrac{f'(x)}{f(x)} = -\dfrac{1}{x^2} \cdot \ln x + \dfrac{1}{x} \cdot \dfrac{1}{x} = \dfrac{1 - \ln x}{x^2}$ $\qquad \therefore f'(x) = x^{\frac{1}{x}} \left(\dfrac{1 - \ln x}{x^2} \right)$

한편, $x > 0$이므로 $\dfrac{x^{\frac{1}{x}}}{x^2} > 0$이다. 따라서 $0 < x < e$이면 $f'(x) > 0$이므로 $f(x)$는 증가하고, $x > e$이면 $f'(x) < 0$이므로 $f(x)$는 감소한다.

(논제4)

$e < 3 < \pi$이므로 이 구간에서 $f(x)$는 감소한다. ((논제3)의 결과를 이용)

따라서 $f(3) > f(\pi)$, 즉 $3^{\frac{1}{3}} > \pi^{\frac{1}{\pi}}$ 이다.

$\left(3^{\frac{1}{3}} \right)^{3\pi} > \left(\pi^{\frac{1}{\pi}} \right)^{3\pi}$ $\qquad \therefore 3^\pi > \pi^3$

(논제5)

$f(x) = x^{\frac{1}{x}} \Leftrightarrow \ln f(x) = \dfrac{\ln x}{x} \Rightarrow \lim\limits_{x \to +0} \dfrac{\ln x}{x} = -\infty$ 이므로 $\lim\limits_{x \to +0} f(x) = 0$이다.

또한 $\lim\limits_{x \to \infty} \dfrac{\ln x}{x} = 0$이므로 $\lim\limits_{x \to \infty} f(x) = 1$이다.

따라서 $y = f(x)$의 그래프 개형을 그려보면
오른쪽 그림과 같다.

(증감상태는 (논제3)결과를 활용)

$b^{\frac{1}{b}} = a^{\frac{1}{a}}$이면 $\left(b^{\frac{1}{b}} \right)^{ab} = \left(a^{\frac{1}{a}} \right)^{ab}$, $b^a = a^b$이다.

따라서, $a^x = x^a$을 만족하고 $x \neq a$인 양의 실수 x는

$0 < a \leq 1$ 또는 $a = e$일 때는 존재하지 않고, $1 < a < e$ 또는 $a > e$이면 1개 존재한다.

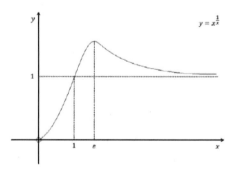

6장. 초월함수의 극한(도형 포함)

[문제1]

(논제1)

반지름이 1인 원에 내접하는 정 $2n$각형의 면적 S_n, 원주의 길이 L_n은

$$S_n = \left(\frac{1}{2} \cdot 1^2 \cdot \sin \frac{2\pi}{2^n} \right) \cdot 2^n = 2^{n-1} \sin \frac{\pi}{2^{n-1}}$$

$$L_n = \left(2 \cdot 1 \cdot \sin \frac{\pi}{2^n} \right) \cdot 2^n = 2^{n+1} \sin \frac{\pi}{2^n}$$

(논제2)

(논제1)에서 $\dfrac{S_n}{S_{n+1}} = \dfrac{2^{n-1} \sin \dfrac{\pi}{2^{n-1}}}{2^n \sin \dfrac{\pi}{2^n}} = \dfrac{2\sin \dfrac{\pi}{2^n} \cos \dfrac{\pi}{2^n}}{2\sin \dfrac{\pi}{2^n}} = \cos \dfrac{\pi}{2^n}$

$\dfrac{S_n}{L_n} = \dfrac{2^{n-1} \sin \dfrac{\pi}{2^{n-1}}}{2^{n+1} \sin \dfrac{\pi}{2^n}} = \dfrac{2\sin \dfrac{\pi}{2^n} \cos \dfrac{\pi}{2^n}}{4\sin \dfrac{\pi}{2^n}} = \dfrac{1}{2} \cos \dfrac{\pi}{2^n}$

(논제3)

(논제1)에서 $\displaystyle \lim_{n \to \infty} S_n = \lim_{n \to \infty} \dfrac{\sin \dfrac{\pi}{2^{n-1}}}{\dfrac{\pi}{2^{n-1}}} \cdot \pi = \pi$

또한, (논제2)에서 $\cos \dfrac{\pi}{2^2} \cos \dfrac{\pi}{2^3} \cdots \cos \dfrac{\pi}{2^n} = \dfrac{S_2}{S_3} \cdot \dfrac{S_3}{S_4} \cdots \dfrac{S_n}{S_{n+1}} = \dfrac{S_2}{S_{n+1}}$ 이므로

$$\lim_{n \to \infty} \cos \frac{\pi}{2^2} \cos \frac{\pi}{2^3} \cdots \cos \frac{\pi}{2^n} = \lim_{n \to \infty} \frac{S_2}{S_{n+1}} = \frac{S_2}{\pi} = \frac{2\sin \dfrac{\pi}{2}}{\pi} = \frac{2}{\pi}$$

(논제4)

(논제2)에서

$$\frac{S_2}{L_2} \cdot \frac{S_3}{L_3} \cdots \frac{S_n}{L_n} = \frac{1}{2} \cos \frac{\pi}{2^2} \cdot \frac{1}{2} \cos \frac{\pi}{2^3} \cdots \frac{1}{2} \cos \frac{\pi}{2^n} = \frac{1}{2^{n-1}} \cos \frac{\pi}{2^2} \cos \frac{\pi}{2^3} \cdots \cos \frac{\pi}{2^n}$$

그리고, (논제3)에서

$$\lim_{n \to \infty} 2^n \frac{S_2}{L_2} \frac{S_3}{L_3} \cdots \frac{S_n}{L_n} = \lim_{n \to \infty} 2 \cos \frac{\pi}{2^2} \cos \frac{\pi}{2^3} \cdots \cos \frac{\pi}{2^n} = \frac{4}{\pi}$$

[문제2]

(논제1)

$C_1 : y = \ln x (x > 0)$ 와 $C_2 : y = (x-1)(x-a)$ 가 $P(1, 0)$, $Q(n+1, \ln(n+1))$

(n은 자연수)로 이루어져 있기 때문에,

$\ln(n+1) = (n+1-1)(n+1-a)$

$a = n + 1 - \dfrac{\ln(n+1)}{n}$

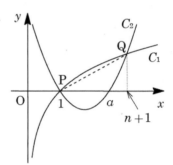

여기서, $a - 1 = n - \dfrac{\ln(n+1)}{n} = \dfrac{1}{n}\{n^2 - \ln(n+1)\}$

이 되고, $x \geq 1$에서 $f(x) = x^2 - \ln(x+1)$로 두면

$f'(x) = 2x - \dfrac{1}{x+1} = \dfrac{2x(x+1)-1}{x+1} > 0$

여기에서, $f(x) \geq f(1) = 1 - \ln 2 > 0$이므로 $a - 1 > 0$에서 $a > 1$이다.

(논제2)

곡선 C_1과 직선 PQ에 둘러싸인 영역의 면적 S_n은

$$S_n = \int_1^{n+1} \ln x \, dx - \frac{1}{2}(n+1-1)\ln(n+1)$$

$$= [x \ln x]_1^{n+1} - \int_1^{n+1} dx - \frac{1}{2} n \ln(n+1)$$

$$= (n+1)\ln(n+1) - (n+1-1) - \frac{1}{2} n \ln(n+1) = \frac{n+2}{2}\ln(n+1) - n$$

또한, 곡선 C_2와 직선 PQ로 둘러싸인 영역의 면적 T_n, $PQ : y = px + q$ 라 두면

$$T_n = \int_1^{n+1} \{px + q - (x-1)(x-a)\} \, dx = -\int_1^{n+1} (x-1)(x-n-1)dx$$

$$= \frac{1}{6}(n+1-1)^3 = \frac{n^3}{6}$$

(논제3)

$$\frac{S_n}{n\ln T_n}=\frac{\dfrac{n+2}{2}\ln(n+1)-n}{n\ln\dfrac{n^3}{6}}=\frac{n+2}{2n}\cdot\frac{\ln(n+1)}{3\ln n-\ln6}-\frac{1}{3\ln n-\ln6}$$

여기서, $\dfrac{\ln(n+1)}{3\ln n-\ln6}=\dfrac{\ln(n+1)}{\ln n}\left(3-\dfrac{\ln6}{\ln n}\right)^{-1}$ 로 변형하여

$$\lim_{n\to\infty}\left\{\frac{\ln(n+1)}{\ln n}-1\right\}=\lim_{n\to\infty}\frac{\ln\dfrac{n+1}{n}}{\ln n}=\lim_{n\to\infty}\frac{\ln\left(1+\dfrac{1}{n}\right)}{\ln n}=0$$

따라서, $\displaystyle\lim_{n\to\infty}\frac{\ln(n+1)}{\ln n}=1$ 에서 $\displaystyle\lim_{n\to\infty}\frac{S_n}{n\ln T_n}=\frac{1}{2}\cdot1\cdot3^{-1}-0=\frac{1}{6}$ 이다.

[문제3]

(논제1)

$f(x)=\cos x-1+\dfrac{x^2}{2}$ 라 두면 $f'(x)=-\sin x+x$ 이므로

$f(x)$의 증감은 오른쪽 표와 같다. $f(x)\ge0$ 에서

$1-\dfrac{x^2}{2}\le\cos x$ ······ ①

x	$\cdots$	0	$\cdots$
$f'(x)$	$-$	0	$+$
$f(x)$	↘	0	↗

(논제2)

오른쪽 그림에서 $r_0=1$, $r_1=\cos\dfrac{2\pi}{n}$, $r_2=\cos^2\dfrac{2\pi}{n}$ 이 되고,

$r_n=\cos^n\dfrac{2\pi}{n}$

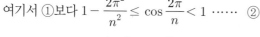

여기서 ①보다 $1-\dfrac{2\pi^2}{n^2}\le\cos\dfrac{2\pi}{n}<1$ ······ ②

또한 $n\ge5$의 경우 $\dfrac{2\pi^2}{n^2}\le\dfrac{2\pi^2}{25}<1$ 에서 $0<1-\dfrac{2\pi^2}{n^2}$ 가 되므로, ②의 각 값들을 n제곱하면

$$\left(1-\frac{2\pi^2}{n^2}\right)^n\le\cos^n\frac{2\pi}{n}<1,\ \left(1-\frac{2\pi^2}{n^2}\right)^n\le r_n<1\ \cdots\cdots\ ③$$

그런데, $h=-\dfrac{2\pi^2}{n^2}$ 로 두면, $n\to\infty$ 일 때 $h\to-0$ 되고, $n=\dfrac{\sqrt{2}}{\sqrt{-h}}\pi$ 에서

$$\lim_{n\to\infty}\left(1-\frac{2\pi^2}{n^2}\right)^n=\lim_{h\to-0}(1+h)^{\frac{\sqrt{2}}{\sqrt{-h}}\pi}=\lim_{h\to-0}\left\{(1+h)^{\frac{1}{h}}\right\}^{\sqrt{2}\,\pi\sqrt{-h}}=e^0=1$$

따라서, ③에서 $\displaystyle\lim_{n\to\infty}r_n=1$ ······ ④

(논제3)

선분 A_0A_1, A_1A_2, $\cdots$, $A_{n-1}A_n$의 길이의 합 L_n은

$$L_n=r_0\sin\frac{2\pi}{n}+r_1\sin\frac{2\pi}{n}+\cdots+r_{n-1}\sin\frac{2\pi}{n}=(r_0+r_1+\cdots+r_{n-1})\sin\frac{2\pi}{n}$$

여기서 $1 = r_0 \geq r_1 \geq r_2 \geq \cdots \geq r_{n-1} \geq r_n$ 이므로, $nr_n\sin\dfrac{2\pi}{n} \leq L_n \leq n\sin\dfrac{2\pi}{n}$ ······ ⑤와 ④를 이용하면

$$\lim_{n\to\infty} n\sin\frac{2\pi}{n} = \lim_{n\to\infty} \frac{\sin\dfrac{2\pi}{n}}{\dfrac{2\pi}{n}} \cdot 2\pi = 2\pi, \ \ \lim_{n\to\infty} nr_n\sin\frac{2\pi}{n} = 2\pi \cdot 1 = 2\pi$$

따라서 ⑤에서 $\displaystyle\lim_{n\to\infty} L_n = 2\pi$

[문제4]

(논제1)

$C : x = 2t - \sin t, \ y = 2 - \cos t$ 이므로

$\dfrac{dx}{dt} = 2 - \cos t, \ \dfrac{dy}{dt} = \sin t$

그러면 $t = \theta$ 일 때, $\dfrac{dy}{dx} = \dfrac{\sin\theta}{2-\cos\theta}$

$P(2\theta - \sin\theta, \ 2 - \cos\theta)$ 에서의 법선 l_θ 는

$y - (2-\cos\theta) = -\dfrac{2-\cos\theta}{\sin\theta}\{x - (2\theta - \sin\theta)\}$

따라서, $y = -\dfrac{2-\cos\theta}{\sin\theta}x + \dfrac{2\theta(2-\cos\theta)}{\sin\theta}$ ······ (*)

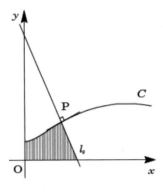

(논제2)

l_θ 의 x축과의 교점은 (*)에서

$-\dfrac{2-\cos\theta}{\sin\theta}x + \dfrac{2\theta(2-\cos\theta)}{\sin\theta} = 0, \ x = 2\theta$

또한, l_θ 의 y축과의 교점은 $y = \dfrac{2\theta(2-\cos\theta)}{\sin\theta}$ 이므로 삼각형의 면적 $S(\theta)$ 는

$$S(\theta) = \frac{1}{2} \cdot 2\theta \cdot \frac{2\theta(2-\cos\theta)}{\sin\theta} = \frac{2\theta^2(2-\cos\theta)}{\sin\theta}$$

(논제3)

$0 < \theta < \pi$ 에서 $2\theta - \sin\theta < 2\theta$ 가 되므로, 색칠된 부분의 면적 $T(\theta)$ 는

$$T(\theta) = \int_0^{2\theta-\sin\theta} y\,dx + \frac{1}{2}\{2\theta - (2\theta - \sin\theta)\}(2-\cos\theta)$$

$$= \int_0^\theta (2-\cos t)(2-\cos t)dt + \frac{1}{2}\sin\theta\,(2-\cos\theta)$$

$$= \int_0^\theta (2-\cos t)^2 dt + \sin\theta - \frac{1}{4}\sin 2\theta$$

여기서, $\displaystyle\int_0^\theta (2-\cos t)^2 dt = \int_0^\theta \left(4 - 4\cos t + \cos^2 t\right) dt$

$$= 4\theta - 4\sin\theta + \frac{1}{2}\int_0^\theta (1 + \cos 2t)dt$$

$$=-4\sin\theta+\frac{9}{2}\theta+\frac{1}{4}\sin2\theta$$

따라서, $T(\theta)=-4\sin\theta+\frac{9}{2}\theta+\frac{1}{4}\sin2\theta+\sin\theta-\frac{1}{4}\sin2\theta=\frac{3}{2}(3\theta-2\sin\theta)$

(논제4)

$$\frac{T(\theta)}{S(\theta)}=\frac{3\sin\theta(3\theta-2\sin\theta)}{4\theta^2(2-\cos\theta)}=\frac{3}{4(2-\cos\theta)}\cdot\frac{\sin\theta}{\theta}\left(3-2\cdot\frac{\sin\theta}{\theta}\right)$$에서

$$\lim_{\theta\to+0}\frac{T(\theta)}{S(\theta)}=\frac{3}{4\cdot1}\cdot1\cdot(3-2)=\frac{3}{4}$$

[문제5]

(논제1)

$f_n(x)=x^{n+1}(1-x)=x^{n+1}-x^{n+2}$에 대하여, $f_n{}'(x)=(n+1)x^n-(n+2)x^{n+1}$이면
점 $(a_n,f(a_n))$에서 곡선 $y=f_n(x)$의 접선의 방정식은
$$y-f_n(a_n)=f_n{}'(a_n)(x-a_n)$$
원점을 지나므로 $-f_n(a_n)=f_n{}'(a_n)(-a_n)$, $f_n(a_n)=a_nf_n{}'(a_n)$가 되고,
$$a_n^{n+1}-a_n^{n+2}=a_n\{(n+1)a_n^n-(n+2)a_n^{n+1}\},\ na_n^{n+1}-(n+1)a_n^{n+2}=0$$

그러면, $a_n>0$에서 $n-(n+1)a_n=0$이 되고 $a_n=\dfrac{n}{n+1}$이다.

(논제2)

$0\le x\le1$에서 $f_n(x)\ge0$이고

$$B_n=\int_0^1 f_n(x)dx=\int_0^1(x^{n+1}-x^{n+2})dx=\left[\frac{x^{n+2}}{n+2}-\frac{x^{n+3}}{n+3}\right]_0^1$$
$$=\frac{1}{n+2}-\frac{1}{n+3}=\frac{1}{(n+2)(n+3)}$$

또한, (논제1)에서 $0<a_n<1$이므로 $0\le x\le a_n$에서 $f_n(x)\ge0$이 되고,

$$C_n=\int_0^{a_n}f_n(x)dx=\int_0^{\frac{n}{n+1}}(x^{n+1}-x^{n+2})dx=\left[\frac{x^{n+2}}{x+2}-\frac{x^{n+3}}{n+3}\right]_0^{\frac{n}{n+1}}$$
$$=\frac{1}{n+2}\left(\frac{n}{n+1}\right)^{n+2}-\frac{1}{n+3}\left(\frac{n}{n+1}\right)^{n+3}$$
$$=\frac{(n+1)(n+3)n^{n+2}-(n+2)n^{n+3}}{(n+2)(n+3)(n+1)^{n+3}}=\frac{(2n+3)n^{n+2}}{(n+2)(n+3)(n+1)^{n+3}}$$

(논제3)

$$\frac{C_n}{B_n}=\frac{(2n+3)n^{n+2}}{(n+1)^{n+3}}=\frac{2n+3}{n+1}\left(\frac{n}{n+1}\right)^{n+2}=\frac{2n+3}{n+1}\left(\frac{n}{n+1}\right)^2\frac{1}{\left(1+\frac{1}{n}\right)^n}$$

따라서, $\displaystyle\lim_{n\to\infty}\frac{C_n}{B_n}=\frac{2}{1}\cdot1^2\cdot\frac{1}{e}=\frac{2}{e}$가 된다.

7장. 연속관련 사이값 정리

[문제1]

(논제1)

$f(x)=(1-2x)^2 x = x(2x-1)^2$ 에 따라

$f'(x)=(2x-1)^2+4x(2x-1)$

$\qquad = (2x-1)(6x-1)$

$x=\dfrac{1}{6}$ 일 때, $f(x)$는 최대가 된다.

그러므로, $a=\dfrac{1}{6}$

x	0	$\cdots$	$\dfrac{1}{6}$	$\cdots$	$\dfrac{1}{2}$
$f'(x)$		$+$	0	$-$	0
$f(x)$		$\nearrow$		$\searrow$	

(논제2)

상자 A와 상자 B_1의 닮음비가 $1 : x$ 이며 부피비가 $1 : x^3$ 가 된다.

$g(x)=x^3 f(x) = x^4(2x-1)^2$

$g'(x)=4x^3(2x-1)^2+4x^4(2x-1)$

$\qquad = 4x^3(2x-1)(3x-1)$

$x=\dfrac{1}{3}$ 일 때 $g(x)$의 값은 최대가 된다.

그러므로, $b=\dfrac{1}{3}$

x	0	$\cdots$	$\dfrac{1}{3}$	$\cdots$	$\dfrac{1}{2}$
$g'(x)$	0	$+$	0	$-$	0
$g(x)$		$\nearrow$		$\searrow$	

(논제3)

$h(x)=f'(x)+4g'(x)$ 이면

$h\left(\dfrac{1}{6}\right)=f'\left(\dfrac{1}{6}\right)+4g'\left(\dfrac{1}{6}\right)=4g'\left(\dfrac{1}{6}\right)>0$

$h\left(\dfrac{1}{3}\right)=f'\left(\dfrac{1}{3}\right)+4g'\left(\dfrac{1}{3}\right)=f'\left(\dfrac{1}{3}\right)>0$

여기서 $h(x)$는 연속함수이므로 $h(x)=0$ 다시 말해서 $f'(x)+4g'(x)=0$은 구간 $\dfrac{1}{6}<x<\dfrac{1}{3}$에서 적어

도 하나의 해를 가진다.

[문제2]

(논제1)

$-|x| \leq x \sin\frac{1}{x} \leq |x|$ 이고 $\lim_{x \to 0}(-|x|) = \lim_{x \to 0}|x| = 0$ 이므로 샌드위치 정리에 의해

$\lim_{x \to 0} x \sin\frac{1}{x} = 0$ 이고, $f(0) = 0$ 이므로 $\lim_{x \to 0} f(x) = f(0)$ 을 만족한다.

따라서 함수 $f(x)$는 $x = 0$에서 연속이다.

(논제2)

$\lim_{h \to +0} \frac{f(0+h) - f(0)}{h} = \lim_{h \to +0} \frac{h \sin\frac{1}{h}}{h} = \lim_{h \to +0} \sin\frac{1}{h}$ 이고 $\frac{1}{h} \to \infty$ 이므로 $\lim_{h \to +0} \sin\frac{1}{h}$ 의 값은 진

동한다. 마찬가지로 $\lim_{h \to -0} \sin\frac{1}{h}$ 의 값도 존재하지 않는다. 따라서 함수 $f(x)$는 $x = 0$에서 미분 가능하지

않다.

(논제3)

$f(x)$인 모든 실수 $x \neq 0$에 대하여 미분 가능하므로 $f'(x)$는

$f'(x) = \sin\frac{1}{x} - \frac{1}{x}\cos\frac{1}{x} \ (x \neq 0)$

이다. $f'(x) = 3$에서 $\frac{1}{x} = \theta$라 두면 $g(\theta) = \theta\cos\theta - \sin\theta + 3 = 0$을 만족하는 해를 조사하면 된다.

$g(\pi) = -\pi + 3 < 0$, $g(2\pi) = 2\pi + 3 > 0$, $g(3\pi) = -3\pi + 3 < 0$, $g(4\pi) = 4\pi + 3 > 0$, $\cdots$ 이다.

따라서 사이값 정리에 의해 $g(\theta) = \theta\cos\theta - \sin\theta + 3 = 0$를 만족하는 해는 무수히 많다. 즉, $f'(x) = 3$

을 만족하는 x는 무수히 많다.

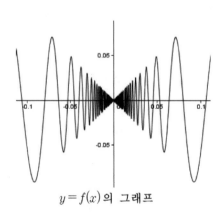

$y = f(x)$의 그래프

8장. 미분계수의 정의

[문제1]

(논제1)

곡선 $C: y = x^3 - 3x$ 에 대하여

$y' = 3x^2 - 3 = 3(x-1)(x+1)$

이때, C의 증감표는 오른쪽 표와 같고 C의 개형은
오른쪽 그림과 같다.

또한, $P(-2, 3)$일 때 영역 B는

$|x+2| \leq 1, \ |y-3| \leq 1$

영역을 표시하면 오른쪽 그림의 색칠한 부분이 된다.
그리고 경계는 영역에 포함된다.

x	$\cdots$	-1	$\cdots$	1	$\cdots$
y'		$+$	0	$-$	0	$+$
y	$\nearrow$	2	$\searrow$	-2	$\nearrow$

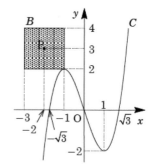

(논제2)

$b > a^3 - 3a$를 만족하는 $P(a, b)$에 대하여 $B: |x-a| \leq 1, |y-b| \leq 1$

그리고 B와 C의 접점을 $Q(t, t^3 - 3t)$로 하여 $t < -1$일 때,

$a = t-1, \ b = t^3 - 3t + 1$

그러면 $t = a+1 < -1 \ (a < -2)$가 되어

$b = (a+1)^3 - 3(a+1) + 1 = a^3 + 3a - 1$

따라서 점 P자취는 곡선 $y = x^3 - 3x^2 - 1 \ (x < -2)$이다.

(논제3)

우선, B와 C가 오른쪽 그림의 위치에 있을 때, $P(a, b)$에 대해서
두 점 $(a-1, b-1), \ (a+1, b-1)$은 동시에 C 위에 있고

$b-1 = (a-1)^3 - 3(a-1)$ ······ ①

$b-1 = (a+1)^3 - 3(a+1)$ ······ ②

①, ②에서 $6a^2 + 2 - 6 = 0$이 되어 $a > 0$에서 $a = \dfrac{\sqrt{6}}{3}$이고

이때 접점 $Q(t, t^3 - 3t)$는 $t = \dfrac{\sqrt{6}}{3} \pm 1$이 된다.

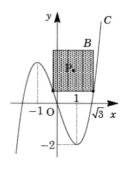

이하 $P(a, b)$, $Q(t, t^3 - 3t)$의 위치관계를 바탕으로 경우를 나눈다.

(i) $t = -1 \, (a < -1)$일 때

(논제2)에서 점 P의 자취는 곡선 $y = x^3 + 3x^2 - 1 \, (x < -2)$이다.

(ii) $t = -1 \, (-2 \leq a \leq 0)$일 때

이때 $b = 2 + 1 = 3$이 되어, 점 P의 자취는 선분 $y = 3 \, (-2 \leq x \leq 0)$이다.

(iii) $-1 < t \leq \dfrac{\sqrt{6}}{3} - 1 \left(0 < a \leq \dfrac{\sqrt{6}}{3} \right)$일 때

이때 $a = t + 1$, $b = t^3 - 3t + 1$이 되어 $b = (a-1)^3 - 3(a-1) + 1 = a^3 - 3a^2 + 3$

따라서 점 P의 자취는 곡선 $y = x^3 - 3x^2 + 3 \left(0 < x \leq \dfrac{\sqrt{6}}{3} \right)$이다.

(iv) $t > \dfrac{\sqrt{6}}{3} + 1 \left(a > \dfrac{\sqrt{6}}{3} \right)$일 때

이때 $a = t - 1$, $b = t^3 - 3t + 1$이 되어 $b = (a+1)^3 - 3(a+1) + 1 = a^3 + 3a^2 - 1$

따라서 점 P의 자취는 곡선 $y = x^3 + 3x^2 - 1 \left(x > \dfrac{\sqrt{6}}{3} \right)$이다.

(논제4)

점 P의 자취의 방정식을 $y = f(x)$라 하면 (논제3)에서

$f(x) = x^3 + 3x^2 - 1 \, (x < -2)$, $f(x) = 3 \, (-2 \leq x \leq 0)$

$f(x) = x^3 - 3x^2 + 3 \left(0 < x \leq \dfrac{\sqrt{6}}{3} \right)$, $f(x) = x^3 + 3x^2 - 1 \left(x > \dfrac{\sqrt{6}}{3} \right)$

여기서, $f(x)$의 $x = 0$에서의 미분 가능성 여부를 조사하면

$$\lim_{x \to -0} \frac{f(x) - f(0)}{x} = \lim_{x \to -0} \frac{3 - 3}{x} = 0$$

$$\lim_{x \to +0} \frac{f(x) - f(0)}{x} = \lim_{x \to +0} \frac{x^3 - 3x^2 + 3 - 3}{x} = \lim_{x \to +0} (x^2 - 3x) = 0$$

이로부터 $f(x)$가 $x = 0$에서 미분 가능하다.

[문제2]

(논제1)

$\alpha = \dfrac{\alpha + \beta}{2} + \dfrac{\alpha - \beta}{2}$, $\beta = \dfrac{\alpha + \beta}{2} - \dfrac{\alpha - \beta}{2}$ 이므로

$\sin\alpha = \sin\left(\dfrac{\alpha + \beta}{2} + \dfrac{\alpha - \beta}{2} \right) = \sin\left(\dfrac{\alpha + \beta}{2} \right)\cos\left(\dfrac{\alpha - \beta}{2} \right) + \sin\left(\dfrac{\alpha - \beta}{2} \right)\cos\left(\dfrac{\alpha + \beta}{2} \right)$,

$\sin\beta = \sin\left(\dfrac{\alpha + \beta}{2} - \dfrac{\alpha - \beta}{2} \right) = \sin\left(\dfrac{\alpha + \beta}{2} \right)\cos\left(\dfrac{\alpha - \beta}{2} \right) - \sin\left(\dfrac{\alpha - \beta}{2} \right)\cos\left(\dfrac{\alpha + \beta}{2} \right)$

이다. 그러므로 $\sin\alpha - \sin\beta = 2\sin\left(\dfrac{\alpha - \beta}{2} \right)\cos\left(\dfrac{\alpha + \beta}{2} \right)$ 이 성립한다.

(논제2)

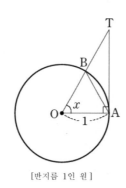

[반지름 1인 원]

위의 그림과 같이 반지름 1인 원을 하나 그리고, 중심을 O라 하자. 원 주위의 두 점 A, B를 중심각이 $\angle AOB = x$가 되도록 잡고, A를 지나는 원의 접선과 직선 $\overleftrightarrow{OB}$가 만나는 점을 C라고 하자. 분명히 삼각형 OAB의 면적은 부채꼴 OAB의 면적보다 작고, 또 부채꼴 OAB의 면적은 삼각형 OAC의 면적보다 작다. 한편 삼각형 OAB의 면적은 $\frac{1}{2}|\sin x|$, 부채꼴 OAB의 면적은 $\frac{1}{2}|x|$, 그리고 직각삼각형 OAC의 면적은 $\frac{1}{2}|\tan x|$이다. 그러므로 부등식 $|\sin x| < |x| < |\tan x|$ 이 성립한다.

(논제3)

주어진 범위의 x 값에 대하여 x, $\sin x$, $\tan x$의 부호가 모두 같으므로

$1 < \dfrac{x}{\sin x} < \dfrac{1}{\cos x}$ 이고, 역수를 취하면 $\cos x < \dfrac{\sin x}{x} < 1$ 이다.

그러므로 $1 = \lim\limits_{x\to 0} \cos x \le \lim\limits_{x\to 0} \dfrac{\sin x}{x} \le 1$ 이 되어 $\lim\limits_{x\to 0} \dfrac{\sin x}{x} = 1$ 이다.

(논제4)

도함수의 정의에 의하여 $(\sin x)' = \lim\limits_{\Delta x \to 0} \dfrac{\sin(x+\Delta x) - \sin x}{\Delta x}$ 이다.

한편 $\sin(x+\Delta x) - \sin x = 2\sin\left(\dfrac{\Delta x}{2}\right)\cos\left(x + \dfrac{\Delta x}{2}\right)$ 이므로, 위의 부등식을 적용하면

$(\sin x)' = \lim\limits_{\Delta x \to 0} \dfrac{2}{\Delta x}\sin\left(\dfrac{\Delta x}{2}\right)\cos\left(x + \dfrac{\Delta x}{2}\right)$

$= \lim\limits_{\Delta x \to 0} \dfrac{\sin(\Delta x/2)}{\Delta x/2} \lim\limits_{\Delta x \to 0} \cos\left(x + \dfrac{\Delta x}{2}\right) = 1\cdot\cos x = \cos x$ 이다.

9장. 평균값 정리

[문제1]

(논제1)

$y = \tan x$라 하면 $\dfrac{dy}{dx} = \sec^2 x = 1 + \tan^2 x$

$\dfrac{d}{dx}\tan^{-1}y = 1$

$\dfrac{dy}{dx} \cdot \dfrac{d\tan^{-1}y}{dy} = 1$

$\dfrac{d}{dy}\tan^{-1}y = \dfrac{1}{\dfrac{dy}{dx}} = \dfrac{1}{1 + \tan^2 x} = \dfrac{1}{1 + y^2}$

$\therefore \dfrac{d}{dx}\tan^{-1}x = \dfrac{1}{1 + x^2}$

(논제2)

(a, b)에서 $\dfrac{d}{dx}\tan^{-1}x$는 감소함수이므로

$\dfrac{d}{dx}\tan^{-1}x\big|_{x=b} < \dfrac{d}{dx}\tan^{-1}x\big|_{x=c} < \dfrac{d}{dx}\tan^{-1}x\big|_{x=a}$ 이고, 평균값 정리에 의하여

$\dfrac{d}{dx}\tan^{-1}x\big|_{x=c} = \dfrac{\tan^{-1}b - \tan^{-1}a}{b - a}$ 인 $c \in (a, b)$가 존재한다.

$\therefore \dfrac{1}{1 + b^2} < \dfrac{\tan^{-1}b - \tan^{-1}a}{b - a} < \dfrac{1}{1 + a^2}$

곧, $\dfrac{b - a}{1 + b^2} < \tan^{-1}b - \tan^{-1}a < \dfrac{b - a}{1 + a^2}$

(논제3)

$a = 1,\ b = \dfrac{4}{3}$를 대입하면 $b > a > 0$이므로 (논제2)가 성립하고

$$\frac{b-a}{1+b^2} = \frac{3}{25}, \ \frac{b-a}{1+a^2} = \frac{1}{6}, \ \tan^{-1}a = \frac{\pi}{4} \text{이므로}$$

$$\therefore \ \frac{\pi}{4} + \frac{3}{25} < \tan^{-1}\frac{4}{3} < \frac{\pi}{4} + \frac{1}{6}$$

[문제2]

(논제1)

$f(x) = \ln x \ (x > 0)$으로 놓으면 평균값 정리에 의하여

$$\frac{f(x+1)-f(x)}{(x+1)-x} = f'(c) \ (x < c < x+1) \text{ 을 만족하는 } c \text{가 있다.}$$

따라서, $\ln(x+1) - \ln x = \dfrac{1}{c}$ 이고, $\dfrac{1}{x+1} < \dfrac{1}{c} < \dfrac{1}{x}$

$$\therefore \ \frac{1}{x+1} < \ln(x+1) - \ln x < \frac{1}{x}$$

(논제2)

(논제1)의 결과를 써서 증명한다.

$k = 1, \ 2, \ 3, \ \cdots, \ n-1$이라 하면 $\dfrac{1}{k+1} < \ln(k+1) - \ln k < \dfrac{1}{k}$

$$\therefore \ \sum_{k=1}^{n-1}\frac{1}{k+1} < \sum_{k=1}^{n-1}\{\ln(k+1)-\ln k\} < \sum_{k=1}^{n-1}\frac{1}{k}$$

여기서, $\ln 1 = 0$이므로

$$\frac{1}{2} + \frac{1}{3} + \cdots + \frac{1}{n} < \ln n < 1 + \frac{1}{2} + \cdots + \frac{1}{n-1}$$

(논제3)

(논제2)에서 $\ln N + \dfrac{1}{N} < 1 + \dfrac{1}{2} + \dfrac{1}{3} + \cdots + \dfrac{1}{N}$

여기서, $\displaystyle\lim_{N\to\infty}\left(\ln N + \frac{1}{N}\right) = \infty$ 이므로 $\displaystyle\sum_{n=1}^{\infty}\frac{1}{n}$ 은 발산한다.

[문제3]

(논제1)

(1) $f(x)$를 $(x-a)^2$ 로 나누었을 때 나머지는 1차식 이하이기 때문에, 그것을 $mx + n$이라 하면

$$f(x) = (x-a)^2 Q(x) + mx + n, \ f'(x) = 2(x-a)Q(x) + (x-a)^2 Q'(x) + m$$

이들 두 식에 $x = a$ 를 대입하면 $f(a) = ma + n, \quad f'(a) = m$

$$\therefore m = f'(a) \ n = f(a) - af'(a)$$

따라서, 나머지는 $f'(a)x + f(a) - af'(a)$ 이 되므로 나누어떨어지기 위한 필요충분조건은 임의의 x 에 대해 $f'(a)x + f(a) - af'(a) = 0$

$\therefore f'(a) = 0, \ f(a) - af'(a) = 0$

$\therefore f(a) = 0, f'(a) = 0$

(2) $f_n(x) = a_n x^{n+1} + b_n x^n + 1, \ f_n{}'(x) = (n+1)a_n x^n + n b_n x^{n-1}$

$f_n(x)$가 $(x-1)^2$으로 나누어떨어지기 위한 조건은 1)에서

$f_n(1) = a_n + b_n + 1 = 0$

$f_n(1) = (n+1)a_n + n b_n = 0$

이들을 풀면

$a_n = n, \ b_n = -n-1$

(3) $f_n(x) = n x^{n+1} - (n+1)x^n + 1 = n x^{n+1} - n x^n - (x^n - 1)$

$= n x^n (x-1) - (x-1)(x^{n-1} + x^{n-2} + \cdots + x + 1)$

$= (x-1)(n x^n - x^{n-1} + x^{n-2} - \cdots - x - 1)$

$= (x-1)\{x^{n-1}(x-1) + x^{n-2}(x^2 - 1) + \cdots + (x^n - 1)\}$

$= (x-1)^2 \{x^{n-1} + x^{n-2}(x+1) + \cdots + (x^{n-1} + x^{n-2} + \cdots + 1)\}$

$= (x-1)^2 \{n x^{n-1} + (n-1)x^{n-2} + \cdots + 2x + 1\}$

따라서 구하는 값은

$n x^{n-1} + (n-1)x^{n-2} + \cdots + 2x + 1$

(논제2)

(1) $f'(x) = -x e^{-x} - e^{-x} = -(x+1)e^{-x}$

$f''(x) = x e^{-x}$

$x > 0$ 에서 $f''(x) > 0$ 이므로 $f''(x)$는 단조증가한다.

(2) $f(x)$에 대해 평균값의 정리에 따라

$\dfrac{f(b) - f(a)}{b - a} = f'(c)$ 인 $a < c < b$ 가 반드시 적어도 하나는 존재한다.

또한 $f'(x)$각 단조증가하므로 $f'(a) < f'(c) < f'(b)$ 이므로

$\therefore -(a+1)e^{-a} < \dfrac{(b+2)e^{-b} - (a+2)e^{-a}}{b-a} < -(b+1)e^{-b}$

(논제3)

(1) $f(x) = \dfrac{3}{2}\left\{\dfrac{1}{4} - \left(x - \dfrac{1}{2}\right)^2\right\}$

$\dfrac{1}{3} < x \leq \dfrac{1}{2}$ 일 때 $f\left(\dfrac{1}{3}\right) < f(x) \leq f\left(\dfrac{1}{2}\right) = \dfrac{3}{8} < \dfrac{1}{2}$

$\therefore \dfrac{1}{3} < f(x) < \dfrac{1}{2}$

(a) $a_1 = \dfrac{1}{2}$ 이므로 $\dfrac{1}{3} < a_2 = f(a_1) < \dfrac{1}{2}$

(b) $\dfrac{1}{3} < a_n < \dfrac{1}{2}$ 에서 $\dfrac{1}{3} < a_{n+1} = f(a_n) < \dfrac{1}{2}$

수학적 귀납법에 의해, $n \geq 2$ 일 때 $\dfrac{1}{3} < a_n < \dfrac{1}{2}$

(2) 평균값의 정리에 의해 $\dfrac{f(a_n) - \dfrac{1}{3}}{a_n - \dfrac{1}{3}} = f'(c)$, $\dfrac{1}{3} < c < a_n$ 을 만족하는 c가 존재한다.

$f'(x) = \dfrac{3}{2} - 3x$, $f'(c) < f'\left(\dfrac{1}{3}\right) = \dfrac{1}{2}$

따라서 $\dfrac{a_{n+1} - \dfrac{1}{3}}{a_n - \dfrac{1}{3}} < \dfrac{1}{2}$

(3) $a_{n+1} - \dfrac{1}{3} < \dfrac{1}{2}\left(a_n - \dfrac{1}{3}\right)$

이것을 반복하여 $n \geq 2$ 일 때 $0 < a_n - \dfrac{1}{3} < \left(\dfrac{1}{2}\right)^{n-1}\left(a_1 - \dfrac{1}{3}\right)$

$\lim_{n \to \infty} \left(\dfrac{1}{2}\right)^{n-1}\left(a_1 - \dfrac{1}{3}\right) = 0$

따라서, $\lim_{n \to \infty} a_n = \dfrac{1}{3}$

[문제4]

(논제1)

$f_n(x) = a_n x^{n+1} + b_n x^n + 1$ 에서 $f_n{}'(x) = (n+1)a_n x^n + nb_n x^{n-1}$ 이다.

$f_n(x)$가 $(x-1)^2$으로 나누어떨어지기 위한 조건은 제시문 (가)에서

$f_n(1) = a_n + b_n + 1 = 0$ 이고 $f_n{}'(1) = (n+1)a_n + nb_n = 0$

이다. 이들을 풀면 $a_n = n$, $b_n = -n-1$

(논제2)

$f'(x) = -xe^{-x} - e^{-x} = -(x+1)e^{-x}$ 이고 $f''(x) = xe^{-x}$ 이다.

$x > 0$ 에서 $f''(x) > 0$ 이므로 제시문 (나)에 의하여 $f'(x)$는 단조증가한다.

$f(x)$에 대해 제시문 (다)에 의하여

$\dfrac{f(b) - f(a)}{b - a} = f'(c)$ 인 $a < c < b$ 가 반드시 적어도 하나는 존재한다.

또한, $f'(x)$각 단조증가하므로 $f'(a) < f'(c) < f'(b)$ 이므로

$\therefore -(a+1)e^{-a} < \dfrac{(b+2)e^{-b} - (a+2)e^{-a}}{b - a} < -(b+1)e^{-b}$

(논제3)

$\dfrac{1}{3} < a_n < \dfrac{1}{2}$, $f(x) = \dfrac{3}{2}x(1-x)$이므로 $f\left(\dfrac{1}{3}\right) = \dfrac{1}{3}$이다.

제시문 (다)에 의해

$\dfrac{f(a_n) - \dfrac{1}{3}}{a_n - \dfrac{1}{3}} = f'(c)$, $\dfrac{1}{3} < c < a_n$ 을 만족하는 c가 존재한다.

$f'(x) = \dfrac{3}{2} - 3x$이고 $f'(c) < f'\left(\dfrac{1}{3}\right) = \dfrac{1}{2}$이므로

따라서 $\dfrac{a_{n+1} - \dfrac{1}{3}}{a_n - \dfrac{1}{3}} < \dfrac{1}{2}$이 된다.

[문제5]

(논제1)

제시문 (가)의 평균값의 정리로부터

$\dfrac{\ln(x+1) - \ln x}{(x+1) - x} = (\ln t)'_{t = x + \theta} = \dfrac{1}{x + \theta}$

여기서, θ는 $0 < \theta < 1$를 만족하는 실수이다.

$1 + x > \theta + x > x > 0$

에서 $\dfrac{1}{1+x} < \ln(1+x) - \ln x < \dfrac{1}{x}$ ······ ①

(논제2)

①에서 x를 e^x로 바꾸고, $-\ln e^x = -x$를 정리하면

$x + \dfrac{1}{1 + e^x} < \ln(1 + e^x) < x + \dfrac{1}{e^x}$ ······ ②

(논제3)

제시문 (나)와 (다)로 부터

②에서 $\displaystyle\int_0^a\left(x+\frac{1}{1+e^x}\right)dx < \int_0^a\ln(1+e^x)dx < \int_0^a\left(x+\frac{1}{e^x}\right)dx$

$\displaystyle I_1 = \int_0^a\left(x+\frac{1}{1+e^x}\right)dx = \int_0^a\left(x+\frac{e^{-x}}{e^{-x}+1}\right)dx$

$\displaystyle \qquad = \left[\frac{x^2}{2}-\ln(e^{-x}+1)\right]_0^a = \frac{a^2}{2}-\ln(e^{-a}+1)+\ln2$

$\displaystyle I_2 = \int_0^a\left(x+\frac{1}{e^x}\right)dx = \left[\frac{x^2}{2}-e^{-x}\right]_0^a = \frac{a^2}{2}-\frac{1}{e^a}+1$

$\displaystyle \lim_{a\to\infty}\frac{1}{a^2}I_1 = \lim_{a\to\infty}\left(\frac{1}{2}-\frac{1}{a^2}\ln(e^{-a}+1)+\frac{\ln2}{a^2}\right)=\frac{1}{2}$

$\displaystyle \lim_{a\to\infty}\frac{1}{a^2}I_2 = \lim_{a\to\infty}\left(\frac{1}{2}-\frac{1}{a^2e^a}+\frac{1}{a^2}\right)=\frac{1}{2}$

$\displaystyle \therefore \lim_{a\to\infty}\frac{1}{a^2}\int_0^a\ln(1+e^x)dx=\frac{1}{2}$

[문제6]

(논제1)

$f(x) = a_0 + a_1x + a_2x^2 + \cdots + a_{n-1}x^{n-1} + a_nx^n$ 이라 하면 $f(x)$는 다항함수이므로
모든 점에서 연속이고 미분 가능하다. 그런데,

$f(0) = 0$

$f(1) = a_0 + \dfrac{a_1}{2} + \dfrac{a_2}{3} + \cdots + \dfrac{a_{n-1}}{n} + \dfrac{a_n}{n+1} = 0$ 이므로 평균값 정리에 의하여

$\dfrac{f(1)-f(0)}{1-0} = f'(x)\,(0<x<1)$

즉, $f'(x) = 0\,(0<x<1)$인 x가 존재한다. 그런데

$f'(x) = a_0 + a_1x + a_2x^2 + \cdots + a_{n-1}x^{n-1} + a_nx^n$ 이므로

$a_0 + a_1x + a_2x^2 + \cdots + a_{n-1}x^{n-1} + a_nx^n = 0$ 은 0과 1 사이에 실근을 갖는다.

(논제2)

적분의 평균값 정리

$\displaystyle\int_a^b f(x)\,dx = (b-a)f(c)\,(a<c<b)$ 에서 $f(x) = a_0 + a_1x + a_2x^2 + \cdots + a_{n-1}x^{n-1} + a_nx^n$

$a=0,\ b=1$ 이라 하면

$\displaystyle\int_0^1 f(x)\,dx = \left[a_0x + \frac{a_1}{2}x^2 + \frac{a_2}{3}x^3 + \cdots + \frac{a_n}{n+1}x^{n+1}\right]_0^1$

$$= a_0 + \frac{a_1}{2} + \frac{a_2}{3} + \cdots + \frac{a_n}{n+1}$$

$$= f(c) \, (0 < c < 1)$$

인 c가 존재한다. 그런데, $0 < \theta < \dfrac{\pi}{2}$ 에서는 $\sin\theta = c$인 θ가 하나 존재하므로

$$f(\sin x) = a_0 + \frac{a_1}{2} + \frac{a_2}{3} + \cdots + \frac{a_{n-1}}{n} + \frac{a_n}{n+1} \left(0 < \theta < \frac{\pi}{2} \right) \text{가 되는 } \theta\text{가 반드시 존재한다.}$$

[문제7]

(논제1)

$F(x) = \displaystyle\int_a^x f(t)dt$ 는 정적분과 미분의 관계로부터, 닫힌 구간 $[a, b]$ 에서 연속이고 열린 구간 (a, b)에서

미분 가능한 함수이다. 따라서 평균값의 정리를 함수 $F(x)$에 적용하면,

$$\frac{F(b) - F(a)}{b - a} = F'(c)$$

를 만족하는 $c \in (a, b)$가 적어도 하나는 존재한다. $F(x)$의 정의에 의하여, 위 식의 좌변은

$$\frac{1}{b-a}\left(\int_a^b f(x)dx - \int_a^a f(x)dx \right) = \frac{1}{b-a}\int_a^b f(x)\, dx$$

와 같다. 우변은 정적분과 미분사이의 관계로부터 $F'(c) = f(c)$이므로 원하는 결과를 얻는 다.

(논제2)

$f(x) = a_0 + a_1 x^2 + a_2 x^4 + \cdots + a_n x^{2n}$ 으로 정의하자. 그러면 $f(x)$는 닫힌 구간 $[0, 1]$ 에서 연속이므로
(논제1)에 의해서

$$\frac{1}{1-0}\int_0^1 f(x)\, dx = f(c)$$

를 만족하는 $c \in (0, 1)$가 적어도 하나는 존재한다. 위 식의 좌변은

$$\int_0^1 f(x)dx = \frac{a_0}{1} + \frac{a_1}{3} + \frac{a_2}{5} + \cdots + \frac{a_n}{2n+1} = 0$$

이므로, $f(c) = 0$을 만족하는 c가 열린 구간 $(0, 1)$ 에 적어도 하나는 존재한다. 또한 $f(c) = f(-c)$이므로 c가 근이면 $-c$ 역시 근이다. 위에서 $c \in (0, 1)$이므로, $c \neq 0$이고 $c \neq -c$이다. (사실, $f(0) = a_0 \neq 0$ 이므로 0은 근이 될 수 없다.)

따라서 방정식 $a_0 + a_1 x^2 + a_2 x^4 + \cdots + a_n x^{2n} = 0$의 실근은 적어도 두 개다.

[문제]

(논제1)

$f(x) = \int_0^x \dfrac{4\pi}{t^2 + \pi^2} dt$ 에 대하여 $f(\pi) = \int_0^\pi \dfrac{4\pi}{t^2 + \pi^2} dt$ 가 된다.

$t = \pi\tan\theta \left(-\dfrac{\pi}{2} < \theta < \dfrac{\pi}{2}\right)$ 라 하면, $dt = \dfrac{\pi}{\cos^2\theta} d\theta = \pi(1 + \tan^2\theta)d\theta$ 이고

$f(x) = \int_0^{\frac{\pi}{4}} \dfrac{4\pi}{\pi^2(\tan^2\theta + 1)} \cdot \pi(1 + \tan^2\theta)d\theta = 4\int_0^{\frac{\pi}{4}} d\theta = 4 \cdot \dfrac{\pi}{4} = \pi$

또한, $f'(x) = \dfrac{4\pi}{x^2 + \pi^2}$ 이고 $x \geq \pi$ 일 때 $x^2 + \pi^2 \geq 2\pi^2$ 이 되어

$0 < \dfrac{1}{x^2 + \pi^2} \leq \dfrac{1}{2\pi^2}$, $0 < f'(x) \leq \dfrac{1}{2\pi^2} \cdot 4\pi = \dfrac{2}{\pi}$

(논제2)

수열 $\{a_n\}$ 은 $a_1 = c \geq \pi$, $a_{n+1} = f(a_n)$ 을 만족하므로 모든 자연수 n 에 대하여

$a_n \geq \pi$ 가 성립함을 수학적 귀납법을 이용하여 증명한다.

(i) $n = 1$ 일 때, $a_1 = c \geq \pi$ 가 성립한다.

(ii) $n = k$ 일 때, $a_k \geq \pi$ 가 성립한다고 가정하면

(논제1)에서 $\pi = f(\pi)$ 이고 $f'(x) > 0$ 이므로 $f(x)$ 는 단조증가한다.

$a_{k+1} - \pi = f(a_k) - f(\pi) \geq 0$

따라서 $a_{k+1} \geq \pi$ 이므로 $n = k+1$ 에서도 성립한다.

(i), (ii)에서 모든 자연수 n 에 대하여 $a_n \geq \pi$ 가 성립한다.

(논제3)

우선 $a_n = \pi$ 라 하면 $a_{n+1} = f(\pi) = \pi$ 가 되어 $|a_{n+1} - \pi| \leq \dfrac{2}{\pi}|a_n - \pi|$ 이 성립한다.

다음으로 $a_n > \pi$ 라 하면 평균값의 정리에 의하여

$f(a_n) - f(\pi) = f'(b_n)(a_n - \pi)$ $(\pi < b_n < a_n)$

그러면 $a_{n+1} - \pi = f(a_n) - f(\pi)$ 가 되므로

$|a_{n+1} - \pi| = |f(a_n) - f(\pi)| = |f'(b_n)||a_n - \pi|$ $(\pi < b_n < a_n)$

여기서 (논제1)에서 $0 < f'(b_n) \leq \dfrac{2}{\pi}$ 이므로 $|f'(b_n)||a_n - \pi| \leq \dfrac{2}{\pi}|a_n - \pi|$ 가 되어

$|a_{n+1} - \pi| \leq \dfrac{2}{\pi}|a_n - \pi|$

이상에서 모든 자연수 n에 대하여 $|a_{n+1} - \pi| \leq \dfrac{2}{\pi}|a_n - \pi|$이 성립하므로

$$|a_n - \pi| \leq |a_1 - \pi|\left(\dfrac{2}{\pi}\right)^{n-1} = (c - \pi)\left(\dfrac{2}{\pi}\right)^{n-1}$$

그러면 $n \to \infty$일 때 $(c - \pi)\left(\dfrac{2}{\pi}\right)^{n-1} \to 0$이 되므로 $\displaystyle\lim_{n \to \infty}|a_n - \pi| = 0$이 되어

$$\therefore \lim_{n \to \infty} a_n = \pi$$

10장. 점화식과 미분

[문제1]

(논제1)

$f(x) = x^3 - 3x$, $f'(x) = 3x^2 - 3$이므로 $(a_{n-1}, f(a_{n-1}))$에서의 접선의 방정식은

$y - (a_{n-1}^3 - 3a_{n-1}) = 3(a_{n-1}^2 - 1)(x - a_{n-1})$

$\therefore y = 3(a_{n-1}^2 - 1)x - 2a_{n-1}^3$

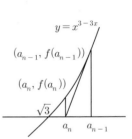

이것은 $(a_n, 0)$을 지나므로 $3(a_{n-1}^2 - 1)a_n - 2a_{n-1}^3 = 0$

만약 $a_{n-1}^2 = 1$이라면 $a_{n-1} = \pm 1$로 되어서 위의 식에 어긋난다.

$\therefore a_{n-1}^2 \neq 1$ $\therefore a_n = \dfrac{2a_{n-1}^3}{3(a_{n-1}^2 - 1)}$

(논제2)

먼저, $a_n > \sqrt{3}$ $(n = 0, 1, 2, \cdots)$ 을 수학적 귀납법으로 보인다.

$n = 0$일 때, $a_0 > 3 > \sqrt{3}$에서 성립

$n = k$일 때, $a_k > \sqrt{3}$이 성립한다고 한다.

$n = k + 1$일 때, (논제1)에서

$a_{k+1} - \sqrt{3} = \dfrac{2a_k^3}{3(a_k^2 - 1)} - \sqrt{3} = \dfrac{2a_k^3 - 3\sqrt{3}\,a_k^2 + 3\sqrt{3}}{3(a_k^2 - 1)} = \dfrac{(a_k - \sqrt{3})^2(2a_k + \sqrt{3})}{3(a_k^2 - 1)} > 0$

이므로 $n = k + 1$일 때도 성립한다.

$\therefore a_n > \sqrt{3}$ $(n = 0, 1, 2, \cdots)$

따라서

$a_{n-1} - a_n = a_{n-1} - \dfrac{2a_{n-1}^3}{3(a_{n-1}^2 - 1)} = \dfrac{a_{n-1}(a_{n-1}^2 - 3)}{3(a_{n-1}^2 - 1)} > 0$

$\therefore a_n > \sqrt{3}$ $(n = 0, 1, 2, \cdots)$

(논제3)

수열 $\{a_n\}$은 (논제2)에서 단조감소이고 아래로 유계이므로 극한값이 존재한다.

그것을 α라고 하면 (논제1)에서

$$\alpha = \frac{2\alpha^3}{3(\alpha^2 - 1)} \quad (\alpha \geq \sqrt{3})$$

$$\therefore \alpha(\alpha^2 - 3) = 0, \ \alpha \geq \sqrt{3} \text{에서 } \alpha = \sqrt{3}$$

$$\lim_{n \to \infty} a_n = \sqrt{3}$$

[문제2]

(논제1)

점 $Q_0(3, P(3))$에서 그래프의 접선의 방정식은 $y - P(3) = P'(3)(x - 3)$이므로

$-5 = 6(a_1 - 3)$이고 $a_1 = \dfrac{13}{6}$이다. $Q_n(a_n, P(a_n))$에서 그래프의 접선의 방정식은

$y - P(a_n) = P'(a_n)(x - a_n)$이므로 $-P(a_n) = P'(a_n)(a_{n+1} - a_n)$이고 $a_{n+1} = a_n - \dfrac{P(a_n)}{P'(a_n)}$이다.

(논제2)

$$a_{n+1} = a_n - \frac{P(a_n)}{P'(a_n)} = a_n - \frac{a_n^2 - 4}{2a_n} = \frac{1}{2}\left(a_n + \frac{4}{a_n}\right)$$이다.

1) 모든 자연수 n에 대하여 $a_n > 2$임을 수학적 귀납법으로 보이자.

(i) $a_1 = \dfrac{13}{6} > 2$가 성립한다.

(ii) $n = k$일 때, $a_k > 2$가 성립한다고 가정하자.

$n = k+1$일 때, $a_{k+1} = \dfrac{1}{2}\left(a_k + \dfrac{4}{a_k}\right) > \dfrac{1}{2} \cdot 2\sqrt{a_k \cdot \dfrac{4}{a_k}} = 2$가 성립한다.

따라서 수학적 귀납법에 의하여 $a_n > 2$이 성립한다.

2) $a_{n+1} = a_n - \dfrac{a_n^2 - 4}{2a_n}$이고 $a_n > 2$, $a_n^2 > 4$이므로 $a_{n+1} < a_n$이 성립한다.

(논제3)

$P(0) = -4$, $P(3) = 5$이므로 중간값 정리에 의하여 $P(c) = 0$인 $c \in (0, 3)$가 존재한다.

그런데 $P'(x) = 2x$이므로 $x \in (0, 3)$에 대하여 $P'(x) > 0$이므로 제시문 (나)에 의하여

$y, z \in (0, 3) \, (y < z)$이면 $P(y) < P(z)$이다. 그러므로 $P(c) = 0$인 $c \in (0, 3)$는 유일하다.

(논제2)의 결과와 제시문 (다)에 의하여 $\lim\limits_{n \to \infty} a_n = a$가 존재하며 $2 \leq a < 3$이 성립한다.

제시문 (라)와 연속인 함수의 성질에 의하여 $a_{n+1} = a_n - \dfrac{P(a_n)}{P'(a_n)}$에서 극한을 취하면

$a = \lim\limits_{n \to \infty} a_{n+1} = \lim\limits_{n \to \infty}\left(a_n - \dfrac{P(a_n)}{P'(a_n)}\right) = a - \dfrac{P(a)}{P'(a)}$가 성립한다. 따라서 $P(a) = 0$이다.

[문제]

(논제1) $f(x)=(2x-1)^3$에 대하여 $f'(x)=6(2x-1)^2$이므로

점 $(t, f(t))$에서 곡선 $y=f(x)$접선의 방정식은

$y-(2t-1)^3=6(2t-1)^2(x-t)$

$y=6(2t-1)^2x-6t(2t-1)^2+(2t-1)^3$

$\quad=6(2t-1)^2x-(2t-1)^2(4t+1)$ …… ①

$t\neq\dfrac{1}{2}$이므로, ①의 x축과 교점의 x좌표는

$6(2t-1)^2x-(2t-1)^2(4t+1)=0$

따라서 $6x-(4t+1)=0$이므로 $x=\dfrac{2}{3}t+\dfrac{1}{6}$이 된다.

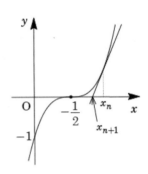

(논제2)

(논제1)에서 수열 $\{x_n\}$은 $x_1=2$, $x_{n+1}=\dfrac{2}{3}x_n+\dfrac{1}{6}$ …… ②로 정의된다.

②의 식을 변형하면 $x_{n+1}-\dfrac{1}{2}=\dfrac{2}{3}\left(x_n-\dfrac{1}{2}\right)$이므로

$x_n-\dfrac{1}{2}=\left(x_1-\dfrac{1}{2}\right)\left(\dfrac{2}{3}\right)^{n-1}=\left(2-\dfrac{1}{2}\right)\left(\dfrac{2}{3}\right)^{n-1}=\left(\dfrac{2}{3}\right)^{n-2}$

따라서 $x_n-\dfrac{1}{2}>0$이므로 $x_n>\dfrac{1}{2}$이 되고, $x_n=\dfrac{1}{2}+\left(\dfrac{2}{3}\right)^{n-2}$이다.

(논제3)

(논제2)에서

$|x_{n+1}-x_n|=\left|\dfrac{1}{2}+\left(\dfrac{2}{3}\right)^{n-1}-\dfrac{1}{2}-\left(\dfrac{2}{3}\right)^{n-2}\right|=\left(\dfrac{2}{3}\right)^{n-1}\left|1-\dfrac{3}{2}\right|=\dfrac{1}{2}\left(\dfrac{2}{3}\right)^{n-1}$

조건에서 $\dfrac{1}{2}\left(\dfrac{2}{3}\right)^{n-1}<\dfrac{3}{4}\times10^{-5}$이므로 $\left(\dfrac{2}{3}\right)^{n-1}<\dfrac{3}{2}\times10^{-5}$가 된다. 양변에 로그를 취하면

$(n-1)(\log 2-\log 3)<\log 3-\log 2-5$

$n-1>\dfrac{\log 3-\log 2-5}{\log 2-\log 3}=-1+\dfrac{5}{\log 3-\log 2}$

따라서 $n>\dfrac{5}{\log 3-\log 2}$ …… ③

조건에서 $0.301<\log 2<0.302$, $0.477<\log 3<0.478$이므로

$0.175<\log 3-\log 2<0.177$

따라서 $28.2<\dfrac{5}{\log 3-\log 2}<28.6$이 되므로 ③을 만족하는 최소의 자연수 n은 29이다.

11장. 트로코이드, 사이클로이드와 매개변수

[문제1]

(논제1)

다음의 그림에서 호 PB의 길이와 선분 OB의 길이는 같다.

$OB = \overset{\frown}{PB} = \theta$

$\therefore \overrightarrow{OA} = (\theta, 1)$

한편, θ의 크기에 관계없이 $\overrightarrow{AQ} = (-a\sin\theta, -a\cos\theta)$ 이다.

$\therefore \overrightarrow{OQ} = \overrightarrow{OA} + \overrightarrow{AQ} = (\theta - a\sin\theta, 1 - a\cos\theta)$

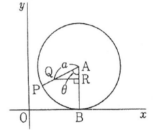

따라서 점 Q의 좌표를 (x, y)로 하면

$$\begin{cases} x = \theta - a\sin\theta \\ y = 1 - a\cos\theta \end{cases}$$

이때 $\dfrac{dx}{d\theta} = 1 - a\cos\theta, \ \dfrac{dy}{d\theta} = a\sin\theta$

따라서 $\dfrac{dy}{dx} = \dfrac{\dfrac{dy}{d\theta}}{\dfrac{dx}{d\theta}} = \dfrac{a\sin\theta}{1 - a\cos\theta}$

(논제2)

$0 < a < 1$이므로 $1 - a\cos\theta > 0$

따라서 $\dfrac{dy}{dx}$의 부호는 $\sin\theta$의 부호로 정해진다.

$0 < \theta < \pi, \ 2\pi < \theta < 3\pi$ 즉 $0 < x < \pi, \ 2\pi < x < 3\pi$일 때 $\dfrac{dy}{dx} > 0$

$\pi < \theta < 2\pi, \ 3\pi < \theta < 4\pi$ 즉 $\pi < x < 2\pi, \ 3\pi < x < 4\pi$일 때 $\dfrac{dy}{dx} < 0$

$y = f(x)$의 증감표와 그래프는 다음과 같이 된다.

x	0	$\cdots$	π	$\cdots$	2π	$\cdots$	3π	$\cdots$	4π
y'	0	+	0	−	0	+	0	−	0
y	$1-a$	↗	$1+a$	↘	$1-a$	↗	$1+a$	↘	$1-a$

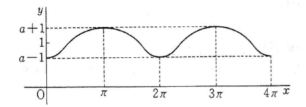

(논제3)

구하는 넓이를 S로 하면

$$S= \int_0^{2\pi} y\,dx$$

여기서 $x=\theta-a\sin\theta$, $y=1-a\cos\theta$에서 $dx=(1-a\cos\theta)d\theta$이고 x가 $0\to2\pi$일 때 θ는 $0\to2\pi$이다. 따라서

$$S= \int_0^{2\pi}(1-a\cos\theta)(1-a\cos\theta)d\theta = \int_0^{2\pi}\left(1-2a\cos\theta+a^2\cos^2\theta\right)d\theta$$

$$= \int_0^{2\pi}\left\{1-2a\cos\theta+\frac{a^2}{2}(1+\cos2\theta)\right\}d\theta = \left[\left(1+\frac{a^2}{2}\right)\theta-2a\cos\theta+\frac{a^2}{4}\sin2\theta\right]_0^{2\pi}$$

$$= \left(1+\frac{a^2}{2}\right)\cdot2\pi = (a^2+2)\pi$$

[문제2]

(논제1)

처음의 원의 중심을 $A(0,\ a)$로 한다. 원 A를 중심각 θ까지 회전했을 때, 원 A 위의 점 A, P, O 가 옮긴 점을 각각 A', P', O'로 하여 원 A'와 x축과의 접점을 T로 하면, 미끄러지지 않고 회전했으므로

$$OT= \overset{\frown}{O'T}= a\theta$$

이다. 한편, 벡터 $\overrightarrow{A'P'}$는

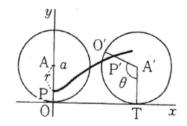

$$\overrightarrow{A'P'}= \left(r\cos\left(-\frac{\pi}{2}-\theta\right),\ r\sin\left(-\frac{\pi}{2}-\theta\right)\right)=(-r\sin\theta,\ -r\cos\theta)$$

이다. 한편, 벡터 $\overrightarrow{OA'}=(a\theta,\ a)$이므로

$$\overrightarrow{OP'}= \overrightarrow{OA'}+\overrightarrow{A'P'}$$

$$= (a\theta-r\sin\theta,\ a-r\cos\theta)$$

$$\therefore \begin{cases} x = a\theta - r\sin\theta \\ y = a - r\cos\theta \end{cases}$$

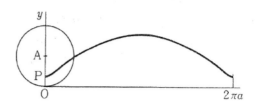

(논제2)

구하는 넓이를 S로 놓으면 $S = \displaystyle\int_0^{2\pi a} y\,dx$ 이다.

(논제1)에서 $dx = (a - r\cos\theta)\,d\theta$ 이고 x가 $0 \to 2\pi a$일 때 θ는 $0 \to 2\pi$가 된다.

$$S = \int_0^{2\pi a} y\,dx = \int_0^{2\pi} (a - r\cos\theta)^2 d\theta = \int_0^{2\pi} \left(a^2 - 2ar\cos\theta + r^2\cos^2\theta\right)d\theta$$

여기서 $\displaystyle\int_0^{2\pi}\cos\theta\,d\theta = 0$, $\displaystyle\int_0^{2\pi}\cos^2\theta\,d\theta = \int_0^{2\pi}\frac{1+\cos2\theta}{2}d\theta = \frac{1}{2}\left[\theta + \frac{\sin2\theta}{2}\right]_0^{2\pi} = \pi$ 이므로

$$S = 2\pi a^2 + \pi r^2 = \left(2a^2 + r^2\right)\pi$$

설명

직선에 접하는 원이 미끄러지지 않고 구를 때, 반지름의 끝점, (원 주위의 점)이 그리는 곡선을 사이클로이드(cycloid)라 한다. 이것에 대하여 원둘레 위에 없는 점이나, 반지름의 연장 위의 점이 그리는 곡선을 트로코이드(trochoid)라 한다.

[문제3]

(논제1)

매개변수 미분법을 활용하면

$x = a(\theta - \sin\theta)$, $y = a(1 - \cos)$ 에서 $\dfrac{dx}{d\theta} = a(1 - \cos\theta)$, $\dfrac{dy}{d\theta} = a\sin\theta$

$$\frac{dy}{dx} = \frac{dy}{d\theta} \cdot \frac{d\theta}{dx} = \frac{\sin\theta}{1 - \cos\theta}$$

$$\frac{d^2y}{dx^2} = \frac{d}{d\theta}\left(\frac{dy}{dx}\right)\frac{d\theta}{dx} = \frac{\cos\theta(1-\cos\theta) - \sin^2\theta}{(1-\cos\theta)^2} \cdot \frac{1}{a(1-\cos\theta)}$$

$$= \frac{\cos\theta - 1}{a(1-\cos\theta)^3} = -\frac{1}{a(1-\cos\theta)^2} < 0 \ (\because \text{조건에서 } a > 0 \text{이고 } (1-\cos\theta)^2 > 0)$$

(논제2)

한 개의 반원형은 매개변수 구간 $0 \le \theta \le 2\pi$에서 그려진다.

$$S = \int_0^{2\pi a} y\,dx = \int_0^{2\pi} a(1 - \cos\theta)a(1 - \cos\theta)\,d\theta$$

$$= a^2 \int_0^{2\pi}\left(1 - 2\cos\theta + \frac{1 + \cos2\theta}{2}\right)d\theta$$

$$= a^2 \left[\frac{3}{2}\theta - 2\sin\theta + \frac{1}{4}\sin 2\theta \right]_0^{2\pi} = 3\pi a^2$$

(논제3)

한 개의 반원형은 매개변수 구간 $0 \le \theta \le 2\pi$에서 그려진다.

$\dfrac{dx}{d\theta} = a(1-\cos\theta)$이고 $\dfrac{dy}{d\theta} = a\sin\theta$ 이므로

$$L = \int_0^{2\pi} \sqrt{\left(\frac{dx}{d\theta}\right)^2 + \left(\frac{dy}{d\theta}\right)^2}\, d\theta$$

$$= \int_0^{2\pi} \sqrt{a^2(1-\cos\theta)^2 + a^2\sin^2\theta}\, d\theta$$

$$= \int_0^{2\pi} \sqrt{a^2(1-2\cos\theta + \cos^2\theta + \sin^2\theta)}\, d\theta$$

$$= a\int_0^{2\pi} \sqrt{2(1-\cos\theta)}\, d\theta = a\int_0^{2\pi} \sqrt{2\times 2\sin^2\frac{\theta}{2}}\, d\theta$$

$$= 2a\int_0^{2\pi} \sin\frac{\theta}{2}\, d\theta = 2a\left[-2\cos\frac{\theta}{2} \right]_0^{2\pi}$$

$$= 2a \times 4 = 8a$$

(논제4)

한 개의 반원형은 매개변수 구간 $0 \le \theta \le 2\pi$에서 그려진다.

$$V = \pi\int_0^{2\pi a} y^2\, dx = \pi\int_0^{2\pi} a^2(1-\cos\theta)^2 a(1-\cos\theta)\, d\theta$$

$$= \pi a^3 \int_0^{2\pi} (1-\cos\theta)^3\, d\theta = \pi a^3 \int_0^{2\pi} (1 - 3\cos\theta + 3\cos^2\theta - \cos^3\theta)\, d\theta$$

$$= \pi a^3 \int_0^{2\pi} \left\{ 1 - 3\cos\theta + \frac{3}{2}(1+\cos 2\theta) - \frac{3\cos\theta + \cos 3\theta}{4} \right\} d\theta$$

$$= \pi a^3 \left[\frac{5}{2}\theta - \frac{15}{4}\sin\theta + \frac{3}{4}\sin 2\theta + \frac{1}{12}\sin^2\theta \right]_0^{2\pi} = 5\pi^2 a^3$$

(논제5)

$\dfrac{dx}{d\theta} = a(1-\cos\theta)$, $\dfrac{dy}{d\theta} = a\sin\theta$이고 $y = a(1-\cos\theta) = 2a\sin^2\dfrac{\theta}{2}$ 이다.

구하는 겉넓이 S는 θ에서 π까지 변할 때의 회전체의 겉넓이의 2배 이므로

$$S = 4\pi\int_0^{\pi} y\sqrt{\left(\frac{dx}{d\theta}\right)^2 + \left(\frac{dy}{d\theta}\right)^2}\, d\theta$$

$$= 4\pi\int_0^{\pi} 2a\sin^2\frac{\theta}{2}\sqrt{a^2(1-\cos\theta)^2 + a^2\sin^2\theta}\, d\theta$$

$$= 4\pi \int_0^\pi 2a\sin^2\frac{\theta}{2} \cdot 2a\sin\frac{\theta}{2}\,d\theta$$

$$= 16a^2\pi \int_0^\pi \sin^3\frac{\theta}{2}\,d\theta$$

$$= 16\pi a^2 \int_0^\pi \frac{3\sin\frac{\theta}{2} - \sin\frac{3}{2}\theta}{4}\,d\theta$$

$$= 4\pi a^2 \left[-6\cos\frac{\theta}{2} + \frac{2}{3}\cos\frac{3}{2}\theta \right]_0^\pi$$

$$= \frac{64}{3}\pi a^2$$

[문제4]

(논제1)

조건에서 점 $P(x, y)$는

$x = a(t - \sin t)$ ····· ①

$y = a(1 - \cos t)$ ····· ②

또한, 원의 중심 C의 좌표는 $C(at, a)$이므로

선분 PQ의 중점을 C라 하면 점 Q는 ①, ②에서

$x = 2at - a(t - \sin t) = a(t + \sin t)$ ····· ③

$y = 2a - a(1 - \cos t) = a(1 + \cos t)$ ····· ④

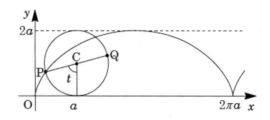

(논제2)

①, ②에서 $\overrightarrow{v_P} = \left(\dfrac{dx}{dt}, \dfrac{dy}{dt} \right) = (a(1 - \cos t),\ a\sin t)$이므로

$|\overrightarrow{v_P}|^2 = a^2(1 - \cos t)^2 + a^2\sin^2 t = a^2(2 - 2\cos t) = 2a^2(1 - \cos t)$

그러면 $0 \le t \le 2\pi$에서 $|\overrightarrow{v_P}|$의 최댓값은 $\sqrt{2a^2(1 + 1)} = 2a$이고, 이때 $\cos t = -1$이므로

$t = \pi$가 되므로 $P(\pi a,\ 2a)$가 된다.

또한, $|\overrightarrow{v_P}|$의 최솟값은 $\sqrt{2a^2(1 - 1)} = 0$이고, 이때 $\cos t = 1$이므로 $t = 0,\ 2\pi$가 되므로

$P(0,\ 0),\ P(2\pi a,\ 0)$가 된다.

(논제3)

③, ④에서 $\overrightarrow{v_Q} = \left(\dfrac{dx}{dt}, \dfrac{dy}{dt} \right) = (a(1 + \cos t),\ -a\sin t)$이므로

$\overrightarrow{v_P} \cdot \overrightarrow{v_Q} = a^2(1 - \cos t)(1 + \cos t) - a^2\sin^2 t = a^2\{(1 - \cos^2 t) - \sin^2 t\} = 0$

(논제4)

조건에서 $L_P = \int_{\frac{\pi}{2}}^{\frac{3\pi}{2}} |\overrightarrow{v_P}| dt$, $L_Q = \int_{\frac{\pi}{2}}^{\frac{3\pi}{2}} |\overrightarrow{v_Q}| dt$ 라 하면

$$L_P = \sqrt{2}\,a \int_{\frac{\pi}{2}}^{\frac{3\pi}{2}} \sqrt{1-\cos t}\, dt = 2a \int_{\frac{\pi}{2}}^{\frac{3\pi}{2}} \sqrt{\sin^2 \frac{t}{2}}\, dt = 2a \int_{\frac{\pi}{2}}^{\frac{3\pi}{2}} \left|\sin \frac{t}{2}\right| dt$$

$$= 2a \int_{\frac{\pi}{2}}^{\frac{3\pi}{2}} \sin \frac{t}{2}\, dt = -4a\left[\cos \frac{t}{2}\right]_{\frac{\pi}{2}}^{\frac{3\pi}{2}} = -4a\left(-\frac{\sqrt{2}}{2}-\frac{\sqrt{2}}{2}\right) = 4\sqrt{2}\,a$$

또한, $|\overrightarrow{v_Q}|^2 = a^2(1+\cos t)^2 + a^2 \sin^2 t = 2a^2(1+\cos t) = 4a^2 \cos^2 \frac{t}{2}$ 에서

$$L_Q = 2a \int_{\frac{\pi}{2}}^{\frac{3\pi}{2}} \sqrt{\cos^2 \frac{t}{2}}\, dt = 2a \int_{\frac{\pi}{2}}^{\frac{3\pi}{2}} \left|\cos \frac{t}{2}\right| dt = 2a \int_{\frac{\pi}{2}}^{\pi} \cos \frac{t}{2}\, dt + 2a \int_{\pi}^{\frac{3\pi}{2}} -\cos \frac{t}{2}\, dt$$

$$= 4a\left[\sin \frac{t}{2}\right]_{\frac{\pi}{2}}^{\pi} - 4a\left[\sin \frac{t}{2}\right]_{\pi}^{\frac{3\pi}{2}} = 4a\left(1-\frac{\sqrt{2}}{2}\right) - 4a\left(\frac{\sqrt{2}}{2}-1\right) = 4(2-\sqrt{2})a$$

해설

사이클로이드를 이용한 적분의 응용문제이다. 또한, 그림을 통해서 사이클로이드의 움직이는 궤적을 명확히 나타내었다.

[문제5]

(논제1)

중심이 A이고 반지름의 길이가 2인 원이 x축 위를 θ만큼 굴러가면, 원점 O에서 출발한 점 P의 위치는 문제에서 제시한 그림과 같다. 점 P의 좌표를 (x, y)라 하면

$x = \overline{OB} = \overline{OC} - \overline{BC}$

이다. 여기서 $\overline{OC}$와 $\overline{BC}$를 θ를 이용하여 나타내 보자. 원이 x축 위를 굴러가면 $\overline{OC} = \overparen{PC}$이므로 $\overline{OC} = 2\theta$ 이고, $\triangle APD$에서 $\overline{BC} = \overline{PD} = 2\sin\theta$ 이다. 따라서

$x = 2(\theta - \sin\theta)$ 이다. 또

$y = \overline{PB} = \overline{AC} - \overline{AD} = 2 - \overline{AD}$

인데, $\triangle APD$에서 $\overline{AD} = 2\cos\theta$ 이다. 따라서

$y = 2(1-\cos\theta)$ 이다.

(논제2)

$x = 2(\theta - \sin\theta)$, $y = 2(1-\cos\theta)$ $(0 \le \theta \le 2\pi)$이므로

$$\frac{dx}{d\theta} = 2(1-\cos\theta), \quad \frac{dy}{d\theta} = 2\sin\theta$$

이다. 제시문 (가)의 매개변수로 나타낸 곡선의 길이 구하는 공식에 의하여

$$l = 2\int_0^{2\pi} \sqrt{(1-\cos\theta)^2 + \sin^2\theta}\, d\theta = 2\int_0^{2\pi} \sqrt{2 - 2\cos\theta}\, d\theta$$

이다. 그런데 제시문 (나)의 삼각함수의 반각공식에 의하여 $1 - \cos\theta = 2\sin^2\dfrac{\theta}{2}$이고,

$0 \le \theta \le 2\pi$에서 $\sin\dfrac{\theta}{2} \ge 0$이므로

$$l = 4\int_0^{2\pi} \sin\frac{\theta}{2}\, d\theta = 4\left[-2\cos\frac{\theta}{2}\right]_0^{2\pi} = 16 \text{ 이다.}$$

(논제3)

사이클로이드의 방정식과 치환적분법에 의하여

$$m_k = 8\int_{2(k-1)\pi}^{2k\pi} (\theta - \sin\theta)(1-\cos\theta)^2 d\theta$$

이다. 부분적분법에 의하여

$$\int_{2(k-1)\pi}^{2k\pi} \theta(1-\cos\theta)^2 d\theta = \left[\frac{3}{4}\theta^2 - 2\theta\sin\theta + \frac{1}{4}\theta\sin 2\theta - 2\cos\theta + \frac{1}{8}\cos 2\theta\right]_{2(k-1)\pi}^{2k\pi} = 3\pi^2(2k-1)$$

이고

$$\int_{2(k-1)\pi}^{2k\pi} \sin\theta(1-\cos\theta)^2 d\theta = \left[\frac{1}{3}(1-\cos\theta)^3\right]_{2(k-1)\pi}^{2k\pi} = 0 \text{ 이므로}$$

$$m_k = 24\pi^2(2k-1)$$

이다. 그런데 $\displaystyle\sum_{k=1}^{n} k = \frac{n(n+1)}{2}$ 이고 $\displaystyle\sum_{k=1}^{n} k^2 = \frac{n(n+1)(2n+1)}{6}$ 이므로

$$\sum_{k=1}^{n} k m_k = \sum_{k=1}^{n} 24\pi^2(2k^2 - k) = 24\pi^2\left(\frac{n(n+1)(2n+1)}{3} - \frac{n(n+1)}{2}\right) = 4\pi^2 n(n+1)(4n-1)$$

이다. 따라서

$$\lim_{n\to\infty} \frac{1}{n^3}\sum_{k=1}^{n} k m_k = \lim_{n\to\infty} \frac{1}{n^3} 4\pi^2 n(n+1)(4n-1) = 16\pi^2 \text{ 이다.}$$

[문제6]

(논제1)

원 A의 중심을 O, 원 B의 중심을 O'로 한다.

이제 x축과 직선 OO'가 이루는 각을 θ로 하면

$$\overrightarrow{OO'} = (3\cos\theta,\, 3\sin\theta)$$

로 나타내어진다. 또한, 원 B의 반지름은 A의 반지름의 $\dfrac{1}{2}$이므로

$\angle OO'P = 2\theta$ 가 된다.

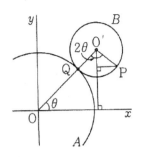

$\overrightarrow{O'P}$가 x축과 이루는 각은 $(\theta - \pi) + 2\theta = 3\theta - \pi$이므로

$\overrightarrow{O'P} = (\cos(3\theta - \pi),\ \sin(3\theta - \pi)) = -(\cos 3\theta,\ \sin 3\theta)$

$\therefore\ \overrightarrow{OP} = \overrightarrow{OO'} + \overrightarrow{O'P} = (3\cos\theta - \cos 3\theta,\ 3\sin\theta - \sin 3\theta)$

따라서 P의 좌표 $(x,\ y)$는 $x = 3\cos\theta - \cos 3\theta,\ y = 3\sin\theta - \sin 3\theta$

$x = 3\cos\theta - (4\cos^3\theta - 3\cos\theta) = -4\cos^3\theta + 6\cos\theta$

$t = \cos\theta$로 놓으면 $x = -4t^3 + 6t$이 된다.

$x' = -12t^2 + 6 = -12\left(t + \dfrac{1}{\sqrt{2}}\right)\left(t - \dfrac{1}{\sqrt{2}}\right)$

가 되고, $x = -4t^3 + 6t\,(-1 \le t \le 1)$의 증감표는 아래와 같이 된다.

t	-1	$\cdots$	$-\dfrac{1}{\sqrt{2}}$	$\cdots$	$\dfrac{1}{\sqrt{2}}$	$\cdots$	1
x'		$-$	0	$+$	0	$-$	
x	-2	$\searrow$	$-2\sqrt{2}$	$\nearrow$	$2\sqrt{2}$	$\searrow$	2

따라서 C위의 최대가 되는 x좌표는 $\theta = \dfrac{\pi}{4},\ \dfrac{7\pi}{4}$에서 $y = \pm\sqrt{2}$ 이다.

따라서 그 점의 좌표는 $\left(2\sqrt{2},\ \pm\sqrt{2}\right)$

(논제2)

곡선 C의 길이 l은 $l = \displaystyle\int_0^{2\pi} \sqrt{\left(\dfrac{dx}{d\theta}\right)^2 + \left(\dfrac{dy}{d\theta}\right)^2}\,d\theta$ 이다.

여기서 $\dfrac{dx}{d\theta} = -3\sin\theta + 3\sin 3\theta,\ \dfrac{dy}{d\theta} = 3\cos\theta - 3\cos 3\theta$이므로

$l = \displaystyle\int_0^{2\pi} \sqrt{(-3\sin\theta + 3\sin 3\theta)^2 + (3\cos\theta - 3\cos 3\theta)^2}\,d\theta$

$= 3\displaystyle\int_0^{2\pi} \sqrt{2 - 2(\sin\theta\sin 3\theta + \cos\theta\cos 3\theta)}\,d\theta$

$= 3\sqrt{2}\displaystyle\int_0^{2\pi} \sqrt{1 - \cos 2\theta}\,d\theta = 6\displaystyle\int_0^{2\pi} |\sin\theta|\,d\theta = 2 \times 6\displaystyle\int_0^{\pi} \sin\theta\,d\theta$

$= 6 \times 2\left[-\cos\theta\right]_0^{\pi} = 24$

 해설

외접원이 구를 때, 원둘레 위의 한 점이 그리는 자취를 에피사이클로이드라 한다.

[문제7]

(논제1)

곡선 $x(\theta)=2\cos\theta-\cos 2\theta$, $y(\theta)=2\sin\theta-\sin 2\theta$이 점 $\left(0,\ \dfrac{3^{1/4}(1+\sqrt{3})}{\sqrt{2}}\right)$을 지난다.

그래서 $0=2\cos\theta-\cos 2\theta=2\cos\theta-2\cos^2\theta+1$이고 $\cos\theta=\dfrac{1\pm\sqrt{3}}{2}$이다. 그런데

점 $\left(0,\ \dfrac{3^{1/4}(1+\sqrt{3})}{\sqrt{2}}\right)$을 지날 때, 점 P가 2사분면 위의 점이므로 $\cos\theta=\dfrac{1-\sqrt{3}}{2}$이다.

$\cos^2\theta+\sin^2\theta=1$이므로 $\sin\theta=\dfrac{3^{1/4}}{\sqrt{2}}$이다. 이를 미분하면

$x'(\theta)=-2\sin\theta+2\sin 2\theta=-2\sin\theta(1-2\cos\theta)=-\sqrt{2}\cdot 3^{3/4}$

$y'(\theta)=2\cos\theta-2\cos 2\theta=2\cos\theta-2(1-2\sin^2\theta)=\sqrt{3}-1$

이므로 기울기 $m=\dfrac{y'(\theta)}{x'(\theta)}=\dfrac{1-\sqrt{3}}{2\cdot 3^{3/4}}$이다. 따라서 답은 $3^{3/4}\sqrt{2}\,m=1-\sqrt{3}$이다.

(논제2)

먼저 주어진 조건으로부터 $\overrightarrow{OP}=((R+r)\cos\theta,\ (R+r)\sin\theta)=(4r\cos\theta,\ 4r\sin\theta)$를 구한다.

또한, $\overrightarrow{OP}$가 θ만큼 회전하면, 작은 원은 $\dfrac{R\theta}{r}$만큼 회전한다. 또한, $\overrightarrow{PM}$의 위치벡터가 양의

x축과 이루는 각을 구하면 $\pi+\dfrac{(R+r)\theta}{r}=\pi+4\theta$이다.

이것을 이용하면 $\overrightarrow{PM}=(r\cos(\pi+4\theta),\ r\sin(\pi+4\theta))=(-r\cos 4\theta,\ -r\sin 4\theta)$을 구할 수 있고,

벡터의 합을 이용하여 $\overrightarrow{OM}=\overrightarrow{OP}+\overrightarrow{PM}=(4r\cos\theta-r\cos 4\theta,\ 4r\sin\theta-r\sin 4\theta)$을 구할 수 있다.

곡선의 길이는 $L=\displaystyle\int_0^{2\pi}\sqrt{x'(\theta)^2+y'(\theta)^2}\,d\theta$이다.

따라서 $x'(\theta)=-4r(\sin\theta-\sin 4\theta)$, $y'(\theta)=4r(\cos\theta-\cos 4\theta)$로부터 길이는

$L=\displaystyle\int_0^{2\pi}8r\left|\sin\left(\dfrac{3\theta}{2}\right)\right|d\theta=3\int_0^{\frac{2\pi}{3}}8r\sin\left(\dfrac{3\theta}{2}\right)d\theta$

이다. 이를 정적분하면

$L=24r\displaystyle\int_0^{\frac{2\pi}{3}}\sin\left(\dfrac{3\theta}{2}\right)d\theta=\left[-16r\cos\left(\dfrac{3\theta}{2}\right)\right]_0^{\frac{2\pi}{3}}=32r$

을 구할 수 있다.

[문제8]

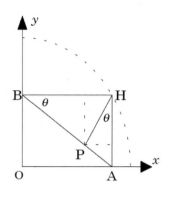

(논제1)

사각형 $OAHB$는 직사각형이므로, $AB = OH = a$

또한 $\angle ABH = \angle AHP = \theta$

따라서 $\dfrac{1}{2} \cdot AB \cdot HP = \dfrac{1}{2} \cdot AH \cdot BH$ 이므로

$a \cdot l = a\sin\theta \cdot a\cos\theta$

$l = a\sin\theta\cos\theta$

(논제2)

$OA = BH = a\cos\theta$, $OB = AH = a\sin\theta$ 이므로

$H(a\cos\theta,\ a\sin\theta)$

$x = a\cos\theta - l\sin\theta = a\cos\theta - a\sin^2\theta\cos\theta = a\cos^3\theta$

$y = a\sin\theta - l\cos\theta = a\sin\theta - a\cos^2\theta\sin\theta = a\sin^3\theta$

(논제3)

$$OP^2 = a^2\cos^6\theta + a^2\sin^6\theta = a^2(\cos^2\theta + \sin^2\theta)(\cos^4\theta - \cos^2\theta\sin^2\theta + \sin^4\theta)$$

$$= a^2(\cos^4\theta - \cos^2\theta\sin^2\theta + \sin^4\theta)$$

$$= a^2\{(\cos^2\theta + \sin^2\theta)^2 - 3\cos^2\theta\sin^2\theta\}$$

$$= a^2\left\{1 - 3\left(\frac{\sin2\theta}{2}\right)^2\right\}$$

$$= a^2\left(1 - \frac{3}{4}\sin^2 2\theta\right)$$

$0 < \theta < \dfrac{\pi}{2}$ 이므로 $2\theta = \dfrac{\pi}{2}\left(\theta = \dfrac{\pi}{4}\right)$일 때 OP^2는 최솟값 $\dfrac{1}{4}a^2$을 갖는다.

따라서 이때 OP는 최솟값 $\dfrac{1}{2}a$를 갖게 된다.

해설

점 P의 궤적은 아스테로이드의 일부가 된다. 이것을 알면 (논제3)의 결론은 쉽게 도출할 수 있다. 덧붙여, (논제3)은 미분을 이용해서도 풀 수 있긴 하지만 다소 번잡해질 가능성이 있다.

(논제1)

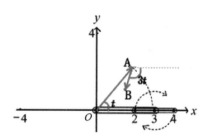

벡터를 이용하여 구하면 $\overrightarrow{OA} = (3\cos t,\ 3\sin t)$, $\overrightarrow{AB} = (\cos(-3t),\ \sin(-3t))$ 이므로

$\overrightarrow{OB} = (3\cos t + \cos 3t,\ 3\sin t - \sin 3t)$ 이다. $x = 3\cos t + \cos 3t$, $y = 3\sin t - \sin 3t$ 에서 삼각함수의 3배각공식을 이용하여 매개변수 방정식을 정리하면

$x = 4\cos^3 t,\ y = 4\sin^3 t$

이다. 위의 매개변수 방정식을 정리하면 $x^{\frac{2}{3}} + y^{\frac{2}{3}} = 4^{\frac{2}{3}}$ 을 만족한다. 따라서 매개변수 방정식의 그래프는 x축, y축, 원점에 대하여 대칭이다. 또한

$\dfrac{dx}{dt} = -12\cos^2 t \sin t,\ \dfrac{dy}{dt} = 12\sin^2 t \cos t$

이므로 $0 < t < \dfrac{\pi}{2}$ 에서 $\dfrac{dy}{dx} = -\tan t < 0$ 이다.

$(4,\ 0)$, $(0,\ 4)$를 지나고 $x + y = 4(\cos^3 t + \sin^3 t) \le 4$ 이므로 그래프는 제 1사분면 $\left(0 < t < \dfrac{\pi}{2}\right)$

에서 아래로 볼록하며 감소한다. 그러므로 매개변수 방정식의 그래프는 다음 그림과 같다.

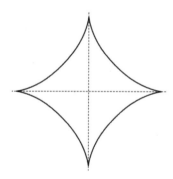

(논제2)

① 속력이 0인 시각

스크램블러에 타고 있는 사람의 속도 $\vec{v}$ 는

$\vec{v} = \left(\dfrac{dx}{dt},\ \dfrac{dy}{dt}\right) = (-12\cos^2 t \sin t,\ 12\sin^2 t \cos t)$ 이고 속력 $|\vec{v}|$ 는

$|\vec{v}| = \sqrt{\left(\dfrac{dx}{dt}\right)^2 + \left(\dfrac{dy}{dt}\right)^2} = \sqrt{12^2\cos^4 t \sin^2 t + 12^2 \sin^4 t \cos^2 t} = 12|\sin t \cos t| = 6|\sin 2t|$

이다. 속력이 0인 시각은 $\sin 2t = 0$에서 $2t = 0,\ \pi,\ 2\pi,\ 3\pi,\ 4\pi \Rightarrow t = 0,\ \dfrac{\pi}{2},\ \pi,\ \dfrac{3}{2}\pi,\ 2\pi$이다.

② 곡선의 길이

곡선의 길이는 (논제1)에 의해 1사분면에 있는 곡선의 길이를 4배하면 된다.

곡선의 길이 S는 $S = 4 \displaystyle\int_0^{\frac{\pi}{2}} \sqrt{\left(\dfrac{dx}{dt}\right)^2 + \left(\dfrac{dy}{dt}\right)^2}\, dt$에서

$$S = 4 \int_0^{\frac{\pi}{2}} \sqrt{\left(\dfrac{dx}{dt}\right)^2 + \left(\dfrac{dy}{dt}\right)^2}\, dt = 4 \int_0^{\frac{\pi}{2}} 6|\sin 2t|\, dt = 24 \int_0^{\frac{\pi}{2}} \sin 2t\, dt = 24 \text{ 이다.}$$

(논제3)

곡선으로 둘러싸인 영역의 넓이는 (논제 2)와 마찬가지로 제 1사분면에 있는 x, y축으로 둘러싸인 영역의 넓이를 4배하면 된다.

영역의 넓이 A는 $A = 4 \displaystyle\int_0^4 y\, dx$에서 $x = 4\cos^3 t$, $y = 4\sin^3 t$로 치환하면 $x = 0 \Rightarrow t = \dfrac{\pi}{2}$,

$x = 4 \Rightarrow t = 0$이고 $dx = -12\cos^2 t \sin t\, dt$이므로

$$A = 4 \int_0^4 y\, dx = 4 \int_{\frac{\pi}{2}}^0 4\sin^3 t\,(-12\cos^2 t \sin t)\, dt = 192 \int_0^{\frac{\pi}{2}} \sin^4 t \cos^2 t\, dt$$

이다. 여기서 t를 $t = \dfrac{\pi}{2} - u$로 치환하면 $A = 192 \displaystyle\int_0^{\frac{\pi}{2}} \cos^4 u \sin^2 u\, du$이다. 따라서 $2A$는

$$2A = 192 \int_0^{\frac{\pi}{2}} \sin^2 t \cos^2 t\, dt = 48 \int_0^{\frac{\pi}{2}} (\sin 2t)^2\, dt = 24 \int_0^{\frac{\pi}{2}} (1 - \cos 4t)\, dt = 24\left(\dfrac{\pi}{2} - 0\right) = 12\pi$$

이다. 그러므로 곡선으로 둘러싸인 영역의 넓이 A는 6π이다.

별해

반각공식 $\sin^2 t = \dfrac{1 - \cos 2t}{2},\ \cos^2 t = \dfrac{1 + \cos 2t}{2}$ 를 사용한다.

$$192 \int_0^{\frac{\pi}{2}} \sin^4 t \cos^2 t\, dt = 192 \int_0^{\frac{\pi}{2}} \left(\dfrac{1 - \cos 2t}{2}\right)^2 \left(\dfrac{1 + \cos 2t}{2}\right) dt = 24 \int_0^{\frac{\pi}{2}} (1 - \cos 2t)(1 - \cos^2 2t)\, dt$$

$$= 24 \int_0^{\frac{\pi}{2}} (1 - \cos 2t)\sin^2 2t\, dt = 12 \int_0^{\frac{\pi}{2}} (1 - \cos 2t)(1 - \cos 4t)\, dt$$

$$= 12 \int_0^{\frac{\pi}{2}} (1 - \cos 2t - \cos 4t + \cos 2t \cos 4t)\, dt = 12 \int_0^{\frac{\pi}{2}} \left(1 - \dfrac{1}{2}\cos 2t - \cos 4t + \dfrac{1}{2}\cos 6t\right) dt$$

$$= 12\left[t - \dfrac{1}{4}\sin 2t - \dfrac{1}{4}\sin 4t + \dfrac{1}{12}\sin 6t\right]_0^{\frac{\pi}{2}} = 6\pi$$

[문제10]

(논제1)

우선 $x = \dfrac{\cos t}{1-\sin t}$ 이므로, $\dfrac{dx}{dt} = \dfrac{-\sin t(1-\sin t) + \cos^2 t}{(1-\sin t)^2} = \dfrac{1-\sin t}{(1-\sin t)^2} = \dfrac{1}{1-\sin t}$

또한, $y = \dfrac{\sin t}{1-\cos t}$ 이므로, $\dfrac{dy}{dt} = \dfrac{\cos t(1-\cos t) - \sin^2 t}{(1-\cos t)^2} = \dfrac{\cos t - 1}{(1-\cos t)^2} = -\dfrac{1}{1-\cos t}$

따라서 $\dfrac{dy}{dx} = \dfrac{1-\sin t}{1-\cos t}$ 가 된다.

한편, $P\left(\dfrac{\cos\theta}{1-\sin\theta}, \dfrac{\sin\theta}{1-\cos\theta}\right)$ 에서 접하는 C의 접선 l의 방정식은,

$y - \dfrac{\sin\theta}{1-\cos\theta} = -\dfrac{1-\sin\theta}{1-\cos\theta}\left(x - \dfrac{\cos\theta}{1-\sin\theta}\right)$

$y = -\dfrac{1-\sin\theta}{1-\cos\theta}x + \dfrac{\sin\theta+\cos\theta}{1-\cos\theta}$ ······ ①

(논제2)

①과 y축의 교점의 y좌표는, $y = \dfrac{\sin\theta+\cos\theta}{1-\cos\theta}$ 가 된다.

또한, ①과 x축의 교점의 x좌표는, $-\dfrac{1-\sin\theta}{1-\cos\theta}x + \dfrac{\sin\theta+\cos\theta}{1-\cos\theta} = 0$, $x = \dfrac{\sin\theta+\cos\theta}{1-\sin\theta}$

그러면 C의 접선 l과 x축, y축으로 둘러싸인 삼각형의 넓이 S는,

$S = \dfrac{1}{2} \cdot \dfrac{\sin\theta+\cos\theta}{1-\sin\theta} \cdot \dfrac{\sin\theta+\cos\theta}{1-\cos\theta} = \dfrac{(\sin\theta+\cos\theta)^2}{2(1-\sin\theta-\cos\theta+\sin\theta\cos\theta)}$

이때, $\alpha = \sin\theta+\cos\theta$이면, $\alpha^2 = 1 + 2\sin\theta\cos\theta$이므로,

$2\sin\theta\cos\theta = \alpha^2 - 1$

따라서 $S = \dfrac{\alpha^2}{2-2\alpha+\alpha^2-1} = \left(\dfrac{\alpha}{\alpha-1}\right)^2$ ······ ②

(논제3)

$0 < \theta < \dfrac{\pi}{2}$ 일 때, $\alpha = \sqrt{2}\sin\left(\theta+\dfrac{\pi}{4}\right)$이므로, $1 < \alpha \leq \sqrt{2}$ 가 된다.

그러면 $\dfrac{\alpha}{\alpha-1} = 1 + \dfrac{1}{\alpha-1} \geq 1 + \dfrac{1}{\sqrt{2}-1} = 2+\sqrt{2}$ 가 되고, ②에 의해

$S \geq (2+\sqrt{2})^2 = 6 + 4\sqrt{2}$

[문제1]

(논제1)

$P(t, f(t))$에서의 접선은 $y = f'(t)(x-t) + f(t)$이므로

$y = 0$일 때, $x = t - \dfrac{f(t)}{f'(t)}$ 이고

또한, 법선은 $y = -\dfrac{1}{f'(t)}(x-t) + f(t)$이므로

$y = 0$일 때, $x = t + f(t)f'(t)$

$Q\left(t - \dfrac{f(t)}{f'(t)}, 0\right)$, $R(t + f(t)f'(t), 0)$

(논제2)

$\angle QPR = 80^\circ$ 이므로 $\triangle PQR$의 외접원의 반지름은 $\dfrac{1}{2}\overline{QR} = \dfrac{1}{2}f(t)\left(f'(t) + \dfrac{1}{f'(t)}\right)$

$\therefore S_1 = \pi\left(\dfrac{1}{2}\overline{QR}\right)^2 = \dfrac{\pi}{4}\{f(t)\}^2\left\{f'(t) + \dfrac{1}{f'(t)}\right\}^2$

또한, $S_2 = \dfrac{1}{2}\overline{QR} \cdot f(t) = \dfrac{1}{2}f(t)^2\left(f'(t) + \dfrac{1}{f'(t)}\right)$

$\therefore \dfrac{S_1}{S_2} = \dfrac{\pi}{2}\left\{f'(t) + \dfrac{1}{f'(t)}\right\}$

(논제3)

$\dfrac{S_1}{S_2} = \dfrac{\pi}{2}\left\{f'(t) + \dfrac{1}{f'(t)}\right\} = \pi t f'(t)$에서 $f'(t) + \dfrac{1}{f'(t)} = 2tf'(t)$ $\therefore (2t-1)\{f'(t)\}^2 = 1$

$\therefore f'(t) = \dfrac{1}{\sqrt{2t-1}}$ $(\because f'(t) > 0)$

$\therefore f'(x) = \dfrac{1}{\sqrt{2x-1}}$

또한, $f(x) = \displaystyle\int f'(x)\,dx = \int \dfrac{1}{\sqrt{2x-1}}\,dx = \sqrt{2x-1} + C$

그런데, $f(1) = 1 + C = 1$ $\therefore C = 0$

$\therefore f(x) = \sqrt{2x-1}$

[문제2]

(논제1)

$f(x) = 2a\ln x - (\ln x)^2$에 대하여 $y = f(x)$의 그래프와 x축 교점은

$(2a - \ln x)(\ln x) = 0$, $\ln x = 0$, $2a$

따라서 $x = 1$, e^{2a}가 되고, 교점의 x 좌표 x_1, x_2는

$x_1 = 1$, $x_2 = e^{2a}$

또한, $f'(x) = \dfrac{2a}{x} - \dfrac{2\ln x}{x} = \dfrac{2(a - \ln x)}{x}$

여기에서 $f(x)$의 증감은 오른쪽 표와 같습니다,

$x = e^a$일 때 $f(x)$는 최대가 된다. 최댓값은

$f(e^a) = 2a \cdot a - a^2 = a^2$

x	0	$\cdots$	e^a	$\cdots$
$f'(x)$		$+$	0	$-$
$f(x)$		$\nearrow$		$\searrow$

(논제2)

$P_1(1, 0)$에서의 접선 l_1는 $f'(1) = 2a$에서 $y = 2a(x - 1)$ ······ ①

또한 $P_2(e^{2a}, 0)$에서의 접선 l_1는 $f'(e^{2a}) = -2ae^{-2a}$에서

$y = -2ae^{-2a}(x - e^{2a}) = -2ae^{-2a}x + 2a$ ······ ②

①, ②를 연립하면 $2a(x - 1) = -2ae^{-2a}x + 2a$에서 $x - 1 = -e^{-2a}x + 1$

$(1 + e^{-2a})x = 2$, $x = \dfrac{2}{1 + e^{-2a}}$

따라서 $X(a) = \dfrac{2}{1 + e^{-2a}}$에서 $\lim\limits_{a \to \infty} X(a) = 2$

(논제3)

$a = 1$일 때, $f(x) = 2a\ln x - (\ln x)^2$, $P_1(1, 0)$, $P_2(e^2, 0)$에서 $y = f(x)$의 그래프와 x축으로 둘러싸인 도형의 면적넓이 S는

$$S = \int_1^{e^2} \{2\ln x - (\ln x)^2\} dx$$

여기에서 $t = \ln x$로 두면 $x = e^t$에서

$$S = \int_0^2 (2t - t^2) dt = \left[(2t - t^2)e^t \right]_0^2 - \int_0^2 2(1 - t)e^t dt$$

$$= -2\left[(1 - t)e^t \right]_0^2 + 2\int_0^2 -e^t dt = -2(-e^2 - 1) - 2\left[e^t \right]_0^2$$

$$= 2e^2 + 2 - 2(e^2 - 1) = 4$$

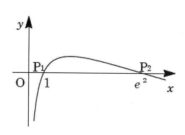

[문제3]

(논제1)

그림에서 $\overline{PM} = \sqrt{x^2+1}$, $\overline{MQ} = \sqrt{(6-x)^2+4}$ 이고,

시간 $= \dfrac{\text{거리}}{\text{속력}}$ 이므로 $T = h(x) = \dfrac{\overline{PM}}{v_A} + \dfrac{\overline{MQ}}{v_B}$ 이다.

따라서,

$h(x) = \sqrt{x^2+1} + 2\sqrt{x^2-12x+40}$ $(0 \le x \le 6)$

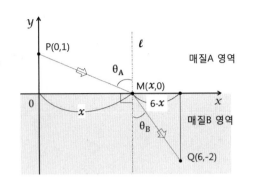

(논제2)

(논제1)에서 구한 시간 $T = h(x)$ 가 최소가 되는 $x = c$ 가 존재함을 보이면 충분하다.

닫힌 구간 $[0, 6]$ 에서 $h(x) = \sqrt{x^2+1} + 2\sqrt{x^2-12x+40}$ 는 연속이므로 제시문 (다)의 최대·최소의 정리에 의해 최솟값이 존재한다. 따라서, 시간 T 가 최소가 되게 하는 x축 위의 점 $M(c, 0)$ 이 존재한다.

$h'(x) = \dfrac{x}{\sqrt{x^2+1}} - \dfrac{2(6-x)}{\sqrt{x^2-12x+40}}$, $h''(x) = \dfrac{1}{(x^2+1)^{3/2}} + \dfrac{8}{(x^2-12x+40)^{3/2}}$ 에서 모든

실수 x 에 대하여 $h''(x) > 0$ 이므로 $h'(x)$ 는 닫힌 구간 $[0, 6]$ 에서 증가함수이다. $h'(0) < 0$, $h'(6) > 0$ 이므로 $h'(x) = 0$ 는 단 하나의 실근 $x = c$ 를 가져 $h'(c) = 0$ 이고, 따라서 $T = h(x)$ 는 $x = c$ 를 경계로 감소에서 증가 상태이므로 $x = c$ 에서 극솟값을 가진다. 그러므로 함수 $T = h(x)$ 의 그래프는 닫힌 구간 $[0, 6]$ 에서 아래로 볼록이고 $x = c$ 에서 $h(c)$ 가 유일한 최솟값을 가진다. 따라서, 시간 T 가 최소가 되게 하는 x축 위의 점 $M(c, 0)$ 이 꼭 하나만 존재한다.

(논제3)

최단 시간의 원리(페르마 원리)를 만족하는 점 $M(c, 0)$ 에 의해 정해지는 θ_A, θ_B 에 대하여

$\sin\theta_A = \dfrac{c}{\sqrt{c^2+1}}$, $\sin\theta_B = \dfrac{6-c}{\sqrt{c^2-12c+40}}$ 이다.

또한, 시간 함수 $T = h(x) = \sqrt{x^2+1} + 2\sqrt{x^2-12x+40}$ 가 $x = c$ 에서 미분 가능하고 극소이므로

$h'(c) = \dfrac{c}{\sqrt{c^2+1}} - \dfrac{2(6-c)}{\sqrt{c^2-12c+40}} = 0$ 이다.

따라서, $\sin\theta_A - 2\sin\theta_B = 0$ 이고 $\dfrac{\sin\theta_A}{\sin\theta_B} = 2$ 이다.

13장. 방정식과 미분

[문제1]

(논제1)

조건에서 $f(x)=|x-1|+\displaystyle\int_0^2 xf(t)dt=|x-1|+x\displaystyle\int_0^2 f(t)dt$

여기서, $\displaystyle\int_0^2 f(t)dt=a$ ······ ①라 두면 $f(x)=|x-1|+ax$ ······ ②이 되어

$f(2)=|2-1|+2a=1+2a$

(논제2)

②에서,

$f(x)=x-1+ax=(a+1)x-1\ (x\geq 1),\ f(x)=-x+1+ax=(a-1)x+1\ (x<1)$

이 식을 ①에 대입하면

$a=\displaystyle\int_0^2 f(t)dt=\int_0^1 \{(a-1)t+1\}dt+\int_1^2 \{(a+1)t-1\}dt$

$=\left[\dfrac{1}{2}(a-1)t^2+t\right]_0^1+\left[\dfrac{1}{2}(a+1)t^2-t\right]_1^2=\dfrac{1}{2}(a-1)+1+\dfrac{1}{2}(a+1)\cdot 3-1$

$=2a+1$

따라서 $a=-1$이다.

(논제3)

(논제2)에서 $f(x)=-1\ (x\geq 1),\ f(x)=-2x+1\ (x<1)$

여기서, $y=xf(x)-k$ ······ ③과 $y=-x^2$ ······ ④를

연립하면

$xf(x)-k=-x^2,\ xf(x)+x^2=k$

그러면 $y=xf(x)+x^2$ ······ ⑤의 그래프와 $y=k$ ······ ⑥의

그래프의 공유점의 개수는 ③의 그래프와 ④의 그래프의

개수와 일치하고, ⑤에서

(i) $x\geq 1$일 때

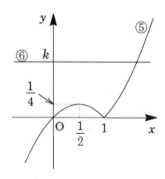

$$xf(x) + x^2 = -x + x^2 = \left(x - \frac{1}{2}\right)^2 - \frac{1}{4}$$

(ii) $x < 1$일 때

$$xf(x) + x^2 = x(-2x+1) + x^2 = -x^2 + x$$

$$= -\left(x - \frac{1}{2}\right)^2 + \frac{1}{4}$$

(ⅰ), (ⅱ)에서 ③의 그래프와 ④의 그래프의 공통된 개수는 오른쪽 그림과 같다.

1개 $\left(k < 0, \frac{1}{4} < k\right)$, 2개 $\left(k = 0, \frac{1}{4}\right)$, 3개 $\left(0 < k < \frac{1}{4}\right)$

14장. 부등식과 미분

[문제1]

(논제1)

$F_1(x) = e^x - f_1(x) = e^x - (1+x)$로 놓으면

$F_1{}'(x) = e^x - 1 > 0 \ (\because x > 0)$

따라서 $F_1(x)$는 $x > 0$에서 단조증가이다.

$\therefore F_1(x) > F_1(0) = 0$

또한, $G_1(x) = f_1(x) + \dfrac{x^2 e^x}{2!} - e^x = 1 + x + \dfrac{x^2 e^x}{2!} - e^x$로 놓으면

$G_1{}'(x) = 1 + xe^x + \dfrac{x^2 e^x}{2} - e^x, \ \ G_1{}''(x) = x\left(\dfrac{x}{2} + 2\right)e^x > 0$

그러므로 $G_1{}'(x)$는 $x > 0$에서 단조증가이다.

$\therefore \ G_1{}'(x) > G_1{}'(0) = 0$

따라서, $G_1(x)$도 단조증가이므로 $G_1(x) > G_1(0) = 0$

따라서, $n = 1$일 때 부등식이 성립한다.

1이상의 자연수 n에서 부등식 $f_n(x) < e^x < f_n(x) + \dfrac{x^{n+1} e^x}{(n+1)!}$ $\cdots\cdots$ ①가 성립한다고 가정한다

이때, $F_{n+1}(x) = e^x - f_{n+1}(x)$로 놓으면

$F_{n+1}{}'(x) = e^x - f_n(x) > 0 \ (\because ①)$

따라서, $F_{n+1}(x)$는 $x > 0$에서 단조증가이다.

$\therefore \ F_{n+1}(x) > F_{n+1}(0) = 0$

또한, $G_{n+1}(x) = f_{n+1}(x) + \dfrac{x^{n+2} e^x}{(n+2)!} - e^x$로 놓으면

$G_{n+1}{}'(x) = f_n(x) + \dfrac{x^{n+1} e^x}{(n+1)!} + \dfrac{x^{n+2} e^x}{(n+2)!} - e^x > f_n(x) + \dfrac{x^{n+1} e^x}{(n+1)!} - e^x > 0 \ (\because ①)$

따라서, $G_{n+1}(x)$는 $x > 0$에서 단조증가이다.

$\therefore \ G_{n+1}(x) > G_{n+1}(0) = 0$

이상에서 $n + 1$일 때, ①은 성립하므로 수학적 귀납법에 의해서 부등식을 보일 수 있다.

(논제2)

①에서 $x = 1$로 놓으면 $f_n(1) < e < f_n(1) + \dfrac{e}{(n+1)!}$

$0 < e - f_n(1) < \dfrac{e}{(n+1)!}$ $\therefore 0 < n!e - n!f_n(1) < \dfrac{e}{n+1}$

여기서 $n \geq 2$, $0 < e < 3$이므로 $\dfrac{e}{n+1} < 1$

$\therefore 0 < n!e - [n! + 1 + \{n + n(n-1) + \cdots + n!\}] < 1$ ······ ②

(논제3)

e가 유리수라고 가정하면 $e = \dfrac{m}{n}$ (m, n은 자연수이고 $n \geq 2$)로 쓰여서, n에 대해서

부등식 ②가 성립하므로

$0 < (n-1)!m - [n! + 1 + \{n + n(n-1) + \cdots + n!\}] < 1$

그런데 이것은 $(n-1)!m - [n! + 1 + \{n + n(n-1) + \cdots + n!\}]$ 가 정수라는 가정에 모순된다.

따라서, e는 무리수이다.

[문제2]

(논제1)

$f(x) = \ln(e^x + e^{-x})$에서 $f'(x) = \dfrac{e^x - e^{-x}}{e^x + e^{-x}}$ 가 되고, 곡선 $y = f(x)$의 점 $(t, f(t))$의 접선 l은

$y - f(t) = f'(t)(x - t)$이 되므로, y절편 $b(t)$는

$b(t) = f'(t)(-t) + f(t) = \dfrac{e^t - e^{-t}}{e^t + e^{-t}}t + \ln(e^t + e^{-t})$

$\quad = \dfrac{e^t - e^{-t}}{e^t + e^{-t}}t + \ln e^t(1 + e^{-2t})$

$\quad = \dfrac{e^t - e^{-t}}{e^t + e^{-t}}t + t + \ln(1 + e^{-2t})$

$\quad = \dfrac{2te^{-t}}{e^t + e^{-t}} + \ln(1 + e^{-2t})$ ······ ①

(논제2)

$x \geq 0$일 때, $g(x) = x - \ln(1 + x)$라 두면

$g'(x) = 1 - \dfrac{1}{1+x} = \dfrac{x}{1+x} \geq 0$

따라서 $g(x) \geq g(0) = 0$이 되고, $\ln(1 + x) \leq x$ ······ ②이다.

(논제3)

②에서 $1+x \leq e^x$이 되고, $x \leq e^x$에서 $xe^{-x} \leq 1$이므로

$$\frac{2te^{-t}}{e^t+e^{-t}} \leq \frac{2}{e^t+e^{-t}} \quad \cdots\cdots ③$$

또한, ②에서 $\ln(1+e^{-2t}) \leq e^{-2t} \quad \cdots\cdots ④$

따라서 ①, ③, ④에서 $b(t) \leq \dfrac{2}{e^t+e^{-t}} + e^{-2t} \quad \cdots\cdots ⑤$

(논제4)

$$b'(t) = \frac{2(e^{-t}-te^{-t})(e^t+e^{-t})-2te^{-t}(e^t-e^{-t})}{(e^t+e^{-t})^2} + \frac{-2e^{-2t}}{1+e^{-2t}}$$

$$= \frac{2(-2t+1+e^{-2t})}{(e^t+e^{-t})^2} + \frac{-2te^{-t}}{e^t+e^{-t}}$$

$$= \frac{-4t}{(e^t+e^{-t})^2}$$

그리고 $\displaystyle\int_0^x \frac{4t}{(e^t+e^{-t})^2}dt = -\int_0^x b'(t)dt = -b(x)+b(0)$ 가 되고, ①, ⑤에서

$$0 \leq b(x) \leq \frac{2}{e^x+e^{-x}} + e^{-2x}$$

따라서 $x \to \infty$ 일 때 $b(x) \to 0$이 되므로, $b(0) = \displaystyle\lim_{x \to \infty}\int_0^x \frac{4t}{(e^t+e^{-t})^2}\, dt$

[문제3]

(논제1)

$0 \leq x \leq \dfrac{\pi}{2}$ 일 때, $y=\sin x$는 단조증가하고, 그래프는

위로 볼록이다. 또한, $y=\dfrac{2}{\pi}x$의 그래프는 원점과 점 $\left(\dfrac{\pi}{2}, 1\right)$

을 연결한 선분이다.

따라서 $\dfrac{2}{\pi}x \leq \sin x \left(0 \leq x \leq \dfrac{\pi}{2}\right)$가 성립한다.

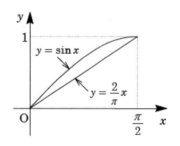

(논제2)

$f(x)=\cos x$, $g(x)=\sqrt{\dfrac{\pi^2}{2}-x^2} - \dfrac{\pi}{2}$ 에 대하여 $h(x)=f(x)-g(x)$라 하자.

$$h(x)=\cos x - \sqrt{\frac{\pi^2}{2}-x^2} + \frac{\pi}{2}, \quad h'(x)=-\sin x + \frac{x}{\sqrt{\dfrac{\pi^2}{2}-x^2}}$$

그리고 (논제1)에서 $0 \le x \le \dfrac{\pi}{2}$일 때, $-\sin x \le -\dfrac{2}{\pi}x$이므로

$$h'(x) \le -\frac{2}{\pi}x + \frac{x}{\sqrt{\dfrac{\pi^2}{2}-x^2}} = \frac{x}{\pi}\left(-2 + \frac{1}{\sqrt{\dfrac{1}{2}-\left(\dfrac{x}{\pi}\right)^2}}\right)$$

$0 \le \dfrac{x}{\pi} \le \dfrac{1}{2}$이면 $\dfrac{1}{2} \le \sqrt{\dfrac{1}{2}-\left(\dfrac{x}{\pi}\right)^2} \le \dfrac{1}{\sqrt{2}}$이므로 $\dfrac{x}{\pi}\left(-2 + \dfrac{1}{\sqrt{\dfrac{1}{2}-\left(\dfrac{x}{\pi}\right)^2}}\right) \le 0$

따라서 $h'(x) \le 0$이고, $0 \le x \le \dfrac{\pi}{2}$에서 $h(x) \ge h\left(\dfrac{\pi}{2}\right) = 0 - \dfrac{\pi}{2} + \dfrac{\pi}{2} = 0$이므로

$g(x) \le f(x)$

(논제3)

곡선 $y = f(x)$, $y = g(x)$과 y축으로 둘러싸인 부분의 넓이를 S라 하면, (논제2)에서

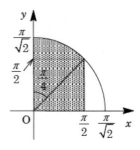

$$S = \int_0^{\frac{\pi}{2}} \{f(x) - g(x)\}dx$$

$$= \int_0^{\frac{\pi}{2}} \cos x\, dx - \int_0^{\frac{\pi}{2}} \sqrt{\frac{\pi^2}{2} - x^2}\, dx + \int_0^{\frac{\pi}{2}} \frac{\pi}{2} dx$$

여기서 정적분 $\displaystyle\int_0^{\frac{\pi}{2}} \sqrt{\dfrac{\pi^2}{2}-x^2}\, dx$의 값은 오른쪽 그림에서 색칠한 부분의 넓이에 대응하므로

$$S = 1 - \left\{\frac{1}{2}\left(\frac{\pi}{\sqrt{2}}\right)^2 \cdot \frac{\pi}{4} + \frac{1}{2}\left(\frac{\pi}{2}\right)^2\right\} + \frac{\pi}{2} \cdot \frac{\pi}{2}$$

$$= 1 - \frac{\pi^3}{16} - \frac{\pi^2}{8} + \frac{\pi^2}{4} = 1 + \frac{\pi^2}{8} - \frac{\pi^3}{16}$$

15장. 적분 일반

[문제1]

(논제1)

부등식의 양 변에 $\dfrac{1+x^n}{e^x}(>0)$을 곱한 부등식

$$\left(1-e^{1-x}\cdot x^n\right)\left(1+x^n\right)\leq 1\leq 1+x^n$$

이 성립함을 보인다.

먼저 $0\leq x\leq 1$이고, n이 양의 정수이므로 $x^n\geq 0$

$\therefore\ 1\leq 1+x^n\ \cdots\cdots$ ①

$\left(1-e^{1-x}\cdot x^n\right)\left(1+x^n\right)=\left(e^{1-x}-1\right)x^n+e^{1-x}\cdot x^{2n}$

$0\leq x\leq 1$에서 $0\leq 1-x\leq 1$ $\therefore e^{1-x}\geq 1$

$\therefore\ \left(e^{1-x}-1\right)x^n\geq 0$

또한, $e^{1-x}x^{2n}\geq 0$

따라서, $\left(1-e^{1-x}x^n\right)\left(1+x^n\right)\leq 1\ \cdots\cdots$ ②

①, ②에서 $\left(1-e^{1-x}x^n\right)\left(1+x^n\right)\leq 1\leq 1+x^n$

(논제2)

(논제1)에서 $\displaystyle\int_0^1\left(e^x-ex^n\right)dx\leq\int_0^1\frac{e^x}{1+x^n}dx\leq\int_0^1 e^x dx$

$\therefore\ e-1-\dfrac{e}{n+1}\leq\displaystyle\int_0^1\frac{e^x}{1+x^n}dx\leq e-1$

$\therefore\ \displaystyle\lim_{n\to\infty}\int_0^1\frac{e^x}{1+x^n}dx=e-1$

(논제3)

$\displaystyle\int_0^a\frac{e^x}{1+x^n}dx=\int_0^1\frac{e^x}{1+x^n}dx+\int_1^a\frac{e^x}{1+x^n}dx\ \cdots\cdots$ ③

$1\leq x\leq a$에서 $0<\dfrac{e^x}{1+x^n}<\dfrac{e^a}{x^n}$

$$= e^a \cdot \left[\frac{1}{-n+1} x^{-n+1} \right]_1^a$$

$$= \frac{e^a}{n-1}\left(1 - \frac{1}{a^{n-1}} \right) (n > 1)$$

$$\lim_{n \to \infty} \frac{e^a}{n-1}\left(1 - \frac{1}{a^{n-1}} \right) = 0 \text{에서} \lim_{n \to \infty} \int_1^a \frac{e^x}{1+x^n}\, dx = 0$$

(논제2)의 결과와 ③에 의해서

$$\lim_{n \to \infty} \int_0^a \frac{e^x}{1+x^n}\, dx = e - 1$$

[문제2]

(논제1)

$a\sqrt{x} \geq \ln x$ 에서 $a > 0$

$f(x) = a\sqrt{x} - \ln x$ 라 두면

$$f'(x) = \frac{a}{2} \cdot \frac{1}{x}\left(\sqrt{x} - \frac{2}{a} \right)$$

x	0		$\left(\dfrac{2}{a}\right)^2$	
$f'(x)$		$-$	0	$+$
$f(x)$		↘	극소	↗

$x > 0$에서 $f(x) \geq f\left(\left(\frac{2}{a}\right)^2 \right)$이므로

$f\left(\left(\frac{2}{a}\right)^2 \right) \geq 0$일 때, $x > 0$이고 $f(x) \geq 0$으로 된다.

$$f\left(\left(\frac{2}{a}\right)^2 \right) = a \cdot \sqrt{\left(\frac{2}{a}\right)^2} - \ln\left(\frac{2}{a}\right)^2 \geq 0$$

$2 - 2\ln\left(\frac{2}{a}\right) \geq 0$ $\therefore \ln\left(\frac{2}{a}\right) \leq 1$ $\therefore a \geq \frac{2}{e}$

따라서, 구하는 a의 최솟값은 $\frac{2}{e}$

(논제2)

(논제1)에서 $\ln x \leq \frac{2}{e}\sqrt{x}$

따라서 $\displaystyle\lim_{x \to \infty} \frac{\ln x}{x} \leq \lim_{x \to \infty} \frac{2\sqrt{x}}{ex} = \lim_{x \to \infty} \frac{2}{e\sqrt{x}} = 0$

또한, $x \geq 1$에서 $\frac{\ln x}{x} \geq 0$ $\therefore \displaystyle\lim_{x \to \infty} \frac{\ln x}{x} = 0$

(논제3)

$$I(t) = \int_1^t \frac{\ln x}{(x+1)^2}\, dx \, (t > 0)$$

(ⅰ) $I(t) = \left[(\ln x)\left(-\dfrac{1}{x+1} \right) \right]_1^t + \displaystyle\int_1^t \dfrac{1}{x(x+1)}\,dx$

$\qquad = -\dfrac{\ln t}{t+1} + \displaystyle\int_1^t \left(\dfrac{1}{x} - \dfrac{1}{x+1} \right) dx$

$\qquad = -\dfrac{\ln t}{t+1} + \left[\ln|x| - \ln|x+1| \right]_1^t$

$\therefore\ I(t) = -\dfrac{\ln t}{t+1} + \ln\dfrac{t}{t+1} + \ln 2$

(ⅱ) (논제2)에서 $\displaystyle\lim_{t \to \infty} \dfrac{\ln t}{t+1} = \lim_{t \to \infty} \dfrac{\ln t}{t} \cdot \dfrac{t}{t+1} = 0$

$\displaystyle\lim_{t \to \infty} \dfrac{t}{t+1} = 1$에서 $\displaystyle\lim_{t \to \infty} \ln\dfrac{t}{t+1} = 0$

따라서 $\displaystyle\lim_{t \to \infty} I(t) = \ln 2$

16장. 치환 적분

[문제1]

(논제1)

$$\left(\frac{\cos x}{1+\sin x}+x\right)' = \frac{-\sin x(1+\sin x)-\cos^2 x}{(1+\sin x)^2}+1$$

$$= \frac{\sin x(1+\sin x)}{(1+\sin x)^2}$$

$$= \frac{\sin x}{1+\sin x}$$

(논제2)

$x=0$일 때 $u=a$, $x=a$일 때 $u=0$이고 $x=a-u$라고 하면 $dx=-du$이므로

$$\int_0^a f(x)\,dx = \int_a^0 f(a-u)(-du)$$

$$= \int_0^a f(a-u)du$$

정적분에서는 적분변수를 임의로 사용해도 되므로 u 대신 x를 사용하면

$$\int_0^a f(x)\,dx = \int_0^a f(a-x)\,dx$$

(논제3)

$$I= \int_0^\pi \frac{x\sin x}{1+\sin x}\,dx \quad \cdots\cdots ①$$

(논제2)에서 a 대신에 π를 대입하면

$$I= \int_0^\pi \frac{(\pi-x)\sin(\pi-x)}{1+\sin(\pi-x)}\,dx$$

$$= \int_0^\pi \frac{(\pi-x)\sin x}{1+\sin x}\,dx \quad \cdots\cdots ②$$

①+②을 하면

$$2I = \pi \int_0^\pi \frac{x \sin x}{1 + \sin x} dx \ (\because (\text{논제}1))$$

$$= \pi \left[\frac{\cos x}{1 + \sin x} + x \right]_0^\pi$$

$$= \pi(\pi - 2)$$

$$\therefore I = \int_0^\pi \frac{x \sin x}{1 + \sin x} dx = \frac{1}{2}\pi(\pi - 2)$$

[문제2]

(논제1)

$0 \le x \le \pi$일 때, $f(x) = \sin x$ $x < 0$ 또는 $\pi < x$일 때 $f(x) = 0$이므로,

$$\int_0^{\frac{3\pi}{2}} \{f(x)\}^2 dx = \int_0^\pi \{f(x)\}^2 dx + \int_\pi^{\frac{3}{2}\pi} \{f(x)\}^2 dx = \int_0^\pi \sin^2 x \, dx$$

$$= \int_0^\pi \frac{1 - \cos 2x}{2} dx = \frac{1}{2}\left[x - \frac{1}{2}\sin 2x \right]_0^\pi = \frac{\pi}{2}$$

또한, $0 \le x - \frac{\pi}{2} \le \pi \left(\frac{\pi}{2} \le x \le \frac{3}{2}\pi \right)$일 때, $f\left(x - \frac{\pi}{2}\right) = \sin\left(x - \frac{\pi}{2}\right) = -\cos x$가 되고,

$x - \frac{\pi}{2} < 0$ 또는 $\pi < x - \frac{\pi}{2} \left(x < \frac{\pi}{2}, \frac{3}{2}\pi < x \right)$ 일 때 $f\left(x - \frac{\pi}{2}\right) = 0$이다.

$$\int_0^{\frac{3\pi}{2}} \left\{ f\left(x - \frac{\pi}{2}\right) \right\}^2 dx = \int_0^{\frac{\pi}{2}} \left\{ f\left(x - \frac{\pi}{2}\right) \right\}^2 dx + \int_{\frac{\pi}{2}}^{\frac{3}{2}\pi} \left\{ f\left(x - \frac{\pi}{2}\right) \right\}^2 dx$$

$$= \int_{\frac{\pi}{2}}^{\frac{3}{2}\pi} \cos^2 x \, dx = \int_{\frac{\pi}{2}}^{\frac{3}{2}\pi} \frac{1 + \cos 2x}{2} dx$$

$$= \frac{1}{2}\left[x + \frac{1}{2}\sin 2x \right]_{\frac{\pi}{2}}^{\frac{3}{2}\pi} = \frac{\pi}{2}$$

(논제2)

$I = \int_0^{\frac{3}{2}\pi} f(x) f\left(x - \frac{\pi}{2}\right) dx$이면,

$$I = \int_0^{\frac{\pi}{2}} f(x) f\left(x - \frac{\pi}{2}\right) dx + \int_{\frac{\pi}{2}}^\pi f(x) f\left(x - \frac{\pi}{2}\right) dx + \int_\pi^{\frac{3}{2}\pi} f(x) f\left(x - \frac{\pi}{2}\right) dx$$

$$= \int_{\frac{\pi}{2}}^\pi - \sin x \cos x \, dx = -\left[\frac{1}{2}\sin^2 x \right]_{\frac{\pi}{2}}^\pi = \frac{1}{2}$$

(논제3)

$$T(a) = 4a^2 \int_0^{\frac{3}{2}\pi} \{f(x)\}^2 dx + 4 \int_0^{\frac{3}{2}\pi} f(x)f\left(x - \frac{\pi}{2}\right)dx + \frac{1}{a^2}\int_0^{\frac{3}{2}\pi}\left\{f\left(x-\frac{\pi}{2}\right)\right\}^2 dx$$

(논제1), (논제2)에 의해 $T(a) = 4a^2 \cdot \frac{\pi}{2} + 4 \cdot \frac{1}{2} + \frac{1}{a^2} \cdot \frac{\pi}{2} = 2\pi a^2 + \frac{\pi}{2a^2} + 2$

$a > 0$이므로, 산술평균과 기하평균의 관계에 의해,

$$T(a) \geq 2\sqrt{2\pi a^2 \cdot \frac{\pi}{2a^2}} + 2 = 2\pi + 2$$

등호성립은, $2\pi a^2 = \frac{\pi}{2a^2}$ 다시 말해 $a = \frac{1}{\sqrt{2}}$ 일 때이다.

이상에 의해 $a = \frac{1}{\sqrt{2}}$ 일 때, $T(a)$는 최솟값 $2\pi + 2$를 취한다.

[문제3]

(논제1)

$\frac{\pi}{2} - x = t$ 라 하면 $dx = -dt$ 이다.

$$\int_0^{\frac{\pi}{2}} \frac{\sin x}{\sin x + \cos x} dx = \int_{\frac{\pi}{2}}^0 \frac{\cos\left(\frac{\pi}{2}-t\right)}{\sin\left(\frac{\pi}{2}-t\right) + \cos\left(\frac{\pi}{2}-t\right)}(-dt)$$

$$= \int_{\frac{\pi}{2}}^0 \frac{\cos t}{\cos t + \sin t}(-dt)$$

$$= \int_0^{\frac{\pi}{2}} \frac{\cos x}{\cos x + \sin x} dx$$

$$\therefore \int_0^{\frac{\pi}{2}} \frac{\sin x}{\sin x + \cos x} dx = \int_0^{\frac{\pi}{2}} \frac{\cos x}{\cos x + \sin x} dx$$

(논제2)

$I = \int_0^{\frac{\pi}{2}} \frac{\sin x}{\sin x + \cos x} dx = \int_0^{\frac{\pi}{2}} \frac{\cos x}{\sin x + \cos x} dx$ 로 놓으면

$2I = \int_0^{\frac{\pi}{2}} \frac{\sin x + \cos x}{\sin x + \cos x} dx = \frac{\pi}{2}$

$\therefore I = \frac{\pi}{4}$

(논제3)

$$f(\alpha)=\int_0^{\frac{\pi}{2}}\frac{\sin x\cos\alpha+\cos x\sin\alpha}{\sin x+\cos x}dx$$

(논제2)에서 $I=\dfrac{\pi}{4}$ 이므로

$$f(\alpha)=\cos\alpha\cdot I+\sin\alpha\cdot I=I(\cos\alpha+\sin\alpha)$$

$$=\frac{\pi}{4}\sqrt{2}\sin\left(\alpha+\frac{\pi}{4}\right)$$

$$=\frac{\sqrt{2}}{4}\pi\sin\left(\alpha+\frac{\pi}{4}\right)$$

따라서, $\alpha=2n\pi+\dfrac{\pi}{4}$ 일 때, 최댓값 $\dfrac{\sqrt{2}}{4}\pi$

[문제4]

(논제1)

$$f'(x)=\frac{2x(x+\sqrt{a^2-x^2})-x^2\left(1-\dfrac{x}{\sqrt{a^2-x^2}}\right)}{(x+\sqrt{a^2-x^2})^2}=\frac{x(x\sqrt{a^2-x^2}+2a^2-x^2)}{(x+\sqrt{a^2-x^2})^2\sqrt{a^2-x^2}}$$

이고, 모든 $0\le x\le a$에 대하여 $x\sqrt{a^2-x^2}+2a^2-x^2>0$이므로 $f'(0)=0$이다.

따라서 임의의 $0<x<a$에 대하여 $f'(x)>0$이고 $f(x)$는 $[0,a]$에서 연속이므로, 함수 $f(x)$는 단조증가함수이고 일대일 함수이다.

(논제2)

$I=\displaystyle\int_0^\pi xf(a\sin x)dx$ 라 하면 $I=\displaystyle\int_0^{\frac{\pi}{2}}xf(a\sin x)dx+\int_{\frac{\pi}{2}}^\pi xf(a\sin x)dx$ 이고

$x=\pi-t$로 치환하여 적분하면

$$\int_{\frac{\pi}{2}}^\pi xf(a\sin x)dx=\int_{\frac{\pi}{2}}^0(\pi-t)f(a\sin(\pi-t))(-dt)=\int_0^{\frac{\pi}{2}}(\pi-t)f(a\sin t)dt$$

이므로 $I=\pi\displaystyle\int_0^{\frac{\pi}{2}}f(a\sin x)dx$ 이다.

(논제3)

(논제2)의 결과로부터

$$I=\pi\int_0^{\frac{\pi}{2}}f(a\sin x)dx=\pi\int_0^{\frac{\pi}{2}}\frac{a^2\sin^2 t}{a\sin t+a\cos t}dt=a\pi\int_0^{\frac{\pi}{2}}\frac{\sin^2 t}{\sin t+\cos t}dt$$

이고, 다시 $\theta=\dfrac{\pi}{2}-t$로 치환하여 적분하면

$$I = a\pi \int_0^{\frac{\pi}{2}} \frac{\sin^2 t}{\sin t + \cos t} dt = a\pi \int_{\frac{\pi}{2}}^0 \frac{\sin^2\left(\frac{\pi}{2} - \theta\right)}{\sin\left(\frac{\pi}{2} - \theta\right) + \cos\left(\frac{\pi}{2} - \theta\right)}(-d\theta) = a\pi \int_0^{\frac{\pi}{2}} \frac{\cos^2\theta}{\cos\theta + \sin\theta} d\theta$$

따라서 $2I = a\pi \int_0^{\frac{\pi}{2}} \frac{\cos^2\theta + \sin^2\theta}{\cos\theta + \sin\theta} d\theta = a\pi \int_0^{\frac{\pi}{2}} \frac{1}{\sin\theta + \cos\theta} d\theta$ 이고,

$$I = \frac{a\pi}{2} \int_0^{\frac{\pi}{2}} \frac{1}{\sin\theta + \cos\theta} d\theta = \frac{a\pi}{2\sqrt{2}} \int_0^{\frac{\pi}{2}} \frac{1}{\sin\left(\theta + \frac{\pi}{4}\right)} d\theta = \frac{a\pi}{2\sqrt{2}} \int_{\frac{\pi}{4}}^{\frac{3\pi}{4}} \frac{1}{\sin\theta} d\theta$$

$$= \frac{a\pi}{2\sqrt{2}} \int_{\frac{\pi}{4}}^{\frac{3\pi}{4}} \frac{\sin\theta}{1 - \cos^2\theta} d\theta$$

이다. 다시 $\cos\theta = x$ 로 치환하여 적분하면,

$$I = \frac{a\pi}{2\sqrt{2}} \int_{\frac{\pi}{4}}^{\frac{3\pi}{4}} \frac{\sin\theta}{1 - \cos^2\theta} d\theta = \frac{a\pi}{2\sqrt{2}} \int_{\frac{1}{\sqrt{2}}}^{-\frac{1}{\sqrt{2}}} \frac{1}{1 - x^2}(-dx) = \frac{a\pi}{2\sqrt{2}} \int_{-\frac{1}{\sqrt{2}}}^{\frac{1}{\sqrt{2}}} \frac{1}{1 - x^2} dx$$

이다. 한편 $\frac{1}{1 - x^2} = \frac{1}{2}\left(\frac{1}{x+1} - \frac{1}{x-1}\right)$ 이므로,

$$I = \frac{a\pi}{4\sqrt{2}} \int_{-\frac{1}{\sqrt{2}}}^{\frac{1}{\sqrt{2}}} \left(\frac{1}{x+1} - \frac{1}{x-1}\right) dx = \left[\frac{a\pi}{4\sqrt{2}} \ln\left|\frac{x+1}{x-1}\right|\right]_{-\frac{1}{\sqrt{2}}}^{\frac{1}{\sqrt{2}}} = \frac{a\pi}{\sqrt{2}} \ln(1 + \sqrt{2})$$ 이다.

[문제1]

(논제1)

$x = \sin\theta \left(-\dfrac{\pi}{2} \le \theta \le \dfrac{\pi}{2} \right)$ 로 놓으면 $dx = \cos\theta \, d\theta$, $\sqrt{1-x^2} = \sqrt{\cos^2\theta} = \cos\theta$

$\therefore a_n = \displaystyle\int_0^{\frac{\pi}{2}} \sin^{2n}\theta \cos^2\theta \, d\theta$

$\qquad = \displaystyle\int_0^{\frac{\pi}{2}} \sin^{2n}\theta (1 - \sin^2\theta) \, d\theta$

$\qquad = \displaystyle\int_0^{\frac{\pi}{2}} \sin^{2n}\theta \, d\theta - \int_0^{\frac{\pi}{2}} \sin^{2n+2}\theta \, d\theta \quad \cdots\cdots ①$

여기서, $I_n = \displaystyle\int_0^{\frac{\pi}{2}} \sin^{2n}\theta \, d\theta \ (n = 1, 2, 3, \cdots)$ 로 놓으면

$I_n = \displaystyle\int_0^{\frac{\pi}{2}} \sin^{2n-1}\theta \sin\theta \, d\theta$

$\qquad = \left[-\sin^{2n-1}\theta \cos\theta \right]_0^{\frac{\pi}{2}} + (2n-1)\displaystyle\int_0^{\frac{\pi}{2}} \sin^{2n-2}\theta \cos^2\theta \, d\theta$

$\qquad = (2n-1)a_{n-1}$

①에서 $a_n = I_n - I_{n+1} = (2n-1)a_{n-1} - (2n+1)a_n \ (n \ge 1)$

$\therefore a_n = \dfrac{2n-1}{2n+2} a_{n-1} \ (n \ge 1)$

$\therefore a_{n-1} > a_n$

(논제2)

$\displaystyle\lim_{n\to\infty} \dfrac{a_n}{a_{n-1}} = \lim_{n\to\infty} \dfrac{2n-1}{2n+2} = \lim_{n\to\infty} \dfrac{2 - \dfrac{1}{n}}{2 + \dfrac{2}{n}} = 1$

[문제2]

(논제1)

$f(x) = e^x - (1+x)$ 이면, $f'(x) = e^x - 1$

$x \ge 0$ 일 때, $f'(x) \ge 0$ 이므로 $f(x) \ge f(0) = 0$

따라서 $x \ge 0$ 일 때, $e^x \ge 1 + x \quad \cdots\cdots ①$

(논제2)

$x = \tan\phi \left(-\dfrac{\pi}{2} < \theta < \dfrac{\pi}{2} \right)$이면, $x = 0$일 때 $\phi = 0$이 되고, 조건에 의해 $x = M$

일 때 $\phi = \theta \left(0 < \theta < \dfrac{\pi}{2} \right)$가 되므로,

$$\int_0^M \frac{1}{1+x^2}\, dx = \int_0^\theta \frac{1}{1+\tan\phi} \cdot \frac{1}{\cos^2\phi}\, d\phi = \int_0^\theta d\phi = [\phi]_0^\theta = \theta \quad \cdots\cdots ②$$

(논제3)

①에 의해 $e^{x^2} \geq 1+x^2$이므로 $\dfrac{1}{e^{x^2}} \leq \dfrac{1}{1+x^2}$이 되고, $M > 0$에 대해

$$\int_0^M \frac{1}{e^{x^2}}\, dx \leq \int_0^M \frac{1}{1+x^2}\, dx$$

여기서, ②에 의해 $\displaystyle\int_0^M \frac{1}{1+x^2}\, dx = \theta < \dfrac{\pi}{2}$

따라서 $\displaystyle\int_0^M \frac{1}{e^{x^2}}\, dx < \dfrac{\pi}{2}$

17장. 부분적분과 점화식

[문제1]

(논제1)

$$a_n = \int_0^{\frac{\pi}{2}} \sin x \cdot \sin^{n-1} x\, dx = \left[-\cos x \cdot \sin^{n-1} x \right]_0^{\frac{\pi}{2}} + (n-1)\int_0^{\frac{\pi}{2}} \cos^2 x \sin^{n-2} x\, dx$$

$$= (n-1)\int_0^{\frac{\pi}{2}} (1 - \sin^2 x)\sin^{n-2} x\, dx$$

$$= (n-1)a_{n-2} - (n-1)a_n$$

$$\therefore a_n = \frac{n-1}{n} a_{n-2}$$

(논제2)

$$a_{2n} = \frac{2n-1}{2n} a_{2n-2} = \frac{2n-1}{2n} \cdot \frac{2n-3}{2n-2} a_{2n-4}$$

$$= \frac{2n-1}{2n} \cdot \frac{2n-3}{2n-2} \cdot \cdots \cdot \frac{3}{4} \cdot \frac{1}{2} a_0$$

$$= \frac{1 \cdot 3 \cdot 5 \cdot \cdots \cdot (2n-1)}{2 \cdot 4 \cdot 6 \cdot \cdots \cdot (2n)} \cdot \frac{\pi}{2} \left(\because a_0 = \int_0^{\frac{\pi}{2}} dx = \frac{\pi}{2} \right)$$

$$a_{2n+1} = \frac{2n}{2n+1} \cdot \frac{2n-2}{2n-1} \cdot \cdots \cdot \frac{4}{5} \cdot \frac{2}{3} a_1$$

$$= \frac{2 \cdot 4 \cdot 6 \cdot \cdots \cdot (2n)}{1 \cdot 3 \cdot 5 \cdot \cdots \cdot (2n+1)} \cdot 1 \left(\because a_1 = \int_0^{\frac{\pi}{2}} \sin dx = 1 \right)$$

(논제3)

$$a_{n+1} - a_n = \int_0^{\frac{\pi}{2}} (\sin x - 1)\sin^n x\, dx$$

$0 \le x \le \frac{\pi}{2}$ 에서 $0 \le \sin x \le 1$ 이므로

$$\therefore a_{n+1} - a_n < 0$$

따라서 a_n은 단조감소이다.

[문제2]

(논제1)

구간 $\left[0, \dfrac{\pi}{2}\right]$ 에서 $0 \le \sin x \le 1$이기 때문에 $\sin^{n+1}x \le \sin^n x$이다. 그러므로

$$I_{n+1} = \int_0^{\frac{\pi}{2}} \sin^{n+1}x\,dx \le \int_0^{\frac{\pi}{2}} \sin^n x\,dx = I_n \text{ 이 성립한다.}$$

(논제2)

1보다 큰 자연수 n에 대하여 부분적분법을 이용하면

$$I_n = \int_0^{\frac{\pi}{2}} \sin^n x\,dx$$

$$= \int_0^{\frac{\pi}{2}} \sin^{n-1}x \cdot \sin x\,dx$$

$$= \left[\sin^{n-1}x\,(-\cos x)\right]_0^{\frac{\pi}{2}} + \int_0^{\frac{\pi}{2}} (n-1)\sin^{n-2}x \cos^2 x\,dx$$

$$= \int_0^{\frac{\pi}{2}} (n-1)\sin^{n-2}x \cos^2 x\,dx$$

$$= (n-1)\int_0^{\frac{\pi}{2}} \sin^{n-2}x\,(1-\sin^2 x)\,dx$$

$$= (n-1)\int_0^{\frac{\pi}{2}} \sin^{n-2}x\,dx - (n-1)\int_0^{\frac{\pi}{2}} \sin^n x\,dx$$

$$= (n-1)I_{n-2} - (n-1)I_n$$

이므로 $nI_n = (n-1)I_{n-2}$이고 $I_n = \dfrac{n-1}{n}I_{n-2}$이다.

(논제3)

(논제2)에 의하여 $\dfrac{2n}{2n+1} = \dfrac{I_{2n+1}}{I_{2n-1}}$ 이 성립하고, (논제1)에 의하여 $I_{2n} \le I_{2n-1}$이므로

$\dfrac{I_{2n+1}}{I_{2n-1}} \le \dfrac{I_{2n+1}}{I_{2n}}$ 이 되고, 또한 (논제1)에 의하여 $I_{2n+1} \le I_{2n}$이므로 $\dfrac{I_{2n+1}}{I_{2n}} \le 1$이다.

(논제4)

(논제3)에 의하여 $\dfrac{2n}{2n+1} = \dfrac{I_{2n+1}}{I_{2n}} \le 1$이 성립하므로 수열의 조임정리에 의하여

$$1 = \lim_{n \to \infty} \frac{2n}{2n+1} \le \lim_{n \to \infty} \frac{I_{2n+1}}{I_{2n}} \le 1$$

이므로 $\displaystyle\lim_{n \to \infty} \dfrac{I_{2n+1}}{I_{2n}} = 1$이다.

[문제3]

(논제1)

$$a_n = \int_{-\frac{\pi}{2}}^{\frac{\pi}{2}} \cos^n x\, dx = 2\int_0^{\frac{\pi}{2}} \cos^n x\, dx \ (\because \cos^n x \text{는 우함수})$$

따라서 $a_{n+1} = 2\int_0^{\frac{\pi}{2}} \cos^{n+1} x\, dx = 2\int_0^{\frac{\pi}{2}} \cos^n x \cos x\, dx$

$$= 2\left[\cos^n x \sin x\right]_0^{\frac{\pi}{2}} - 2\int_0^{\frac{\pi}{2}} n\cos^{n-1}x(-\sin^2 x)\,dx$$

$$= 0 + 2n\int_0^{\frac{\pi}{2}} \cos^{n-1}x(1-\cos^2 x)\,dx$$

$$= n(a_{n-1} - a_{n+1})$$

$$\therefore a_{n+1} = \frac{n}{n+1}a_{n-1} \ (n \geq 2)$$

(논제2)

(논제1)의 결과로부터

$(n+1)a_{n+1}a_n = na_na_{n-1} = (n-1)a_{n-1}a_{n-2}$

$= \cdots = 2a_2a_1$

여기서 $a_2 = 2\int_0^{\frac{\pi}{2}} \cos^2 x\, dx = \left[x + \frac{1}{2}\sin 2x\right]_0^{\frac{\pi}{2}} = \frac{\pi}{2}$, $a_1 = 2\int_0^{\frac{\pi}{2}} \cos x\, dx = 2\left[\sin x\right]_0^{\frac{\pi}{2}} = 2$

이므로

$$\therefore a_{n+1}a_n = \frac{2}{n+1} \cdot \frac{\pi}{2} \cdot 2 = \frac{2\pi}{n+1}$$

(논제3)

$0 < x < \frac{\pi}{2}$ 에서 $0 < \cos^{n+1}x < \cos^n x < \cos^{n-1}x$

$$\therefore \int_0^{\frac{\pi}{2}} \cos^{n+1}x\, dx < \int_0^{\frac{\pi}{2}} \cos^n x\, dx < \int_0^{\frac{\pi}{2}} \cos^{n-1}x\, dx$$

따라서 $0 < a_{n+1} < a_n < a_{n-1}$ $\therefore a_{n+1}a_n < a_n^2 < a_na_{n-1}$

(논제2)의 결과로부터 $\dfrac{2\pi}{n+1} < a_n^2 < \dfrac{2\pi}{n}$

$$\therefore \sqrt{\frac{2\pi}{n+1}} < a_n < \sqrt{\frac{2\pi}{n}}$$

한편, $\displaystyle\lim_{n \to \infty} \sqrt{\frac{2\pi}{n+1}} = \lim_{n \to \infty} \sqrt{\frac{2\pi}{n}} = 0$ 이므로 $\displaystyle\lim_{n \to \infty} a_n = 0$

[문제4]

(논제1)

주어진 구간에서 미분 가능인 두 함수 $f(x)$와 $g(x)$에 대하여
$\{f(x)g(x)\}' = f(x)'g(x) + f(x)g(x)'$이 성립하므로

$$\int_a^b \{f(x)g(x)\}'\,dx = \int_a^b \{f'(x)g(x) + f(x)g'(x)\}\,dx$$

이다. 한편 $\int_a^b \{f(x)g(x)\}'\,dx = f(b)g(b) - f(a)g(a)$

이고 $\int_a^b \{f(x)'g(x) + f(x)g(x)'\}\,dx = \int_a^b f'(x)g(x)\,dx + \int_a^b f(x)g'(x)\,dx$ 이므로 정돈하여

$$\int_a^b f(x)g'(x)\,dx = \{f(b)g(b) - f(a)g(a)\} - \int_a^b f'(x)g(x)\,dx$$ 을 얻는다.

(논제2)

$(\sin x)' = \cos x$이므로, 정수 $n \geq 1$에 대하여 $f(x) = (\cos x)^{n-1}$, $g(x) = \sin x$ 라 두면,

$$\int_0^\pi f(x)g'(x)\,dx = \int_0^\pi (\cos x)^{n-1}(\sin x)'\,dx = I_n \text{이다.}$$

(논제3)

$n \geq 2$ 일 때,

$$I_n = \int_0^\pi (\cos x)^n\,dx = \int_0^\pi (\cos x)^{n-1}(\sin x)'\,dx$$

$$= (\cos x)^{n-1}\sin x\big]_0^\pi - \int_0^\pi \{-(n-1)(\cos x)^{n-}\}'(\sin x)^2\,dx$$

$$= (n-1)\int_0^\pi \{(\cos x)^{n-2} - (\cos x)^n\}\,dx = (n-1)I_{n-2} - (n-1)I_n$$

이고 정돈하여 $I_n = \dfrac{n-1}{n}I_{n-2}$을 얻게 된다.

(논제4)

위의 (논제3) 관계식을 반복해서 적용하면

$$I_8 = \frac{7}{8} \cdot \frac{5}{6} \cdot \frac{3}{4} \cdot \frac{1}{2}I_0 = \frac{35}{128}I_0$$

이다. 한편 $I_0 = \int_0^\pi dx = \pi$

이므로 $I_8 = \dfrac{35}{128}\pi$이다.

(논제5)

역시 (논제3)의 관계식을 반복해서 이용하면

$$I_{81} = \frac{80}{81} \cdot \frac{78}{79} \cdots \frac{4}{5} \cdot \frac{2}{3} I_1$$

이다. 한편 $I_1 = \displaystyle\int_0^\pi \cos x \, dx = 0$ 이므로 $I_{81} = 0$ 이다.

[문제5]

(논제1)

$$a_1 = \int_0^{\frac{\pi}{4}} (\tan x)^2 \, dx = \int_0^{\frac{\pi}{4}} \left(\frac{1}{\cos^2 x} - 1 \right) dx = \left[\tan x - x \right]_0^{\frac{\pi}{4}} = 1 - \frac{\pi}{4}$$

(논제2)

$$a_{n+1} = \int_0^{\frac{\pi}{4}} \tan^{2n+2} x \, dx = \int_0^{\frac{\pi}{4}} \tan^{2n} x \left(\frac{1}{\cos^2 x} - 1 \right) dx$$

$$= \int_0^{\frac{\pi}{4}} \tan^{2n} x \cdot \frac{1}{\cos^2 x} \, dx - \int_0^{\frac{\pi}{4}} \tan^{2n} x \, dx$$

$$\left[\frac{1}{2n+1} \tan^{2n+1} x \right]_0^{\frac{\pi}{4}} - a_n = \frac{1}{2n+1} - a_n \quad \cdots\cdots ①$$

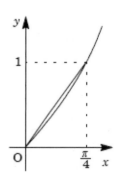

(논제3)

$0 \le x \le \dfrac{\pi}{4}$ 에서 곡선 $y = \tan x$는 아래로 볼록이므로,

$$0 \le \tan x \le \frac{4}{\pi} x, \ 0 \le \tan^{2n} x \le \left(\frac{4}{\pi} \right)^{2n} x^{2n} \quad \cdots\cdots ②$$

②를 0부터 $\dfrac{\pi}{4}$까지 적분하면, $0 \le a_n \le \left(\dfrac{4}{\pi} \right)^{2n} \displaystyle\int_0^{\frac{\pi}{4}} x^{2n} \, dx$

$$0 \le a_n \le \left(\frac{4}{\pi} \right)^{2n} \left[\frac{1}{2n+1} x^{2n+1} \right]_0^{\frac{\pi}{4}} = \frac{1}{2n+1} \left(\frac{4}{\pi} \right)^{2n} \left(\frac{\pi}{4} \right)^{2n+1} = \frac{\pi}{4(2n+1)}$$

그러면 $n \to \infty$ 일 때 $\dfrac{\pi}{4(2n+1)} \to 0$이므로 $\displaystyle\lim_{n \to \infty} a_n = 0$

(논제4)

①의 양변에 $(-1)^{n+2}$을 곱하면,

$$(-1)^{n+2} a_{n+1} = -(-1)^{n+2} a_n + \frac{(-1)^{n+2}}{2n+1} = (-1)^{n+1} a_n + \frac{(-1)^{n+2}}{2n+1}$$

$n \ge 2$에서, $(-1)^{n+1} a_n = (-1)^2 a_1 + \displaystyle\sum_{k=1}^{n-1} \frac{(-1)^{k+2}}{2k+1} = 1 - \frac{\pi}{4} + \sum_{k=2}^{n} \frac{(-1)^{k+1}}{2k-1}$

$$(-1)^{n+1}a_n = 1 - \frac{\pi}{4} + \sum_{k=1}^{n} \frac{(-1)^{k+1}}{2k-1} - \frac{(-1)^2}{1} = -\frac{\pi}{4} + \sum_{k=1}^{n} \frac{(-1)^{k+1}}{2k-1}$$

이상에 의해 (논제3)에서 $\displaystyle\lim_{n \to \infty} \sum_{k=1}^{n} \frac{(-1)^{k+1}}{2k-1} = \lim_{n \to \infty} \left\{ (-1)^{n+1}a_n + \frac{\pi}{4} \right\} = \frac{\pi}{4}$

[문제6]

(논제1)

$n \geq 2$일 때, 조건에 의해

$$a_n = \int_1^e (\ln x)^n dx = \left[x(\ln x)^n \right]_1^e - \int_1^e x \cdot n(\ln x)^{n-1} x^{-1} dx$$

$$= e - n \int_1^e (\ln x)^{n-1} dx = e - na_{n-1} \ (n \geq 2) \ \cdots\cdots \ ①$$

$n \geq 3$일 때 ①에 $a_{n-1} = e - (n-1)a_{n-2} \ \cdots\cdots \ ②$

①-②에서, $a_n - a_{n-1} = -na_{n-1} + (n-1)a_{n-2}$가 되고,

$a_n = (n-1)(a_{n-2} - a_{n-1}) \ (n \geq 3)$

(논제2)

$1 \leq x \leq e$일 때, $(\ln x)^{n+1} \geq 0$ (등호는 $x=1$일 때만 성립)이므로,

$$a_{n+1} = \int_1^e (\ln x)^{n+1} dx > 0$$

또한 (논제1)에 의해 $a_{n+2} = (n+1)(a_n - a_{n+1}) > 0$이므로, $a_n > a_{n+1}$

따라서 $a_n > a_{n+1} > 0$

(논제3)

(논제2)에 의해 $a_{2n-1} > a_{2n} > 0 \ \cdots\cdots \ ③$

또한 (논제1)에 의해, $a_{2n} = (2n-1)(a_{2n-2} - a_{2n+1})(n \geq 2) \ \cdots\cdots \ ④$

③④에 의해, $a_{2n} < (2n-1)(a_{2n-2} - a_{2n})$이 되고,

$2na_{2n} < (2n-1)a_{2n-2}, \ a_{2n} < \dfrac{2n-1}{2n} a_{2n-2} \ \cdots\cdots \ ⑤$

$a_n > 0$이므로, ⑤에서 $a_{2n} < \dfrac{2n-1}{2n} \cdot \dfrac{2n-3}{2n-2} \cdot \ \cdots \ \cdot \dfrac{5}{6} \cdot \dfrac{3}{4} a_2$

이때, $a_2 = \displaystyle\int_1^e (\ln x)^2 dx = e - 2\int_1^e \ln x \, dx = e - 2\left[x\ln x - x \right]_1^e$

$$= e - 2\{e - (e-1)\} = e - 2$$

이상에 의해 $a_{2n} < \dfrac{3 \cdot 5 \cdot \ \cdots \ (2n-1)}{4 \cdot 6 \cdot \ \cdots \ (2n)}(e-2)$

18장. 무한급수와 정적분

[문제1]

(논제1)

$$\begin{cases} x_1 = 2\left(1 + \cos\dfrac{\pi}{6}\right)\cos\dfrac{\pi}{6} = \sqrt{3}\left(1 + \dfrac{\sqrt{3}}{2}\right) \\[3mm] y_1 = 2\left(1 + \cos\dfrac{\pi}{6}\right)\sin\dfrac{\pi}{6} = \left(1 + \dfrac{\sqrt{3}}{2}\right) \end{cases}$$

$$\begin{cases} x_2 = 2\left(1 + \cos\dfrac{\pi}{3}\right)\cos\dfrac{\pi}{3} = \left(1 + \dfrac{1}{2}\right) \\[3mm] y_2 = 2\left(1 + \cos\dfrac{\pi}{3}\right)\sin\dfrac{\pi}{3} = \left(1 + \dfrac{1}{2}\right) \end{cases}$$

$$\therefore \overrightarrow{OP_1} = \begin{pmatrix} x_1 \\ y_1 \end{pmatrix} = \left(1 + \frac{\sqrt{3}}{2}\right)\begin{pmatrix} \sqrt{3} \\ 1 \end{pmatrix}$$

$$\overrightarrow{OP_2} = \begin{pmatrix} x_2 \\ y_2 \end{pmatrix} = \left(1 + \frac{1}{2}\right)\begin{pmatrix} 1 \\ \sqrt{3} \end{pmatrix}$$

$$\therefore \triangle OP_1P_2 = \frac{1}{2}\left(1 + \frac{\sqrt{3}}{2}\right)\left(1 + \frac{1}{2}\right)|1 \cdot 1 - \sqrt{3}\,\sqrt{3}| = \frac{3}{2} + \frac{3\sqrt{3}}{4}$$

(논제2)

$$\begin{aligned} \triangle OP_kP_{k+1} &= \frac{1}{2}2^2\left(1 + \cos\frac{k\pi}{n}\right)\left(1 + \cos\frac{k+1}{n}\pi\right)\times\left|\cos\frac{k\pi}{n}\sin\frac{k+1}{n}\pi - \sin\frac{k}{n}\pi\cos\frac{k+1}{n}\pi\right| \\ &= 2\left(1 + \cos\frac{k\pi}{n}\right)\left(1 + \cos\frac{k+1}{n}\pi\right) \cdot \sin\frac{\pi}{n} \end{aligned}$$

$$\begin{aligned} \therefore S_n &= \sum_{k=0}^{n-2}\triangle OP_kP_{k+1} = 2\sin\frac{\pi}{n}\sum_{k=0}^{n-2}\left(1 + \cos\frac{k}{n}\pi\right)\left(1 + \cos\frac{k+1}{n}\pi\right) \\ &= \left(2n\sin\frac{\pi}{n}\right)\frac{1}{n}\sum_{k=0}^{n-2}\left(1 + \cos\frac{k}{n}\pi\right)\left(1 + \cos\frac{k+1}{n}\pi\right) \quad \cdots\cdots \text{①} \end{aligned}$$

$$\left(1 + \cos\frac{k+1}{n}\pi\right)^2 < \left(1 + \cos\frac{k}{n}\pi\right)\left(1 + \cos\frac{k+1}{n}\pi\right) < \left(1 + \cos\frac{k}{n}\pi\right)^2 \quad \cdots\cdots \text{②}$$

한편,

$$\lim_{n\to\infty}\frac{1}{n}\sum_{k=0}^{n-2}\left(1+\cos\frac{k+1}{n}\pi\right)^2=\int_0^1(1+\cos\pi x)^2dx$$

$$=\int_0^1(1+\cos^2\pi x)dx\left(\because\int_0^1 2\cos\pi x\,dx=0\right)$$

$$=\frac{1}{2}\int_0^1(3+\cos 2\pi x)dx=\frac{3}{2}$$

같은 방법으로

$$\lim_{n\to\infty}\frac{1}{n}\sum_{k=0}^{n-2}\left(1+\cos\frac{k}{n}\pi\right)^2=\int_0^1(1+\cos\pi x)^2dx=\frac{3}{2}$$

②에서

$$\therefore\lim_{n\to\infty}\frac{1}{n}\sum_{k=0}^{n-2}\left(1+\cos\frac{k}{n}\pi\right)\left(1+\cos\frac{k+1}{n}\pi\right)=\frac{3}{2}\quad\cdots\cdots\ ③$$

또한,

$$\lim_{n\to\infty}\left(2n\sin\frac{\pi}{n}\right)=\lim_{x\to\infty}2\pi\frac{\sin\dfrac{\pi}{n}}{\dfrac{\pi}{n}}=2\pi\quad\cdots\cdots\ ④$$

③④를 ①에 대입하면

$$\lim_{x\to\infty}S_n=\lim_{n\to\infty}\sum_{k=0}^{n-2}\triangle OP_kP_{k+1}$$

$$=2\pi\times\frac{3}{2}=3\pi$$

[문제2]

(논제1)

$$A_k=\frac{1}{2}\left|\left(1-\sin\frac{k}{2n}\pi\right)\left(1-\sin\frac{k+1}{2n}\pi\right)\left(\sin\frac{k+1}{n}\pi\cos\frac{k}{n}\pi-\cos\frac{k+1}{n}\pi\sin\frac{k}{n}\pi\right)\right|$$

$$=\frac{1}{2}\left(1-\sin\frac{k}{2n}\pi\right)\left(1-\sin\frac{k+1}{n}\pi\right)\sin\left(\frac{k+1}{n}-\frac{k}{n}\right)\pi$$

$$=\frac{1}{2}\sin\frac{1}{n}\pi\left(1-\sin\frac{k}{2n}\pi\right)\left(1-\sin\frac{k+1}{n}\pi\right)$$

별해

$$A_k=\frac{1}{2}\cdot\overline{OP_k}\cdot\overline{OP_{k+1}}\cdot\sin\frac{1}{n}\pi\ \text{에서}$$

$$\overline{OP_k}=\sqrt{\left(1-\sin\frac{k}{2n}\pi\right)^2\cos^2\frac{k}{n}\pi+\left(1-\sin\frac{k}{2n}\pi\right)^2\sin^2\frac{k}{n}\pi}=1-\sin\frac{k}{2n}\pi\ \text{이므로}$$

$$A_k=\frac{1}{2}\sin\frac{1}{n}\pi\left(1-\sin\frac{k}{2n}\pi\right)\left(1-\sin\frac{k+1}{2n}\pi\right)$$

(논제2)

$0 \le k \le n-2$에서 $0 \le \dfrac{k}{2n}\pi < \dfrac{\pi}{2}$이고 이 구간에서 $\sin$은 증가함수이므로

$\sin\dfrac{k}{2n}\pi \le \sin\dfrac{k+1}{2n}\pi$이다. 따라서 $1-\sin\dfrac{k+1}{2n}\pi \le 1-\sin\dfrac{k}{2n}$이므로

$\left(1-\sin\dfrac{k+1}{2n}\pi\right) \le \left(1-\sin\dfrac{k}{2n}\pi\right)\left(1-\sin\dfrac{k+1}{2n}\pi\right) \le \left(1-\sin\dfrac{k}{2n}\pi\right)^2$이다.

(논제3)

(논제1)의 결과에 의하여 $A_k = \dfrac{1}{2}\sin\dfrac{1}{n}\pi\left(1-\sin\dfrac{k}{2n}\pi\right)\left(1-\sin\dfrac{k+1}{2n}\pi\right)$이므로

$S_n = \displaystyle\sum_{k=0}^{n-2} A_k = \sum_{k=0}^{n-2}\dfrac{1}{2}\sin\dfrac{1}{n}\pi\left(1-\sin\dfrac{k}{2n}\pi\right)\left(1-\sin\dfrac{k+1}{2n}\pi\right)$

이다. 또, (논제2)의 결과에 의하여

$\dfrac{1}{2}\sin\dfrac{1}{n}\pi\displaystyle\sum_{k=0}^{n-2}\left(1-\sin\dfrac{k+1}{2n}\pi\right)^2 \le \dfrac{1}{2}\sin\dfrac{1}{n}\pi\sum_{k=0}^{n-2}\left(1-\sin\dfrac{k}{2n}\pi\right)\left(1-\sin\dfrac{k+1}{2n}\pi\right)$

$\le \dfrac{1}{2}\sin\dfrac{\pi}{n}\displaystyle\sum_{k=0}^{n-2}\left(1-\sin\dfrac{k\pi}{2n}\right)^2$이고

$\displaystyle\lim_{n\to\infty}\dfrac{1}{2}\sin\dfrac{1}{n}\pi\sum_{k=0}^{n-2}\left(1-\sin\dfrac{k+1}{2n}\pi\right)^2 = \lim_{n\to\infty}\dfrac{1}{2}\sin\dfrac{1}{n}\pi\sum_{k=0}^{n-2}\left(1-\sin\dfrac{k}{2n}\pi\right)^2$

$= \displaystyle\lim_{n\to\infty}\dfrac{\pi}{2n}\dfrac{\sin\dfrac{1}{n}\pi}{\dfrac{1}{n}\pi}\sum_{k=0}^{n-2}\left(1-\sin\dfrac{k}{2n}\pi\right)^2$

$= \dfrac{\pi}{2}\displaystyle\int_0^1\left(1-\sin\dfrac{\pi}{2}x\right)^2 dx = \dfrac{\pi}{2}\left(\dfrac{3}{2}-\dfrac{4}{\pi}\right) = \dfrac{3}{4}\pi-2$

이다. 따라서

$\displaystyle\lim_{n\to\infty}S_n = \lim_{n\to\infty}\dfrac{1}{2}\sin\dfrac{1}{n}\pi\sum_{k=0}^{n-2}\left(1-\sin\dfrac{k}{2n}\pi\right)\left(1-\sin\dfrac{k+1}{2n}\pi\right) = \dfrac{3}{4}\pi-2$ 이다.

[문제3]

(논제1)

우선 B를 중심으로 A를 $\dfrac{\pi}{3}$만큼 회전시키면, $AB=1$이므로

점 A의 궤적의 길이는 $1\times\dfrac{\pi}{3}=\dfrac{\pi}{3}$가 된다. 다음으로, C를

중심으로 A를 $\dfrac{\pi}{3}$만큼 회전시키면 $AC = 1\cdot\sin\dfrac{\pi}{3}\times 2 = \sqrt{3}$

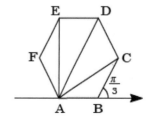

이므로 점 A의 궤적의 길이는 $\sqrt{3}\times\dfrac{\pi}{3}=\dfrac{\sqrt{3}}{3}\pi$가 된다. 또한 D를 중심으로 A를 $\dfrac{\pi}{3}$만큼 회전시키면

$AD = 2$이므로 점 A의 궤적의 길이는 $2 \times \dfrac{\pi}{3} = \dfrac{2}{3}\pi$가 된다.

마찬가지로, E를 중심으로 A를 $\dfrac{\pi}{3}$만큼 회전시키면 점 A의 궤적의 길이는 $\dfrac{\sqrt{3}}{3}\pi$, F를 중심으로

A를 $\dfrac{\pi}{3}$만큼 회전시키면 점 A의 궤적의 길이는 $\dfrac{\pi}{3}$가 되므로,

$$L(6) = \frac{\pi}{3} + \frac{\sqrt{3}}{3}\pi + \frac{2}{3}\pi + \frac{\sqrt{3}}{3}\pi + \frac{\pi}{3} = \frac{2}{3}(2 + \sqrt{3})\pi$$

(논제2)

$B = B_1$이고, 오른쪽 그림과 같이 정점을 설정하면, 구하려 하는 궤적의 길이는

$B_1, B_2, \cdots, B_{n-1}$을 중심으로

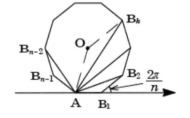

A를 $\dfrac{2\pi}{n}$만큼 회전시킬 때 생기는 호의 길이의 합이다.

여기서 $1 \le k \le n-1$일 때, $\angle AOB_k = \dfrac{2k\pi}{n}$가 되므로,

$\angle AOB_k \le \pi$일 때 $AB_k = 2 \times 1 \cdot \sin\dfrac{2k\pi}{2n} = 2\sin\dfrac{k\pi}{n}$,

$\angle AOB_k > \pi$일 때 $AB_k = 2 \times 1 \cdot \sin\dfrac{1}{2}\left(2\pi - \dfrac{2k\pi}{n}\right) = 2\sin\dfrac{k\pi}{n}$ 이 되고, 양변은 일치하므로,

$$L(n) = \sum_{k=1}^{n-1} 2\sin\frac{k\pi}{n} \cdot \frac{2\pi}{n} = 4\pi \cdot \frac{1}{n}\sum_{k=1}^{n-1}\sin\frac{k\pi}{n}$$

따라서 $\displaystyle\lim_{n \to \infty} L(n) = 4\pi \int_0^1 \sin\pi x \, dx = 4\pi\left[-\frac{1}{\pi}\cos\pi x\right]_0^1 = 8$

[문제4]

(논제1)

$n = 3$인 경우, 점 P_1은 반지름이 $\sqrt{3}$이고 중심각이 $\dfrac{2\pi}{3}$인 원호를 따라 두 번 이동한다.

따라서 이동경로의 길이는 $L_3 = 2 \times \sqrt{3} \times \dfrac{2\pi}{3} = \dfrac{4\sqrt{3}\pi}{3}$이다.

(논제2)

임의의 자연수 $n \ge 3$에 대하여 정n각형을 한 바퀴 굴릴 때, 점 P_1은 반지름이 선분 P_1P_i

($i = 1, 2, \cdots, n$)이고 중심각이 $\dfrac{2\pi}{n}$인 원호를 따라 한 번씩 이동한다. 선분 P_1P_i의 길이는

$2\sin\left(\dfrac{\pi(i-1)}{n}\right)$이므로, 이동경로의 길이는 $L_n = \dfrac{4\pi}{n} \times \displaystyle\sum_{i=1}^{n}\sin\left(\dfrac{\pi(i-1)}{n}\right)$이다.

(논제3)

정적분의 정의로부터 $\displaystyle\lim_{n \to \infty} L_n = 4\int_0^\pi \sin x \, dx = 4\left[-\cos x\right]_0^\pi = 8$ 이다.

19장. 부등식과 적분

[문제1]

(논제1)

$$b_n = \int_{-\frac{\pi}{6}}^{\frac{\pi}{6}} e^{n\sin\theta}\cos\theta\,d\theta = \left[\frac{1}{n}e^{n\sin\theta}\right]_{-\frac{\pi}{6}}^{\frac{\pi}{6}} = \frac{1}{n}\left(e^{\frac{n}{2}} - e^{-\frac{n}{2}}\right)$$

(논제2)

$-\frac{\pi}{6} \leq \theta \leq \frac{\pi}{6}$ 에서 $\frac{\sqrt{3}}{2} \leq \cos\theta \leq 1$ 이며, $e^{n\sin\theta} > 0$ 에서

$$\frac{\sqrt{3}}{2}e^{n\sin\theta} \leq e^{n\sin\theta}\cos\theta \leq e^{n\sin\theta} \cdots\cdots \text{①}$$

여기서, ①의 값들을 $\theta = -\frac{\pi}{6}$ 에서 $\theta = \frac{\pi}{6}$ 까지 적분하면

$$\frac{\sqrt{3}}{2}\int_{-\frac{\pi}{6}}^{\frac{\pi}{6}} e^{n\sin\theta}d\theta \leq \int_{-\frac{\pi}{6}}^{\frac{\pi}{6}} e^{n\sin\theta}\cos\theta\,d\theta \leq \int_{-\frac{\pi}{6}}^{\frac{\pi}{6}} e^{n\sin\theta}d\theta$$

따라서, $\frac{\sqrt{3}}{2}a_n \leq b_n \leq a_n$ 이 되어, $b_n \leq a_n \leq \frac{2}{\sqrt{3}}b_n$ 이다.

(논제3)

(논제1), (논제2)에서, $nb_n \leq na_n \leq \frac{2}{\sqrt{3}}nb_n$ 이 되어,

$$e^{\frac{n}{2}} - e^{-\frac{n}{2}} \leq na_n \leq \frac{2}{\sqrt{3}}\left(e^{\frac{n}{2}} - e^{-\frac{n}{2}}\right) \text{에서}$$

$$\frac{1}{n}\ln\left(e^{\frac{n}{2}} - e^{-\frac{n}{2}}\right) \leq \frac{1}{n}\ln(na_n) \leq \frac{1}{n}\ln\frac{2}{\sqrt{3}}\left(e^{\frac{n}{2}} - e^{-\frac{n}{2}}\right) \cdots\cdots \text{②}$$

여기서, $n \to \infty$ 일 때,

$$\frac{1}{n}\ln\left(e^{\frac{n}{2}} - e^{-\frac{n}{2}}\right) = \frac{1}{n}\ln e^{\frac{n}{2}}\left(1 - e^{-n}\right) = \frac{1}{n}\cdot\frac{n}{2} + \frac{1}{n}\ln\left(1 - e^{-n}\right) \to \frac{1}{2} + 0 = \frac{1}{2}$$

$$\frac{1}{n}\ln\frac{2}{\sqrt{3}}\left(e^{\frac{n}{2}} - e^{-\frac{n}{2}}\right) = \frac{1}{n}\ln\frac{2}{\sqrt{3}} + \frac{1}{n}\ln\left(e^{\frac{n}{2}} - e^{-\frac{n}{2}}\right) \to 0 + \frac{1}{2} = \frac{1}{2}$$

따라서, ②에서 $\lim_{n\to\infty} \frac{1}{n}\ln(na_n) = \frac{1}{2}$

[문제2]

(논제1)

$x + 2 = t$로 두면 $dx = dt$가 되고,

$$\int_{-2}^{2a} \sqrt{a(x+2)}\, dx = \int_0^{2a+2} \sqrt{at}\, dt = \frac{2\sqrt{a}}{3} \left[\sqrt{t^3} \right]_0^{2a+2} = \frac{4\sqrt{2}}{3}\sqrt{a(a+1)^3}$$

(논제2)

$C_1 : y = \sqrt{a(x+2)}$ 와 $C_2 : y = \sqrt{x^2 + 2x}$ 의 교점은

$\sqrt{a(x+2)} = \sqrt{x(x+2)}$, $\sqrt{a} = \sqrt{x}$

따라서 $x = a$가 된다.

여기서 곡선 C_1과 곡선 C_2 및 x 축으로 둘러싸인 부분의

면적 $S_1(a)$는

$$S_1(a) = \int_{-2}^a \sqrt{a(x+2)}\, dx - \int_0^a \sqrt{x^2 + 2x}\, dx$$

또한 곡선 C_1과 곡선 C_2 및 직선 $x = 2a$로 둘러싸인 부분의 면적 $S_2(a)$는

$$S_2(a) = \int_a^{2a} \sqrt{x^2 + 2x}\, dx - \int_a^{2a} \sqrt{a(x+2)}\, dx$$

그리고 $f(a) = S_1(a) - S_2(a)$이므로, (논제1)의 결과를 이용하여

$$f(a) = \int_{-2}^{2a} \sqrt{a(x+2)}\, dx - \int_0^{2a} \sqrt{x^2 + 2x}\, dx$$

$$= \frac{4\sqrt{2}}{3}\sqrt{a(a+1)^3} - \int_0^{2a} \sqrt{x^2 + 2x}\, dx \quad \cdots\cdots \ (*)$$

$$f'(a) = \frac{4\sqrt{2}}{3} \cdot \frac{1}{2} \cdot \frac{(a+1)^3 + 3a(a+1)^2}{\sqrt{a(a+1)^3}} - 2\sqrt{4a^2 + 4a}$$

$$= \frac{2\sqrt{2}}{3} \cdot \frac{(4a+1)\sqrt{a+1}}{\sqrt{a}} - 4\sqrt{a(a+1)}$$

$$= \frac{2\sqrt{2(a+1)}}{3\sqrt{a}}(4a+1 - 3\sqrt{2}\,a) = -\frac{2\sqrt{2(a+1)}}{3\sqrt{a}}\{(3\sqrt{2}-4)a - 1\}$$

여기서 $a = \dfrac{1}{3\sqrt{2}-4} = \dfrac{3\sqrt{2}+4}{2}$ 일 때 $f'(a) = 0$이 되고, $f(a)$의 증감은 아래 표와 같다.

따라서 함수 $f(a)$는 $a = \dfrac{3\sqrt{2}+4}{2}$ 의 경우 극댓값을 갖는다.

a	0	$\cdots$	$\dfrac{3\sqrt{2}+4}{2}$	$\cdots$
$f'(a)$		$+$	0	$-$
$f(a)$		$\nearrow$		$\searrow$

(논제3)

$0 \leq x \leq 2a$에서 $\sqrt{x^2 + 2x} \geq x$이므로

$$\int_0^{2a} \sqrt{x^2 + 2x}\, dx > \int_0^{2a} x\, dx = \left[\frac{x^2}{2}\right]_0^{2a} = 2a^2$$

(논제4)

(*)와 (논제3)의 결과를 이용하면,

$$f(a) < \frac{4\sqrt{2}}{3}\sqrt{a(a+1)^3} - 2a^2 = \frac{4\sqrt{2}}{3}a^2\left(\sqrt{\left(1+\frac{1}{a}\right)^3} - \frac{3\sqrt{2}}{4}\right)$$

여기서 $1 < \dfrac{3\sqrt{2}}{4}$ 에서 $\displaystyle\lim_{a\to\infty} \frac{4\sqrt{2}}{3}a^2\left(\sqrt{\left(1+\frac{1}{a}\right)^3} - \frac{3\sqrt{2}}{4}\right) = -\infty$ 이다.

즉, $a \to \infty$ 일 때 $f(a) < 0$이 된다.

따라서, $\displaystyle\lim_{a\to +0} f(a) = 0$ 과 연결하여 고려하면 $a > \dfrac{3\sqrt{2}+4}{2}$ 에서 $f(a) = 0$가 된다.

즉 $S_1(a) = S_2(a)$이 되는 a가 존재한다.

20장. 적분의 활용

[문제1]

(논제1)

$C_1 : y = \dfrac{\ln x}{x}$ …… ①, $C_2 : y = \dfrac{k}{x}$ …… ②를 연립하면

$\dfrac{\ln x}{x} = \dfrac{k}{x}$, $\ln x = k$ …… ③

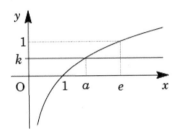

③의 해가 $1 < x < e$에서 한 개 존재하기 위한 조건은

오른쪽 그림에서 $0 < k < 1$

(논제2)

①에서 $y' = \dfrac{1 - \ln x}{x^2}$

그러면 ①의 증감표는 오른쪽 표와 같이 되고, $\displaystyle\lim_{x \to +0} y = -\infty$,

$\displaystyle\lim_{x \to \infty} y = 0$ 를 고려하여 곡선 C_1의 개형, 곡선 C_2의 개형은

x	0	$\cdots$	e	$\cdots$
y'		$+$	0	$-$
y		$\nearrow$	$\dfrac{1}{e}$	$\searrow$

오른쪽 그림과 같이 된다.

그리고 ③의 해는 $x = a$이므로 $\ln a = k$ …… ④

여기서 C_1, C_2, 직선 $x = 1$, $x = e$로 둘러싸인 도형의 넓이 S는 ④를 이용하면

$$S = \int_1^a \left(\frac{k}{x} - \frac{\ln x}{x} \right) dx + \int_a^e \left(\frac{\ln x}{x} - \frac{k}{x} \right) dx$$

$$= \left[k\ln x - \frac{1}{2}(\ln x)^2 \right]_1^a + \left[\frac{1}{2}(\ln x)^2 - k\ln x \right]_a^e$$

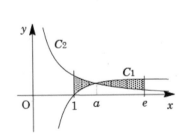

$$= k\ln a - \frac{1}{2}(\ln a)^2 + \left(\frac{1}{2} - k \right) - \frac{1}{2}(\ln a)^2 + k\ln a$$

$$= 2k\ln a - (\ln a)^2 + \frac{1}{2} - k = 2k^2 - k^2 + \frac{1}{2} - k = k^2 - k + \frac{1}{2}$$

(논제3)

(논제2)에서 $S = \left(k - \dfrac{1}{2}\right)^2 + \dfrac{1}{4}$ 이므로 S는 $k = \dfrac{1}{2}$ 일 때 최솟값 $\dfrac{1}{4}$ 을 갖는다.

[문제2]

(논제1)

$f(x) = xe^x$에 대해 $f'(x) = e^x + xe^x = (x+1)e^x$, $f''(x) = e^x + (x+1)e^x = (x+2)e^x$

또한, 모든 x에 대해서, $\{(ax+b)e^x\}' = f(x)$가 성립하므로,

$(a + ax + b)e^x = xe^x$, $\{(a-1)x + a + b\}e^x = 0$

그러면 $a - 1 = a + b = 0$에서 $a = 1$, $b = -1$

(논제2)

곡선 $C : y = f(x)$ 위의 점 $P(p, f(p))\,(p > 0)$에서 C의 접선 l은

$y - f(p) = f'(p)(x - p)$, $y = f'(p)(x - p) + f(p)$ …… (*)

(*)이 $y = c(x - p) + d$와 일치하는 것에서

$c = f'(p) = (p+1)e^p$, $d = f(p) = pe^p$

또한, $x \geq 0$에서 $g(x) = f(x) - \{c(x - p) + d\}$로 두면

$g(x) = f(x) - f'(p)(x - p) - f(p)$

$g'(x) = f'(x) - f'(p)$

$g''(x) = f''(x) = (x + 2)e^x > 0$

x	0	$\cdots$	p	$\cdots$
$g'(x)$		$-$	0	$+$
$g(x)$		$\searrow$	0	$\nearrow$

그러면 $g'(x)$는 단조증가하고, $g(x)$의 증감은 오른쪽 표와 같다.

따라서, $x \geq 0$에서 $g(x) \geq 0$, 즉 $f(x) \geq c(x - p) + d$가 이루어진다.

(논제3)

도형 F는 오른쪽 그림의 색칠된 부분이며, 그 넓이 $S(p)$는

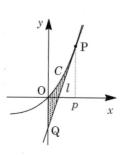

$$S(p) = \int_0^p \{xe^x - (p+1)e^p(x - p) - pe^p\}dx$$

$$= \int_0^p \{xe^x - (p+1)e^px + p^2e^p\}dx$$

$$= \left[(x - 1)e^x - \frac{(p+1)e^p}{2}x^2 + p^2e^px\right]_0^p$$

$$= (p - 1)e^p + 1 - \frac{(p+1)e^p}{2}p^2 + p^3e^p$$

$$= \frac{1}{2}(p^3 - p^2 + 2p - 2)e^p + 1$$

(논제4)

사각형 R이 F를 둘러싸고 있을 때 R의 넓이의 최소 $T(p)$는 $Q(0, -p^2e^p)$에서

$$T(p) = p\{f(p) - (-p^2e^p)\} = p(pe^p + p^2e^p) = (p^3 + p^2)e^p$$

그러면 $\dfrac{S(p)}{T(p)} = \dfrac{1}{2} \cdot \dfrac{p^3 - p^2 + 2p - 2}{p^3 + p^2} + \dfrac{1}{(p^3 + p^2)e^p}$ 이 되므로,

$$\lim_{p \to \infty} \frac{S(p)}{T(p)} = \frac{1}{2} \cdot 1 + 0 = \frac{1}{2}$$

[문제3]

(논제1)

$C : y = x^2 + 2x$ 에 대해 $y' = 2x + 2$

점 $(a, a^2 + 2a)$에서의 접선 l_a의 방정식은

$$y - (a^2 + 2a) = (2a + 2)(x - a)$$

$$y = (2a + 2)x - a^2 \ \cdots\cdots \ ①$$

마찬가지로 접선 l_b의 방정식은 $y = (2b + 2)x - b^2 \ \cdots\cdots \ ②$

①, ②을 연립하여 $(2a + 2)x - a^2 = (2b + 2)x - b^2$

$$2(a - b)x = a^2 - b^2, \ x = \frac{a + b}{2}$$

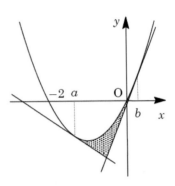

(논제2)

$$S = \int_a^{\frac{a+b}{2}} \{x^2 + 2x - (2a + 2)x + a^2\}dx + \int_{\frac{a+b}{2}}^b \{x^2 + 2x - (2b + 2)x + b^2\}dx$$

$$= \int_a^{\frac{a+b}{2}} (x - a)^2 dx + \int_{\frac{a+b}{2}}^b (x - b)^2 dx = \left[\frac{(x - a)^3}{3}\right]_a^{\frac{a+b}{2}} + \left[\frac{(x - b)^3}{3}\right]_{\frac{a+b}{2}}^b$$

$$= \frac{1}{3}\left(\frac{b - a}{2}\right)^3 - \frac{1}{3}\left(\frac{a - b}{2}\right)^3 = \frac{1}{12}(b - a)^3$$

(논제3)

l_a와 l_b가 수직으로 교차하는 것에서 $(2a + 2)(2b + 2) = -1$이 되고,

$$(a + 1)(b + 1) = -\frac{1}{4} \ \cdots\cdots \ ③$$

그런데, $a < b$이므로, ③에서 $a + 1 < 0 < b + 1$이 되고, 산술·기하 평균의 관계에서

$$b - a = (b + 1) - (a + 1) = b + 1 + \frac{1}{4(b + 1)} \geq 2\sqrt{\frac{1}{4}} = 1$$

등호는 $b + 1 = \dfrac{1}{4(b + 1)}$, 즉 $b + 1 = \dfrac{1}{2}$일 때 성립한다.

이상에서 S의 최솟값은 $\dfrac{1}{12} \cdot 1^3 = \dfrac{1}{12}$이 되고, 이때 $b = -\dfrac{1}{2}$이고,

또한 ③에서 $a + 1 = -\dfrac{1}{4} \cdot 2 = -\dfrac{1}{2}$ 즉 $a = -\dfrac{3}{2}$이다.

[문제1]

(논제1)

$C_1 : y = e^x$ ······ ①, $C_2 : y = k\sqrt{x-a}$ ······ ②에 대하여, ①, ②를 연립하면

$e^x = k\sqrt{x-a}$ ······ ③

③에서 $x \geq a$은 해를 구하기 위한 조건이고, $x = a$에서는 등식이 성립하지 않으므로

$x > a$가 되어

$$\frac{e^x}{\sqrt{x-a}} = k \quad ······ ④$$

여기서 $f(x) = \dfrac{e^x}{\sqrt{x-a}}$ 라 두면,

$$f'(x) = \frac{2e^x(x-a) - e^x}{2(x-a)\sqrt{x-a}} = \frac{e^x(2x-2a-1)}{2(x-a)\sqrt{x-a}}$$

이에 따라 $f(x)$의 증감은 오른쪽 표와 같으므로

x	a	$\cdots$	$a+\frac{1}{2}$	$\cdots$
$f'(x)$		$-$	0	$+$
$f(x)$		$\searrow$		$\nearrow$

$$f\left(a+\frac{1}{2}\right) = \sqrt{2}\, e^{a+\frac{1}{2}}, \quad \lim_{x \to a+0} f(x) = \infty, \quad \lim_{x \to \infty} f(x) = \infty$$

그리고 ④의 해의 조건, 즉 곡선 ①과 ②의 공유점의 조건은 $k \geq \sqrt{2}\, e^{a+\frac{1}{2}}$ 이다.

(논제2)

두 개의 곡선 C_1, C_2은 공유점 $P(t, e^t)$에서 동일한 직선 l에 접하므로 ④에서 한 개의 해 $x = t$를 가지는 것에 대응하므로

$$t = a + \frac{1}{2} \quad ······ ⑤, \quad k = \sqrt{2}\, e^{a+\frac{1}{2}} \quad ······ ⑥$$

따라서, ⑤에서 $a = t - \dfrac{1}{2}$ 이 되고, ⑥에서 $k = \sqrt{2}\, e^t$가 된다.

(논제3)

직선 l이 원점을 지나므로 점 $P(t, e^t)$에서의 C_1의 접선의

기울기는 e^t이므로, $\dfrac{e^t}{t} = e^t$이고 $t = 1$이 된다.

따라서, (논제2)에서 $a = \dfrac{1}{2}$, $k = \sqrt{2}\, e$이므로

$$C_2 : y = \sqrt{2}\, e\sqrt{x - \frac{1}{2}} = e\sqrt{2x-1} \quad ······ ⑦$$

그러므로 C_1, C_2, x축, y축으로 둘러싸인 도형을 y축으로 회전하는

입체의 부피는 V이다.

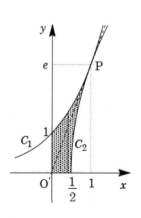

①에서 $x = \ln y$, ⑦에서 $x = \dfrac{1}{2}\left(1 + \dfrac{y^2}{e^2}\right)$이므로

$$V = \pi \int_0^e \frac{1}{4}\left(1 + \frac{y^2}{e^2}\right)^2 dy - \pi \int_1^e (\ln y)^2 dy$$

$$= \frac{\pi}{4} \int_0^e \left(1 + \frac{2y^2}{e^2} + \frac{y^4}{e^4}\right) dy - \pi \left([y(\ln y)^2]_1^e - \int_1^e 2\ln y\, dy\right)$$

$$= \frac{\pi}{4}\left[y + \frac{2y^3}{3e^2} + \frac{y^5}{5e^4}\right]_0^e - \pi\left(e - 2[y\ln y - y]_1^e\right)$$

$$= \frac{\pi}{4}\left(e + \frac{2}{3}e + \frac{1}{5}e\right) - \pi\{e - 2(e - e + 1)\} = \left(2 - \frac{8}{15}e\right)\pi$$

[문제2]

(논제1)

$0 < x < \pi$에서 $C_1 : y = \dfrac{1}{\sqrt{2}\,\sin x}$ ······ ①

$C_2 : y = \sqrt{2}\,(\sin x - \cos x)$ ······ ②

②에서 $C_2 : y = 2\sin\left(x - \dfrac{\pi}{4}\right)$이므로 C_1, C_2의 개형은

오른쪽 그림과 같다. 그리고 ①, ②를 연립하면

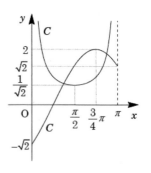

$$\frac{1}{\sqrt{2}\,\sin x} = \sqrt{2}\,(\sin x - \cos x)$$

$$2\sin^2 x - 2\sin x \cos x = 1, \quad (1 - \cos 2x) - \sin 2x = 1$$

$$\sin 2x + \cos 2x = 0, \quad \sqrt{2}\,\sin\left(2x + \frac{\pi}{4}\right) = 0$$

또한, $\dfrac{\pi}{4} < 2x + \dfrac{\pi}{4} < \dfrac{9}{4}\pi$에서 $2x + \dfrac{\pi}{4} = \pi$, 2π이므로 C_1과 C_2의 공유점의 x의 좌표는

$x = \dfrac{3}{8}\pi$, $\dfrac{7}{8}\pi$가 된다.

(논제2)

C_1과 C_2으로 둘러싸인 도형을 x축 둘레로 회전할 때

생기는 도형의 회전체 부피 V는 오른쪽 그림에서

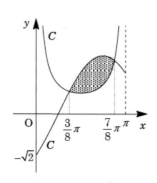

$$V = \pi \int_{\frac{3}{8}\pi}^{\frac{7}{8}\pi} 2(\sin x - \cos x)^2 dx - \pi \int_{\frac{3}{8}\pi}^{\frac{7}{8}\pi} \frac{1}{2\sin^2 x} dx$$

$$V_1 = \int_{\frac{3}{8}\pi}^{\frac{7}{8}\pi} (\sin x - \cos x)^2 dx, \quad V_2 = \int_{\frac{3}{8}\pi}^{\frac{7}{8}\pi} \frac{1}{\sin^2 x} dx$$

이라 하면 $V = 2\pi V_1 - \dfrac{1}{2}\pi V_2$ 가 되므로

$$V_1 = \int_{\frac{3}{8}\pi}^{\frac{7}{8}\pi} (1 - \sin 2x)dx = \left[x + \frac{1}{2}\cos 2x \right]_{\frac{3}{8}\pi}^{\frac{7}{8}\pi} = \frac{\pi}{2} + \frac{1}{2}\left(\frac{1}{\sqrt{2}} + \frac{1}{\sqrt{2}} \right) = \frac{\pi}{2} + \frac{\sqrt{2}}{2}$$

$$V_2 = \left[-\frac{1}{\tan x} \right]_{\frac{3}{8}\pi}^{\frac{7}{8}\pi} = -\frac{1}{\tan \frac{7}{8}\pi} + \frac{1}{\tan \frac{3}{8}\pi} = -\frac{\cos \frac{7}{8}\pi}{\sin \frac{7}{8}\pi} + \frac{\cos \frac{3}{8}\pi}{\sin \frac{3}{8}\pi}$$

$$= \frac{-\cos \frac{7}{8}\pi \sin \frac{3}{8}\pi + \sin \frac{7}{8}\pi \cos \frac{3}{8}\pi}{\sin \frac{7}{8}\pi \sin \frac{3}{8}\pi} = \frac{2\sin\left(\frac{7}{8}\pi - \frac{3}{8}\pi \right)}{\cos\left(\frac{7}{8}\pi - \frac{3}{8}\pi \right) - \cos\left(\frac{7}{8}\pi + \frac{3}{8}\pi \right)}$$

$$= \frac{2}{\frac{1}{\sqrt{2}}} = 2\sqrt{2}$$

따라서 $V = 2\pi\left(\frac{\pi}{2} + \frac{\sqrt{2}}{2} \right) - \frac{1}{2}\pi \cdot 2\sqrt{2} = \pi^2$ 이 된다.

[문제3]

(논제1)

$C(a, 0)$, $D(b, 0)$이면,

$$E = \triangle OAC + \int_a^b \frac{1}{x}dx - \triangle OBD$$

$$= \frac{1}{2}a \cdot \frac{1}{a} + [\ln x]_a^b - \frac{1}{2}b \cdot \frac{1}{b}$$

$$= \ln b - \ln a = \ln \frac{b}{a}$$

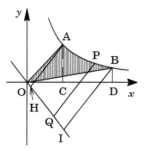

(논제2)

점 $P\left(c, \frac{1}{c}\right)$과 직선 $x + y = 0$의 거리가 t이므로

$$t = \frac{\left| c + \frac{1}{c} \right|}{\sqrt{1^2 + 1^2}}, \quad \sqrt{2}\,t = c + \frac{1}{c} \quad \cdots\cdots \text{①}$$

또한 $OP = \sqrt{c^2 + \frac{1}{c^2}}$ 임에 따라 피타고라스의 정리에 의해 $s^2 + t^2 = c^2 + \frac{1}{c^2}$ $\cdots\cdots$ ②

②에 의해 $s^2 + t^2 = \left(c + \frac{1}{c} \right)^2 - 2$

①에 대입하면 $s^2 + t^2 = 2t^2 - 2$, $t^2 = s^2 + 2$ $\cdots\cdots$ ③

(논제3)

점 A, B에서 직선 $y=-x$로 내려온 수선의 발이 각각 H, I이면, ①에 의해

$AH=\dfrac{1}{\sqrt{2}}\left(a+\dfrac{1}{a}\right)$ 이 되므로 ③에서 $s^2=t^2-2$이면

$$OH^2=AH^2-2=\dfrac{1}{2}\left(a+\dfrac{1}{a}\right)^2-2=\dfrac{1}{2}\left(a^2-2+\dfrac{1}{a^2}\right)=\dfrac{1}{2}\left(a-\dfrac{1}{a}\right)^2$$

$a>1$이므로 $OH=\dfrac{1}{\sqrt{2}}\left(a-\dfrac{1}{a}\right)$

마찬가지로, $BI=\dfrac{1}{\sqrt{2}}\left(b+\dfrac{1}{b}\right)$, $OI=\dfrac{1}{\sqrt{2}}\left(b-\dfrac{1}{b}\right)$

여기서 $OH=\dfrac{1}{\sqrt{2}}\left(a-\dfrac{1}{a}\right)=\alpha$, $OI=\dfrac{1}{\sqrt{2}}\left(b-\dfrac{1}{b}\right)=\beta$ 라 하고 ③을 이용하면,

$AH^2=\alpha^2+2$, $BI^2=\beta^2+2$가 되므로,

$$V=\dfrac{1}{3}\pi AH^2\cdot OH+\int_{\alpha}^{\beta}\pi t^2 ds-\dfrac{1}{3}\pi BI^2\cdot OI$$

$$=\dfrac{1}{3}\pi(\alpha^2+2)\alpha+\int_{\alpha}^{\beta}\pi(s^2+2)ds-\dfrac{1}{3}\pi(\beta^2+2)\beta$$

$$=\dfrac{1}{3}\pi(\alpha^2+2)\alpha+\pi\left[\dfrac{1}{3}s^3+2s\right]_{\alpha}^{\beta}-\dfrac{1}{3}\pi(\beta^2+2)\beta$$

$$=\dfrac{1}{3}\pi(\alpha^3+2\alpha)+\dfrac{1}{3}\pi(\beta^3-\alpha^3)+2\pi(\beta-\alpha)-\dfrac{1}{3}\pi(\beta^3+2\beta)$$

$$=\dfrac{2}{3}\pi\alpha+2\pi\beta-2\pi\alpha-\dfrac{2}{3}\pi\beta=\dfrac{4}{3}\pi(\beta-\alpha)$$

$$=\dfrac{4}{3}\pi\cdot\dfrac{1}{\sqrt{2}}\left(b-\dfrac{1}{b}-a+\dfrac{1}{a}\right)=\dfrac{2\sqrt{2}}{3}\pi\left(b-a-\dfrac{1}{b}+\dfrac{1}{a}\right)$$

(논제4)

$b=a+1$일 때, $E=\ln\dfrac{a+1}{a}=\ln\left(1+\dfrac{1}{a}\right)$ 이므로,

$$\lim_{a\to\infty}E=\lim_{a\to\infty}\ln\left(1+\dfrac{1}{a}\right)=0$$

또한, $V=\dfrac{2\sqrt{2}}{3}\pi\left(a+1-a-\dfrac{1}{a+1}+\dfrac{1}{a}\right)=\dfrac{2\sqrt{2}}{3}\pi\left(1-\dfrac{1}{a+1}+\dfrac{1}{a}\right)$ 이므로

$$\lim_{a\to\infty}V=\lim_{a\to\infty}\dfrac{2\sqrt{2}}{3}\pi\left(1-\dfrac{1}{a+1}+\dfrac{1}{a}\right)=\dfrac{2\sqrt{2}}{3}\pi$$

[문제1]

(논제1)

$$\{x'(t)\}^2 + \{y'(t)\}^2 = \{f'(t)\cos t - f(t)\sin t\}^2 + \{f'(t)\sin t + f(t)\cos t\}^2$$
$$= \{f'(t)\}^2(\cos^2 t + \sin t) + \{f(t)\}^2(\sin^2 t + \cos^2 t)$$
$$= \{f'(t)\}^2 + \{f(t)\}^2$$

따라서 $L = \int_a^b \sqrt{\{x'(t)\}^2 + \{y'(t)\}^2}\, dt = \int_a^b \sqrt{\{f(t)\}^2 + \{f'(t)\}^2}\, dt$

(논제2)

$$\{f(t)\}^2 + \{f'(t)\}^2 \leq \{f(t)\}^2 + \{f'(t)\}^2 + 2|f(t)||f'(t)|$$
$$= (|f(t)| + |f'(t)|)^2$$
$$\sqrt{\{f(t)\}^2 + \{f'(t)\}^2} \leq (|f(t)| + |f'(t)|)$$

이므로 $L = \int_a^b \sqrt{\{f(t)\}^2 + \{f'(t)\}^2}\, dt \leq \int_a^b \{|f(t)| + |f'(t)|\}\, dt$

(논제3)

$f(t) = e^{-\sqrt{t}}$, $f'(t) = -\dfrac{1}{2\sqrt{t}} e^{-\sqrt{t}}$ 에 따라

$$\int_1^4 \{|f(t)| + |f'(t)|\}\, dt = \int_1^4 \left(e^{-\sqrt{t}} + \frac{1}{2\sqrt{t}} e^{-\sqrt{t}}\right) dt$$
$$= \int_1^2 \left(e^{-s} + \frac{1}{2s} e^{-s}\right) 2s\, ds \ (s = \sqrt{t} \text{ 으로 함})$$
$$= \int_1^2 (2s+1) e^{-s}\, ds$$
$$= -\left[(2s+1)e^{-2}\right]_1^2 + \int_1^2 2s^{-s}\, ds$$
$$= -\left(\frac{5}{e^2} - \frac{3}{e}\right) - 2\left(\frac{1}{e^2} - \frac{1}{e}\right)$$
$$= \frac{5}{e} - \frac{7}{e^2}$$

따라서 (논제2)에 의해 $L \leq \dfrac{5}{e} - \dfrac{7}{e^2}$ 이다.

[문제2]

(논제1)

$x = \sin t - t\cos t$ ······ ①, $y = \cos t + t\sin t$ ······ ②

①에 의해 $\dfrac{dx}{dt} = \cos t - \cos t + t\sin t = t\sin t$

②에 의해 $\dfrac{dy}{dt} = -\sin t + \sin t + t\cos t = t\cos t$

t	0	$\cdots$	$\dfrac{\pi}{2}$	$\cdots$	π
$\dfrac{dx}{dt}$	0	$+$		$+$	0
x	0	$\nearrow$	1	$\nearrow$	π
$\dfrac{dy}{dt}$	0	$+$	0	$-$	
y	1	$\nearrow$	$\dfrac{\pi}{2}$	$\searrow$	-1

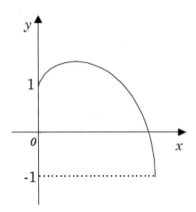

$\left(\dfrac{dx}{dt}\right)^2 + \left(\dfrac{dy}{dt}\right)^2 = t^2\sin^2 t + t^2\cos^2 t = t^2$

따라서 곡선 C의 길이 l은

$l = \displaystyle\int_0^\pi \sqrt{t^2}\,dt = \left[\dfrac{t^2}{2}\right]_0^\pi = \dfrac{\pi^2}{2}$

(논제2)

점 P에 접하는 접선의 방향벡터, 다시 말해 법선의 법선벡터가

$\left(\dfrac{dx}{dt},\ \dfrac{dy}{dt}\right) = t(\sin t,\ \cos t)$이다.

$t \neq 0$일 때 법선의 방정식은

$\sin t(x - \sin t + t\cos t) + \cos t(y - \cos t - t\sin t) = 0$

$x\sin t + y\cos t = 1$ ······ ③

원점에서 ③에 내린 수선의 발은, 법선벡터를 $(-\cos t,\ \sin t)$로 둘 수 있기 때문에

$-x\cos t + y\sin t = 0$ ······ ④

③과 ④의 교점 $Q(x, y)$가 법선 위에서 원점까지의 거리가 최단이 되는 점이다.

③ $\times x$ + ④ $\times y$ 이므로, $(x^2 + y^2)\sin t = x$, $\sin t = \dfrac{x}{x^2 + y^2}$ ······ ⑤

③ $\times y$ - ④ $\times x$ 이므로, $(x^2 + y^2)\cos t = y$, $\cos t = \dfrac{y}{x^2 + y^2}$ ······ ⑥

⑤, ⑥에 의해 $\dfrac{x^2}{(x^2+y^2)^2}+\dfrac{y^2}{(x^2+y^2)^2}=1$, 따라서 $x^2+y^2=1$

여기서, $0<t\le\pi$임에 따라 $0\le\sin t\le1$, $-1\le\cos t<1$ 이므로, $0\le x\le1$, $-1\le y<1$

또한, $t=0$일 때 $P(0,\,1)$이므로 법선은 $y=1$이고, $Q(0,\,1)$이 된다.

이상에 의해 점 Q의 궤적은 원 $x^2+y^2=1\ (x\ge0)$

(논제3)

$$\int_0^\pi t\sin2t\,dt=\left[-\frac{1}{2}t\cos2t\right]_0^\pi+\frac{1}{2}\int_0^\pi\cos2t\,dt=-\frac{1}{2}\pi$$

(논제4)

$$S=\int_0^\pi(y+1)dx=\int_0^\pi(\cos t+t\sin t+1)t\sin t\,dt$$

$$=\int_0^\pi\left(t\frac{1}{2}\sin2t+t^2\frac{1-\cos2t}{2}+t\sin t\right)dt$$

여기서 (논제3)에 의해 $\dfrac{1}{2}\displaystyle\int_0^\pi t\sin2t\,dt=-\dfrac{1}{4}\pi$ 또한 $\dfrac{1}{2}\displaystyle\int_0^\pi t^2\,dt=\dfrac{1}{2}\cdot\dfrac{\pi^3}{3}=\dfrac{\pi^3}{6}$

$$\frac{1}{2}\int_0^\pi t^2\cos2t\,dt=\frac{1}{2}\left\{\left[\frac{1}{2}t^2\sin2t\right]_0^\pi-\int_0^\pi t\sin2t\,dt\right\}=-\frac{1}{2}\int_0^\pi t\sin2t\,dt=\frac{1}{4}\pi$$

$$\int_0^\pi t\sin t\,dt=[-t\cos t]_0^\pi+\int_0^\pi\cos t\,dt=\pi$$

따라서 $S=-\dfrac{1}{4}\pi+\dfrac{\pi^3}{6}-\dfrac{1}{4}\pi+\pi=\dfrac{\pi^3}{6}+\dfrac{1}{2}\pi$

21장. 순열, 조합과 이항정리

[문제1]

(논제1)

$n = 1$일 때, 좌변$= 1 + x > 1 = $우변에서 성립한다.

$n \geq 2$일 때 이항전개에 의하여

$$(1+x)^n = \sum_{k=0}^{n} {}_n C_k \, x^k = 1 + nx + \frac{n(n-1)}{2}x^2 + \cdots + x^n$$

여기서 $x > 0$, ${}_n C_k > 0$에서 $(1+x)^n > 1 + \frac{n(n-1)}{2}x^2$

(논제2)

$a_n = (1+n)^{\frac{1}{n}} - 1 > 0$에서 $(1 + a_n)^n = 1 + n$

$a_n > 0$에서 (논제1)을 적용해서 $1 + n = (1 + a_n)^n > 1 + \frac{n(n-1)}{2}a_n^2$

그러므로 $n \geq 2$일 때 $0 < a_n < \sqrt{\dfrac{2}{n-1}} \to 0 \ (n \to \infty)$

$\therefore \lim_{n \to \infty} a_n = 0$

(논제3)

$$\int_0^1 \sin^n \pi x \, dx = 2 \int_0^{\frac{1}{2}} \sin^n \pi x \, dx$$

$2x \leq \sin \pi x \leq 1$에서 $\displaystyle\int_0^{\frac{1}{2}} (2x)^n dx \leq \int_0^{\frac{1}{2}} \sin^n \pi x \, dx \leq \int_0^{\frac{1}{2}} dx$

$$2^n \left[\frac{x^{n+1}}{n+1} \right]_0^{\frac{1}{2}} = \frac{1}{2(n+1)} \leq \int_0^{\frac{1}{2}} \sin^n \pi x \, dx \leq \frac{1}{2}$$

따라서

$$\frac{1}{n+1} \leq \int_0^1 \sin^n \pi x \, dx \leq 1$$

(논제2)에서 $\lim\limits_{n \to \infty}\left(\dfrac{1}{n+1}\right)^{\frac{1}{n}} = \lim\limits_{n \to \infty}\dfrac{1}{(n+1)^{\frac{1}{n}}} = 1$

$\therefore \lim\limits_{n \to \infty}\left(\displaystyle\int_0^1 \sin^n \pi x\, dx\right)^{\frac{1}{n}} = 1$

[문제2]

(논제1)

$1 \le k \le n$에 대해,

$$_nC_k = \frac{n(n-1)(n-2)\cdots(n-k+1)}{k!} = \frac{n}{k}\cdot\frac{n-1}{k-1}\cdot\frac{n-2}{k-2}\cdot\cdots\cdot\frac{n-k+2}{2}\cdot\frac{n-k+1}{1}$$

이때 $0 \le l \le k-1$이면 $n(k-l) \le k(n-l)$이므로, $\dfrac{n-l}{k-l} \ge \dfrac{n}{k}$이 되고,

또한, $\dfrac{n(n-1)(n-2)\cdots(n-k+1)}{k!} \le \dfrac{n^k}{k!} \le \dfrac{n^k}{2^{k-1}}$이므로,

$$\left(\frac{n}{k}\right)^k \le\, _nC_k \le \frac{n^k}{2^{k-1}}$$

(논제2)

(논제1)에 의해, $\left(\dfrac{n}{k}\right)^k \le\, _nC_k$이므로, 이항정리를 이용하면,

$$\sum_{k=1}^{n}\left(\frac{n}{k}\right)^k \le \sum_{k=1}^{n}{_nC_k} < \sum_{k=0}^{n}{_nC_k} = (1+1)^n = 2^n$$

따라서 $\dfrac{1}{2^n}\displaystyle\sum_{k=1}^{n}\left(\dfrac{n}{k}\right)^k < 1$

(논제3)

(논제1)에 의해 $_nC_k \le \dfrac{n^k}{2^{k-1}}$이므로, 이항정리를 이용하면,

$$\left(1+\frac{1}{n}\right)^n = 1 + \sum_{k=1}^{n}{_nC_k}\left(\frac{1}{n}\right)^k \le 1 + \sum_{k=1}^{n}\frac{n^k}{2^{k-1}}\left(\frac{1}{n}\right)^k = 1 + \sum_{k=1}^{n}\left(\frac{1}{2}\right)^{k-1}$$

이때, $\displaystyle\sum_{k=1}^{n}\left(\frac{1}{2}\right)^{k-1} = \dfrac{1-\left(\frac{1}{2}\right)^n}{1-\frac{1}{2}} = 2 - 2\left(\frac{1}{2}\right)^n < 2$가 되므로,

$$\left(1+\frac{1}{n}\right)^n < 1 + 2 = 3$$

[문제3]

(논제1)

$n=1$일 때 A지점에서 B지점까지 신호 전환이 일어나지 않을 확률은 $\left(\dfrac{3}{4}\right)^2$, 전환이 2번 일어날 확률은

$\left(\dfrac{1}{4}\right)^2$이므로

$$P_2 = \left(1-\frac{1}{4}\right)^2 + \left(\frac{1}{4}\right)^2 = \frac{9}{16} + \frac{1}{16} = \frac{5}{8}$$

(논제2)

$$(a+b)^{2n} = \sum_{k=0}^{n} {}_{2n}C_{2k}\,a^{2n-2k}b^{2k} + \sum_{k=1}^{n} {}_{2n}C_{2k-1}\,a^{2n-2k+1}b^{2k-1} \quad \cdots\cdots ①$$

$$(a-b)^{2n} = \sum_{k=0}^{n} {}_{2n}C_{2k}\,a^{2n-2k}(-b)^{2k} + \sum_{k=1}^{n} {}_{2n}C_{2k-1}\,a^{2n-2k+1}(-b)^{2k-1}$$

$$= \sum_{k=0}^{n} {}_{2n}C_{2k}\,a^{2n-2k}b^{2k} - \sum_{k=1}^{n} {}_{2n}C_{2k-1}\,a^{2n-2k+1}b^{2k-1} \quad \cdots\cdots ②$$

①+②에 의해

$$(a+b)^{2n} + (a-b)^{2n} = 2\sum_{k=0}^{n} {}_{2n}C_{2k}\,a^{2n-2k}b^{2k} \quad \cdots\cdots ③$$

(논제3)

A지점에서 B지점까지 신호 전환이 $0, 2, 4, \cdots, 2n$ 회 일어날 때 0이 0으로 도달해야 하므로

$p_n = \dfrac{1}{4n}$, $q_n = 1 - \dfrac{1}{4n}$ 이라하면,

$$P_{2n} = q_n^{2n} + {}_{2n}C_2\,p_n^{2}q_n^{2n-2} + {}_{2n}C_4\,p_n^{4}q_n^{2n-4} + \cdots + {}_{2n}C_{2n-2}\,p_n^{2n-2}q_n^{2} + p_n^{2n}$$

$$= \sum_{k=0}^{n} {}_{2n}C_{2k}\,q_n^{2n-2k}p_n^{2k}$$

$$= \frac{1}{2}\left\{ (q_n+p_n)^{2n} + (q_n-p_n)^{2n} \right\} \text{ (③에 의해)}$$

$$= \frac{1}{2}\left\{ 1 + \left(1 - \frac{1}{2n}\right)^{2n} \right\}$$

(논제4)

$$\lim_{n\to\infty} P_{2n} = \frac{1}{2}\lim_{n\to\infty}\left\{ 1 + \left(1 - \frac{1}{2n}\right)^{2n} \right\} = \frac{1}{2}\lim_{n\to\infty}\left\{ 1 + \left(\left(1 + \frac{1}{-2n}\right)^{-2n}\right)^{-1} \right\} = \frac{1}{2}\left(1 + \frac{1}{e}\right)$$

[문제4]

(논제1)

a_n의 초기항 a_1과 a_2를 구하기 위해 제시문 (라)에 있는 a_n의 정의를 이용한다.

먼저 $n = 1$인 경우, $x + y + z = 1$의 음이 아닌 정수해의 순서쌍 (x, y, z)는 $(1, 0, 0)$,

$(0, 1, 0)$, $(0, 0, 1)$으로 3개다. 따라서 $a_1 = 3$이다.

또, $n = 2$인 경우, $x + y + z = 2$의 음이 아닌 정수해의 순서쌍 (x, y, z)는 $(2, 0, 0)$, $(0, 2, 0)$,

$(0, 0, 2)$, $(1, 1, 0)$, $(1, 0, 1)$, $(0, 1, 1)$으로 6개다. 따라서 $a_2 = 6$이다.

(논제2)

문제에서 z의 값이 1이상$(z \geq 1)$이라고 하였으므로, $z' = z - 1$은 음이 아닌 정수가 된다.

그런데 $x + y + z = n$의 음이 아닌 정수해의 순서쌍 (x, y, z)가 $z \geq 1$을 만족한다면,

$z = z' + 1$로 치환을 하면 $x + y + z = x + y + (z' + 1) = n$이 되어, $x + y + z' = n - 1$을 만족하게 된

다. 즉, $x + y + z = n$의 음이 아닌 정수해의 순서쌍 (x, y, z) 중에서 $z \geq 1$을 만족하는 것과

$x + y + z' = n - 1$을 만족하는 음이 아닌 정수해의 순서쌍 (x, y, z')이 일대일 대응관계를 가진다. 여기

서 후자의 순서쌍 개수는 제시문 (라)에 주어진 a_n의 정의로부터 a_{n-1}과 같다. 따라서 전자의 순서쌍의

개수 역시 a_{n-1}과 같다.

이제 $x + y + z = n$의 음이 아닌 정수해의 순서쌍 (x, y, z)를 $z \geq 1$인 경우와 $z = 0$인 경우로 나누자.

전자인 경우의 개수는 앞 문단에서 a_{n-1}임을 보였다. 후자인 경우는

$(x, y) = (n, 0)$, $(n - 1, 1)$, $\cdots$, $(0, n)$이 되어 총 $n + 1$개가 된다.

따라서, a_n은 이 둘의 합이 되어 $a_n = a_{n-1} + (n + 1)$이다.

(논제3)

제시문 (다)에 주어진 이항정리식에 $x = y = 1$라는 값을 대입하면, 좌변은 $(x + y)^n = (1 + 1)^2$

$= 2^n$이 되고, 좌변에 대입하면 $\sum_{k=0}^{n} {}_n C_k X^{n-k} Y^k = \sum_{k=0}^{n} {}_n C_k 1^{n-k} 1^k = \sum_{k=0}^{n} {}_n C_k$이다. 그런데 제시문

(가)와 제시문 (나)에 정의된 이항계수 ${}_n C_k$는 모든 k에 대해 ${}_n C_k \geq 1$이므로 $\sum_{k=0}^{n} {}_n C_k \geq \sum_{k=0}^{n} 1 = n + 1$이

다. 좌변과 우변의 결과를 비교하면 $2^n \geq n + 1$ (n은 자연수)라고 결론내릴 수 있다.

(논제4)

수학적 귀납법을 이용하기 위해 우성 a_1을 계산하면 $a_1 = 3 < 4 = 2^{1+1}$이므로 $n = 1$일 때 문제에 주어

진 부등식을 만족한다.

$a_{n-1} \leq 2^n$이 성립한다고 가정하면, $a_n = a_{n-1} + (n + 1) \leq 2^n + 2^n = 2 \times 2^n = 2^{n+1}$이 성립하게 되

어, 수학적 귀납법에 의해 주어진 부등식은 모든 자연수에 대해 항상 성립한다.

[문제5]

(논제1)

$$4^n = (1+1)^{2n} = \,_{2n}C_0 + \,_{2n}C_1 + \cdots + \,_{2n}C_n + \cdots + \,_{2n}C_{2n}$$

(논제2)

(논제1)에 의해 $4^n = \,_{2n}C_0 + \,_{2n}C_1 + \cdots + \,_{2n}C_n + \cdots + \,_{2n}C_{2n} > \,_{2n}C_n$ 이 성립한다.

이제 $a=3$ 인 경우는 모든 n 에 대해 3^n 이 $_{2n}C_n$ 보다 크지 않음을 보이자.

$n=5$ 일 때, $3^5 = 243$, $_{10}C_5 = 252$ 이므로 $3^5 < \,_{10}C_5$. 즉, 모든 n 에 대하여 a^n 이 $_{2n}C_n$ 보다 크게 되는 최소의 자연수는 4 이다.

(논제3)

답은 4 이다. $0 < a < 4$ 이라면, n 이 충분히 클 때 a^n 이 $_{2n}C_n$ 보다 작음을 보이면 된다.

수열 $b_n = \,_{2n}C_n$ 에 대하여 $\displaystyle\lim_{n \to \infty} \frac{b_{n+1}}{b_n}$ 을 계산해 보면

$$\lim_{n \to \infty} \frac{b_{n+1}}{b_n} = \lim_{n \to \infty} \frac{\dfrac{(2n+2)!}{(n+1)!(n+1)!}}{\dfrac{(2n)!}{n!\,n!}} = \lim_{n \to \infty} \frac{(2n+2)(2n+1)}{(n+1)(n+1)} = 4$$

이다. 따라서 제시문 (나)에 의해 만일 $a < 4$ 이라면 충분히 큰 n 에 대해 $a^n < b_n$ 이 성립하게 된다. 따라서 최솟값은 4가 된다.

22장. 확률 일반

[문제1]

(논제1)

$\overline{AC} = x$, $\overline{AD} = y$ 라고 하면 $0 \le x \le 2a$, $0 \le y \le 2a$ ······①

이 부등식을 만족하는 점 (x, y)의 영역은 한 변이 $2a$인 정사각형의

내부(경계 포함)이다.

한편 $\overline{CD} \le a$를 만족하는 점 (x, y)는 $|x - y| \le a$ 를 만족하고,

동시에 ①을 만족해야 하므로 그림의 점 찍은 부분에 존재한다.

$$\therefore P(\overline{CD} \le a) = \frac{(\text{점 찍은 부분의 넓이})}{(\text{정사각형의 넓이})} = \frac{(2a)^2 - a^2}{(2a)^2} = \frac{3}{4}$$

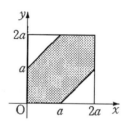

(논제2)

점 A의 좌표를 (x_1, y_1)이라 하고, 점 B의 좌표를 (x_2, y_2)라 하면 전체 경우의 수는

$0 \le x_1 \le 3$, $0 \le x_2 \le 3$, $0 \le y_1 \le 3$, $0 \le y_2 \le 3$

이므로 $-3 \le x_2 - x_1 \le 3$, $-3 \le y_2 - y_1 \le 3$ 이고, 조건을 만족하는 경우의 수는

$$\sqrt{(x_2 - x_1)^2 + (y_2 - y_1)^2} \le \sqrt{3}$$

이므로 구하고자 하는 확률은 $\dfrac{3\pi}{36}$ 이므로 $\dfrac{\pi}{12}$ 이다.

(논제3)

두 사람이 도착하는 시각이 각각 12시 x분, 12시 y분이라고 하면

$0 \le x \le 60$, $0 \le y \le 60$ ······①

이 부등식을 만족하는 점 (x, y)가 존재하는 영역은 한 변의 길이가 60인 정사각형의 내부(경계 포함)이다. 한편 두 사람이 만날 때 점 (x, y)는 $|x - y| \le 20$ 을 만족하고 동시에 ①을 만족해야 하므로 그림의 점 찍은 부분에 존재한다.

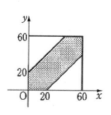

$$\therefore \frac{60^2 - 40^2}{60^2} = \frac{5}{9}$$

(논제4)

확률은 $\dfrac{67}{288}$ 이고, 현아가 5분을 더 기다릴 때 만날 확률은 더 커진다.

[문제2]

(논제1)

정오와 오후 1시 사이에 진우와 서희가 신촌역에 도착하는 시각을 각각 x, y라 하면 x축, y축을 진우 서희가 각각 도착 가능한 시간 축으로 하는 표본공간을 아래 [그림 1]과 같이 가로 세로의 길이가 1인 정사각형으로 구성할 수 있다. 여기서 두 사람이 만날 경우는 도착시각의 차이가 10분 즉 $\dfrac{1}{6}$ 시간 이하일 때이므로 다음과 같은 식으로 나타낼 수 있다.

$|x-y| \leq \dfrac{1}{6}$ (단, $0 \leq x \leq 1$, $0 \leq y \leq 1$)

위 식을 정리하면 $-\dfrac{1}{6} \leq x-y \leq \dfrac{1}{6}$ 이고 이것을 좌표평면 위에 나타내면 두 사람이 만날 경우는 [그림 1]의 색칠한 부분이 된다.

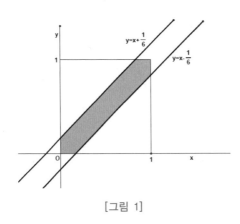

[그림 1]

따라서 두 사람이 만날 확률 $P = \dfrac{색칠한\ 부분의\ 넓이}{정사각형의\ 넓이} = \dfrac{1-\left(\dfrac{5}{6}\right)^2}{1} = \dfrac{11}{36}$ 이다

(논제2)

제시문 (라)의 내용을 [그림2]를 이용해서 다음과 같은 내용으로 재구성할 수 있다. 연필의 중심에서 시초선까지의 거리를 y라 하고 연필과 시초선이 이루는 각을 x, 승강장 너비를 D라 하면 $0 \leq y \leq D$, $0 \leq x \leq \pi$이다. 따라서 표본공간은 아래[그림3]과 같이 가로의 길이가 π, 세로의 길이가 D인 직사각형으로 구성할 수 있다.

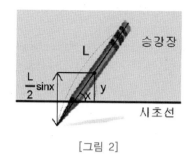

[그림 2]

이때 위 [그림2]와 같이 연필이 승강장의 가장자리에 걸칠 경우는 연필의 중심에서 시초선까지의 거리가
연필 끝까지의 수직거리보다 짧을 때이므로 다음과 같은 식으로 나타낼 수 있다.

$$y \leq \frac{L}{2}\sin x \, (0 \leq y \leq D, 0 \leq x \leq \pi)$$

이를 바탕으로 승강장의 넓이를 표본공간으로 하는 연필이 승강장 가장자리에 걸치는 사건에 대한 확률을
[그림3]과 같이 '기하적 확률'로 구할 수 있다.

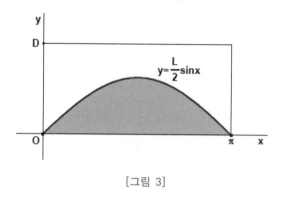

[그림 3]

따라서 구하려는 확률 P 는 $P = \dfrac{색칠한\ 부분의\ 넓이}{직사각형의\ 넓이} = \dfrac{\displaystyle\int_0^\pi \frac{L}{2}\sin x\,dx}{D\pi} = \dfrac{L}{D\pi}$ 이다.

(논제3)

(논제1)에서 두 사람이 만날 확률을 평면상 나타나는 표본공간에 대한 기하적 확률로 구한 것과 같은 방법
으로 세 사람을 A, B, C라고 각각이 약속장소에 도착하는 시간을 x, y, z 라 하면
$0 \leq x \leq 1, 0 \leq y \leq 1, 0 \leq z \leq 1$ 가 되고 이것이 공간상의 표본공간이다. 즉 표본 공간은 한 변의 길이
가 1인 정육면체가 된다. 이때 세 사람이 만날 경우는 $|x-y| \leq \dfrac{1}{6}, |y-z| \leq \dfrac{1}{6}, |z-x| \leq \dfrac{1}{6}$ 가 되므로
이것을 좌표공간에 나타내어 보면 아래의 [그림4]에서 정육면체 $ABCD-EFGH$ 를 대각선 FC' 을 따
라 정육면체 $A'B'C'D'-E'F'G'H'$ 까지 평행 이동하여 생긴 도형이 된다.

따라서 세 사람이 정오에서 오후 1시 사이에 약속된 장소에서 만날 확률은 '기하적 확률'로

$$\frac{정육면체를\ 평행이동하여\ 생긴\ 도형의\ 부피}{한\ 변의\ 길이가\ 1인\ 정육면체의\ 부피}$$

가 된다.

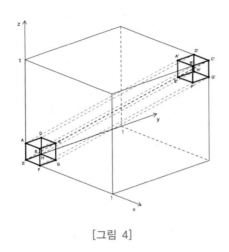

[그림 4]

이제 정육면체 $ABCD-EFGH$ 을 대각선을 따라 평행 이동했을 때 생기는 입체의 부피를 구하자.

이 부피는(정사각형 $ABCD$를 대각선을 따라 정사각형 $A'B'C'D'$까지 평행 이동하여 생긴 입체의 부피) + (정사각형 $DHGC$를 대각선을 따라 정사각형 $D'H'G'C'$까지 평행 이동하여 생긴 입체의 부피) + (정사각형 $BFGC$를 대각선을 따라 정사각형 $B'F'G'C'$까지 평행 이동하여 생긴 입체의 부피) + (정육면체 $ABCD-EFGH$ 의 부피)가 된다.

이때 정사각형 $ABCD$을 대각선을 따라 정사각형 $A'B'C'D'$까지 평행 이동하여 생긴 입체의 부피는 아래 [그림5]와 같이 밑면적이 $\left(\dfrac{1}{6}\right)^2$이고 높이가 $\left(\dfrac{5}{6}\right)$인 입체이므로 그 부피는 $\dfrac{5}{6^3}$가 된다.

마찬가지로 정사각형 $DHGC$을 대각선을 따라 정사각형 $D'H'G'C'$까지 평행 이동하여 생긴 입체의 부피와 정사각형 $BFGC$을 대각선을 따라 정사각형 $B'F'G'C'$까지 평행 이동하여 생긴 입체의 부피도 각각 $\dfrac{5}{6^3}$이다.

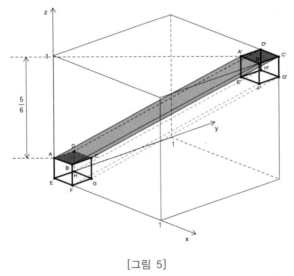

[그림 5]

따라서 구하려는 확률 P는

$$P = \frac{\text{정육면체를 평행 이동하여 생긴 도형의 부피}}{\text{한 변의 길이가 1인 정육면체의 부피}} = \frac{3 \times \dfrac{5}{6^3} + \dfrac{1}{6^3}}{1^3} = \frac{2}{27} \text{이다.}$$

[문제1]

(논제1)

참가자가 자동차를 얻게 될 확률은 처음에 선택한 문 뒤에 자동차가 있을 확률과 같으므로 $\dfrac{1}{3}$이다.

(논제2)

S : 최종적으로 자동차를 갖게 되는 사건

A : 참가자가 처음에 자동차가 있는 문을 선택하는 사건

A^c : 참가자가 처음에 염소가 있는 문을 선택하는 사건

$P(A)=\dfrac{1}{3}$, $P(A^c)=\dfrac{2}{3}$ 이므로

$$P(S)= P(A\cap S)+ P(A^c\cap S)$$
$$= P(A)\cdot P(S|A)+ P(A^c)\cdot P(S|A^c)$$
$$= \dfrac{1}{3}\times \dfrac{0}{1}+ \dfrac{2}{3}\times \dfrac{1}{1}= \dfrac{2}{3}$$

사고력 확장

(논제1)

S : 최종적으로 자동차를 갖게 되는 사건

A : 참가자가 처음에 자동차가 있는 문을 선택하는 사건

A^c : 참가자가 처음에 염소가 있는 문을 선택하는 사건

$P(A)=\dfrac{1}{4}$, $P(A^c)=\dfrac{3}{4}$ 이므로

$$P(S)= P(A\cap S)+ P(A^c\cap S)$$
$$= P(A)\cdot P(S|A)+ P(A^c)\cdot P(S|A^c)$$
$$= \dfrac{1}{4}\times \dfrac{0}{2}+ \dfrac{3}{4}\times \dfrac{1}{2}= \dfrac{3}{8}$$

$$P(S)= \dfrac{k}{n}\times \dfrac{k-1}{n-2}+ \dfrac{n-k}{n}\times \dfrac{k}{n-2}$$
$$= \dfrac{k(n-1)}{n(n-2)}$$

여기서 n은 문의 개수, k는 자동차의 개수

(논제2)

S: 최종적으로 자동차를 갖게 되는 사건

A: 참가자가 처음에 자동차가 있는 문을 선택하는 사건

A^c: 참가자가 처음에 염소가 있는 문을 선택하는 사건

$P(A) = \dfrac{1}{2}$, $P(A^c) = \dfrac{1}{2}$ 이므로

$$P(S) = P(A \cap S) + P(A^c \cap S)$$
$$= P(A) \cdot P(S|A) + P(A^c) \cdot P(S|A^c)$$
$$= \frac{1}{2} \times \frac{1}{2} + \frac{1}{2} \times 1 = \frac{3}{4}$$

$$P(S) = \left[\frac{1}{{}_nC_k} \times \frac{k-1}{n-2} + \frac{1}{{}_nC_k} \times \frac{k}{n-2} \right] \times \frac{{}_nC_k}{2}$$
$$= \frac{1}{{}_nC_k} \times \frac{{}_nC_k}{2} \times \frac{2k-1}{n-2}$$
$$= \frac{1}{2} \times \frac{2k-1}{n-2}$$
$$= \frac{2k-1}{2n-4}$$

여기서 n은 문의 개수, k는 자동차의 개수

[문제2]

(논제1)

제시문의 주어진 내용에서

$$P(양성) = P(암 \cap 양성) + P(정상 \cap 양성)$$
$$= P(암)P(양성|암) + P(정상)P(양성|정상)$$
$$= 0.02 \times 0.98 + 0.98 \times p$$

이다. 따라서 조건부 확률과 조건에 의해서

$$P(암|양성) = \frac{0.02 \times 0.98}{0.02 \times 0.98 + 0.98 \times p} \geq 0.4$$

이다. 이를 정리하면

$$\frac{0.02}{0.02 + p} \geq \frac{4}{10} \Rightarrow 0.2 \geq 0.08 + 4 \times p \Rightarrow 0.12 \geq 4 \times p \Rightarrow 0.03 \geq p$$

이다. 따라서 정상일 때 양성반응이 나올 가능성의 최대 확률은 0.03 또는 3%가 되어야 한다.

(논제2)

c를 위의 조건을 만족하는 연령의 암 발생 확률이라고 할 때 S씨의 현재 연령이 a이고 위 조건을 만족하는 연령을 x라고 하면, 문제에서 요구하는 값은 다음과 같이 표현할 수 있다.

$c = 0.002(x-a) + 0.02$ 또는 $c = 0.002y + 0.02$

여기서 $y = x - a$로 문제에서 알아보려고 하는 값이다.

논제의 조건에 따른 부등식은 다음과 같이 표현할 수 있다.

$$\frac{c \times 0.99}{c \times 0.99 + (1-c) \times 0.0099} > \frac{80}{99}$$

위 부등식의 좌변은

$$\frac{c \times 0.99}{c \times 0.99 + (1-c) \times 0.0099} = \frac{c}{c + (1-c) \times 0.01} = \frac{c}{0.99 \times c + 0.01}$$

가 된다. 이 식을 정리하면

$$c > 0.8c + 0.01 \times \frac{80}{99} \implies 0.2c > 0.00808$$

결국 $c > 0.0404$가 된다. $c = 0.002y + 0.02$이므로

$$0.002y + 0.02 > 0.0404 \implies y > \frac{0.0204}{0.002} = 10.2$$

가 되므로 S씨보다 11살(11년) 많아야 한다.

23장. 점화식과 확률

[문제1]

(논제1)

한 번 옆으로 굴리면 도장 찍힌 면은 측면이 되므로, 단 한 번 굴려 도장 찍힌 면이 측면이 될 확률은 $\dfrac{2}{4} = \dfrac{1}{2}$ 가 된다. 따라서 $a_2 = \dfrac{1}{2}$ 이다.

(논제2)

조작을 n회 가할 경우, 도장 찍힌 면이 정육면체의 윗면으로 올 확률을 c_n이라 하면

$a_n + b_n + c_n = 1$ $\quad$ ……①

상태의 추이는 오른쪽 그림과 같다.

$a_{n+1} = \dfrac{1}{2}a_n + b_n + c_n$ $\quad$ ……②

$b_{n+1} = \dfrac{1}{4}a_n$ $\quad$ ……③

$c_{n+1} = \dfrac{1}{4}a_n$ $\quad$ ……④

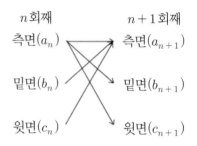

①을 ②에 대입하면

$a_{n+1} = \dfrac{1}{2}a_n + (1 - a_n) = -\dfrac{1}{2}a_n + 1$ $\quad$ ……⑤

(논제3)

⑤에 의해 $a_{n+1} - \dfrac{2}{3} = -\dfrac{1}{2}\left(a_n - \dfrac{2}{3}\right)$

(논제1)에서 $a_1 = 1$이므로

$a_n - \dfrac{2}{3} = \left(a_1 - \dfrac{2}{3}\right)\left(-\dfrac{1}{2}\right)^{n-1} = \left(1 - \dfrac{2}{3}\right)\left(-\dfrac{1}{2}\right)^{n-1} = \dfrac{1}{3}\left(-\dfrac{1}{2}\right)^{n-1}$

$a_n = \dfrac{1}{3}\left(-\dfrac{1}{2}\right)^{n-1} + \dfrac{2}{3}$

③에 의해 $n \geq 2$로 $b_n = \dfrac{1}{4}a_{n-1} = \dfrac{1}{4}\left\{\dfrac{1}{3}\left(-\dfrac{1}{2}\right)^{n-2} + \dfrac{2}{3}\right\} = \dfrac{1}{3}\left(-\dfrac{1}{2}\right)^{n} + \dfrac{1}{6}$ $\quad$ ……⑥

⑥에 $n = 1$을 적용하면 $b_1 = \dfrac{1}{3}\left(-\dfrac{1}{2}\right) + \dfrac{1}{6} = 0$이 되어 적합하다.

따라서 $b_n = \dfrac{1}{3}\left(-\dfrac{1}{2}\right)^n + \dfrac{1}{6}$

그러면 $\displaystyle\lim_{n \to \infty} b_n = \dfrac{1}{6}$

[문제2]

(논제1)

2회의 시행 후 공이 4번 상자에 들어있는 것은 $4 \to 3 \to 4$ 또는 $4 \to 5 \to 4$로 이동할 때이다.

$\therefore p_1 = \dfrac{3}{6} \times \dfrac{4}{6} + \dfrac{3}{6} \times \dfrac{4}{6} = \dfrac{2}{3}$

마찬가지로 공이 2번, 6번의 상자에 들어있는 것은 각각 2번:$4 \to 3 \to 2$, 6번:$4 \to 5 \to 6$으로

이동할 때이므로

$\therefore q_1 = \dfrac{2}{6} \times \dfrac{2}{6} = \dfrac{1}{6}$, $r_1 = \dfrac{2}{6} \times \dfrac{2}{6} = \dfrac{1}{6}$

(논제2)

최초에는 4번의 상자에 들어있으므로, 짝수 회의 시행에서 1, 3, 5, 7의 번호의 상자에 공이 들어 있는 일

은 없다.

$\therefore p_n + q_n + r_n = 1$ ⋯⋯①

(논제1)과 마찬가지로 생각해서

$p_{n+1} = \dfrac{2}{3} p_n + \dfrac{5}{9} q_n + \dfrac{5}{9} r_n$ ⋯⋯②

$q_{n+1} = \dfrac{1}{6} p_n + \dfrac{4}{9} q_n$ ⋯⋯③

$r_{n+1} = \dfrac{1}{6} p_n + \dfrac{4}{9} r_n$ ⋯⋯④

①, ②에서 $p_{n+1} = \dfrac{2}{3} p_n + \dfrac{5}{9}(1 - p_n) = \dfrac{1}{9} p_n + \dfrac{5}{9}$

$p_{n+1} - \dfrac{5}{8} = \dfrac{1}{9}\left(p_n - \dfrac{5}{8}\right)$ $p_n - \dfrac{5}{8} = \left(\dfrac{1}{9}\right)^{n-1}\left(p_1 - \dfrac{5}{8}\right) = \dfrac{1}{24}\left(\dfrac{1}{9}\right)^{n-1}$

따라서

$\therefore p_n = \dfrac{5}{8} + \dfrac{1}{24}\left(\dfrac{1}{9}\right)^{n-1}$

③−④에서 $q_{n+1} - r_{n+1} = \dfrac{4}{9}(q_n - r_n) = \left(\dfrac{4}{9}\right)(q_1 - r_1) = 0$

$\therefore q_n = r_n$

①에서 $\therefore q_n = r_n = \dfrac{1}{2}(1 - p_n) = \dfrac{3}{16} - \dfrac{1}{48}\left(\dfrac{1}{9}\right)^{n-1}$

(논제3)

$$\lim_{n \to \infty} p_n = \lim_{n \to \infty} \left\{ \frac{5}{8} + \frac{1}{24}\left(\frac{1}{9}\right)^{n-1} \right\} = \frac{5}{8}$$

[문제3]

(논제1)

시각 1에서 점 P는 A에서 B, D, E 중 하나에

이동점 Q는 C에서 B, D, G 중 하나에 이동하고 있다.

이것에서 다른 정점에 위치하는 (P, Q)는

(B, D), (B, G), (D, B), (D, G), (E, B), (E, D), (E, G)

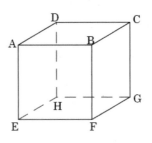

(논제2)

먼저 (논제1)에서 P와 Q가 다른 정점에 위치 할 때, 그 위치는 하나의 면의 대각선의 양쪽이다. 따라서 (P, Q)가 다른 정점에 위치 할 때 1회 이동 가능한 경우는 $3^2 = 9$가지이고 (P, Q)의 위치 중 다른 정점인 경우는 (논제1)에서 7가지이다. 그러면 시각 n에서 P와 Q가 다른 정점에 위치하는 확률을 r_n 하면

$$r_{n+1} = \frac{7}{9}r_n, \quad r_n = r_0\left(\frac{7}{9}\right)^n = \left(\frac{7}{9}\right)^n$$

(논제3)

시각 n에서 (P, Q)가 함께 윗면 $ABCD$의 다른 정점하거나 함께 아래면 $EFGH$의 다른 정점에 위치하는 상태를 A_n이며, (P, Q) 중 어느 한쪽이 윗면 $ABCD$ 다른 하나는 아래쪽 $EFGH$의 정점에 위치하는 상태를 B_n이라 한다. 그러면 상태 A_n일 확률이 p_n, 상태 B_n일 확률이 q_n이다. 한편, (논제1)에서 상태 A_n에서 상태 A_{n+1}로 이동할 확률은 $\frac{3}{9} = \frac{1}{3}$, 상태 B_n에서 상태 A_{n+1}로 이동할 확률은 $\frac{2}{9}$,

그 이외의 상태에서는 상태 A_{n+1}에 이동하지 않기 때문에,

$$p_{n+1} = \frac{1}{3}p_n + \frac{2}{9}q_n \quad \cdots\cdots \text{①}$$

(논제4)

(논제2), (논제3)에서 $p_n + q_n = r_n$이므로, $q_n = r_n - p_n = \left(\frac{7}{9}\right)^n - p_n \quad \cdots\cdots \text{②}$

①, ②에서 $p_{n+1} = \frac{1}{3}p_n + \frac{2}{9}\left(\frac{7}{9}\right)^n - \frac{2}{9}p_n = \frac{1}{9}p_n + \frac{2}{9}\left(\frac{7}{9}\right)^n$이 되어,

$$p_{n+1} - \frac{1}{3}\left(\frac{7}{9}\right)^{n+1} = \frac{1}{9}\left\{ p_n - \frac{1}{3}\left(\frac{7}{9}\right)^n \right\}$$

그리고, $p_0 = 1$에서 $p_n - \frac{1}{3}\left(\frac{7}{9}\right)^n = \left\{ p_0 - \frac{1}{3}\left(\frac{7}{9}\right)^0 \right\}\left(\frac{1}{9}\right)^n = \frac{2}{3}\left(\frac{1}{9}\right)^n$이 되며, ②에서

$$p_n = \frac{1}{3}\left(\frac{7}{9}\right)^n + \frac{2}{3}\left(\frac{1}{9}\right)^n, \quad q_n = \frac{2}{3}\left(\frac{7}{9}\right)^n - \frac{2}{3}\left(\frac{1}{9}\right)^n$$

따라서 $\lim_{n \to \infty} \frac{q_n}{p_n} = \lim_{n \to 0} \frac{2 \cdot 7^n - 2}{7^n + 2} = \lim_{n \to \infty} \frac{2 - 2 \cdot 7^{-n}}{1 + 2 \cdot 7^{-n}} = 2$

24장. 독립시행

[문제]

(논제1)

한 번 시행에서 4 이하의 눈이 나올 확률은 $\dfrac{2}{3}$, 5 이상의 눈이 나올 확률은 $\dfrac{1}{3}$ 이고 5번 시행 중에 4 이하인 경우가 홀수 번 나온 경우는 1번, 3번, 5번이므로

$$P(5) = {}_5C_1\left(\dfrac{2}{3}\right)\left(\dfrac{1}{3}\right)^4 + {}_5C_3\left(\dfrac{2}{3}\right)^3\left(\dfrac{1}{3}\right)^2 + {}_5C_5\left(\dfrac{2}{3}\right)^5 = \dfrac{122}{243}$$

(논제2)

(i) n이 짝수일 때,

$$P(n) = \sum_{k=1}^{\frac{n}{2}} {}_nC_{2k-1}\left(\dfrac{2}{3}\right)^{2k-1} \cdot \left(\dfrac{1}{3}\right)^{n-(2k-1)} \quad \text{여기서 } p = \dfrac{2}{3},\ q = \dfrac{1}{3} \text{이라 하면}$$

$$P(n) = \sum_{k=1}^{\frac{n}{2}} {}_nC_{2k-1}\, p^{2k-1} \cdot q^{n-(2k-1)}$$

$$1 = (q+p)^n = q^n + {}_nC_1 pq^{n-1} + {}_nC_2 p^2 q^{n-2} + \cdots + p^n \quad \cdots\cdots ①$$

$$(q-p)^n = q^n - {}_nC_1 pq^{n-1} + {}_nC_2 p^2 q^{n-2} - \cdots + p^n \quad \cdots\cdots ②$$

①$-$②에서 $1 - (q-p)^n = 2 \cdot P(n)$

$$\therefore P(n) = \dfrac{1}{2}\left\{1 - \left(-\dfrac{1}{3}\right)^n\right\}$$

(ii) n이 홀수일 때,

$$P(n) = \sum_{k=1}^{\frac{1}{2}(n+1)} {}_nC_{2k-1}\left(\dfrac{2}{3}\right)^{2k-1} \cdot \left(\dfrac{1}{3}\right)^{n-(2k-1)} = \sum_{k=1}^{\frac{1}{2}(n+1)} {}_nC_{2k-1}\, p^{2k-1} \cdot q^{n-(2k-1)}$$

$$(q-p)^n = q^n - {}_nC_1 pq^{n-1} + {}_nC_2 p^2 q^{n-2} - \cdots + p^n \quad \cdots\cdots ③$$

①$-$③에서 $1 - (q-p)^n = 2 \cdot P(n)$

$$\therefore P(n) = \dfrac{1}{2}\left\{1 - \left(-\dfrac{1}{3}\right)^n\right\}$$

이상에서 $P(n) = \dfrac{1}{2}\left\{1 - \left(-\dfrac{1}{3}\right)^n\right\}$

$$\therefore \lim_{n \to \infty} P(n) = \lim_{n \to \infty} \dfrac{1}{2}\left\{1 - \left(-\dfrac{1}{3}\right)^n\right\} = \dfrac{1}{2}$$

25장. 통계 일반

[문제1]

(논제1)

$P(X=k)$는 $(k-1)$번째까지 1개의 불량품과 $(k-2)$개의 우량품이 나오고, k번째에 두 번째 불량품이 나오는 확률이므로

$$P(X=k) = \frac{2(k-1) \cdot {}_{n-2}P_{k-2}}{{}_{n}P_{k-1}} \cdot \frac{1}{n-k+1}$$

$$= 2(k-1) \cdot \frac{(n-2)!}{(n-k)!} \cdot \frac{(n-k+1)!}{n!} \cdot \frac{1}{n-k+1} = \frac{2(k-1)}{n(n-1)}$$

(논제2)

$$E(X) = \sum_{k=2}^{n} k \cdot P(X=k) = \sum_{k=2}^{n} \frac{2k(k-1)}{n(n-1)} = \frac{2}{n(n-1)} \sum_{k=1}^{n} (k^2 - k)$$

$$= \frac{2}{n(n-1)} \left\{ \frac{1}{6}n(n+1)(2n+1) - \frac{1}{2}n(n+1) \right\} = \frac{2}{3}(n+1)$$

(논제3)

$$E(X^2) = \sum_{k=2}^{n} k^2 P(X=k) = \frac{2}{n(n-1)} \sum_{k=1}^{n} (k^3 - k^2)$$

$$= \frac{2}{n(n-1)} \left\{ \frac{1}{4}n^2(n+1)^2 - \frac{1}{6}n(n+1)(2n+1) \right\}$$

$$= \frac{1}{6}(n+1)(3n+2)$$

$$\therefore \ V(X) = E(X^2) - \{E(X)\}^2 = \frac{1}{6}(n+1)(3n+2) - \left\{ \frac{2}{3}(n+1) \right\}^2$$

$$= \frac{1}{18}(n+1)(n-2)$$

따라서,

$$\lim_{n \to \infty} \left\{ \frac{18}{n^2} V(X) \right\}^n = \lim_{n \to \infty} \left\{ \frac{18}{n^2} \cdot \frac{1}{18}(n+1)(n-2) \right\}^n$$

$$= \lim_{n \to \infty} \left(\frac{n+1}{n} \cdot \frac{n-2}{n} \right)^n = \lim_{n \to \infty} \left(1 + \frac{1}{n} \right)^n \cdot \left\{ \left(1 - \frac{2}{n} \right)^{-\frac{n}{2}} \right\}^{-2} = \frac{1}{e}$$

[문제2]

(논제1)

$$P(X=1)=\int_0^1 kt^n(1-t)^2 dt$$

$$=k\int_0^1 (t^n-2t^{n+1}+t^{n+2})dt$$

$$=k\left(\frac{1}{n+1}-\frac{2}{n+2}+\frac{1}{n+3}\right)$$

그런데 $P(X\leq 1)=1$ 이므로

$$k\left(\frac{1}{n+1}-\frac{2}{n+2}+\frac{1}{n+3}\right)=1$$

$$\therefore \ k=\frac{1}{2}(n+1)(n+2)(n+3)$$

(논제2)

(논제1)의 결과에서 $\displaystyle\int_0^1 t^n(1-t)^2 dt=\frac{2}{(n+1)(n+2)(n+3)}$ 이므로

$$E(X)=\int_0^1 x\cdot kx^n(1-x)^2 dx$$

$$=k\int_0^1 x^{n+1}(1-x)^2 dx$$

$$=k\cdot\frac{2}{(n+2)(n+3)(n+4)}$$

$$=\frac{n+1}{n+4}$$

$$E(X^2)=\int_0^1 x^2\cdot kx^n(1-x)^2 dx=k\int_0^1 x^{n+2}(1-x)^2 dx$$

$$=k\cdot\frac{2}{(n+3)(n+4)(n+5)}$$

$$=\frac{(n+1)(n+2)}{(n+4)(n+5)}$$

$$\therefore \ V(X)=E(X^2)-\{E(X)\}^2$$

$$=\frac{(n+1)(n+2)}{(n+4)(n+5)}-\left(\frac{n+1}{n+4}\right)^2$$

$$=\frac{3(n+1)}{(n+4)^2(n+5)}$$

(논제3)

$$a_n=\frac{V(X)}{\{E(X)\}^2}=\frac{3}{(n+1)(n+5)}=\frac{3}{4}\left(\frac{1}{n+1}-\frac{1}{n+5}\right)$$

$$\therefore \sum_{n=1}^{\infty} a_n = \sum_{n=1}^{\infty} \frac{3}{4}\left(\frac{1}{n+1} - \frac{1}{n+5}\right)$$

$$= \lim_{n \to \infty} \frac{3}{4}\left\{\left(\frac{1}{2} - \frac{1}{6}\right) + \left(\frac{1}{3} - \frac{1}{7}\right) + \left(\frac{1}{4} - \frac{1}{8}\right) + \cdots + \left(\frac{1}{n+1} - \frac{1}{n+5}\right)\right\}$$

$$= \lim_{n \to \infty} \frac{3}{4}\left(\frac{1}{2} + \frac{1}{3} + \frac{1}{4} + \frac{1}{5} - \frac{1}{n+2} - \frac{1}{n+3} - \frac{1}{n+4} - \frac{1}{n+5}\right)$$

$$= \frac{3}{4}\left(\frac{1}{2} + \frac{1}{3} + \frac{1}{4} + \frac{1}{5}\right)$$

$$= \frac{77}{80}$$

[문제3]

(논제1)

$X_n = k$인 경우는 $X_{n-1} = k-1$이고 n회째 앞면이 나오는 경우와 $X_{n-1} = k+1$이고 n회째 뒷면이 나오는 경우이므로

$$P_n(k) = \frac{1}{2}P_{n-1}(k-1) + \frac{1}{2}P_{n-1}(k+1)$$

(논제2)

$X_n = -n, -n+1, \cdots, 0, 1, \cdots, n$ 이고, $X_n = k$일 확률과 $X_n = -k$일 확률이 항상 같으므로 X_n의 평균 $E_n = \sum_{k=-n}^{n} kP_n(k) = 0$

분산 $V_n = \sum_{k=-n}^{n} k^2 P_n(k) - (E_n)^2 = \sum_{k=-n}^{n} k^2 P_n(k)$

$$\therefore V_1 = (-1)^2 \cdot \frac{1}{2} + 1^2 \cdot \frac{1}{2} = 1$$

$$V_2 = (-2)^2 \cdot \frac{1}{4} + 0^2 \cdot \frac{1}{2} + 2^2 \cdot \frac{1}{4} = 2$$

$$V_3 = (-3)^2 \cdot \frac{1}{8} + (-1)^2 \cdot \frac{3}{8} + 1^2 \cdot \frac{3}{8} + 3^2 \cdot \frac{1}{8} = 3$$

(논제3)

(논제2)의 결과로부터 $V_n = n$으로 추정한다.

이것을 수학적 귀납법으로 증명하자.

(i) $n = 1$일 때, $V_1 = 1$이므로 성립한다.

(ii) $n = m$일 때, 성립한다고 가정하면 $V_m = m$이고

$$V_{m+1} = \sum_{k=-m-1}^{m+1} k^2 P_{m+1}(k)$$

$$= \sum_{k=-m-1}^{m+1} k^2 \cdot \frac{1}{2}\{P_m(k-1)+P_m(k+1)\}$$

그런데 $P_m(-m-2)=P_m(-m-1)=P_m(m+1)=P_m(m+2)=0$

$$\therefore V_{m+1} = \sum_{k=-m-1}^{m+1} \left\{\frac{k^2+(k+2)^2}{2}\right\}P_m(k+1)$$

$$= \sum_{k+1=-m}^{m}(k+1)^2 P_m(k+1) + \sum_{k+1=-m}^{m} P_m(k+1)$$

$$= V_m + 1 = m+1$$

즉, $n=m+1$일 때도 성립한다.

(i), (ii)에서 모든 n에 대하여 $V_n = n$이다.

[문제4]

(논제1)
$p_0 = q_0 = 0,\ r_0 = 1$이고 $n \geq 1$에서

$$p_n = \frac{1}{4}q_{n-1},\ r_n = \frac{1}{4}q_{n-1}$$

$$q_n = p_{n-1} + \frac{1}{2}q_{n-1} + r_{n-1}$$

p_{n-1}

q_{n-1}

r_{n-1}

(논제2)
$p_{n-1} + q_{n-1} + r_{n-1} = 1$이므로

$$q_n = 1 - \frac{1}{2}q_{n-1}$$

$$\therefore q_n - \frac{2}{3} = \left(-\frac{1}{2}\right)\left(q_{n-1} - \frac{2}{3}\right)$$

$$\therefore q_n = \left(-\frac{1}{2}\right)^{n-1}\left(q_1 - \frac{2}{3}\right) + \frac{2}{3}$$

$$= \frac{1}{3}\left(-\frac{1}{2}\right)^{n-1} + \frac{2}{3}$$

$$\therefore p_n = r_n = \frac{1}{4}q_{n-1} = \frac{1}{12}\left(-\frac{1}{2}\right)^{n-2} + \frac{1}{6}\ (n \geq 1)$$

(논제3)
$$E(X_n) = 1 \cdot q_n + 2 \cdot r_n$$

$$= \frac{1}{3}\left(-\frac{1}{2}\right)^{n-1} + \frac{2}{3} + \frac{1}{6}\left(-\frac{1}{2}\right)^{n-2} + \frac{1}{3} = 1$$

26장. 통계관련 무한급수와 정적분

[문제1]

(논제1)

$p_1 = P(X=1) = P(X \le 1) = a$

$k \ge 2$일 때, $p_k = P(X \le k) - P(X \le k-1) = ak^2 - a(k-1)^2 = a(2k-1)$

이것은 $k=1$일 때도 성립한다.

한편, 확률의 성질에서 $p_1 + p_2 + \cdots + p_n = 1$이므로

$a\{1 + 3 + \cdots + (2n-1)\} = 1$에서 $an^2 = 1$

$\therefore a = \dfrac{1}{n^2}$

$\therefore p_k = \dfrac{2k-1}{n^2} (k = 1, \ 2, \ \cdots, \ n)$

(논제2)

$$E(X) = \sum_{k=1}^{n} k \cdot p_k = \frac{1}{n^2} \sum_{k=1}^{n} (2k^2 - k) = \frac{1}{n^2} \left\{ \frac{1}{3} n(n+1)(2n+1) - \frac{1}{2} n(n+1) \right\}$$

$$= \frac{(n+1)(4n-1)}{6n}$$

(논제3)

$$\sum_{k=1}^{n} e^{\frac{k}{n}} p_k = \sum_{k=1}^{n} \frac{2k-1}{n^2} \cdot e^{\frac{k}{n}} = 2 \cdot \frac{1}{n} \sum_{k=1}^{n} \frac{k}{n} e^{\frac{k}{n}} - \frac{1}{n} \cdot \frac{1}{n} \sum_{k=1}^{n} e^{\frac{k}{n}}$$

$$\therefore \lim_{n \to \infty} \sum_{k=1}^{n} e^{\frac{k}{n}} p_k = 2 \int_0^1 x e^x dx - \lim_{n \to \infty} \frac{1}{n} \int_0^1 e^x dx$$

$$= 2 \left[(x-1)e^x \right]_0^1 - 0 = 2$$

[문제2]

(논제1)

문제의 뜻에 따라

$$P(X=k) = \frac{k}{\frac{n(n+1)}{2}}$$

$$= \frac{2k}{n(n+1)} \ \ (k=1,\,2,\,3,\,\cdots,\,n)$$

따라서 구하는 기댓값 $E(X)$는

$$E(X) = \sum_{k=1}^{n} k \cdot P(X=k)$$

$$= \sum_{k=1}^{n} k \cdot \frac{2k}{n(n+1)}$$

$$= \frac{2}{n(n+1)} \sum_{k=1}^{n} k^2$$

$$= \frac{2n+1}{3}$$

(논제2)

$f(k)$는 A_k의 y좌표이므로

$$f(k) = \sin\left(\frac{2\pi}{n} \times k\right) = \sin 2\pi\left(\frac{k}{n}\right)$$

따라서

$$E_n = \sum_{k=1}^{n} f(k) \cdot P(X=k)$$

$$= \frac{2}{n(n+1)} \sum_{k=1}^{n} k \sin 2\pi\left(\frac{k}{n}\right)$$

$$= \frac{2n}{n+1} \cdot \frac{1}{n} \sum_{k=1}^{n} \left(\frac{k}{n}\right) \sin 2\pi\left(\frac{k}{n}\right)$$

그러므로

$$\lim_{n \to \infty} E_n = \lim_{n \to \infty} \frac{2n}{n+1} \cdot \lim_{n \to \infty} \frac{1}{n} \sum_{k=1}^{n} \left(\frac{k}{n}\right) \sin 2\pi\left(\frac{k}{n}\right)$$

$$= 2\int_0^1 x \sin 2\pi x \, dx$$

$$= 2\left[x \cdot \frac{-1}{2\pi} \cos 2\pi x \right]_0^1 + \frac{1}{\pi} \int_0^1 \cos 2\pi x \, dx$$

$$= -\frac{1}{\pi} + \frac{1}{\pi} \left[\frac{1}{2\pi} \sin 2\pi x \right]_0^1$$

$$= -\frac{1}{\pi}$$

[문제3]

(논제1)

$P(X \le k^2)$은 $1^2,\ 2^2,\ \cdots,\ n^2$ 중에서 3장 꺼낼 확률이므로

$$P(X \le k^2) = \frac{k}{n} \cdot \frac{k}{n} \cdot \frac{k}{n} = \frac{k^3}{n^3}$$

$$P(X = k^2) = P(X \le k^2) - P(X \le (k-1)^2)$$

$$= \frac{k^3}{n^3} - \frac{(k-1)^3}{n^3}$$

$$= \frac{3k^2 - 3k + 1}{n^3}$$

(논제2)

$$E_n(X) = \sum_{k=1}^{n} k^2 \cdot P(X = k^2)$$

$$= \frac{1}{n^3} \sum_{k=1}^{n} (3k^4 - 3k^3 + k^2)$$

(논제3)

$$\frac{E_n(X)}{n^2} = \frac{1}{n^5} \sum_{k=1}^{n} (3k^4 - 3k^3 + k^2)$$

$$= \frac{1}{n} \sum_{k=1}^{n} 3\left(\frac{k}{n}\right)^4 - \frac{1}{n} \cdot \frac{1}{n} \sum_{k=1}^{n} 3\left(\frac{k}{n}\right)^3 + \frac{1}{n^2} \cdot \frac{1}{n} \sum_{k=1}^{n} \left(\frac{k}{n}\right)^2$$

여기서, $n \to \infty$ 일 때,

$$\frac{1}{n} \sum_{k=1}^{n} 3\left(\frac{k}{n}\right)^4 \to \int_0^1 3x^4 \, dx = \frac{3}{5}$$

$$\frac{1}{n} \sum_{k=1}^{n} 3\left(\frac{k}{n}\right)^3 \to \int_0^1 3x^3 \, dx = \frac{3}{4}$$

$$\frac{1}{n} \sum_{k=1}^{n} \left(\frac{k}{n}\right)^2 \to \int_0^1 x^2 \, dx = \frac{1}{3}$$

따라서

$$\lim_{n \to \infty} \frac{E_n(X)}{n^2} = \frac{3}{5}$$

27장. 이항분포

[문제1]

(논제1)

평균 증명

$P(X=k) = {}_nC_k\, p^k q^{n-k}\ (k=0,\,1,\,2,\,\cdots,\,n,\ p+q=1)$이므로 X의 평균 $E(X)$는

$$E(X) = \sum_{k=0}^{n} k\, P(X=k) = \sum_{k=1}^{n} k\,{}_nC_k\, p^k q^{n-k}$$

그런데

$$k\,{}_nC_k = k \cdot \frac{n!}{k!(n-k)!}$$

$$= n \cdot \frac{(n-1)!}{(k-1)!\{(n-1)-(k-1)\}!} = n\,{}_{n-1}C_{k-1}$$

이므로

$$E(X) = \sum_{k=1}^{n} n\,{}_{n-1}C_{k-1}\, p^k q^{n-k} = np \sum_{k=1}^{n} {}_{n-1}C_{k-1}\, p^{k-1} q^{(n-1)-(k-1)}$$

$$= np \sum_{k=0}^{n-1} {}_{n-1}C_k\, p^k q^{(n-1)-k} = np(p+q)^{n-1}$$

$$= np \text{ 이다.}$$

(논제2)

(분산 증명)

X의 분산 $V(X)$는

$$V(X) = E(X^2) - \{E(X)\}^2 = \sum_{k=0}^{n} k^2\,{}_nC_k\, p^k q^{n-k} - \{E(X)\}^2$$

$$= \sum_{k=0}^{n} k(k-1)\,{}_nC_k\, p^k q^{n-k} + \sum_{k=0}^{n} k\,{}_nC_k\, p^k q^{n-k} - \{E(X)\}^2$$

$$= \sum_{k=0}^{n} k(k-1)\,{}_nC_k\, p^k q^{n-k} + np - (np)^2$$

$$\longrightarrow {}_nC_k = \frac{n(n-1)}{k(k-1)}\,{}_{n-2}C_{k-2}$$

여기서 $k(k-1)\,{}_nC_k\, p^k q^{n-k} = n(n-1)p^2\,{}_{n-2}C_{k-2}\, p^{k-2} q^{n-k}$이므로

$$\sum_{k=0}^{n} k(k-1)\, _nC_k\, p^k q^{n-k} = n(n-1)p^2 \sum_{k=2}^{n} {}_{n-2}C_{k-2}\, p^{k-2} q^{n-k}$$

$$= n(n-1)p^2(p+q)^{n-2}$$

$$= n(n-1)p^2$$

따라서

$$V(X) = n(n-1)p^2 + np - (np)^2 = np(1-p) = npq$$

[문제2]

(논제1)

$\dfrac{p_k}{p_{k-1}} = \dfrac{n-k+1}{k}$ 에서 양 변의 k 대신 각각 $1, 2, 3, \cdots, k$ 을 대입하면

$$\frac{p_1}{p_0} = \frac{n}{1}, \; \frac{p_2}{p_1} = \frac{n-1}{2}, \cdots, \frac{p_k}{p_{k-1}} = \frac{n-k+1}{k}$$

변끼리 곱하면

$$\frac{p_1}{p_0} \times \frac{p_2}{p_1} \times \cdots \times \frac{p_k}{p_{k-1}} = \frac{n}{1} \times \frac{n-1}{2} \times \cdots \times \frac{n-k+1}{k}$$

$$\therefore p_k = \frac{n(n-1)(n-2)\cdots(n-k+1)}{1 \cdot 2 \cdot \cdots \cdot k} \times p_0$$

$$= \frac{_nP_k}{k!} \times p_0 = {}_nC_k \times p_0$$

$\sum_{k=0}^{n} p_k = 1$ 이므로 $\sum_{k=0}^{n} {}_nC_k\, p_0 = 1 \quad \therefore 2^n \cdot p_0 = 1$

$$\therefore p_0 = \left(\frac{1}{2}\right)^n$$

(논제2)

$$p_k = {}_nC_k \cdot \left(\frac{1}{2}\right)^n$$

(논제3)

$$P(X=k) = {}_nC_k \left(\frac{1}{2}\right)^n$$

$$= {}_nC_k \left(\frac{1}{2}\right)^k \left(\frac{1}{2}\right)^{n-k} \quad (k=0, 1, 2, \cdots, n)$$

따라서 X 는 이항분포 $B\left(n, \dfrac{1}{2}\right)$ 을 따른다.

$$E(X) = \frac{n}{2}, \; V(X) = \frac{n}{4}$$

28장. 통계적 추정

[문제1]

(논제1)

각 정당 간 지지율에 대한 평균 지지도를 구하면 W: 31.6 , H= 31.7 , M= 15.5 이다.

(1) H당이 가장 지지율이 높다. 그러나 G기관의 무응답 비율이 $\frac{1}{3}$ 정도 되기 때문에 G 기관의 자료를 제외시킨 자료의 평균을 구하는 것이 타당할 것이다.

(세 당의 지지율의 산술적인 평균은 평등의 원리를 적용하여 얻은 결과인데, 이 결과는 무응답 비율을 고려하지 않은 분석의 결과이다. 무응답 비율을 고려한다면 공평의 원리를 살린 합리적인 분석결과를 도출할 수 있다)

I, T기관의 결과를 이용하여 지지율 평균을 구하면, W= 33.8, H= 33.6 , M= 16.7 으로 W당이 가장 높다고 볼 수 있다.

(2) 무응답자의 비율이 상대적으로 높아서 지지율에 차이가 난다. 이 무응답자의 견해는 실제 확인할 방법이 없기 때문에 각 정당의 지지율로 이어지지 못했다.

(논제2)

연령별 표본수가 인구 구성비와 반대방향으로 구성되었다. 예를 들면 20대의 찬성률이 상당히 높으나 인구 구성비에 비해 표본 수를 적게 함으로 실제 찬성자 수보다 적은 수만 찬성하는 것처럼 보이게 되었다. 따라서 결과가 왜곡되었다. 이러한 문제점은 찬성률을 연령별 구성비로 가중 평균함으로 어느 정도 완화될 수 있다. (합리적인 자료 분석은 평등의 원리 위에 개별적인 상황을 고려한 공평의 원리를 얼마나 효과적으로 적용할 수 있는가에 달려 있다. 이러한 문제의 원인은 연령대별 응답자 수를 동일하게 책정하지 않은 데에 있다. 즉, 평등의 원리를 적용하지 않음으로써 타당성의 문제가 발생하였다.)

가능한 다른 답안

연령별 표본이 인구 구성비와 반대방향으로 구성되어 결과가 왜곡되었다. 이러한 문제점은 찬성률을 연령별 구성비로 평균함으로써 어느 정도 완화될 수 있다. 단순평균에 의한 찬성률은 48% 이나, 연령별 구성비로 가중 평균한 찬성률은 61% 이므로 A법안을 상정하여야 한다.

$$\left(03. \times \frac{80}{100} + 0.3 \times \frac{140}{200} + 0.25 \times \frac{120}{300} + 0.15 \times \frac{140}{400} = 0.61\right)$$

[문제2]

(논제1)

모집단의 특성을 대표할 수 있는 표본을 추출하지 못하였기 때문이다. 표본은 모집단의 성향을 대표할 수 있도록 설정되어야 한다. 그러나 위 조사에서 설정한 표본은 잡지의 독자와 자동차 및 전화 소유자들로만 구성되어 있는데 이는 투표자 전체의 일반적인 성향을 대표하기 힘들다. 그러므로 상당히 큰 표본을 사용하였지만 적절하지 못한 방법으로 표본을 추출하여 의외의 결과가 나오게 되었다.

(논제2)

$y = p(1-p)$는 $p = 0.5$에서 대칭이고 위로 볼록이다.

따라서 $0.3 < p < 0.7$에서 $0.21 < p(1-p) \le 0.25$이다. 표본의 크기 n의 범위를 구하면

$$2\sqrt{\frac{p(1-p)}{n}} \le 2\sqrt{\frac{1}{4n}} \le 0.05 = \frac{1}{20}$$

이다. $\frac{1}{4n} \le \frac{1}{1600}$이므로 $n \ge 400$이다.

따라서 표본의 크기의 최솟값은 400이다.

(논제3)

① (논제1)과 마찬가지로 전화여론조사는 전화를 소유한 사람에게만 실시할 수 있기 때문에 표본의 수가 같더라도 대표성에 차이가 있을 수 있다.

② 전화여론조사에 참여한 사람이 실제 투표를 하지 않았을 가능성이 있다.

③ 전화여론조사에서는 '지지하는 사람'을 물었고, 출구조사에서는 '투표한 사람'을 물었다. 지지하는 사람과 투표한 사람이 다를 가능성도 있을 수 있다.

29장. 기하의 기본

[문제1]

(논제1)

$0 < \theta < \dfrac{\pi}{2}$ 라 하면, $O(0, 0)$, $A(\tan\theta, \tan^2\theta)$, $B(-\tan\theta, \tan^2\theta)$에 대하여 선분 AB의 y축과의 교점을 C라 하자. 또한, 이등변삼각형 OAB의 내심은 y축과 $\angle OAB$의 이등분선의 교점이므로 이의 y좌표는 p이다.

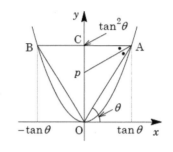

여기서 직선 OA의 기울기는 $\tan\theta$이므로 OA와 x축의 양의 방향의 각을 θ라 한다. 따라서 $\angle OAB = \theta$ 이 되므로

$$p = OC - AC\tan\frac{\theta}{2} = \tan^2\theta - \tan\theta\tan\frac{\theta}{2} = \tan\theta\left(\tan\theta - \sqrt{\frac{1-\cos\theta}{1+\cos\theta}}\right)$$

$$= \tan\theta\left(\tan\theta - \sqrt{\frac{(1-\cos\theta)^2}{1-\cos^2\theta}}\right) = \frac{\sin\theta}{\cos\theta}\left(\frac{\sin\theta}{\cos\theta} - \frac{1-\cos\theta}{\sin\theta}\right)$$

$$= \frac{\sin\theta}{\cos\theta} \cdot \frac{1-\cos\theta}{\cos\theta\sin\theta} = \frac{1-\cos\theta}{\cos^2\theta}$$

또한, 이등변삼각형 OAB의 외심은 y축과 선분 OA의 수직이등분선의 교점이므로 이의 y좌표는 q이므로

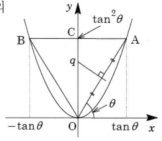

$$OA = \sqrt{\tan^2\theta + \tan^4\theta} = \tan\theta\sqrt{1+\tan^2\theta} = \frac{\tan\theta}{\cos\theta} \text{이고}$$

$\angle AOC = \dfrac{\pi}{2} - \theta$이므로

$$q = \frac{1}{2}OA \cdot \frac{1}{\cos\angle AOC} = \frac{\tan\theta}{2\cos\theta} \cdot \frac{1}{\sin\theta} = \frac{1}{2\cos^2\theta}$$

(논제2)

직선 $y = a$와 포물선 $y = x^2$으로 둘러싸인 도형의 넓이를 $S(a)$는 y축에 대하여 대칭성이 있으므로

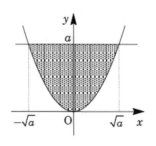

$$S(a) = 2\left\{a\sqrt{a} - \int_0^{\sqrt{a}} x^2 dx\right\} = 2a\sqrt{a} - \frac{2}{3}a\sqrt{a}$$

$$= \frac{4}{3}a\sqrt{a} = \frac{4}{3}a^{\frac{3}{2}}$$

(논제1)에서 $S(p) = \frac{4}{3} \cdot \frac{(1-\cos\theta)^{\frac{3}{2}}}{\cos^3\theta}$, $S(q) = \frac{4}{3} \cdot \frac{1}{2\sqrt{2}\cos^3\theta}$ 이므로

$$\frac{S(p)}{S(q)} = 2\sqrt{2}(1-\cos\theta)^{\frac{3}{2}} = \{2(1-\cos\theta)\}^{\frac{3}{2}}$$

조건에서 $\{2(1-\cos\theta)\}^{\frac{3}{2}} = k\,(k$는 자연수)로 표시되므로

$$8(1-\cos\theta)^3 = k^2 \quad \cdots\cdots \text{(*)}$$

여기서 $0 < \theta < \frac{\pi}{2}$ 이고 $0 < \cos\theta < 1$ 이므로 $0 < 8(1-\cos\theta)^3 < 8$이 되며, (*)를 만족시키는

k의 값은 $k = 1, 2$이다.

(i) $k = 1$일 때 $8(1-\cos\theta)^3 = 1$이 되어 $1-\cos\theta = \frac{1}{2}$이므로 $\cos\theta = \frac{1}{2}$

(ii) $k = 2$일 때 $8(1-\cos\theta)^3 = 4$이 되어 $1-\cos\theta = \frac{1}{\sqrt[3]{2}}$이므로 $\cos\theta = 1 - \frac{1}{\sqrt[3]{2}}$

[문제2]

(논제1)

이등변삼각형 ABC의 반지름 1인 내접원의 중심을 O라 하면, $\triangle AOQ$에서

$\tan\frac{\alpha}{2} = \frac{1}{AQ}$, $AQ = \frac{1}{\tan\frac{\alpha}{2}}$

$\triangle COQ$에서 동일하게 하면 $QC = \frac{1}{\tan\frac{\beta}{2}}$

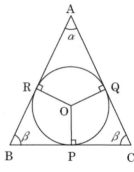

(논제2)

우선, $BC = 2PC = 2QC = \frac{2}{\tan\frac{\beta}{2}} = \frac{2}{t}$

또한, A, O, P는 동일 선상에 있기 때문에,

$$AP = PC\tan\beta = QC\tan\beta = \frac{1}{\tan\frac{\beta}{2}} \cdot \frac{2\tan\frac{\beta}{2}}{1-\tan^2\frac{\beta}{2}} = \frac{1}{t} \cdot \frac{2t}{1-t^2} = \frac{2}{1-t^2}$$

따라서, $\triangle ABC$의 넓이 S는 $S = \frac{1}{2}BC \cdot AP = \frac{1}{2} \cdot \frac{2}{t} \cdot \frac{2}{1-t^2} = \frac{2}{t(1-t^2)}$

(논제3)

$\dfrac{\beta}{2} = \dfrac{\pi - \alpha}{4}$ 이면 $0 < \dfrac{\beta}{2} < \dfrac{\pi}{4}$ 가 되고, $0 < \tan\dfrac{\beta}{2} < 1$ 이므로, 즉 $0 < t < 1$ 이다.

여기서, $f(t) = t(1 - t^2)$ 으로 두면 $S = \dfrac{2}{f(t)}$ 가 되고,

$f'(t) = 1 - 3t^2$

그러면 $f(t)$의 증감은 오른쪽 표와 같습니다,

$0 < t < 1$ 에서 $0 < f(t) \le \dfrac{2}{3\sqrt{3}}$ 이며

$S \ge 2 \cdot \dfrac{3\sqrt{3}}{2} = 3\sqrt{3}$

t	0	$\cdots$	$\dfrac{1}{\sqrt{3}}$	$\cdots$	1
$f'(t)$		$+$	0	$-$	
$f(t)$	0	$\nearrow$	$\dfrac{2}{3\sqrt{3}}$	$\searrow$	0

등호가 성립하는 경우는 $t = \dfrac{1}{\sqrt{3}}\left(\tan\dfrac{\beta}{2} = \dfrac{1}{\sqrt{3}}\right)$ 일 때이

므로 $\beta = \dfrac{\pi}{3}$ 이다.

이때 $\alpha = \dfrac{\pi}{3}$ 가 되고, $\triangle ABC$는 정삼각형이다.

[문제3]

(논제1)

다섯 개의 점 A, B, C, D, E는 원주를 5 등분하고 있기 때문에,

$\angle ABE = \angle EBD = \angle DBC = \angle BAC = \angle BCA$

이것에서 $\triangle ABC$와 $\triangle AIB$는 닮음이므로, 오른쪽 그림과

같이, 대각선의 교점을 F, G, H, I, J로 두면

$AB : AI = AC : AB$ $\cdots\cdots$ ①

또한, $\angle BAC + \angle ABE = \angle EBD + \angle DBC$ 이기 때문에,

$\angle CIB = \angle CBI$ 가 되고, $|\overrightarrow{AB}| = x$, $|\overrightarrow{AC}| = y$라 하면

$AI = AC - CI = AC - CB = y - x$ $\cdots\cdots$ ②

①, ②에서 $x : (y - x) = y : x$ 가 되어, $x^2 = y(y - x)$ $\cdots\cdots$ ③

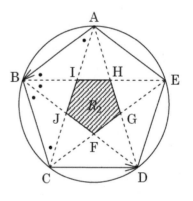

(논제2)

③에서 $y^2 - xy - x^2 = 0$이 되고, $y = \dfrac{1 + \sqrt{5}}{2}x$ $\cdots\cdots$ ④

또한, $AD /\!/ BC$, $AD = y$, $BC = x$이므로, ④에서 $\overrightarrow{AD} = \dfrac{y}{x}\overrightarrow{BC} = \dfrac{1 + \sqrt{5}}{2}\overrightarrow{BC}$

그리고, $\overrightarrow{AD} = \overrightarrow{AB} + \overrightarrow{BC} + \overrightarrow{CD}$ 에서 $\dfrac{1 + \sqrt{5}}{2}\overrightarrow{BC} = \vec{a} + \overrightarrow{BC} + \vec{c}$ 가 되고,

$$\frac{-1+\sqrt{5}}{2}\overrightarrow{BC}=\vec{a}+\vec{c},\ \overrightarrow{BC}=\frac{2}{-1+\sqrt{5}}(\vec{a}+\vec{c})=\frac{1+\sqrt{5}}{2}(\vec{a}+\vec{c})$$

(논제3)

R_2의 한 변 IJ의 길이는 $IJ=AJ-AI=x-(y-x)=2x-y$ 가 되므로, ④에서

$$IJ=2x-\frac{1+\sqrt{5}}{2}x=\frac{3-\sqrt{5}}{2}x$$

(논제4)

서로 닮음인 R_{n+1}와 R_n의 넓이의 비는 (논제3)에서 $\left(\frac{3-\sqrt{5}}{2}\right)^2=\frac{7-3\sqrt{5}}{2}$ 이기 때문에

$$S_{n+1}=\frac{7-3\sqrt{5}}{2}S_n$$

따라서, $\dfrac{1}{S_1}\displaystyle\sum_{k=1}^{n}(-1)^{k+1}S_k=\dfrac{1}{S_1}\displaystyle\sum_{k=1}^{n}(-1)^{k+1}S_1\left(\dfrac{7-3\sqrt{5}}{2}\right)^{k-1}=\displaystyle\sum_{k=1}^{n}\left(-\dfrac{7-3\sqrt{5}}{2}\right)^{k-1}$

$$\lim_{n\to\infty}\frac{1}{S_1}\sum_{k=1}^{n}(-1)^{k+1}S_k=\frac{1}{1+\dfrac{7-3\sqrt{5}}{2}}=\frac{2}{9-3\sqrt{5}}=\frac{3+\sqrt{5}}{6}$$

30장. 이차곡선

[문제1]

(논제1)

$C: x^2 + ay^2 + by = 0$ …… ①, $L: y = 2x - 1$ …… ②이 접하므로,

$x^2 + a(2x-1)^2 + b(2x-1) = 0$, $(4a+1)x^2 - 2(2a-b)x + a - b = 0$ …… ③

$4a + 1 \neq 0$이므로, $\dfrac{D}{4} = (2a-b)^2 - (4a+1)(a-b) = 0$이 되고,

$b^2 + b - a = 0$

(논제2)

(논제1)에서 $a = b^2 + b \neq -\dfrac{1}{4}$이므로, $\left(b + \dfrac{1}{2}\right)^2 \neq 0$ 다시 말해 $b \neq -\dfrac{1}{2}$을 바탕으로,

$C: x^2 + (b^2 + b)y^2 + by = 0$ …… ④

(i) $b^2 + b = 0 \, (b = 0, -1)$ 일 때

$b = 0$일 때 ④는 $x = 0$, $b = -1$일 때 ④는 $y = x^2$이 된다.

(ii) $b^2 + b \neq 0 \, (b \neq 0, \, b \neq -1)$일 때

④에 의해 $x^2 + (b^2 + b)\left(y^2 + \dfrac{1}{b+1}y\right) = 0$

$x^2 + (b^2 + b)\left(y^2 + \dfrac{1}{2b+2}\right)^2 = \dfrac{b}{4b+4}$

따라서 $b^2 + b > 0 \, (b < -1, \, 0 < b)$일 때 $\dfrac{b}{4b+4} > 0$이 되어 타원을 나타내고,

$b^2 + b < 0 \, (-1 < b < 0)$일 때 쌍곡선을 나타낸다. 이상에 의해 이차곡선 C는

$b < -1, \, 0 < b$ 일 때 타원,

$-1 < b < -\dfrac{1}{2}, \, -\dfrac{1}{2} < b < 0$ 일 때 쌍곡선,

$b = -1$일 때 포물선이 된다.

(논제3)

접점 P의 x좌표는, ③에 의해

$$x = \frac{2a-b}{4a+1} = \frac{2(b^2+b)-b}{4(a^2+b^2)+1} = \frac{b(2b+1)}{(2b+1)^2}$$

$$= \frac{b}{2b+1} = \frac{1}{2} - \frac{1}{2(2b+1)}$$

C는 $b < -1$, $0 < b$ 일 때 타원이 되므로,

$$0 < x < \frac{1}{2}, \frac{1}{2} < x < 1$$

따라서 접점 P가 존재하는 범위는

$$y = 2x-1 \left(0 < x < \frac{1}{2}, \frac{1}{2} < x < 1\right)$$

이를 그림으로 나타내면 오른쪽그림의 굵은 선과 같다.
단, 흰점은 포함되지 않는다.

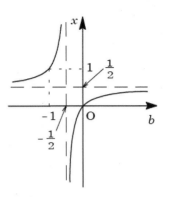

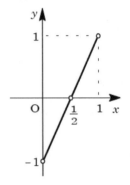

[문제2]

(논제1) 그림자의 임의의 한 점을 $P(x, y, 0)$, $\overrightarrow{AP}$가 구에 접하는 점을 B, $\angle PAC = \theta$ 라 하면
$\overrightarrow{AP} \cdot \overrightarrow{AC} = |\overrightarrow{AP}||\overrightarrow{AC}|\cos\theta = |\overrightarrow{AP}||\overrightarrow{AB}|$ 이므로

$(x, y, -3) \cdot (0, 0, -2) = \sqrt{x^2+y^2+(-3)^2} \times \sqrt{3}$, $6 = \sqrt{3x^2+3y^2+27}$ 이 성립한다.

양변을 제곱하여 정리하면 $36 = 3x^2+3y^2+27$에서 $x^2+y^2 = 3$ 따라서 xy평면 위에 나타나는 그림자는 원의 내부이다.

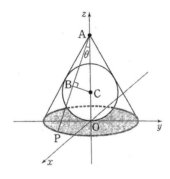

(논제2)

그림자의 임의의 한 점을 $P(x, y, 0)$, $\overrightarrow{AP}$가 구에 접하는 점을 B, $\angle PAC = \theta$ 라 하면
$\overrightarrow{AP} \cdot \overrightarrow{AC} = |\overrightarrow{AP}||\overrightarrow{AC}|\cos\theta = |\overrightarrow{AP}||\overrightarrow{AB}|$ 이므로

$(x, y+1, -3) \cdot (0, 1, -2) = \sqrt{x^2+(y+1)^2+(-3)^2} \times 2$, $y+7 = \sqrt{4x^2+4(y+1)^2+36}$

이 성립한다. 양변을 제곱하여 정리하면 $4x^2+3y^2-6y-9 = 0$에서 $\frac{x^2}{3} + \frac{(y-1)^2}{4} = 1$ 따라서 xy평면 위에 나타나는 그림자는 타원의 내부이다.

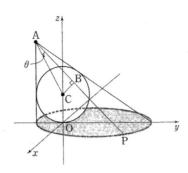

(논제3)

그림자의 임의의 한 점을 $P(x, y, 0)$, $\overline{AP}$가 구에 접하는 점을 B, $\angle PAC = \theta$라 하면,

$\overrightarrow{AP} \cdot \overrightarrow{AC} = |\overrightarrow{AP}||\overrightarrow{AC}|\cos\theta = |\overrightarrow{AP}||\overrightarrow{AB}|$ 이므로

$(x, y+2, -2) \cdot (0, 2, -1) = \sqrt{x^2 + (y+2)^2 + (-2)^2} \times 2$, $y + 3 = \sqrt{x^2 + (y+2)^2 + (-2)^2}$

이 성립한다. 양변을 제곱하여 정리하면 $x^2 - 2y - 1 = 0$에서 $x^2 = 2\left(y + \dfrac{1}{2}\right)$ 따라서 xy평면 위에 나타

나는 그림자의 포물선의 안쪽이다.

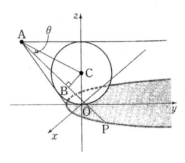

(논제4)

그림자의 임의의 한 점을 $P(x, y, 0)$, $\overline{AP}$가 구에 접하는 점을 B, $\angle PAC = \theta$라 하면

$\overrightarrow{AP} \cdot \overrightarrow{AC} = |\overrightarrow{AP}||\overrightarrow{AC}|\cos\theta = |\overrightarrow{AP}||\overrightarrow{AB}|$ 이므로

$(x, y+2, -1) \cdot (0, 2, 0) = \sqrt{x^2 + (y+2)^2 + (-1)^2} \times \sqrt{3}$,

$2(y+2) = \sqrt{3x^2 + 3(y+2)^2 + 3}$ 이 성립한다. 양변을 제곱하여 정리하면 $3x^2 - y^2 - 4y - 1 = 0$에서

$x^2 - \dfrac{(y+2)^2}{3} = -1$ 따라서 xy평면 위에 나타나는 그림자는 쌍곡선의 일부이다.

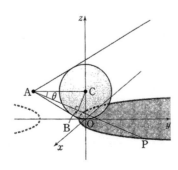

[문제1]

(논제1)

$0 < \alpha < \dfrac{\pi}{2}, \ 0 < \beta < \dfrac{\pi}{2}, \sin\alpha = \dfrac{a}{\sqrt{a^2+b^2}}, \ \sin\beta = \dfrac{b}{\sqrt{a^2+b^2}}$ 이므로,

$\cos\alpha = \sqrt{1 - \dfrac{a^2}{a^2+b^2}} = \dfrac{b}{\sqrt{a^2+b^2}}, \ \cos\beta = \sqrt{1 - \dfrac{b^2}{a^2+b^2}} = \dfrac{a}{\sqrt{a^2+b^2}}$

그러면 $\sin(\alpha+\beta) = \sin\alpha\cos\beta + \cos\alpha\sin\beta$

$= \dfrac{a}{\sqrt{a^2+b^2}} \cdot \dfrac{a}{\sqrt{a^2+b^2}} + \dfrac{b}{\sqrt{a^2+b^2}} \cdot \dfrac{b}{\sqrt{a^2+b^2}} = 1$

따라서 $0 < \alpha+\beta < \pi$이므로 $\alpha+\beta = \dfrac{\pi}{2}$

(논제2)

$A : \dfrac{x^2}{a^2} + \dfrac{y^2}{b^2} = 1, \ B : \dfrac{x^2}{b^2} + \dfrac{y^2}{a^2} = 1$ 이므로,

$b^2 x^2 + a^2 y^2 = a^2 b^2 \quad \cdots\cdots ①$

$a^2 x^2 + b^2 y^2 = a^2 b^2 \quad \cdots\cdots ②$

①, ②에 의해 $(a^2 - b^2)(x^2 - y^2) = 0$

$0 < b < a$에 의해 $x^2 = y^2$이 되고, ①에 대입하면,

$(a^2 + b^2)x^2 = a^2 b^2, \ x^2 = \dfrac{a^2 b^2}{a^2 + b^2}$

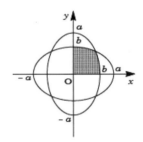

$x > 0, \ y > 0$이 되는 것은 $x = y = \dfrac{ab}{\sqrt{a^2+b^2}}$ 일 때이고, 제1사분면에 있는 A와 B의 교점의 좌표는

$\left(\dfrac{ab}{\sqrt{a^2+b^2}}, \ \dfrac{ab}{\sqrt{a^2+b^2}} \right)$이 된다.

(논제3)

타원 A의 제1사분면 부분은, ①에 의해 $y = \dfrac{b}{a}\sqrt{a^2 - x^2}$

한편 타원 A와 B로 둘러싸인 도형의 공통부분 가운데, $x \geq 0, \ y \geq 0$ 범위에 있는 부분은,
직선 $y = x$에 관해 대칭이므로, 그 면적 S는,

$\dfrac{S}{2} = \displaystyle\int_0^{\frac{ab}{\sqrt{a^2+b^2}}} \dfrac{b}{a}\sqrt{a^2 - x^2}\, dx - \dfrac{1}{2} \cdot \dfrac{ab}{\sqrt{a^2+b^2}} \cdot \dfrac{ab}{\sqrt{a^2+b^2}}$

$= \displaystyle\int_0^{\frac{ab}{\sqrt{a^2+b^2}}} \dfrac{b}{a}\sqrt{a^2 - x^2}\, dx - \dfrac{a^2 b^2}{2(a^2 + b^2)}$

이때 $\dfrac{ab}{\sqrt{a^2+b^2}}=a\sin\beta$이고, $x=a\sin\theta$이면,

$$\int_0^{a\sin\beta}\sqrt{a^2-x^2}\,dx=\int_0^\beta\sqrt{a^2(1-\sin^2\theta)}\cdot a\cos\theta\,d\theta=a^2\int_0^\beta\cos^2\theta\,d\theta$$

$$=\frac{a^2}{2}\int_0^\beta(1+\cos2\theta)d\theta=\frac{a^2}{2}\left[\theta+\frac{1}{2}\sin2\theta\right]_0^\beta$$

$$=\frac{a^2}{2}\beta+\frac{a^2}{4}\sin2\beta$$

이상에 의해 $S=\dfrac{2b}{a}\left(\dfrac{a^2}{2}\beta+\dfrac{a^2}{4}\sin2\beta\right)-\dfrac{a^2b^2}{a^2+b^2}=ab\beta+ab\sin\beta\cos\beta-\dfrac{a^2b^2}{a^2+b^2}$

$$=ab\beta+ab\cdot\frac{b}{\sqrt{a^2+b^2}}\cdot\frac{a}{\sqrt{a^2+b^2}}-\frac{a^2b^2}{a^2+b^2}=ab\beta$$

[문제2]

(논제1)

타원 $\dfrac{(x+2)^2}{16}+\dfrac{(y-1)^2}{4}=1$ …… ①, 직선 $y=x+a$ …… ②에 대하여

①에서, $0\le\theta<2\pi$로 $x=-2+4\cos\theta$ …… ③, $y=1+2\sin\theta$ …… ④

③, ④을 ②에 대입하면 $1+2\sin\theta=-2+4\cos\theta+a$

$2(\sin\theta-2\cos\theta)+3=a$, $2\sqrt{5}\sin(\theta+\alpha)+3=a$ …… ⑤

여기서, $\cos\alpha=\dfrac{1}{\sqrt{5}}$ …… ⑥, $\sin\alpha=-\dfrac{2}{\sqrt{5}}$ …… ⑦

①과 ②의 교점을 공유하는 조건은 ⑤를 충족하는 θ가 존재하는 조건에 대응하므로,

$-2\sqrt{5}+3\le a\le 2\sqrt{5}+3$

(논제2)

$f(x,\,y)=|x|+|y|-1$ 로 두면, $f(-x,\,y)=f(x,\,-y)=f(x,\,y)$

여기서, 도형 $f(x,\,y)=0$은 x 축 대칭이고, y 축 대칭이다.

따라서, $x\ge0$이고 $y\ge0$에서

$f(x,\,y)=x+y-1=0$, $x+y=1$

대칭을 감안할 때, $f(x,\,y)=0$을 만족 도형은 오른쪽 그림과 사각형이다.

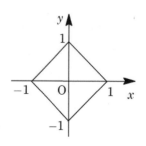

(논제3)

$|x|+|y|=k$ 로 두면 (논제2)에서, 이 도형은 네 점 $(k,\,0)$, $(0,\,k)$, $(-k,\,0)$, $(0,\,-k)$를 정점으로 하는 정사각형이다.

또한, 타원 ①과 y 축과의 교점은

$$\frac{(-2)^2}{16}+\frac{(y-1)^2}{4}=1, \ y=1\pm\sqrt{3}$$

그런데, 점 (x, y)가 타원 ① 위를 움직일 때, k가 최대

가 되는 것은 오른쪽 그림에서 직선 $y=x+k$가 타원 ①

에 접할 때이며, (논제1)에서 $k=2\sqrt{5}+3$이다.

이때, ⑤에서

$$\sin(\theta+\alpha)=1, \ \theta+\alpha=\frac{\pi}{2}, \ \theta=\frac{\pi}{2}-\alpha$$

또한, ③, ④, ⑥, ⑦에서 $x=-2+4\cos\left(\frac{\pi}{2}-\alpha\right)=-2+4\sin\alpha=-1-\frac{8}{\sqrt{5}}$

$$y=1+2\sin\left(\frac{\pi}{2}-\alpha\right)=1+2\cos\alpha=1+\frac{2}{\sqrt{5}}$$

또한, k가 최소가 되는 것은, $(x, y)=\left(0, 1-\sqrt{3}\right)$일 때 이며, 이때 최솟값 $k=\left|1-\sqrt{3}\right|$

$=\sqrt{3}-1$을 취한다.

[문제3]

(논제1)

접선 l의 법선벡터가 $\overrightarrow{OP}=(s, t)$에서

$$s(x-s)+t(y-t)=0, \ sx+ty=s^2+t^2$$

그리고 $s^2+t^2=1$에서, $l: sx+ty=1$ ······ ①

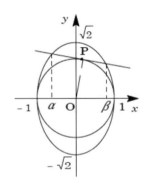

(논제2)

①에서 $y=\frac{1}{t}(1-sx)$이며, $E: 2x^2+y^2=2$ 에 대입하면

$$2x^2+\frac{1}{t^2}(1-sx)^2=2$$가 되고,

$$\left(2t^2+s^2\right)x^2-2sx+1-2t^2=0 \ \cdots\cdots ②$$

②의 해는 $s^2=1-t^2$에 주의하면

$$x=\frac{s\pm\sqrt{s^2-(2t^2+s^2)(1-2t^2)}}{2t^2+s^2}=\frac{s\pm\sqrt{(1-t^2)-(t^2+1)(1-2t^2)}}{t^2+1}$$

$$=\frac{s\pm\sqrt{2t^4}}{t^2+1}=\frac{s\pm\sqrt{2}\,t^2}{t^2+1}$$

이 해를 $x=\alpha, \ \beta\,(\alpha<\beta)$로 두면 $\beta-\alpha=\frac{2\sqrt{2}\,t^2}{t^2+1}$

여기서 E가 l로부터 잘라낸 선분의 길이 L 은

$$L^2=(\beta-\alpha)^2+\left(-\frac{s}{t}\right)^2(\beta-\alpha)^2=\frac{t^2+s^2}{t^2}(\beta-\alpha)^2=\frac{1}{t^2}(\beta-\alpha)^2$$

따라서, $L = \dfrac{1}{t}(\beta - \alpha) = \dfrac{2\sqrt{2}\,t}{t^2 + 1}$

(논제3)

(논제2)에서 산술 평균과 기하 평균의 관계를 이용하면,

$$L = \dfrac{2\sqrt{2}}{t + \dfrac{1}{t}} \leq \dfrac{2\sqrt{2}}{2} = \sqrt{2}$$

등호는 $t = \dfrac{1}{t}$ 즉 $t = 1$일 때 성립하므로 L의 최댓값은 2이다.

(논제4)

$t = 1$일 때 $l : y = 1$ 이고, $E : x = \pm \sqrt{1 - \dfrac{y^2}{2}}$ 이기 때문에, $u = \dfrac{y}{\sqrt{2}}$ 를 두면

$$A = 2\int_{1}^{\sqrt{2}} \sqrt{1 - \dfrac{y^2}{2}}\, dy = 2\sqrt{2}\int_{\frac{1}{\sqrt{2}}}^{1} \sqrt{1 - u^2}\, du = 2\sqrt{2}\left\{ \dfrac{1}{2} \cdot 1 \cdot \dfrac{\pi}{4} - \dfrac{1}{2}\left(\dfrac{1}{\sqrt{2}} \right)^2 \right\}$$

$$= 2\sqrt{2}\left(\dfrac{\pi}{8} - \dfrac{1}{4} \right) = \dfrac{\sqrt{2}}{4}(\pi - 2)$$

[문제1]

(논제1)

점 $A_1(r_1\cos\theta,\ r_1\sin\theta)$ 가 타원 $\dfrac{x^2}{a^2}+\dfrac{y^2}{b^2}=1$ 위에 있으므로 $\dfrac{r_1^2\cdot\cos^2\theta}{a^2}+\dfrac{r_1^2\cdot\sin^2\theta}{b^2}=1$

$$\therefore\ r_1^2=\frac{a^2b^2}{b^2\cos^2\theta+a^2\sin^2\theta}\ \ \cdots\cdots\ ①$$

점 $A_2\left(r_2\cos\left(\theta+\dfrac{\pi}{2}\right),\ r_2\sin\left(\theta+\dfrac{\pi}{2}\right)\right)$ 도 같은 방법으로 하여

$$\therefore\ r_2^2=\frac{a^2b^2}{b^2\sin^2\theta+a^2\cos^2\theta}\ \ \cdots\cdots\ ②$$

여기에서 $\angle A_1OA_2=\dfrac{\pi}{2}$ 이므로 $S=\dfrac{1}{2}r_1r_2$

①, ②을 대입하면

$$4S^2=r_1^2\cdot r_2^2$$

$$=\frac{a^2b^2}{b^2\cos^2\theta+a^2\sin^2\theta}\cdot\frac{a^2b^2}{b^2\sin^2\theta+a^2\cos^2\theta}$$

$$=\frac{a^4b^4}{(a^4+b^4)\sin^2\theta\cdot\cos^2\theta+a^2b^2(\sin^4\theta+\cos^4\theta)}$$

$$=\frac{a^4b^4}{\dfrac{a^4+b^4-2a^2b^2}{4}\cdot\sin^2 2\theta+a^2b^2}$$

$$=\frac{4a^4b^4}{(a^2-b^2)^2\sin^2 2\theta+4a^2b^2}$$

$$\therefore\ S=\frac{a^2b^2}{\sqrt{(a^2-b^2)^2\sin^2 2\theta+4a^2b^2}}$$

(논제2)

θ 가 $0\le\theta\le\pi$ 의 범위에서 변할 때, $\sin^2 2\theta=0$

즉, $\theta=0,\ \dfrac{\pi}{2},\ \pi$ 일 때, (S의 최댓값)$=\dfrac{ab}{2}$

$\sin^2 2\theta=1$

즉, $\theta=\dfrac{\pi}{4},\ \dfrac{3}{4}\pi$ 일 때, (S의 최솟값)$=\dfrac{a^2b^2}{a^2+b^2}$

[문제2]

(논제1)

포물선 $C: y = x^2 + ax + b$ …… ①과 직선 $y = cx$ (c는 상수) …… ②를 연립하면

$x^2 + ax + b = cx$, $x^2 + (a-c)x + b = 0$ …… ③

①, ②에 접하므로 $D = (a-c)^2 - 4b = 0$이고

$c^2 - 2ac + a^2 - 4b = 0$ …… ④

그리고 조건에서 C는 $l_1 : y = px(p > 0)$, $l_2 : y = qx(q < 0)$에 접하므로 ④의 해가 $c = p$, q가 됨을 의미하므로

$p + q = 2a$, $pq = a^2 - 4b$

따라서 $a = \dfrac{1}{2}(p+q)$, $b = \dfrac{1}{4}(a^2 - pq) = \dfrac{1}{4}\left\{\dfrac{1}{4}(p+q)^2 - pq\right\} = \dfrac{1}{16}(p-q)^2$

(논제2)

C와 l_1, l_2의 접점의 x좌표를 각각 α, β라 하면

③의 중근은 $x = -\dfrac{a-c}{2} = \dfrac{1}{2}(c-a)$이므로

$\alpha = \dfrac{1}{2}(p-a) = \dfrac{1}{4}(p-q)$

$\beta = \dfrac{1}{2}(q-a) = \dfrac{1}{4}(-p+q)$

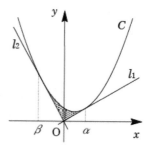

그러면 C와 l_1, l_2로 둘러싸인 도형의 넓이 S는

$S = \displaystyle\int_{\beta}^{0}(x^2 + ax + b - qx)dx + \int_{0}^{\alpha}(x^2 + ax + b - px)dx$

$= \displaystyle\int_{\beta}^{0}(x-\beta)^2 dx + \int_{0}^{\alpha}(x-\alpha)^2 dx = \dfrac{1}{3}\big[(x-\beta)^3\big]_{\beta}^{0} + \dfrac{1}{3}\big[(x-\alpha)^3\big]_{0}^{\alpha}$

$= \dfrac{1}{3}(-\beta)^3 - \dfrac{1}{3}(-\alpha)^3 = \dfrac{1}{3}(\alpha^3 - \beta^3)$

$= \dfrac{1}{3 \cdot 64}\big\{(p-q)^3 - (-p+q)^3\big\}$

$= \dfrac{1}{3 \cdot 32}(p-q)^3 = \dfrac{1}{96}(p-q)^3$

(논제3)

l_1, l_2이 직교하므로 $pq = -1$이고 $q = -\dfrac{1}{p}$이므로 $S = \dfrac{1}{96}\left(p + \dfrac{1}{p}\right)^3$

여기서 산술평균, 기하평균의 관계에 의해서 $p + \dfrac{1}{p} \geq 2$ (등호는 $p = 1$일 때)이므로

S의 최솟값은 $\dfrac{1}{96} \cdot 2^3 = \dfrac{1}{12}$ 가 된다.

[문제1]

(논제1)

접선 l은 $\dfrac{px}{a^2}+qy=1$에서, 그 법선벡터가 $\dfrac{1}{a^2}\left(p,\,a^2q\right)$가

되므로, 방향벡터 $\vec{l}$은 $\vec{l}=\left(a^2q,\,-p\right)$가 될 수 있다.

또한, 직선 $x=p$의 방향벡터를 $\vec{u}=(0,\,1)$로 한다.

거기에 $\overrightarrow{BA}=(a-p,\,-q)$이므로 조건에 따라,

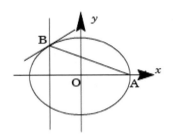

$$\dfrac{\overrightarrow{BA}}{|\overrightarrow{BA}|}+\dfrac{\vec{u}}{|\vec{u}|}=k\vec{l}\qquad(k\text{는 실수})$$

$$\dfrac{1}{\sqrt{(a-p)^2+(-q)^2}}(a-p,\,-q)+(0,\,1)=k(a^2q,\,-p)$$

$$\dfrac{a-p}{\sqrt{(a-p)^2+(-q)^2}}=ka^2q\ \cdots\cdots\ ①,\quad \dfrac{-q}{\sqrt{(a-p)^2+(-q)^2}}+1=-kp\ \cdots\cdots\ ②$$

①$\times p+$②$\times a^2q$에 따라

$$p(a-p)-a^2q^2+a^2q\sqrt{(a-p)^2+q^2}=0$$

여기서 $\dfrac{p^2}{a^2}+q^2=1$이므로 $q^2=1-\dfrac{p^2}{a^2}=\dfrac{(a-p)(a+p)}{a^2}$를 대입해 정리하면

$$aq\sqrt{(a-p)^2+\dfrac{(a-p)(a+p)}{a^2}}=a-p$$

$q>0$, $a-p>0$이므로, 양변을 제곱하여 정리하면

$$a^2\cdot\dfrac{(a-p)(a+p)}{a^2}\left\{(a-p)^2+\dfrac{(a-p)(a+p)}{a^2}\right\}=(a-p)^2$$

$(a+p)\left\{(a-p)+\dfrac{a+p}{a^2}\right\}=1$이므로 $(a^2-1)p^2-2ap-a^4=0\ \cdots\cdots\ ③$

③의 좌변을 $f(p)$라 하면, $f(-a)=a^2>0$, $f(a)=-3a^2<0$로 $-a<p<a$이므로 ③의 해는

$$p=\dfrac{a-\sqrt{a^6-a^4+a^2}}{a^2-1}=\dfrac{a-a\sqrt{a^4-a^2+1}}{a^2-1}$$

(논제2)

$$\lim_{a\to1}p=\lim_{a\to1}\dfrac{a\left(1-\sqrt{a^4-a^2+1}\right)}{a^2-1}=\lim_{a\to1}\dfrac{a\cdot a^2(1-a^2)}{(a^2-1)\left(1+\sqrt{a^4-a^2+1}\right)}=-\dfrac{1}{2}$$

$$\lim_{a\to\infty}\dfrac{p}{a}=\lim_{a\to\infty}\dfrac{1-\sqrt{a^4-a^2+1}}{a^2-1}=\lim_{a\to\infty}\dfrac{\dfrac{1}{a^2}-\sqrt{1-\dfrac{1}{a^2}+\dfrac{1}{a^4}}}{1-\dfrac{1}{a^2}}=-1$$

[문제2]

(논제1)

$y = a\sqrt{1-x^2}$ 에 대해,

$y' = \dfrac{-2ax}{2\sqrt{1-x^2}} = \dfrac{-ax}{\sqrt{1-x^2}}$

접점이 $P\left(t,\, a\sqrt{1-t^2}\right)$이면 접선의 방정식은

$y - a\sqrt{1-t^2} = \dfrac{-at}{\sqrt{1-t^2}}(x - t)$

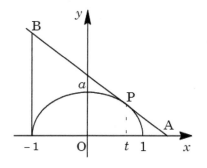

$A\left(\dfrac{1}{\cos\theta},\, 0\right)$을 지나므로,

$-a\sqrt{1-t^2} = \dfrac{-at}{\sqrt{1-t^2}}\left(\dfrac{1}{\cos\theta} - t\right),\ -a(1-t^2) = -at\left(\dfrac{1}{\cos\theta} - t\right)$

따라서 $1 - t^2 = \dfrac{t}{\cos\theta} - t^2$이므로, $t = \cos\theta$

이때 $a\sqrt{1-t^2} = a\sqrt{1-\cos^2\theta} = a|\sin\theta| = a\sin\theta$ 이므로, $P(\cos\theta,\, a\sin\theta)$

선분은, $y - a\sin\theta = \dfrac{-a\cos\theta}{\sin\theta}(x - \cos\theta),\ y = \dfrac{-a\cos\theta}{\sin\theta}x + \dfrac{a}{\sin\theta}$ …… (✻)

(논제2)

$x = -1$일 때, (✻)에 의해 $y = \dfrac{a(1+\cos\theta)}{\sin\theta}$ 가 되고, $B\left(-1,\, \dfrac{a(1+\cos\theta)}{\sin\theta}\right)$

우선 $\displaystyle\int_{-1}^{\cos\theta} \sqrt{1-x^2}\, dx = \dfrac{1}{2} \cdot 1^2 \cdot (\pi - \theta) + \dfrac{1}{2}\cos\theta\sin\theta = \dfrac{1}{2}(\pi - \theta + \sin\theta\cos\theta)$

$S_1 = \dfrac{1}{2}\left\{a\sin\theta + \dfrac{a(1+\cos\theta)}{\sin\theta}\right\}(\cos\theta + 1) - \displaystyle\int_{-1}^{\cos\theta} a\sqrt{1-x^2}\, dx$

$\quad = \left\{a\sin\theta(\cos\theta + 1) + \dfrac{a(1+\cos\theta)^2}{\sin\theta}\right\} - \dfrac{1}{2}a(\pi - \theta + \cos\theta\sin\theta)$

$\quad = \dfrac{1}{2}a\left\{\sin\theta + \dfrac{(1+\cos\theta)^2}{\sin\theta} - \pi + \theta\right\}$

$\quad = \dfrac{1}{2}a\left\{\dfrac{2(1+\cos\theta)}{\sin\theta} - \pi + \theta\right\}$

또한, $\displaystyle\int_{\cos\theta}^{1} \sqrt{1-x^2}\, dx = \dfrac{1}{2} \cdot 1^2 \cdot \pi - \dfrac{1}{2}(\pi - \theta + \sin\theta\cos\theta) = \dfrac{1}{2}(\theta - \sin\theta\cos\theta)$

$S_2 = \dfrac{1}{2}\left(\dfrac{1}{\cos\theta} - \cos\theta\right)a\sin\theta - \displaystyle\int_{\cos\theta}^{1} a\sqrt{1-x^2}\, dx$

$\quad = \dfrac{1}{2}a\left(\dfrac{\sin\theta}{\cos\theta} - \cos\theta\sin\theta\right) - \dfrac{1}{2}a(\theta - \cos\theta\sin\theta)$

$\quad = \dfrac{1}{2}a\left(\dfrac{\sin\theta}{\cos\theta} - \theta\right)$

(논제3)

점 P가 선분 AB의 중점일 때, $\cos\theta = \dfrac{1}{2}\left(-1 + \dfrac{1}{\cos\theta}\right)$이므로

$2\cos^2\theta + \cos\theta - 1 = 0$, $(2\cos\theta - 1)(\cos\theta + 1) = 0$

$\cos\theta > 0$에 의해, $\cos\theta = \dfrac{1}{2}$이 되므로, $\theta = \dfrac{\pi}{3}$이다.

이때, $S_1 = \dfrac{1}{2}a\left(2\sqrt{3} - \dfrac{2}{3}\pi\right)$, $S_2 = \dfrac{1}{2}a\left(\sqrt{3} - \dfrac{\pi}{3}\right)$에 의해, $S_1 = 2S_2$가 된다.

[문제3]

(논제1)

포물선 $C: y = x^2$에 대해, $A(a, a^2)$에서 접하는 접선은 $y' = 2x$이므로

$y - a^2 = 2a(x - a)$, $y = 2ax - a^2$

점 $P(p, q)$를 지나므로, $q = 2ap - a^2$, $a^2 - 2pa + q = 0$ $\cdots\cdots$ ①

마찬가지로 $B(b, b^2)$에서 접하는 접선이 점 $P(p, q)$를 지나므로

$b^2 - 2pb + q = 0$ $\cdots\cdots$ ②

①, ②에 의해 a, b는 t에 대한 2차 방정식 $t^2 - 2pt + q = 0$의 두 해가 되고,

$a + b = 2p$, $ab = q$

(논제2)

P를 지나는 기울기 m인 직선 ST의 방정식은,

$y - q = m(x - p)$, $y = mx - mp + q$ $\cdots\cdots$ ③

포물선 $y = x^2$와의 교점은 $x^2 = mx - mp + q$, $x^2 - mx + mp - q = 0$

이 방정식의 해가 $x = s$, t이므로, $s + t = m$, $st = mp - q$ $\cdots\cdots$ ④

(논제3)

우선, x, y의 1차 방정식 $y - 2px + q = 0$이 있는데, 이 식은 직선을 나타내고,

①에서 $A(a, a^2)$을 지나고, ②에서 $B(b, b^2)$을 지난다.

다시 말해, 직선 AB의 방정식은 $y - 2px + q = 0$ $\cdots\cdots$ ⑤이다.

그러면 직선 ③과 ⑤의 교점 Q는, $mx - mp + q - 2px + q = 0$

$(m - 2p)x = mp - 2q$

이때, ④를 이용하고, $s < t < p$에 주목하면,

$m - 2p = s + t - 2p = (s - p) + (t - p) < 0$

따라서 $x = \dfrac{mp - 2q}{m - 2p}$가 되고, $u = \dfrac{mp - 2q}{m - 2p}$ $\cdots\cdots$ ⑥

한편, ④, ⑥에 의해

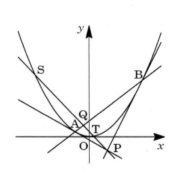

$$(p-s+p-t)(p-u)=(2p-m)\left(p-\frac{mp-2q}{m-2p}\right)$$

$$=(2p-m)p+mp-2q=2p^2-2q$$

$$2(p-s)(p-t)=2\{p^2-(s+t)p+st\}=2(p^2-mp+mp-q)=2p^2-2q$$

이상에 의해 $(p-s+p-t)(p-u)=2(p-s)(p-t)$ …… ⑦

그 때, ⑦의 양변을 $1+m^2$배 하면,

$$(PS+PT)PQ=2PS\cdot PT,\ \frac{PS+PT}{PS\cdot PT}=\frac{2}{PQ}$$

다시 말해, $\dfrac{1}{PS}+\dfrac{1}{PT}=\dfrac{2}{PQ}$ 가 성립한다.

[문제4]

(논제1)

$C:x^2+y^2=1$ …… ①과 $y=ax+1$ …… ②의 교점은,

$x^2+(ax+1)^2=1,\ (a^2+1)x^2+2ax=0$

$x\neq0$의 해는, $x=-\dfrac{2a}{a^2+1}$

②에 의해, $y=-\dfrac{2a^2}{a^2+1}+1=\dfrac{-a^2+1}{a^2+1}$

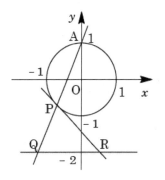

따라서 $P\left(-\dfrac{2a}{a^2+1},\ \dfrac{-a^2+1}{a^2+1}\right)$이 되고, 점 P에서 접하는

원 ①의 접점 m의 방정식은

$$-\frac{2a}{a^2+1}x+\frac{-a^2+1}{a^2+1}y=1,\ -2ax+(-a^2+1)y=a^2+1\ \cdots\cdots\ ③$$

(논제2)

②에서 $y=-2$이면, $x=-\dfrac{3}{a}$이므로, $Q\left(-\dfrac{3}{a},\ -2\right)$

③에서 $y=-2$이면, $x=\dfrac{a^2-3}{2a}$이므로, $R\left(\dfrac{a^2-3}{2a},\ -2\right)$

이때, 산술평균과 기하평균의 관계를 이용하면,

$$QR=\left|\frac{a^2-3}{2a}+\frac{3}{a}\right|=\frac{a^2+3}{2a}=\frac{1}{2}\left(a+\frac{3}{a}\right)\geq\sqrt{a\cdot\frac{3}{a}}=\sqrt{3}$$

이때, 등호가 성립하는 것은, $a=\dfrac{3}{a}\ (a=\sqrt{3})$일 때이다.

따라서 선분 QR의 길이는, $a=\sqrt{3}$ 일 때 최솟값이 $\sqrt{3}$ 이다.

(논제3)

$a = \sqrt{3}$ 일 때, ②에 의해 직선 AQ: $\sqrt{3}\,x - y + 1 = 0$

또한, $R(0,\,-2)$ 이므로, 직선 AR: $x = 0$

그러면 $\angle\,QAR$의 이등분선은, 두 직선 AQ, AR에서 같은 거리에 있으므로,

$$\frac{|\sqrt{3}\,x - y + 1|}{\sqrt{(\sqrt{3})^2 + 1}} = |x|,\ \sqrt{3}\,x - y + 1 = \pm\,2x$$

$\angle\,QAR$의 이등분선 기울기는 양수이고, $y = (2 + \sqrt{3})x + 1$

31장. 공간도형

[문제1]

(논제1)

구하려 하는 단위벡터를 $\vec{e} = (x,\ y,\ z)$라 한다.

$\overrightarrow{OA} \cdot \vec{e} = 0$ 이므로, $ax + by = 0$ $\cdots\cdots$ ①

$\overrightarrow{OC} \cdot \vec{e} = 0$ 이므로, $x + y + z = 0$ $\cdots\cdots$ ②

①에 의해 $(x,\ y) = k(b,\ -a)$ (k는 실수)

②에서 $z = -x - y$이므로

$(x,\ y,\ z) = k(b,\ -a,\ a-b)$

$|\vec{e}| = 1$ 이므로, $1 = |k|\sqrt{b^2 + (-a)^2 + (a-b)^2}$ 에서,

$$k = \pm \frac{1}{\sqrt{b^2 + (-a)^2 + (a-b)^2}} = \pm \frac{1}{\sqrt{2(a^2 + b^2 - ab)}}$$

따라서 $\vec{e} = \pm \dfrac{1}{\sqrt{2(a^2 + b^2 - ab)}}(b,\ -a,\ a-b)$

그러면 $\overrightarrow{OB} \cdot \vec{e} = \pm \dfrac{bc + ad - bd}{\sqrt{2(a^2 + b^2 - ab)}}$ 이므로 $|\overrightarrow{OB} \cdot \vec{e}| = \dfrac{|bc + ad - bd|}{\sqrt{2(a^2 + b^2 - ab)}}$

이때 $a \ge b \ge 0$, $c \ge 0$, $d \ge 0$이므로 $bc + ad - bd = bc + d(a-b) \ge 0$이 되고,

$|\overrightarrow{OB} \cdot \vec{e}| = \dfrac{bc + ad - bd}{\sqrt{2(a^2 + b^2 - ab)}}$

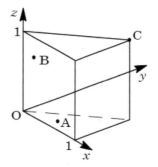

(논제2)

사면체 $OABC$에서 $\triangle OAC$가 밑면이면, 높이는 $|\overrightarrow{OB} \cdot \vec{e}|$ 가 된다.

$$\triangle OAC = \frac{1}{2}\sqrt{|\overrightarrow{OA}|^2 |\overrightarrow{OC}|^2 - (\overrightarrow{OA} \cdot \overrightarrow{OC})^2} = \frac{1}{2}\sqrt{3(a^2 + b^2) - (a+b)^2}$$

$$= \frac{1}{2}\sqrt{2(a^2 + b^2 - ab)}$$

사면체 $OABC$의 부피가 V이면 (논제1)에 의해

$$V = \frac{1}{3} \cdot \frac{1}{2} \sqrt{2(a^2 + b^2 - ab)} \cdot \frac{bc + ad - bd}{\sqrt{2(a^2 + b^2 - ab)}} = \frac{1}{6}(bc + ad - bd)$$

(논제3)

우선 점 $A(a, b, 0)$의 위치벡터를 S 내에 일단 고정시킨 뒤,
점 $B(c, 0, d)$를 T 내에서 움직이고, V가 최대가 될 때 점 B의
위치를 구한다. 다음으로, 이 상태를 유지한 채, 점 A를 S내에서
움직이고, V의 최댓값을 구한다.

또한 $a = b = 0$일 때는 점 A가 원점 O와 일치하므로 부적합하다.

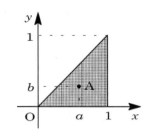

(i) 점 $A(a, b, 0)$을 $a > b > 0$ 위치에 고정시켰을 때,

$V = \frac{1}{6}\{(a-b)d + bc\}$ 가 되므로, V는 d의 단조증가함수이고 $0 \leq d \leq 1$, $0 \leq c \leq 1$이므로

$c = d = 1$일 때 V는 가장 커진다.

이때 $V = \frac{1}{6}(a - b + b) = \frac{1}{6}a$ 이다.

거기서, 점 A가 S 내를 움직이면, V는 $a = 1$일 때 최대가 되고, 그 값은 $\frac{1}{6}$이다.

따라서 $a = c = d = 1$, $0 < b < 1$일 때 V는 최댓값 $\frac{1}{6}$을 취한다.

(ii) 점 $A(a, b, 0)$를 $a > b = 0$ 위치에 고정시켰을 때,

$V = \frac{1}{6}ad$ 가 되므로, V는 d의 단조증가함수이고, $0 \leq d \leq 1$이므로 $d = 1$일 때 V는 최대가 된다.

이때 $V = \frac{1}{6}a$ 이다.

거기서 점 A가 S 내를 움직이면, V는 $a = 1$일 때 최대가 되고, 그 값은 $\frac{1}{6}$이다.

따라서 $a = d = 1$, $b = 0$, $0 \leq c \leq 1$일 때 V는 최댓값 $\frac{1}{6}$을 취한다.

(iii) 점 $A(a, b, 0)$를 $a = b > 0$ 위치에 고정시켰을 때,

$V = \frac{1}{6}bc$ 가 되므로 V는 c의 단조증가함수이고, $0 \leq c \leq 1$이므로 $c = 1$일 때 V는 최대가 된다.

이때 $V = \frac{1}{6}b$ 이다.

거기서 점 A가 S 내를 움직이면, V는 $b = 1$일 때 최대가 되고, 그 값은 $\frac{1}{6}$이다.

따라서 $a = b = c = 1$, $0 \leq d \leq 1$일 때 V는 최댓값 $\frac{1}{6}$을 취한다.

(i), (ii), (iii)에 의해 V의 최댓값은 $\frac{1}{6}$, 이때의 점 A, B의 위치는 다음과 같은 세 가지이다.

$A(1, b, 0)$, $B(1, 0, 1)$ $(0 < b < 1)$

$A(1, 0, 0)$, $B(c, 0, 1)$ $(0 \leq c \leq 1)$

$A(1, 1, 0)$, $B(1, 0, d)$ $(0 \leq d \leq 1)$

[문제2]

(논제1)

중심축이 x축이고, 단면이 반지름 r의 원인 원기둥은,

$$y^2 + z^2 \leq r^2 \ \cdots\cdots \ ①$$

또한, 중심축이 z이고, 단면이 오른쪽 그림과 같이 한 변의 길이

$\dfrac{2\sqrt{2}}{r}$ 의 정사각형인 정사각기둥은

$$|x| + |y| \leq \frac{2}{r} \ \cdots\cdots \quad ②$$

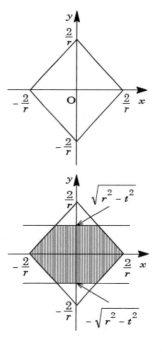

①, ②의 공통부분을 평면 $z = t \, (-r \leq t \leq r)$로 잘랐을 때,

절단면은 $y^2 + t^2 \leq r^2$, $|x| + |y| \leq \dfrac{2}{r}$

$$-\sqrt{r^2 - t^2} \leq y \leq \sqrt{r^2 - t^2}, \ |x| + |y| \leq \frac{2}{r}$$

한편, $0 < r \leq \sqrt{2}$ 에서 $\dfrac{2}{r} \geq r \geq \sqrt{r^2 - t^2}$

따라서 $z = t$에서의 절단면은 오른쪽 그림의 색칠된 부분과 같고,

그 넓이를 $S(t)$라 하면

$$S(t) = \left\{ \frac{1}{2}\left(\frac{2}{r}\right)^2 - \frac{1}{2}\left(\frac{2}{r} - \sqrt{r^2 - t^2}\right)^2 \right\} \times 4$$

$$= \frac{8}{r}\sqrt{r^2 - t^2} + 2t^2 - 2r^2$$

(논제2)

공통부분 K가 xy에 관해 대칭이므로,

$$V(r) = 2\int_0^r S(t)dt = 2\int_0^r \left(\frac{8}{r}\sqrt{r^2 - t^2} + 2t^2 - 2r^2\right)dt$$

여기서 $\displaystyle\int_0^r \sqrt{r^2 - t^2}\,dt$에서 $t = r\sin\theta$라 하면 $dt = r\cos\theta\,d\theta$, $t = 0$은 $\theta = 0$, $t = r$은 $\theta = \dfrac{\pi}{2}$ 이므로

$$\int_0^r \sqrt{r^2 - t^2}\,dt = \frac{1}{4}\pi r^2 \ \text{이 된다.}$$

$$V(r) = \frac{16}{r} \cdot \frac{1}{4}\pi r^2 + 2\left[\frac{2}{3}t^3 - 2r^2 t\right]_0^r = 4\pi r - \frac{8}{3}r^3$$

(논제3)

$$V'(r) = 4\pi - 8r^2 = -4(2r^2 - \pi)$$

오른쪽 표와 같이, $0 < r \leq \sqrt{2}$ 에서 $r = \sqrt{\dfrac{\pi}{2}}$ 일 때

$V(r)$은 최대가 되고, 최댓값은

r	0	$\cdots$	$\sqrt{\dfrac{\pi}{2}}$	$\cdots$	$\sqrt{2}$
$V'(r)$		$+$	0	$-$	
$V(r)$		↗		↘	

$$V\left(\sqrt{\dfrac{\pi}{2}}\right)=4\pi\sqrt{\dfrac{\pi}{2}}-\dfrac{8}{3}\cdot\dfrac{\pi}{2}\sqrt{\dfrac{\pi}{2}}=\dfrac{4\sqrt{2}}{3}\pi\sqrt{\pi}\ \ 가\ 된다.$$

[문제3]

(논제1)

$A(a,-a,b),\ B(-a,a,b)$ 이므로, $\overrightarrow{AB}=(-2a,2a,0)$

또한, $C(a,a,-b)$ 의 중점 $D(0,0,b)$ 이므로, $\overrightarrow{DC}=(a,a,-2b),\ \overrightarrow{DO}=(0,0,-b)$

그러면 $\overrightarrow{DC}\cdot\overrightarrow{AB}=-2a^2+2a^2=0,\ \overrightarrow{DO}\cdot\overrightarrow{AB}=0$ 이므로,

$\overrightarrow{DC}\perp\overrightarrow{AB},\ \overrightarrow{DO}\perp\overrightarrow{AB}$

따라서 $\triangle ABC=\dfrac{1}{2}AB\cdot DC=\dfrac{1}{2}\sqrt{4a^2+4a^2}\sqrt{a^2+a^2+4b^2}=2a\sqrt{a^2+2b^2}$

(논제2)

$\overrightarrow{DC}$와 $\overrightarrow{DO}$가 이루는 각 θ는,

$$\cos\theta=\dfrac{\overrightarrow{DC}\cdot\overrightarrow{DO}}{|\overrightarrow{DC}||\overrightarrow{DO}|}=\dfrac{2b^2}{\sqrt{a^2+a^2+4b^2}\cdot b}=\dfrac{2b}{\sqrt{2a^2+4b^2}}$$

따라서 $\sin\theta=\sqrt{1-\cos^2\theta}=\sqrt{1-\dfrac{4b^2}{2a^2+4b^2}}=\dfrac{a}{\sqrt{a^2+2b^2}}$

한편, OH는 평면 α에 수직이므로, $\overrightarrow{OH}\cdot\overrightarrow{AB}=0$ 이 되고,

$\overrightarrow{DH}\cdot\overrightarrow{AB}=(\overrightarrow{DO}+\overrightarrow{OH})\cdot\overrightarrow{AB}=\overrightarrow{DO}\cdot\overrightarrow{AB}+\overrightarrow{OH}\cdot\overrightarrow{AB}=0$

그러면 $\overrightarrow{DH}\perp\overrightarrow{AB}$가 되고, 점 H는 직선 CD 위에 존재하며,

$$OH=DO\sin\theta=\dfrac{ab}{\sqrt{a^2+2b^2}}$$

(논제3)

구면 S의 반지름 r은 $r=OA=OB=OC=\sqrt{2a^2+b^2}$

이때 HO의 연장선과 S와의 교점이 P_0이면, S 위의

점 P와 평면 α 거리의 최댓값은 P_0H가 되고,

$$P_0H=r+OH=\sqrt{2a^2+b^2}+\dfrac{ab}{\sqrt{a^2+2b^2}}$$

따라서 사면체 $ABCP$ 부피의 최댓값은,

$$\dfrac{1}{3}\cdot\triangle ABC\cdot P_0H=\dfrac{1}{3}\cdot 2a\sqrt{a^2+2b^2}\left(\sqrt{2a^2+b^2}+\dfrac{ab}{\sqrt{a^2+2b^2}}\right)$$

$$=\dfrac{2}{3}a\left(\sqrt{(a^2+2b^2)(2a^2+b^2)}+ab\right)$$

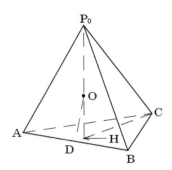

[문제1]

(논제1)

$x - 2 = \dfrac{y}{-3} = \dfrac{z-4}{2} = t$ 라 하면

$x = t + 2,\ y = -3t,\ z = 2t + 4$

이들을 평면 α의 방정식에 대입하면 직선 l과 평면 α의 교점이 된다.

$(t + 2) + 2(-3t) + (2t + 4) = 3,\ t = 1$

$\therefore$ 교점 $A(3, -3, 6)$

또한, 직선 l 위의 한 점 $(2, 0, 4)$를 지나고 α의 법선벡터 $\vec{h} = (1, 2, 1)$에 평행한 직선

$m : x - 2 = \dfrac{y}{2} = z - 4$와 α의 교점을 위와 같은 방법으로 구하면 $B\left(\dfrac{3}{2}, -1, \dfrac{7}{2}\right)$이 된다.

따라서 구하는 정사영의 방정식은 직선 AB가 된다.

$\therefore \dfrac{x-3}{3} = \dfrac{y+3}{-4} = \dfrac{z-6}{5}$

(논제2)

(논제1)에서 $(2, 0, 4)$의 α 위에 정사영된 점이 $B\left(\dfrac{3}{2}, -1, \dfrac{7}{2}\right)$이므로 점 $(2, 0, 4)$의 α에 대한 대칭점은

점 $(2, 0, 4)$의 점 B에 대한 대칭점이 된다.

대칭점을 $C(x, y, z)$라 하면 $\dfrac{x+2}{2} = \dfrac{3}{2},\ \dfrac{y}{2} = -1,\ \dfrac{z+4}{2} = \dfrac{7}{2}$에서 $x = 1,\ y = -2,\ z = 3$

$\therefore$ 대칭점은 $(1, -2, 3)$

(논제3)

구하는 직선은 (논제1)의 A와 (논제2)의 C를 지나는 직선이다.

$\therefore \dfrac{x-1}{2} = \dfrac{y+2}{-1} = \dfrac{z-3}{3}$ 또는 $\dfrac{x-3}{2} = \dfrac{y+3}{-1} = \dfrac{z-6}{3}$

[문제2]

(논제1)

직선 l 위의 점 $P(x, y, z)$는

$(x, y, z) = (-1, -2, 1) + t(-1, 3, 2)$ ······①

l과 평면 $\alpha : x - 2y + 3z = 5$ ······②

와의 교점을 구하려면 ①과 벡터 $(1, -2, 3)$의 내적을 사용한다.

$$x - 2y + 3z = (-1 + 4 + 3) + t(-1 - 6 + 6)$$

②에서 $5 = 6 - t$ $\therefore t = 1$

①에서 l과 α의 교점은 $(-2, 1, 3)$

(논제2)

l을 포함하고 α와 수직인 평면 β의 법선벡터 (p, q, r)는 $(-1, 3, 2)$와 $(1, -2, 3)$에 각각 수직이므로

$-p + 3q + 2r = 0, \ p - 2q + 3r = 0$

즉, $(p, q, r) = (13, 5, -1)$이 된다.

따라서 β의 방정식은 $13(x + 2) + 5(y - 1) - (z - 3) = 0$

$\therefore \beta : 13x + 5y - z + 24 = 0$

(논제3)

l을 α 위로 정사영한 직선은 두 평면 α, β의 교선이다. 교선의 방향벡터 (a, b, c)는 α, β의 법선벡터 $(1, -2, 3)$, $(13, 5, -1)$에 각각 수직이다.

$\therefore a : b : c = 13 : (-40) : (-31)$

정사영의 직선은 $P(-2, 1, 3)$을 지나므로 그 방정식은

$$\frac{x + 2}{13} = \frac{y - 1}{-40} = \frac{z - 3}{-31}$$

32장. 벡터 일반

[문제1]

(논제1)

$OA = OB = L$ 이라 하면,

$OP_1 = L$, $OQ_1 = OP_1 \tan\dfrac{\pi}{3} = 2L$

$OP_2 = OQ_1 \tan\dfrac{\pi}{3} = 4L$, $OQ_2 = OP_2 \tan\dfrac{\pi}{3} = 8L$, ……

같은 방법으로 고려하면, $OP_n = 4^{n-1}L$, $OQ_n = 2 \cdot 4^{n-1}L$

따라서 $\overrightarrow{OP_n} = 4^{n-1}\vec{a}$, $\overrightarrow{OQ_n} = 2 \cdot 4^{n-1}\vec{b}$가 된다.

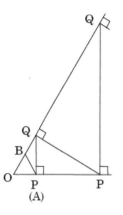

(논제2)

점 R은 선분 Q_nP_{n+1} 위에 있고, $0 \le t \le 1$이므로,

(논제1)의 결과를 대입하면

$\overrightarrow{OR} = (1-t)\overrightarrow{OP_{n+1}} + t\overrightarrow{OQ_n}$

$= 4^n(1-t)\vec{a} + 2 \cdot 4^{n-1}\vec{b}$ …… ①

또한, 조건에서 $\overrightarrow{OR} = x\vec{a} + y\vec{b}$ …… ②

①, ②에서 $\vec{a}$와 $\vec{b}$는 일차 독립이므로 $x = 4^n(1-t)$, $y = 2 \cdot 4^{n-1}$가 되어

$x = 4^n - 4^n \cdot \dfrac{y}{2 \cdot 4^{n-1}} = 4^n - 2y$ …… ③

또한, ③에서 y의 값이 정수이므로 x의 값도 정수이며 ③의 조건을 만족하는 정수 순서쌍

(x, y)의 값은 S의 점의 값이고 $0 \le y \le 2 \cdot 4^{n-1}$이므로 $2 \cdot 4^{n-1} + 1$이다.

(논제3)

점 R은 $\triangle OP_{n+1}Q_n$의 경계와 내부에 있다고 할 때, $r \ge 0$, $s \ge 0$, $r + s \le 1$로 하는

$\overrightarrow{OR} = r\overrightarrow{OP_{n+1}} + s\overrightarrow{OQ_n} = 4^n r\vec{a} + 2 \cdot 4^{n-1}s\vec{b}$

여기서 $\overrightarrow{OR} = x\vec{a} + y\vec{b}$ 이므로 (2)와 같은 방법으로

$x = 4^n r$ …… ④, $y = 2 \cdot 4^{n-1}s$ …… ⑤

④, ⑤에서 $r = \dfrac{x}{4^n}$, $s = \dfrac{y}{2 \cdot 4^{n-1}}$ 이고 $r \geq 0$, $s \geq 0$에서

$x \geq 0$ ······ ⑥, $y \geq 0$ ······ ⑦

그리고 $r + s \leq 1$에서 $\dfrac{x}{4^n} + \dfrac{y}{2 \cdot 4^{n-1}} \leq 1$이므로

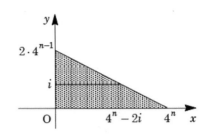

$x + 2y \leq 4^n$ ······ ⑧

따라서 ⑥, ⑦, ⑧을 만족하는 정수의 순서쌍 (x, y)의 값은 즉, S의 점의 값 N이므로

$$N = \sum_{i=0}^{2 \cdot 4^{n-1}} \left(4^n - 2i + 1\right) = \left(4^n + 1\right)\left(2 \cdot 4^{n-1} + 1\right) - 2 \cdot \frac{1}{2}\left(2 \cdot 4^{n-1}\right)\left(2 \cdot 4^{n-1} + 1\right)$$

$$= \left(4^n + 1 - 2 \cdot 4^{n-1}\right)\left(2 \cdot 4^{n-1} + 1\right) = \left(2 \cdot 4^{n-1} + 1\right)^2$$

[문제2]

(논제1)

$A_0(1, 0, 0)$, $A_1(1, 1, 0)$, $A_2(1, 0, 1)$에 의해

$\overrightarrow{OA_0} = (1, 0, 0) = \overrightarrow{e_1}$, $\overrightarrow{A_0A_1} = (0, 1, 0) = \overrightarrow{e_2}$, $\overrightarrow{A_0A_2} = (0, 0, 1) = \overrightarrow{e_3}$

또한, $B_0(2, 0, 0)$, $B_1(2, 1, 0)$, $B_2\left(\dfrac{5}{2}, 0, \dfrac{\sqrt{3}}{2}\right)$에 의해

$\overrightarrow{OB_0} = (2, 0, 0) = 2\overrightarrow{e_1}$, $\overrightarrow{B_0B_1} = (0, 1, 0) = \overrightarrow{e_2}$, $\overrightarrow{B_0B_2} = \left(\dfrac{1}{2}, 0, \dfrac{\sqrt{3}}{2}\right) = \dfrac{1}{2}\overrightarrow{e_1} + \dfrac{\sqrt{3}}{2}\overrightarrow{e_3}$

(논제2)

조건에 의해 O, P, P'가 동일 선상에 있으므로, t가 실수이면,

$\overrightarrow{OP'} = t\overrightarrow{OP}$, $\overrightarrow{OB_0} + p\overrightarrow{B_0B_1} + q\overrightarrow{B_0B_2} = t\left(\overrightarrow{OA_0} + a\overrightarrow{A_0A_1} + b\overrightarrow{A_0A_2}\right)$

(논제1)에 의해 $2\overrightarrow{e_1} + p\overrightarrow{e_2} + q\left(\dfrac{1}{2}\overrightarrow{e_1} + \dfrac{\sqrt{3}}{2}\overrightarrow{e_3}\right) = t\left(\overrightarrow{e_1} + a\overrightarrow{e_2} + b\overrightarrow{e_3}\right)$

$\overrightarrow{e_1}$, $\overrightarrow{e_2}$, $\overrightarrow{e_3}$은 1차 독립이므로,

$2 + \dfrac{1}{2}q = t$ ······ ①, $p = ta$ ······ ②, $\dfrac{\sqrt{3}}{2}q = tb$ ······ ③

①, ②에 의해 $p = \left(2 + \dfrac{1}{2}q\right)a$, 다시 말해 $2p = (4 + q)a$가 된다.

여기서 $q = -4$일 때는 ①에서 $t = 0$이 되고, ③이 성립하지 않으므로

$a = \dfrac{2p}{4 + q}$ ······ ④

①, ③에 의해 $\dfrac{\sqrt{3}}{2}q = \left(2 + \dfrac{1}{2}q\right)b$가 되고, $b = \dfrac{\sqrt{3}\,q}{4 + q}$ ······ ⑤

(논제3)

조건에 의해 $|\overrightarrow{A_0P}| = 1$이므로, $|a\overrightarrow{A_0A_1} + b\overrightarrow{A_0A_2}| = 1$이 되고,

$|a\overrightarrow{e_2} + b\overrightarrow{e_3}| = 1$, $a\overrightarrow{e_2} + b\overrightarrow{e_3} = (0, a, b)$이므로 $a^2 + b^2 = 1$

④, ⑤를 대입하면, $\left(\dfrac{2p}{4+q}\right)^2 + \left(\dfrac{\sqrt{3}q}{4+q}\right)^2 = 1$, $2p^2 + q^2 - 4q = 8$

$\dfrac{p^2}{6} + \dfrac{(q-2)^2}{12} = 1$ ······ ⑥

한편 $\overrightarrow{B_0P} = p\overrightarrow{B_0B_1} + q\overrightarrow{B_0B_2}$ 이고,

$|\overrightarrow{B_0B_1}| = |\overrightarrow{B_0B_2}| = 1$, $\overrightarrow{B_0B_1} \cdot \overrightarrow{B_0B_2} = 0$

그 때 B_0이 원점이고 $\overrightarrow{B_0B_1}$이 p축의 기본벡터, $\overrightarrow{B_0B_2}$이 q축의 기본벡터이면, 평면 β 위에서 수직좌표계를 만들 수 있다. 이때, 점 P'의 좌표는 (p, q)가 되므로, ⑥에 의해 점 P'가 움직여 생기는 도형 C'는 타원이다.

[문제3]

(논제1)

$\overrightarrow{OA} = (1, 0)$, $\overrightarrow{OB} = (\cos\theta, \sin\theta)$ $\left(\dfrac{\pi}{2} < \theta < \pi\right)$에 대해,

$\overrightarrow{OC} = (p, q)$, $\overrightarrow{OD} = (r, s)$ 이다.

우선 $\overrightarrow{OA} \cdot \overrightarrow{OC} = 1$, $\overrightarrow{OB} \cdot \overrightarrow{OC} = 0$ 이므로,

$p = 1$ ······ ①, $p\cos\theta + q\sin\theta = 0$ ······ ②

①, ②에 의해 $q = -\dfrac{\cos\theta}{\sin\theta}$ 가 되고, $\overrightarrow{OC} = \left(1, -\dfrac{\cos\theta}{\sin\theta}\right)$

또한, $\overrightarrow{OA} \cdot \overrightarrow{OD} = 0$, $\overrightarrow{OB} \cdot \overrightarrow{OD} = 1$ 이므로,

$r = 0$ ······ ③, $p\cos\theta + q\sin\theta = 1$ ······ ④

③, ④에 의해 $s = \dfrac{1}{\sin\theta}$ 이 되고, $\overrightarrow{OD} = \left(0, \dfrac{1}{\sin\theta}\right)$

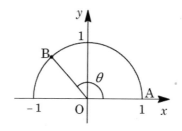

(논제2)

$\triangle OAB$의 면적 S_1, $\triangle OCD$의 면적 S_2는,

$S_1 = \dfrac{1}{2} \cdot 1 \cdot \sin\theta = \dfrac{1}{2}\sin\theta$, $S_2 = \dfrac{1}{2}\left|1 \cdot \dfrac{1}{\sin\theta} + 0 \cdot \dfrac{\cos\theta}{\sin\theta}\right| = \dfrac{1}{2\sin\theta}$

$S_2 = 2S_1$이므로, $\dfrac{1}{2\sin\theta} = \sin\theta$, $\sin^2\theta = \dfrac{1}{2}$

$\dfrac{\pi}{2} < \theta < \pi$이고, $\sin\theta = \dfrac{1}{\sqrt{2}}$이므로, $\theta = \dfrac{3}{4}\pi$

이때, $S_1 = \dfrac{1}{2} \cdot \dfrac{1}{\sqrt{2}} = \dfrac{\sqrt{2}}{4}$ 가 된다.

(논제3)

(논제2)에 의해, $S = 4S_1 + 3S_2 = 2\sin\theta + \dfrac{3}{2\sin\theta}$ 이 되고, $\sin\theta > 0$이므로

$$2\sin\theta + \dfrac{3}{2\sin\theta} \geq 2\sqrt{2\sin\theta \cdot \dfrac{3}{2\sin\theta}} = 2\sqrt{3}$$

등호는 $2\sin\theta = \dfrac{3}{2\sin\theta}$ 다시 말해 $\sin\theta = \dfrac{\sqrt{3}}{2}\left(\theta = \dfrac{2}{3}\pi\right)$일 때 성립한다.

따라서 $\theta = \dfrac{2}{3}\pi$일 때 S의 최솟값은 $2\sqrt{3}$ 이다.

33장. 벡터의 내적과 방정식

[문제]

(논제1)

곡선 $C: -\dfrac{1}{3}x^3 + \dfrac{1}{2}x + \dfrac{13}{6}$ ······ ①에 대해서, $y' = -x^2 + \dfrac{1}{2}$ 가 되어,

C 위의 점 $D(-1, 2)$에서 접선 l의 방정식은, 그 기울기가 $y' = -1 + \dfrac{1}{2} = -\dfrac{1}{2}$ 이므로,

$y - 2 = -\dfrac{1}{2}(x+1)$, $y = -\dfrac{1}{2}x + \dfrac{3}{2}$ ······ ②

(논제2)

C와 l의 공유점은, ①, ②를 연립하여, $-\dfrac{1}{3}x^3 + \dfrac{1}{2}x + \dfrac{13}{6} = -\dfrac{1}{2}x + \dfrac{3}{2}$

$\dfrac{1}{3}x^3 - x - \dfrac{2}{3} = 0$, $x^3 - 3x - 2 = 0$, $(x+1)^2(x-2) = 0$

따라서, $x = -1, 2$가 되어, D와 다른 공유점 E의 좌표는 $E\left(2, \dfrac{1}{2}\right)$이다.

(논제3)

원점 O를 중심으로 하는 반지름 1의 원주상의 점 $A(a, b)$ $(a > 0, b > 0)$에 대하여

$a = \cos\theta$, $b = \sin\theta$ $\left(0 < \theta < \dfrac{\pi}{2}\right)$

또한, 직선 l 위의 동점 P에 대하여, $P\left(t, -\dfrac{1}{2}t + \dfrac{3}{2}\right)$로 두면,

$\overrightarrow{OA} \cdot \overrightarrow{OP} = t\cos\theta - \dfrac{1}{2}t\sin\theta + \dfrac{3}{2}\sin\theta = \left(\cos\theta - \dfrac{1}{2}\sin\theta\right)t + \dfrac{3}{2}\sin\theta$ ······ ③

③이 P의 위치와 관계없이 일정, 즉 t의 값과 관계없이 일정한 조건은

$\cos\theta - \dfrac{1}{2}\sin\theta = 0$, $\sin\theta = 2\cos\theta$

그러면 $4\cos^2\theta + \cos^2\theta = 1$이므로, $\cos\theta = \dfrac{1}{\sqrt{5}}$, $\sin\theta = \dfrac{2}{\sqrt{5}}$ 가 되어, 이때 A의 좌표는

$A\left(\dfrac{1}{\sqrt{5}}, \dfrac{2}{\sqrt{5}}\right)$이다.

(논제4)

점 Q가 C 위를 D부터 E까지 움직일 때, $Q\left(s, -\dfrac{1}{3}s^3 + \dfrac{1}{2}s + \dfrac{13}{6}\right)$ 로 둔다.

단, $-1 \leq s \leq 2$이다. 이때,

$$\overrightarrow{OA} \cdot \overrightarrow{OQ} = \frac{1}{\sqrt{5}}\left(s - \frac{2}{3}s^3 + s + \frac{13}{3}\right) = \frac{1}{\sqrt{5}}\left(-\frac{2}{3}s^3 + 2s + \frac{13}{3}\right)$$

여기서, $f(s) = -\dfrac{2}{3}s^3 + 2s + \dfrac{13}{3}$ 로 두면

$f'(s) = -2s^2 + 2 = -2(s+1)(s-1)$

$-1 \leq s \leq 2$에 의해 $f(s)$의 증감표는

오른쪽처럼 되어 $s = 1$일 때 최대가 된다.

s	-1	$\cdots$	1	$\cdots$	2
$f'(s)$	0	$+$	0	$-$	
$f(s)$		$\nearrow$	$\dfrac{17}{3}$	$\searrow$	

여기서 $\overrightarrow{OA} \cdot \overrightarrow{OQ}$의 최댓값은 $\dfrac{17}{3\sqrt{5}} = \dfrac{17}{15}\sqrt{5}$ 가 된다.

34장. 공간도형의 방정식

[문제1]

(논제1)

두 점 A, B를 지나는 직선의 방정식은

$$\frac{x}{2-\frac{2}{3}\sin\theta}=\frac{y}{\cos\theta}=\frac{z-1}{\sin\theta-1} \quad (\text{단, 분모}= 0\text{일 때는 분자}= 0\text{으로 한다})$$

(논제2)

(논제1)에서 y, z를 x로 나타낸다. $2-\dfrac{2}{3}\sin\theta=\alpha$로 놓으면 $\alpha>0$

$$y=\frac{x\cos\theta}{\alpha},\ z=\frac{(\sin\theta-1)x}{\alpha}+1$$

$$\therefore r^2=y^2+z^2=\frac{x^2\cos^2\theta}{\alpha^2}+\left\{\frac{(\sin\theta-1)x}{\alpha}+1\right\}^2$$

$$=\frac{1}{\alpha^2}\left\{2(1-\sin\theta)x^2+2(\sin\theta-1)\alpha x+\alpha^2\right\}$$

$$r=\frac{1}{\alpha}\sqrt{2(1-\sin\theta)x^2+2(\sin\theta-1)\alpha x+\alpha^2} \quad (\text{단},\ \alpha=2-\frac{2}{3}\sin\theta)$$

(논제3)

$$V=\pi\int_0^\alpha r^2 dx=\frac{\pi}{\alpha^2}\int_0^\alpha\left\{2(1-\sin\theta)x^2+2(\sin\theta-1)\alpha x+\alpha^2\right\}dx$$

$$=\frac{\pi}{\alpha^2}\left[\frac{2}{3}(1-\sin\theta)x^3+(\sin\theta-1)\alpha x^2+\alpha^2 x\right]_0^\alpha$$

$$=\frac{\pi}{3}(2+\sin\theta)\left(2-\frac{2}{3}\sin\theta\right)$$

$$=\frac{2\pi}{9}(2+\sin\theta)(3-\sin\theta)$$

(논제4)

$$V=-\frac{2}{9}\pi(\sin^2\theta-\sin\theta-6)=-\frac{2}{9}\pi\left(\sin\theta-\frac{1}{2}\right)^2+\frac{25}{18}\pi$$

$-\pi \le \theta \le \pi$이므로 $-1 \le \sin\theta \le 1$

$\sin\theta = \dfrac{1}{2}$ $\theta = \dfrac{\pi}{6}, \dfrac{5}{6}\pi$일 때 최댓값 $\dfrac{25}{18}\pi$

$\sin\theta = -1$ $\theta = -\dfrac{\pi}{2}$일 때 최솟값 $\dfrac{8}{9}\pi$

[문제2]

(논제1)

점 H은 직선 OC 위의 점이기 때문에, t를 실수로 하여

$\overrightarrow{OH} = t\overrightarrow{OC} = t(1, 1, 0) = (t, t, 0)$

또한, $\overrightarrow{OP} = (x, y, z)$ 에서

$\overrightarrow{HP} = \overrightarrow{OP} - \overrightarrow{OH} = (x-t, y-t, z)$

여기서, $\overrightarrow{HP} \perp \overrightarrow{OC}$이므로 $\overrightarrow{HP} \cdot \overrightarrow{OC} = 0$이 되어,

$(x-t) + (y-t) = 0$

따라서, $t = \dfrac{x+y}{2}$이므로 $\overrightarrow{OH} = \left(\dfrac{x+y}{2}, \dfrac{x+y}{2}, 0\right)$, $\overrightarrow{HP} = \left(\dfrac{x-y}{2}, \dfrac{-x+y}{2}, z\right)$

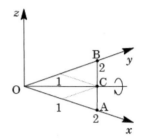

(논제2)

$\angle AOC = \angle BOC = \dfrac{\pi}{4}$ 이므로, 회전체 L는, 선분 OC를

중심축으로 하여, 모선과 중심축이 이루는 각이 $\dfrac{\pi}{4}$의 직원추

(내부를 포함함)을 표현한다. 그리고 점 P가 L 위의 점이 되기 위한 조건은

$\overrightarrow{OP} \cdot \overrightarrow{OC} \ge |\overrightarrow{OP}||\overrightarrow{OC}|\cos\dfrac{\pi}{4}$ ...... ①

$0 \le x+y \le 2$ ...... ②

①에서, $x+y \ge \sqrt{x^2+y^2+z^2} \cdot \sqrt{1^2+1^2} \cdot \dfrac{1}{\sqrt{2}}$ 가 되어, $(x+y)^2 \ge x^2+y^2+z^2$

$z^2 \le 2xy$ ...... ③

따라서, ②, ③에서, $z^2 \le 2xy$와 $0 \le x+y \le 2$이다.

(논제3)

L을 평면 $x = a\,(1 \le a \le 2)$로 자른 단면은 ③에서,

$z^2 \le 2ay$ ...... ④

②에서 $0 \le a+y \le 2$이므로, $-a \le y \le 2-a$ ...... ⑤

그리고 ④, ⑤를 평면 $x = a$ 위에 도시하면 오른쪽 그림의 색칠한

부분이 되어, 그 면적을 $S(a)$로 두면, y축에 관하여 대칭성이므로,

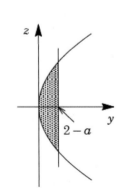

$$S(a) = 2 \int_0^{2-a} \sqrt{2ay}\, dy = 2\sqrt{2a}\left[\frac{2}{3}y^{\frac{3}{2}}\right]_0^{2-a}$$

$$= \frac{4}{3}\sqrt{2a}\,(2-a)\sqrt{2-a} = \frac{4}{3}\sqrt{2}\,(2-a)\sqrt{a(2-a)}$$

(논제4)

입체 $\{(x,\,y,\,z)|(x,\,y,\,z)\in L,\, 1 \le x \le 2\}$의 부피를 V라 하면,

$$V = \int_1^2 S(a)da = \frac{4}{3}\sqrt{2}\int_1^2 (2-a)\sqrt{a(2-a)}\,da$$

여기서, $I = \displaystyle\int_1^2 (2-a)\sqrt{a(2-a)}\,da$ 로 두면

$$I = \int_1^2 (2-a)\sqrt{2a-a^2}\,da = \int_1^2 (2-a)\sqrt{-(a-1)^2+1}\,da$$

또한, $s = a-1$로 두면, $ds = da$가 되어

$$I = \int_0^1 (1-s)\sqrt{1-s^2}\,ds = \int_0^1 \sqrt{1-s^2}\,ds - \int_0^1 s\sqrt{1-s^2}\,ds$$

그리고, $\displaystyle\int_0^1 \sqrt{1-s^2}\,ds = \frac{1}{4}\pi \cdot 1^2 = \frac{\pi}{4}$, 또한, $u = 1-s^2$로 두면 $du = -2sds$이므로

$$\int_0^1 s\sqrt{1-s^2}\,ds = -\frac{1}{2}\int_1^0 u^{\frac{1}{2}}\,du = \frac{1}{2} \cdot \frac{2}{3}\left[u^{\frac{3}{2}}\right]_0^1 = \frac{1}{3}$$

따라서 $I = \dfrac{\pi}{4} - \dfrac{1}{3}$ 가 되므로 $V = \dfrac{4}{3}\sqrt{2}\left(\dfrac{\pi}{4} - \dfrac{1}{3}\right) = \dfrac{\sqrt{2}}{3}\pi - \dfrac{4}{9}\sqrt{2}$ 이다.

[문제3]

(논제1)

$A(2,0,1)$, $B(0,3,-1)$, $C(0,3,-3)$ 에서 선분 BC 위의 점 $P(0,3,s)(-3 \le s \le -1)$에 대하여 선분 AP를 $t:(1-t)(0 < t < 1)$로 내분하는 점 Q의 좌표는 $Q(2-2t, 3t, st-t+1)$가 된다. 따라서 점 Q를 중심으로 하고 반지름의 길이가 3인 구 K의 방정식은

$$\{x-(2-2t)\}^2 + (y-3t)^2 + \{z-(st-t+1)\}^2 = 9 \quad \cdots\cdots ①$$

(논제2)

K가 xy평면과 만나는 단면의 방정식은 ①에서 $z=0$을 대입하면 되므로

$$\{x-(2-2t)\}^2 + (y-3t)^2 = 9 - (st-t+1)^2 \text{이고 } z = 0$$

따라서, 구하고자 하는 면적 S_1은 $S_1 = \pi\{9 - (st-t+1)^2\}$ $\quad \cdots\cdots ②$

(논제3)

K가 yz평면과 만나는 단면의 방정식은 ①에서 $x=0$을 대입하면 되므로

$(y-3t)^2 + \{z-(st-t+1)\}^2 = 9-(2-2t)^2$ 이고 $x=0$

따라서, 구하고자 하는 면적 S_2은 $S_2 = \pi\{9-(2-2t)^2\}$ ...... ③

또한, $S = S_1 + S_2$라 하면, ②, ③에서

$S = \pi\{9-(st-t+1)^2 + 9-(2-2t)^2\} = \pi\{18-(st-t+1)^2-(2-2t)^2\}$

그리고 점 P는 선분 BC위에 고정되고, 점 Q는 선분 AP 위를 움직인다는 조건에서,

s는 $s=s_0(-3 \le s_0 \le -1)$로 고정되고, t는 $0 < t < 1$를 움직이므로

$S = \pi\{18-f(t)\}$, $f(t) = (s_0 t - t + 1)^2 + (2-2t)^2$

여기서 S의 최댓값을 구하려면 $f(t)$의 최솟값을 구하면 된다.

$f(t) = (s_0-1)^2 t^2 + 2(s_0-1)t + 1 + 4t^2 - 8t + 4$

$\quad = \{(s_0-1)^2+4\}^2 + 2(s_0-5)t + 5$

$\quad = \{(s_0-1)^2+4\}\left\{t+\dfrac{s_0-5}{(s_0-1)^2+4}\right\}^2 - \dfrac{(s_0-5)^2}{(s_0-1)^2+4}+5$

그리고, $-3 \le s_0 \le -1$에서 $-\dfrac{s_0-5}{(s_0-1)^2+4} > 0$이므로

$-\dfrac{s_0-5}{(s_0-1)^2+4} - 1 = \dfrac{-s_0^2+s_0}{(s_0-1)^2+4} = \dfrac{-s_0(s_0-1)}{(s_0-1)^2+4} < 0$

여기서 $0 \le -\dfrac{s_0-5}{(s_0-1)^2+4} \le 1$이므로 $f(t)$는 $t = -\dfrac{s_0-5}{(s_0-1)^2+4}$일 때 최솟값을 갖는다.

그러므로 S가 최댓값을 가질 때, $t = -\dfrac{s-5}{(s-1)^2+4}$이다.

(논제4)

점 Q가 선분 AP의 중점, 즉 $t = \dfrac{1}{2}$일 때 S가 최댓값을 가지므로,

$\dfrac{1}{2} = -\dfrac{s-5}{(s-1)^2+4}$, $s^2-2s+5 = -2s+10$

따라서 $s^2 = 5$가 되고, $-3 \le s \le -1$이므로 $s = -\sqrt{5}$가 된다.

[문제4]

(논제1)

직선 l의 방향벡터 $\vec{u} = (1, 1, -3)$, 직선 m의 방향벡터

$\vec{v} = (-6-1, 6-2, -1) = (-7, 4, -1)$ 이고, t, s는 실수이므로

$l : (x, y, z) = t(1, 1, -3)$

$m: (x, y, z) = (1, 2, 1) + s(-7, 4, -1)$

조건에서 점 P는 직선 l 위에 있고, 점 Q는 직선 m 위에

있으므로 $P(t, t, -3t)$, $Q(1-7s, 2+4s, 1-s)$ 로 표시되므로

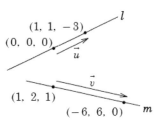

$\overrightarrow{PQ} = (1-7s-t, 2+4s-t, 1-s+3t)$

그리고, 직선 PQ과 직선 l, m이 서로 직교하므로

$\overrightarrow{PQ} \cdot \vec{u} = (1-7s-t) + (2+4s-t) - 3(1-s+3t) = -11t = 0$

$\overrightarrow{PQ} \cdot \vec{v} = -7(1-7s-t) + 4(2+4s-t) - (1-s+3t) = 66s = 0$

따라서 $t = s = 0$이므로 $\overrightarrow{PQ} = (1, 2, 1)$ 이고 $|\overrightarrow{PQ}| = \sqrt{1+4+1} = \sqrt{6}$ 이 된다.

(논제2)

점 A는 직선 l 위, 점 B는 직선 m 위에 있고, $a(a \neq 0)$, b는 실수이므로

$\overrightarrow{PA} = a\vec{u}$, $\overrightarrow{QB} = b\vec{v}$ 가 되고, (논제1)에서

$\overrightarrow{PA} \cdot \overrightarrow{PB} = \overrightarrow{PA} \cdot (\overrightarrow{PQ} + \overrightarrow{QB}) = a\vec{u} \cdot \overrightarrow{PQ} + a\vec{u} \cdot b\vec{v} = ab\vec{u} \cdot \vec{v} = ab(-7+4+3) = 0$

따라서 $\angle APB = \dfrac{\pi}{2}$ 이다.

(논제3)

직선 l 위의 두 점 A, C의 중점을 P, 직선 m 위의

두 점 B, D의 중점을 Q이고, $|\overrightarrow{PA}| = a$, $|\overrightarrow{PB}| = b$이므로

$\triangle BDP$의 넓이 S는 (논제1)에서

$S = \dfrac{1}{2}BD \cdot PQ = \dfrac{1}{2} \cdot 2b \cdot \sqrt{6} = \sqrt{6}\,b$

또한, (논제2)에서 $\angle APB = \dfrac{\pi}{2}$ 이고 $\angle APD = \dfrac{\pi}{2}$ 이므로

직선 l이 $\triangle BDP$를 포함하는 평면에 수직이므로 사면체 $ABCD$의 부피 V는

$V = \dfrac{1}{3}S \cdot PA + \dfrac{1}{3}S \cdot PB = \dfrac{1}{3} \cdot \sqrt{6}\,b \cdot 2a = \dfrac{2}{3}\sqrt{6}\,ab$

[문제5]

(논제1)

$PH : PA = k : 1$ 이므로, $PH = kPA$ 가 되고, S의 포물선은

$|x| = k\sqrt{(x-1)^2 + y^2 + z^2}$, $x^2 = k^2\{(x-1)^2 + y^2 + z^2\}$ …… (✳)

점 P와 x축의 거리가 d이면, $d = \sqrt{y^2 + z^2}$ 이므로, (✳)에 의해

$d^2 = \dfrac{x^2}{k^2} - (x-1)^2 = -\dfrac{k^2-1}{k^2}x^2 + 2x - 1 = -\dfrac{k^2-1}{k^2}\left(x - \dfrac{k^2}{k^2-1}\right)^2 + \dfrac{1}{k^2-1}$

$k > 1$이므로 $-\dfrac{k^2-1}{k^2} < 0$이 되고, $x = \dfrac{k^2}{k^2-1}$일 때 d^2은 최대가 된다. 이때 d는 최댓값

$\sqrt{\dfrac{1}{k^2-1}} = \dfrac{1}{\sqrt{k^2-1}}$를 취한다.

(논제2)

(✽)에 $z=0$을 대입하면 $x^2 = k^2\{(x-1)^2 + y^2\}$, $y^2 = \dfrac{x^2}{k^2} - (x-1)^2$

$y \geq 0$에 의해 $y = \sqrt{\dfrac{x^2}{k^2} - (x-1)^2}$ 이 되고, C의 포물선은

$y = \sqrt{\dfrac{x^2}{k^2} - (x-1)^2}$, $z = 0$

한편 C를 x축 중심으로 회전시켜 생기는 도형을 x축에 수직인 평면 $x = t$로 절단했을 때,

그 절단면은 반지름이 $\sqrt{\dfrac{t^2}{k^2} - (t-1)^2}$ 인 원이 되고,

$y^2 + z^2 = \dfrac{t^2}{k^2} - (t-1)^2$, $x = t$

t는 임의의 값이므로, 이 도형의 방정식 $y^2 + z^2 = \dfrac{x^2}{k^2} - (x-1)^2$로 표현되고, 이는 (✽)과 일치한다. 다시

말해 도형 S이다.

(논제3)

절단면이 존재하는 t의 범위는 $\dfrac{t^2}{k^2} - (t-1)^2 \geq 0$, $(k^2-1)t^2 - 2k^2 t + k^2 \leq 0$

$\{(k+1)t - k\}\{(k-1)t - 1\} \leq 0$, $\dfrac{k}{k+1} \leq t \leq \dfrac{k}{k-1}$

S로 둘러싸인 입체의 부피가 V이면,

$V = \pi \displaystyle\int_{\frac{k}{k+1}}^{\frac{k}{k-1}} \left\{ \dfrac{t^2}{k^2} - (t-1)^2 \right\} dt = -\dfrac{k^2-1}{k^2} \pi \int_{\frac{k}{k+1}}^{\frac{k}{k-1}} \left(t - \dfrac{k}{k+1} \right)\left(t - \dfrac{k}{k-1} \right) dt$

$= -\dfrac{k^2-1}{k^2} \pi \cdot \left(-\dfrac{1}{6} \right)\left(\dfrac{k}{k-1} - \dfrac{k}{k+1} \right)^3 = \dfrac{k^2-1}{6k^2}\pi \cdot \dfrac{8k^3}{(k^2-1)^3} = \dfrac{4\pi k}{3(k^2-1)^2}$

35장. 논증 일반

[문제1]

(논제1)

급수 $\displaystyle\sum_{k=1}^{\infty} a_k$이 S로 수렴한다고 하면 $\displaystyle\lim_{n \to \infty} S_{n-1} = \lim_{n \to \infty} S_n = S$ 이다.

$a_n = S_n - S_{n-1}$ 에서

$\displaystyle\lim_{n \to \infty} a_n = \lim_{n \to \infty}(S_n - S_{n-1}) = \lim_{n \to \infty} S_n - \lim_{n \to \infty} S_{n-1} = S - S = 0$ 이다.

(논제2)

함수 $f(x)$가 $x = a$에서 미분 가능하면

$$\lim_{x \to a}(f(x) - f(a)) = \lim_{x \to a} \frac{f(x) - f(a)}{x - a}(x - a)$$

$$= \lim_{x \to a} \frac{f(x) - f(a)}{x - a} \lim_{x \to a}(x - a) = f'(a) \times 0 = 0$$

즉 $\displaystyle\lim_{x \to a} f(x) = f(a)$가 성립하므로 $f(x)$는 $x = a$에서 연속이다.

(논제3)

$a^x - 1 = t$로 놓으면 $a^x = 1 + t$이므로 $x = \log_a(1 + t)$이다.

또한, $x \to 0$이면 $t \to 0$이므로

$$\lim_{x \to 0} \frac{a^x - 1}{x} = \lim_{t \to 0} \frac{t}{\log_a(1 + t)}$$

$$= \lim_{t \to 0} \frac{1}{\dfrac{\log_a(1 + t)}{t}} = \ln a$$

(논제4)

(i) $x \to +0$일 때

오른쪽 그림과 같이, 반지름의 길이가 r 인 원 O 에서

$\angle AOB$의 크기를 x (라디안), 점 A에서 원 O에 그은

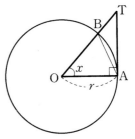

접선과 직선 OB와의 점을 T라 하면

(△OAB의 넓이) < (부채꼴 OAB의 넓이) < (△OAT 의 넓이)

따라서, $\dfrac{1}{2}r^2\sin x < \dfrac{1}{2}r^2 x < \dfrac{1}{2}r^2\tan x$

$\therefore \ \sin x < x < \tan x$

$\sin x > 0$이므로 각 변을 $\sin x$로 나누고 역수를 취하면

$1 > \dfrac{\sin x}{x} > \cos x$

그런데 $\displaystyle\lim_{x \to +0} 1 = 1$, $\displaystyle\lim_{x \to +0} \cos x = 1$이므로 $\displaystyle\lim_{x \to +0} \dfrac{\sin x}{x} = 1$

(ii) $x \to -0$일 때,

$x = -t$로 놓으면 $t \to +0$이므로

$\displaystyle\lim_{x \to -0} \dfrac{\sin x}{x} = \lim_{t \to +0} \dfrac{\sin(-t)}{-t} = \lim_{t \to +0} \dfrac{\sin t}{t} = 1$

(i), (ii) 에서 $\displaystyle\lim_{x \to 0} \dfrac{\sin x}{x} = 1$

(논제5)

위의 그림은 반지름의 길이가 r 인 원에 내접하는 정n각형과 원에 외접하는 정n각형의 일부를 각각 나타낸

것이다. 이때

$$\overline{AB} = r \sin \frac{\pi}{n} \ , \ \overline{AC} = r \tan \frac{\pi}{n}$$

이므로 원에 내접하는 정n각형의 둘레의 길이는 $2rn \sin \dfrac{\pi}{n}$ 이고,

원에 외접하는 정n각형의 둘레의 길이는 $2rn \tan \dfrac{\pi}{n}$ 이다.

문제에서 호의 길이는

$2rn \sin \dfrac{\pi}{n} \leq$ 호의 길이 $\leq 2rn \tan \dfrac{\pi}{n}$

정n각형의 극한을 취하면

$\displaystyle\lim_{n \to \infty} 2rn \sin \dfrac{\pi}{n} \leq$ 호의 길이 극한값 $\leq \displaystyle\lim_{n \to \infty} 2rn \tan \dfrac{\pi}{n}$

이므로 호의 길이의 극한값은 $2\pi r$이 된다.

[문제2]

(논제1)

참고

이항정리

$$(a+b)^n = \sum_{r=0}^{n} {}_nC_r a^r b^{n-r}$$
$$= {}_nC_0 a^0 b^n + {}_nC_1 a^1 b^{n-1} + \cdots + {}_nC_r a^r b^{n-r} + \cdots + {}_nC_n a^n b^0$$

이항정리에 의해

$$a_n = \left(1 + \frac{1}{n}\right)^n = \sum_{r=0}^{n} {}_nC_r \left(\frac{1}{n}\right)^r 1^{n-r}$$

$$= {}_nC_0 \left(\frac{1}{n}\right)^0 + {}_nC_1 \left(\frac{1}{n}\right)^1 + {}_nC_2 \left(\frac{1}{n}\right)^2 + \cdots + {}_nC_n \left(\frac{1}{n}\right)^n$$

$$= 1 + n\frac{1}{n} + \frac{n(n-1)}{2!}\left(\frac{1}{n}\right)^2 + \frac{n(n-1)(n-2)}{3!}\left(\frac{1}{n}\right)^3 + \cdots + \frac{n(n-1)\cdots 1}{n!}\left(\frac{1}{n}\right)^n$$

$$= 1 + 1 + \frac{1}{2!}\left(1 - \frac{1}{n}\right) + \frac{1}{3!}\left(1 - \frac{1}{n}\right)\left(1 - \frac{2}{n}\right) + \cdots + \frac{1}{n!}\left(1 - \frac{1}{n}\right)\left(1 - \frac{2}{n}\right)\cdots\left(1 - \frac{n-1}{n}\right)$$

$$< 1 + 1 + \frac{1}{2!} + \frac{1}{3!} + \frac{1}{4!} + \cdots + \frac{1}{n!}$$

$$< 1 + 1 + \frac{1}{1 \cdot 2} + \frac{1}{2 \cdot 3} + \cdots + \frac{1}{(n-1)n}$$

이 식에서 $2 < a_n < 1 + 1 + \frac{1}{1 \cdot 2} + \frac{1}{2 \cdot 3} + \cdots + \frac{1}{(n-1)n} = 3 - \frac{1}{n}$ 이므로

극한값을 취하면 $\lim_{n \to \infty} 2 < \lim_{n \to \infty} a_n < \lim_{n \to \infty}\left(3 - \frac{1}{n}\right) = 3$ 이므로 수렴한다. 엄밀하게 수렴여부를 판단하기

위해서는 $a_n < a_{n+1}$ 을 보여주어야 한다.

(논제2)

1) $x \to \infty$ 인 경우

여기서 x는 실수이고 n은 자연수이므로 $n \leq x < n+1$ 이 된다. 역수를 취하여 정리하면

$$\frac{1}{n+1} < \frac{1}{x} \leq \frac{1}{n} \rightarrow 1 + \frac{1}{n+1} < 1 + \frac{1}{x} \leq 1 + \frac{1}{n}$$

여기에 지수의 형태로 식을 만들면

$$\left(1 + \frac{1}{n+1}\right)^x < \left(1 + \frac{1}{x}\right)^x \leq \left(1 + \frac{1}{n}\right)^x$$

여기서 $\left(1 + \frac{1}{n+1}\right)^n \leq \left(1 + \frac{1}{n+1}\right)^x$ 이고 $\left(1 + \frac{1}{n}\right)^x < \left(1 + \frac{1}{n}\right)^{n+1}$ 이므로 압축정리에 의해

$$e \cdot 1 = \lim_{n \to \infty}\left(1 + \frac{1}{n+1}\right)^{n+1}\left(\frac{n+1}{n+2}\right) \leq \lim_{x \to \infty}\left(1 + \frac{1}{x}\right)^x \leq \lim_{n \to \infty}\left(1 + \frac{1}{n}\right)^n\left(1 + \frac{1}{n}\right) = e \cdot 1$$

2) $x \to -\infty$ 인 경우

$$\lim_{x \to -\infty} \left(1 + \frac{1}{x}\right)^x \text{ 에서 } x = -t \text{ 로 치환을 하면}$$

$$\lim_{x \to -\infty} \left(1 + \frac{1}{x}\right)^x = \lim_{t \to \infty} \left(1 - \frac{1}{t}\right)^{-t}$$

$$= \lim_{t \to \infty} \left(\frac{t}{t-1}\right)^t$$

$$= \lim_{t \to \infty} \left(1 + \frac{1}{t-1}\right)^t$$

$$= \lim_{t \to \infty} \left(1 + \frac{1}{t-1}\right)^{t-1} \left(1 + \frac{1}{t-1}\right)$$

$$= e \cdot 1$$

(논제3)

$$e^x = 1 + x + \frac{x^2}{2!} + \frac{x^3}{3!} + \cdots + \frac{x^n}{n!} + \cdots \text{ 이므로 } x = 1 \text{을 대입하면}$$

$$e = 1 + 1 + \frac{1}{2!} + \frac{1}{3!} + \cdots + \frac{1}{n!} + \cdots = \sum_{n=0}^{\infty} \frac{1}{n!}$$

여기서 $e = \dfrac{n}{m}$ (n, m은 서로소인 자연수)유리수라 가정

$$\frac{n}{m} = 1 + 1 + \frac{1}{2!} + \frac{1}{3!} + \cdots + \frac{1}{m!} + \frac{1}{(m+1)!} + \cdots$$

양변에 $m!$을 곱하면

$$n(m-1)! = m!\left(1 + 1 + \frac{1}{2!} + \frac{1}{3!} + \cdots \frac{1}{m!}\right) + \frac{1}{m+1} + \frac{1}{(m+1)(m+2)} + \cdots$$

좌변에서 $n(m-1)!$은 자연수이고 우변 $m!\left(1 + 1 + \dfrac{1}{2!} + \dfrac{1}{3!} + \cdots + \dfrac{1}{m!}\right)$ 도 자연수이므로

$\dfrac{1}{m+1} + \dfrac{1}{(m+1)(m+2)} + \cdots$ 이 자연수가 되어야 한다. 그런데

$$0 < \frac{1}{m+1} + \frac{1}{(m+1)(m+2)} + \cdots < \frac{1}{m+1} + \frac{1}{(m+1)^2} + \frac{1}{(m+1)^3} + \cdots$$

$$= \frac{\dfrac{1}{m+1}}{1 - \dfrac{1}{m+1}} = \frac{1}{m} < 1$$

따라서 구해야 할 값이 0과 1사이에 존재하므로 자연수라는 가정에 모순되므로 e는 무리수 이다.

(논제1)

$f(x) = x^n$일 때 도함수의 정의에 의해

$$f'(x) = \lim_{h \to 0} \frac{f(x+h) - f(x)}{h} = \lim_{h \to 0} \frac{(x+h)^n - x^n}{h}$$

$$= \lim_{h \to 0} \frac{\{(x+h) - x\}\{(x+h)^{n-1} + (x+h)^{n-2}x + \cdots + x^{n-1}\}}{h}$$

$$= \lim_{h \to 0} \{(x+h)^{n-1} + (x+h)^{n-2}x + \cdots + x^{n-1}\}$$

$$= \underbrace{x^{n-1} + x^{n-1} + \cdots + x^{n-1}}_{n개} = nx^{n-1}$$

(논제2)

$f(x) = \sin x$일 때 도함수의 정의에 의해

$$f'(x) = \lim_{h \to 0} \frac{\sin(x+h) - \sin x}{h} = \lim_{h \to 0} \frac{\sin x \cos h + \cos x \sin h - \sin x}{h}$$

$$= \lim_{h \to 0} \frac{\sin x \cdot (\cos h - 1) + \cos x \sin h}{h}$$

$$= \lim_{h \to 0} \frac{\sin x \cdot (\cos h - 1)(\cos h + 1)}{h(\cos h + 1)} + \lim_{h \to 0} \frac{\cos x \sin h}{h}$$

$$= \lim_{h \to 0} \frac{\sin x \cdot (\cos^2 h - 1)}{h(\cos h + 1)} + \lim_{h \to 0} \frac{\cos x \sin h}{h}$$

$$= \lim_{h \to 0} \frac{\sin x \cdot (-\sin^2 h)}{h(\cos h + 1)} + \lim_{h \to 0} \frac{\cos x \sin h}{h}$$

$$= \lim_{h \to 0} \frac{\sin h}{h} \left(\frac{-\sin x \sin h}{\cos h + 1} + \cos x \right)$$

$$= \cos x$$

(논제3)

$f(x) = \cos x$일 때 도함수의 정의에 의해

$$f'(x) = \lim_{h \to 0} \frac{\cos(x+h) - \cos x}{h}$$

$$= \lim_{h \to 0} \frac{(\cos x \cos h - \sin x \sin h) - \cos x}{h}$$

$$= \lim_{h \to 0} \frac{\cos x \cdot (\cos h - 1) - \sin x \sin h}{h}$$

$$= \lim_{h \to 0} \left\{ \frac{\cos x \cdot (\cos h - 1)(\cos h + 1)}{h(\cos h + 1)} - \frac{\sin x \sin h}{h} \right\}$$

$$= \lim_{h \to 0} \left\{ \frac{\cos x \cdot (-\sin^2 h)}{h(\cos h + 1)} - \frac{\sin x \sin h}{h} \right\}$$

$$= \lim_{h \to 0} \frac{\sin h}{h} \left(\frac{-\cos x \sin h}{\cos h + 1} - \sin x \right)$$

$$= -\sin x$$

(논제4)

$f(x) = a^x$ 일 때 도함수의 정의에 의해

$$f'(x) = \lim_{h \to 0} \frac{a^{x+h} - a^x}{h} = \lim_{h \to 0} \frac{a^x(a^h - 1)}{h}$$

$$= a^x \cdot \lim_{h \to 0} \frac{a^h - 1}{h} = a^x \ln a$$

(여기서 $\lim\limits_{h \to 0} \dfrac{a^h - 1}{h}$ 은 위의 [문제1]의 (논제3)참고)

(논제5)

$f(x) = \log_a x$ 일 때 도함수의 정의에 의해

$$f'(x) = \lim_{h \to 0} \frac{\log_a(x+h) - \log_a x}{h} = \lim_{h \to 0} \frac{1}{h} \log_a\left(1 + \frac{h}{x}\right)$$

여기서 $\dfrac{h}{x} = t$ 로 놓으면 $\dfrac{1}{h} = \dfrac{1}{xt}$ 이고, $h \to 0$ 일 때 $t \to 0$ 이므로

$$f'(x) = \lim_{h \to 0} \frac{1}{h} \log_a\left(1 + \frac{h}{x}\right) = \lim_{t \to 0} \frac{1}{xt} \log_a(1 + t)$$

$$= \frac{1}{x} \lim_{t \to 0} \frac{1}{t} \log_a(1 + t) = \frac{1}{x} \lim_{t \to 0} \log_a(1 + t)^{\frac{1}{t}}$$

$$= \frac{1}{x} \log_a e = \frac{1}{x \ln a}$$

[문제4]

(논제1)

(1) 함수 $f(x)$ 가 상수함수일 때

열린 구간 (a, b) 에 속하는 모든 c 에 대하여 $f'(c) = 0$ 이다.

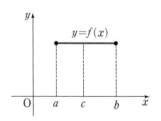

(2) 함수 $f(x)$ 가 상수함수가 아닐 때

닫힌 구간 $[a, b]$ 에서 $f(x)$ 가 연속이므로 최대·최소의 정리가 성립한다. 그런데 $f(a) = f(b)$ 이므로

함수 $f(x)$ 는 열린 구간 (a, b) 에 속하는 어떤 c 에서 최댓값 또는 최솟값을 가진다.

1) 함수 $f(x)$ 가 $x = c$ 에서 최댓값을 가질 때,

절댓값이 충분히 작은 수 $h (\neq 0)$ 에 대하여

$$f(c + h) \le f(c)$$

즉 $f(c+h)-f(c)\le 0$이므로

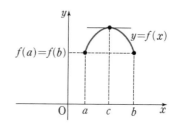

$$\lim_{h\to +0}\frac{f(c+h)-f(c)}{h}\le 0$$

$$\lim_{h\to -0}\frac{f(c+h)-f(c)}{h}\ge 0$$

그런데 함수 $f(x)$는 $x=c$에서 미분 가능하므로

좌극한과 우극한이 같아야 한다.

$$\therefore f'(c)=\lim_{h\to 0}\frac{f(c+h)-f(c)}{h}=0$$

2) 함수 $f(x)$가 $x=c$에서 최솟값을 가질 때, 1)과 같은 방법으로 $f'(c)=0$임을 보일 수 있다.

(논제2)

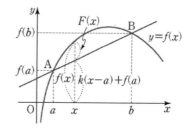

$\dfrac{f(b)-f(a)}{b-a}=k$라 하면 두 점

$A(a,\ f(a))$, $B(b,\ f(b))$를 지나는 직선의 방정식은

$y=k(x-a)+f(a)$ 이다. 여기서

$F(x)=f(x)-\{k(x-a)+f(a)\}$로 놓으면,

함수 $F(x)$는 닫힌 구간 $[a,\ b]$에서 연속이고 열린 구간 $(a,\ b)$에서 미분 가능하며 $F(a)=F(b)=0$이다.

이때 롤의 정리에 의하여 $F'(c)=0$인 c가 열린 구간 $(a,\ b)$에 적어도 하나는 존재한다.

그런데 $F'(x)=f'(x)-k$이므로 $F'(c)=f'(c)-k=0$, 즉 $f'(c)=k$

따라서

$\dfrac{f(b)-f(a)}{b-a}=f'(c)$ 인 c가 열린 구간 $(a,\ b)$에 적어도 하나는 존재한다.

[문제5]

(논제1)

$I_n=\displaystyle\int_a^b \tan^n x\ dx$ 일 때,

$$I_n=\int_a^b \tan^n x\ dx=\int_a^b (\tan^2 x)\cdot(\tan^{n-2}x)\,dx=\int_a^b (\sec^2 x-1)\cdot(\tan^{n-2}x)\,dx$$

$$=\int_a^b (\sec^2 x)\cdot(\tan^{n-2}x)\,dx-\int_a^b (\tan^{n-2}x)\,dx$$

$$=\left[(\tan x)\cdot(\tan^{n-2}x)\right]_a^b-\int_a^b (\tan x)\cdot(n-2)\cdot(\tan^{n-3}x)\cdot(\sec^2 x)\,dx-I_{n-2}$$

$$=\left[\tan^{n-1}x\right]_a^b-(n-2)\int_a^b (\tan^{n-2}x)\cdot(1+\tan^2 x)\,dx-I_{n-2}$$

$$=\left[\tan^{n-1}x\right]_a^b-(n-2)\int_a^b (\tan^{n-2}x)+(\tan^n x)\,dx-I_{n-2}$$

$$=\left[\tan^{n-1}x\right]_a^b-(n-2)\cdot(I_{n-2}+I_n)-I_{n-2}=\left[\tan^{n-1}x\right]_a^b-(n-1)\cdot I_{n-2}-(n-2)\cdot I_n$$

좌변과 우변을 정리하면

$I_n = \left[\tan^{n-1}x\right]_a^b - (n-1) \cdot I_{n-2} - (n-2) \cdot I_n$ 을 이항해서 정리하면

$(n-1) \cdot I_n + (n-1) \cdot I_{n-2} = \left[\tan^{n-1}x\right]_a^b$ 양변을 $(n-1)$로 나누면

$$I_n + I_{n-2} = \left[\frac{1}{n-1} \cdot \tan^{n-1}x\right]_a^b$$

(논제2)

$$I_n = \int_a^b \sin^n x\, dx = \int_a^b (\sin x) \cdot (\sin^{n-1}x)\, dx$$

$$= \left[(-\cos x) \cdot (\sin^{n-1}x)\right]_a^b - \int_a^b (-\cos x) \cdot (n-1) \cdot (\sin^{n-2}) \cdot (\cos x)\, dx$$

$$= \left[(-\cos x) \cdot (\sin^{n-1}x)\right]_a^b + (n-1)\int_a^b (\cos^2 x) \cdot (\sin^{n-2}x)\, dx$$

$$= \left[(-\cos x) \cdot (\sin^{n-1}x)\right]_a^b + (n-1)\int_a^b (1-\sin^2 x) \cdot (\sin^{n-2}x)\, dx$$

$$= \left[(-\cos x) \cdot (\sin^{n-1}x)\right]_a^b + (n-1)\left\{\int_a^b (\sin^{n-2})\, dx - \int_a^b (\sin^n x)\, dx\right\}$$

$$= \left[(-\cos x) \cdot (\sin^{n-1}x)\right]_a^b + (n-1)\{I_{n-2} - I_n\}$$

좌변과 우변을 정리하면

$I_n = \left[(-\cos x) \cdot (\sin^{n-1}x)\right]_a^b + (n-1)\{I_{n-2} - I_n\}$을 이항해서 정리하면

$$n\,I_n - (n-1)I_{n-2} = \left[-\cos x \cdot \sin^{n-1}x\right]_a^b$$

(논제3)

$$I_n = \int_a^b \cos^n x\, dx = \int_a^b (\cos x) \cdot (\cos^{n-1}x)\, dx$$

$$= \left[(\sin x) \cdot (\cos^{n-1}x)\right]_a^b - \int_a^b (\sin x) \cdot (n-1) \cdot (\cos^{n-2}x) \cdot (-\sin x)\, dx$$

$$= \left[(\sin x) \cdot (\cos^{n-1}x)\right]_a^b + \int_a^b (\sin^2 x) \cdot (n-1) \cdot (\cos^{n-2}x)\, dx$$

$$= \left[(\sin x) \cdot (\cos^{n-1}x)\right]_a^b + \int_a^b (1-\cos^2 x) \cdot (n-1) \cdot (\cos^{n-2}x)\, dx$$

$$= \left[(\sin x) \cdot (\cos^{n-1}x)\right]_a^b + (n-1)\left\{\int_a^b (\cos^{n-2}x)\, dx - \int_a^b (\cos^n x)\, dx\right\}$$

$$= \left[(\sin x) \cdot (\cos^{n-1}x)\right]_a^b + (n-1)\{I_{n-2} - I_n\}$$

좌변과 우변을 정리하면

$I_n = \left[(\sin x) \cdot (\cos^{n-1}x)\right]_a^b + (n-1)\{I_{n-2} - I_n\}$을 이항해서 정리하면

$$n \cdot I_n - (n-1) \cdot I_{n-2} = \left[(\sin x) \cdot (\cos^{n-1}x)\right]_a^b$$

(논제4)

$$I_n = \int_a^b (\ln x)^n dx = \left[x(\ln x)^n \right]_a^b - \int_a^b (x) \cdot (n) \cdot (\ln x)^{n-1} \cdot \left(\frac{1}{x} \right) dx$$

$$= \left[x(\ln x)^n \right]_a^b - \int_a^b (n) \cdot (\ln x)^{n-1} dx$$

$$= \left[x(\ln x)^n \right]_a^b - n \cdot \int_a^b (\ln x)^{n-1} dx$$

$$= \left[x(\ln x)^n \right]_a^b - n \{ I_{n-1} \}$$

좌변과 우변을 정리하면

$$I_n = \left[x(\ln x)^n \right]_a^b - n \{ I_{n-1} \}$$

$$I_n = \left[x(\ln x)^n \right]_a^b - n \{ I_{n-1} \}$$

[문제6]

(논제1)

사건 A와 사건 B가 서로 독립이므로 $P(A \cap B) = P(A)P(B)$

이때

$$\begin{aligned} P(A \cap B^c) &= P(A) - P(A \cap B) \\ &= P(A) - P(A)P(B) \\ &= P(A)\{1 - P(B)\} \\ &= P(A)P(B^c) \end{aligned}$$

따라서 사건 A와 사건 B^c은 서로 독립이다. 또

$$\begin{aligned} P(A^c \cap B^c) &= P((A \cup B)^c) \\ &= 1 - P(A \cup B) \\ &= 1 - \{P(A) + P(B) - P(A \cap B)\} \\ &= 1 - \{P(A) + P(B) - P(A)P(B)\} \\ &= 1 - P(A) - P(B) + P(A)P(B) \\ &= \{1 - P(A)\}\{1 - P(B)\} \\ &= P(A^c)P(B^c) \end{aligned}$$

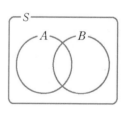

따라서 사건 A^c과 사건 B^c도 서로 독립이다.

(논제2)

사건 A와 사건 B가 서로 독립이므로

$$P(A \cap B) = P(A)P(B)$$

$$\therefore P(A^c \cap B) = P(B) - P(A \cap B)$$

$$= P(B) - P(A)P(B)$$

$$= P(B)\{1 - P(A)\}$$

$$= P(B)P(A^c)$$

따라서 사건 A^c과 사건 B는 서로 독립이다.

[문제7]

(논제1)

평균 증명

$P(X = k) = {}_nC_k\, p^k q^{n-k}\,(k = 0,\, 1,\, 2,\, \cdots,\, n,\ p + q = 1)$이므로 X의 평균 $E(X)$는

$$E(X) = \sum_{k=0}^{n} k\,P(X = k) = \sum_{k=1}^{n} k\,{}_nC_k\, p^k q^{n-k}$$

그런데

$$k\,{}_nC_k = k \cdot \frac{n!}{k!(n-k)!}$$

$$= n \cdot \frac{(n-1)!}{(k-1)!\{(n-1) - (k-1)\}!} = n\,{}_{n-1}C_{k-1}\ \text{이므로}$$

$$E(X) = \sum_{k=1}^{n} n\,{}_{n-1}C_{k-1}\, p^k q^{n-k} = np \sum_{k=1}^{n} {}_{n-1}C_{k-1}\, p^{k-1} q^{(n-1)-(k-1)}$$

$$= np \sum_{k=0}^{n-1} {}_{n-1}C_k\, p^k q^{(n-1)-k} = np(p+q)^{n-1}$$

$$= np\ \text{이다.}$$

분산 증명

X의 분산 $V(X)$는

$$V(X) = E(X^2) - \{E(X)\}^2 = \sum_{k=0}^{n} k^2\,{}_nC_k\, p^k q^{n-k} - \{E(X)\}^2$$

$$= \sum_{k=0}^{n} k(k-1)\,{}_nC_k\, p^k q^{n-k} + \sum_{k=0}^{n} k\,{}_nC_k\, p^k q^{n-k} - \{E(X)\}^2$$

$$= \sum_{k=0}^{n} k(k-1)\,{}_nC_k\, p^k q^{n-k} + np - (np)^2$$

$${}_nC_k = \frac{n(n-1)}{k(k-1)}\,{}_{n-2}C_{k-2}$$

여기서 $k(k-1)\,{}_nC_k\, p^k q^{n-k} = n(n-1)p^2\,{}_{n-2}C_{k-2}\, p^{k-2} q^{n-k}$이므로

$$\sum_{k=0}^{n} k(k-1)\,{}_nC_k\, p^k q^{n-k} = n(n-1)p^2 \sum_{k=2}^{n} {}_{n-2}C_{k-2}\, p^{k-2} q^{n-k}$$

$$= n(n-1)p^2(p+q)^{n-2}$$

$$= n(n-1)p^2$$

따라서

$$V(X) = n(n-1)p^2 + np - (np)^2 = np(1-p) = npq$$

(논제2)

평균 증명

이항정리에 의하여 $(x+q)^n$을 다음과 같이 나타낼 수 있다.

$$(x+q)^n = \sum_{k=0}^{n} {}_nC_k x^k q^{n-k} \qquad \cdots\cdots ①$$

①의 양변을 x에 관하여 미분하면 다음과 같다.

$$n(x+q)^{n-1} = \sum_{k=0}^{n} k\,{}_nC_k x^{k-1} q^{n-k} \qquad \cdots\cdots ②$$

②의 양변에 x를 곱하면

$$nx(x+q)^{n-1} = \sum_{k=0}^{n} k\,{}_nC_k x^k q^{n-k} \qquad \cdots\cdots ③$$

따라서 $E(X) = \sum_{k=0}^{n} k\,{}_nC_k p^k q^{n-k}$ 이므로 ③에 $x=p$를 대입하면

$$np(p+q)^{n-1} = \sum_{k=0}^{n} k\,{}_nC_k p^k q^{n-k}$$

$$\therefore\ E(X) = np$$

분산 증명

$V(X) = E(X^2) - \{E(X)\}^2$ 이므로 ③의 양변을 x에 관하여 미분하면

$$n(x+q)^{n-1} + n(n-1)x(x+q)^{n-2}$$

$$= \sum_{k=0}^{n} k^2\,{}_nC_k x^{k-1} q^{n-k} \qquad \cdots\cdots ④$$

④의 양변에 x를 곱하면

$$nx(x+q)^{n-1} + n(n-1)x^2(x+q)^{n-2}$$

$$= \sum_{k=0}^{n} k^2\,{}_nC_k x^k q^{n-k} \qquad \cdots\cdots ⑤$$

따라서 $E(X^2) = \sum_{k=0}^{n} k^2\,{}_nC_k p^k q^{n-k}$ 이므로 ⑤에 $x=p$를 대입하면

$$np + n(n-1)p^2 = \sum_{k=0}^{n} k^2\,{}_nC_k p^k q^{n-k}$$

$$\therefore\ E(X^2) = np + n^2p^2 - np^2$$

그러므로 분산 $V(X)$는

$$V(X) = E(X^2) - \{E(X)\}^2$$

$$= np + n^2p^2 - np^2 - (np)^2$$

$$= np(1-p)$$

$$= npq$$

[문제8]

(논제1)

i) $y_1 = 0$일 때 $x_1 = \pm r$이므로 접선의 방정식은 $x = \pm r$

ii) $y_1 \neq 0$일 때 x에 관하여 미분하면

$$2x + 2yy' = 0 \quad \therefore y' = -\frac{x}{y}$$

따라서 구하는 접선의 방정식은

$$y - y_1 = -\frac{x_1}{y_1}(x - x_1)$$

$$\therefore x_1 x + y_1 y = {x_1}^2 + {y_1}^2$$

$${x_1}^2 + {y_1}^2 = r^2$$이므로 $x_1 x + y_1 y = r^2$

(논제2)

i) $y_1 = 0$일 때 $x_1 = 0$이므로 접선의 방정식은 $x = 0$

ii) $y_1 \neq 0$일 때 x에 관하여 미분하면

$$2yy' = 4p \quad \therefore y' = \frac{2p}{y}$$

따라서 구하는 접선의 방정식은

$$y - y_1 = -\frac{2p}{y_1}(x - x_1)$$

$$\therefore y_1 y - {y_1}^2 = 2p(x + x_1)$$

i), ii)에서 $y_1 y = 2p(x + x_1)$

(논제3)

i) $y_1 = 0$일 때 $x_1 = \pm a$이므로 접선의 방정식은 $x = \pm a$

ii) $y_1 \neq 0$일 때 타원 $\dfrac{x^2}{a^2} + \dfrac{y^2}{b^2} = 1$에서 x에 관하여 미분하면

$$\frac{2x}{a^2} + \frac{2y}{b^2} y' = 0 \quad \therefore \text{접선의 기울기는 } y' = -\frac{b^2}{a^2} \cdot \frac{x_1}{y_1}$$

따라서, 구하는 접선의 방정식은

$$y - y_1 = -\frac{b^2}{a^2} \cdot \frac{x_1}{y_1}(x - x_1) \Leftrightarrow \frac{x_1 x}{a^2} + \frac{y_1 y}{b^2} = 1$$

(논제4)

ⅰ) $y_1 = 0$일 때 $x_1 = \pm a$이므로 접선의 방정식은 $x = \pm a$

ⅱ) $y_1 \neq 0$일 때 쌍곡선 $\dfrac{x^2}{a^2} - \dfrac{y^2}{b^2} = 1$에서 x에 관하여 미분하면

$$\frac{2x}{a^2} - \frac{2y}{b^2}y' = 0 \quad \therefore \text{ 접선의 기울기는 } y' = \frac{b^2}{a^2}\cdot\frac{x_1}{y_1}$$

따라서, 구하는 접선의 방정식은

$$y - y_1 = \frac{b^2}{a^2}\cdot\frac{x_1}{y_1}(x - x_1) \Leftrightarrow \frac{x_1 x}{a^2} - \frac{y_1 y}{b^2} = 1$$

$\dfrac{x^2}{a^2} - \dfrac{y^2}{b^2} = -1$ 에서 양변을 x로 미분하면,

$$\frac{2x}{a^2} - \frac{2y}{b^2}y' = 0 \quad \therefore \text{ 접선의 기울기는 } y' = \frac{b^2}{a^2}\cdot\frac{x_1}{y_1}$$

따라서, 구하는 접선의 방정식은

$$y - y_1 = \frac{b^2}{a^2}\cdot\frac{x_1}{y_1}(x - x_1) \Leftrightarrow \frac{x_1 x}{a^2} - \frac{y_1 y}{b^2} = -1$$

[문제9]

점 $A(x_1, y_1, z_1)$과 평면 $\alpha : ax + by + cz + d = 0$ 사이의 거리를 구하여 보자. 위의 그림과 같이 점 A에서 평면 α에 내린 수선의 발을 $H(x_2, y_2, z_2)$라고 하면 점 α와 평면 α 사이의 거리는 벡터 $\overrightarrow{AH}$의 크기와 같다. 이때 벡터 $\overrightarrow{AH}$는 평면 α의 법선벡터 $\vec{n} = (a, b, c)$와 평행하므로 $\overrightarrow{AH} = t\vec{n}$, 즉

$(x_2 - x_1, y_2 - y_1, z_2 - z_1) = t(a, b, c)$

를 만족하는 실수 t가 존재한다. 따라서

$x_2 = x_1 + at, \ y_2 = y_1 + bt, \ z_2 = z_1 + ct \ \cdots\cdots ①$

이다. 그런데 점 H는 평면 α 위의 점이므로

$ax_2 + by_2 + cz_2 + d = 0 \ \cdots\cdots ②$ 이다.

①을 ②에 대입하면 $a(x_1 + at) + b(y_1 + bt) + c(z_1 + ct) + d = 0$에서

$t = -\dfrac{|ax_1 + by_1 + cz_1 + d|}{a^2 + b^2 + c^2}$ 이다. 여기서 $|n| = \sqrt{a^2 + b^2 + c^2}$ 이므로 다음을 얻을 수 있다.

$$|\overrightarrow{AH}| = |t\vec{n}| = \frac{ax_1 + by_1 + cz_1 + d}{\sqrt{a^2 + b^2 + c^2}}$$

이상을 정리하면 다음과 같다.

$$|\overrightarrow{AH}| = \frac{|ax_1 + by_1 + cz_1 + d|}{\sqrt{a^2 + b^2 + c^2}}$$

[문제1]

(논제1)

(ⅰ) $n = 1$일 때, $a_1 = \dfrac{1}{1+1} = \dfrac{1}{2} < 1$

(ⅱ) $n = k$일 때, $a_k < 1$이 성립한다고 가정하면

$$a_{k+1} = \frac{1 + 2^2 + 3^3 + \cdots + k^k + (k+1)^{k+1}}{(k+2)^{k+1}}$$

$$< \frac{(k+1)^k + (k+1)^{k+1}}{(k+2)^{k+1}} \ (\because a_k < 1)$$

$$= \frac{(k+1)^k(k+2)}{(k+2)^{k+1}}$$

$$= \left(\frac{k+1}{k+2}\right)^k < 1$$

$\therefore a_{k+1} < 1$

따라서, (ⅰ), (ⅱ)에 의해서 모든 자연수 n에 대해서 $a_n < 1$이 성립한다.

(논제2)

$$a_{n+1} = \frac{\left(1 + 2^2 + 3^3 + \cdots + n^n\right) + (n+1)^{n+1}}{(n+2)^{n+1}}$$

$1 + 2^2 + 3^3 + \cdots + n^n = (n+1)^n a_n$이므로

$$a_{n+1} = \frac{\left(1 + 2^2 + 3^3 + \cdots + n^n\right) + (n+1)^{n+1}}{(n+2)^{n+1}}$$

$$= \frac{(n+1)^n}{(n+2)^{n+1}}\{a_n + n + 1\}$$

(논제3)

(논제2)에서 $a_n = \dfrac{n^{n-1}}{(n+1)^n}\left(a_{n-1} + n\right) \ (n \geq 2)$

$0 < a_{n-1} < 1$이므로

$$\frac{n^{n-1}}{(n+1)^n}(0 + n) < a_n < \frac{n^{n-1}}{(n+1)^n}(1 + n) = \left(\frac{n}{n+1}\right)^n \cdot \frac{1+n}{n}$$

$$\therefore \frac{1}{\left(1 + \dfrac{1}{n}\right)^n} < a_n < \frac{1}{\left(1 + \dfrac{1}{n}\right)^n}\left(1 + \frac{1}{n}\right)$$

$\displaystyle \lim_{n \to \infty}\left(1 + \frac{1}{n}\right)^n = e$이므로 $\displaystyle \lim_{n \to \infty} a_n = \frac{1}{e}$

[문제2]

(논제1)

점화식 $a_1 = \alpha > 1$, $a_{n+1} = \sqrt{\dfrac{2a_n}{a_n + 1}}$ 에서 결정되는 수열 $\{a_n\}$에 대해 $a_n > 1$이 있다는 것을 수학적 귀납법을 이용하여 증명한다.

(i) $n = 1$일 때, $a_1 = \alpha > 1$이 성립한다.

(ii) $n = k$일 때, $a_k > 1$이라 가정하면

$$a_{k+1} - 1 = \sqrt{\frac{2a_k}{a_k + 1}} - 1 = \frac{\sqrt{2a_k} - \sqrt{a_k + 1}}{\sqrt{a_k + 1}} = \frac{a_k - 1}{\sqrt{a_k + 1}\left(\sqrt{2a_k} + \sqrt{a_k + 1}\right)} > 0$$

(i), (ii)에서 모든 자연수 n에 대하여 $a_n > 1$이다.

(논제2)

$x \geq 0$일 때, $x - 1 - 2(\sqrt{x} - 1) = x - 2\sqrt{x} + 1 = (\sqrt{x} - 1)^2 \geq 0$이므로

$$x - 1 \geq 2(\sqrt{x} - 1), \quad \sqrt{x} - 1 \leq \frac{1}{2}(x - 1) \cdots\cdots (\ast)$$

(논제3)

(논제1)에서 $a_n > 1$이라서 $\dfrac{2a_n}{a_n + 1} - 1 = \dfrac{a_n - 1}{a_n + 1} > 0$이 되어, $(\ast)$에 적용하면

$$a_{n+1} - 1 = \sqrt{\frac{2a_n}{a_n + 1}} - 1 \leq \frac{1}{2}\left(\frac{2a_n}{a_n + 1} - 1\right) = \frac{1}{2} \cdot \frac{a_n - 1}{a_n + 1} < \frac{1}{2} \cdot \frac{a_n - 1}{2} = \frac{1}{4}(a_n - 1)$$

이것에서, $n \geq 2$일 때, $a_n - 1 < \left(\dfrac{1}{4}\right)^{n-1}(a_1 - 1) = \left(\dfrac{1}{4}\right)^{n-1}(\alpha - 1)$

또한, $n = 1$일 때, $a_1 - 1 = \left(\dfrac{1}{4}\right)^{1-1}(\alpha - 1)$이 되므로,

$$a_n - 1 \leq \left(\frac{1}{4}\right)^{n-1}(\alpha - 1) \ (n = 1, 2, 3, \cdots)$$

[문제3]

(논제1)

$n \geq 2$의 경우, $a_n > 1$임을 수학적 귀납법을 이용하여 나타낸다.

(i) $n = 2$일 때, $a_1 = 1$이므로 $a_2 = \sqrt{\dfrac{3a_1 + 4}{2a_1 + 3}} = \sqrt{\dfrac{7}{5}} > 1$

(ii) $n = k$일 때, $a_k > 1$이라 가정하면,

$$a_{k+1} - 1 = \sqrt{\frac{3a_k + 4}{2a_k + 3}} - 1 = \sqrt{1 + \frac{a_k + 1}{2a_k + 3}} - 1 > 0$$

(i)(ii)에서, $n \geq 2$일 때, $a_n > 1$이다.

(논제2)

$\alpha^2 = \dfrac{3\alpha+4}{2\alpha+3}$에서, $2\alpha^3 + 3\alpha^2 - 3\alpha - 4 = 0$이므로 $(\alpha+1)(2\alpha^2+\alpha-4)=0$

$\alpha > 0$에서 $\alpha = \dfrac{-1+\sqrt{33}}{4}$

(논제3)

모든 자연수 n에 대하여 $a_n < \alpha$가 되는 것을 수학적 귀납법을 이용하여 나타낸다.

(i) $n=1$일 때, $\alpha - a_1 = \dfrac{-1+\sqrt{33}}{4} - 1 = \dfrac{\sqrt{33}-5}{4} > 0$에서 $a_1 < \alpha$가 성립한다.

(ii) $n=k$일 때, $a_k < \alpha$라 가정하면

$$\alpha - a_{k+1} = \sqrt{\frac{3\alpha+4}{2\alpha+3}} - \sqrt{\frac{3a_k+4}{2a_k+3}} = \frac{\sqrt{(3\alpha+4)(2a_k+3)} - \sqrt{(2\alpha+3)(3a_k+4)}}{\sqrt{2\alpha+3}\,\sqrt{2a_k+3}}$$

$$= \frac{(3\alpha+4)(2a_k+3) - (2\alpha+3)(3a_k+4)}{\sqrt{2\alpha+3}\,\sqrt{2a_k+3}\left\{\sqrt{(3\alpha+4)(2a_k+3)} + \sqrt{(2\alpha+3)(3a_k+4)}\right\}}$$

$$= \frac{\alpha - a_k}{\sqrt{2\alpha+3}\,\sqrt{2a_k+3}\left\{\sqrt{(3\alpha+4)(2a_k+3)} + \sqrt{(2\alpha+3)(3a_k+4)}\right\}}$$

따라서, $\alpha - a_{k+1} > 0$에서 $a_{k+1} < \alpha$이다.

(i) (ii)에서 모든 자연수 n에 대하여 $a_n < \alpha$이다.

(논제4)

(논제1)과 (논제3)의 결과에서 $1 \leq a_n < \alpha$가 되어,

$$\frac{\alpha - a_{n+1}}{\alpha - a_n} = \frac{1}{\sqrt{2\alpha+3}\,\sqrt{2a_n+3}\left\{\sqrt{(3\alpha+4)(2a_n+3)} + \sqrt{(2\alpha+3)(3a_n+4)}\right\}}$$

$$\leq \frac{1}{\sqrt{5}\,\sqrt{5}\,(\sqrt{35} + \sqrt{35})} = \frac{1}{10\sqrt{35}}$$

그러면 $r = \dfrac{1}{10\sqrt{35}}$ 라 할 수 있으며, 이때 $\alpha - a_{n+1} \leq r(\alpha - a_n)$이므로,

$$0 < \alpha - a_n \leq (\alpha - a_1)r^{n-1} = (\alpha - 1)r^{n-1}$$

따라서, $0 < r < 1$에서 $\displaystyle\lim_{n \to \infty}(\alpha - a_n) = 0$, 즉, $\displaystyle\lim_{n \to \infty} a_n = \alpha = \dfrac{-1+\sqrt{33}}{4}$

[문제4]

(논제1)

(i) $n=1$일 때,

$$(\text{좌변}) = S_1 = \frac{1}{a_1} = \frac{1}{a_2-1} \; (\because a_2 = 1+a_1)$$

$$= \frac{2(a_2-1)-1}{a_2-1} \; (\because a_2 = 2)$$

$$= 2 - \frac{1}{a_2-1} = (\text{우변})$$

이므로 주어진 등식이 성립한다.

(ii) $n=k(k \geq 1)$일 때, 주어진 식이 성립한다고 가정하면

$$\frac{1}{a_1} + \frac{1}{a_2} + \cdots + \frac{1}{a_k} = 2 - \frac{1}{a_{k+1}-1} \quad \cdots\cdots ①$$

①의 양변에 $\dfrac{1}{a_{k+1}}$을 더하면

$$S_{k+1} = \frac{1}{a_1} + \frac{1}{a_2} + \cdots + \frac{1}{a_k} + \frac{1}{a_{k+1}} = 2 - \frac{1}{a_{k+1}-1} + \frac{1}{a_{k+1}}$$

$$= 2 - \frac{a_{k+1} - a_{k+1} + 1}{(a_{k+1}-1)a_{k+1}} = 2 - \frac{1}{(a_{k+1}-1)a_{k+1}}$$

이 된다. 그리고 $a_{k+1} = 1 + a_1 a_2 \cdots a_k$에서 $a_{k+1} - 1 = a_1 a_2 \cdots a_k$이므로

$$S_{k+1} = 2 - \frac{1}{(a_1 a_2 \cdots a_k)a_{k+1}} = 2 - \frac{1}{a_{k+2}-1}$$

이다. 즉, $S_{k+1} = 2 - \dfrac{1}{a_{k+2}-1}$ 이므로 $n = k+1$일 때도 주어진 등식은 성립한다.

(논제2)

모든 자연수 n에 대하여 a_n은 자연수이고 $a_n = 1 + a_1 a_2 \cdots a_{n-1}$이므로 $a_n > a_{n-1}$이다.

즉, $a_n - a_{n-1} \geq 1$으로부터

$a_2 - a_1 \geq 1$

$a_3 - a_2 \geq 1$

$\vdots$

$a_n - a_{n-1} \geq 1$

이다. 위의 부등식을 변변 더하면 $a_n - a_1 \geq n-1$을 얻고 $a_1 = 1$이므로, 모든 자연수 n에 대하여 $a_n \geq n$이다. 따라서 $\lim\limits_{n \to \infty} a_n = \infty$ 이다.

$\lim\limits_{n \to \infty} a_n = \infty$ 이므로 (논제1)에서 주어진 등식 $S_n = 2 - \dfrac{1}{a_{n+1}-1}$ 으로부터 $\lim\limits_{n \to \infty} S_n = 2$이다.

[문제]

(논제1)

k, l은 정수이고, $\sqrt{2} = \dfrac{l}{k}$ ($k > 0$, k는 서로소)라고 가정하면,

$\sqrt{2}\,k = l$, $2k^2 = l^2$ ……①

이에 따라 l^2은 짝수, 즉 l은 짝수이다. 그러면 m이 정수일 때, $l = 2m$으로 나타내고 ①에 대입하면,

$2k^2 = 4m^2$, $k^2 = 2m^2$

이에 따라, k^2은 짝수, 다시 말해 k는 짝수이다.

따라서 k, l 모두 짝수가 되고, 서로소라는 가정에 반한다.

따라서 $\sqrt{2}$는 유리수가 아니고, 무리수이다.

(논제2)

조건에 의해 $a_{n+1} + b_{n+1}\sqrt{2} = \left(5 + \sqrt{2}\right)^{n+1} = \left(5 + \sqrt{2}\right)\left(a_n + b_n\sqrt{2}\right)$

$$= \left(5a_n + 2b_n\right) + \left(a_n + 5b_n\right)\sqrt{2}$$

a_n, b_n은 자연수, $\sqrt{2}$은 무리수이므로

$a_{n+1} = 5a_n + 2b_n$ ……②, $b_{n+1} = a_n + 5b_n$ ……③

(논제3)

②, ③을 $a_{n+1} + pb_{n+1} = q(a_n + pb_n)$에 적용하면, $5a_n + 2b_n + p(a_n + 5b_n) = q(a_n + pb_n)$

임의의 n에 대해 성립하므로,

$5 + p = q$ ……④, $2 + 5p = pq$ ……⑤

④, ⑤에 의해 $2 + 5p = p(5 + p)$, $p = \pm\sqrt{2}$

④에서 $(p, q) = \left(\sqrt{2},\ 5 + \sqrt{2}\right)$, $\left(-\sqrt{2},\ 5 - \sqrt{2}\right)$

(논제4)

조건에 의해 $a_1 = 5$, $b_1 = 1$이다.

우선, $a_{n+1} + b_{n+1}\sqrt{2} = \left(5 + \sqrt{2}\right)\left(a_n + b_n\sqrt{2}\right)$이므로,

$a_n + b_n\sqrt{2} = \left(a_1 + b_1\sqrt{2}\right)\left(5 + \sqrt{2}\right)^{n-1} = \left(5 + \sqrt{2}\right)^n$ ……⑥

또한, $a_{n+1} - b_{n+1}\sqrt{2} = \left(5 - \sqrt{2}\right)\left(a_n - b_n\sqrt{2}\right)$ 이므로,

$a_n - b_n\sqrt{2} = \left(a_1 - b_1\sqrt{2}\right)\left(5 - \sqrt{2}\right)^{n-1} = \left(5 - \sqrt{2}\right)^n$ ……⑦

⑥, ⑦에 의해 $a_n = \dfrac{1}{2}\left\{\left(5 + \sqrt{2}\right)^n + \left(5 - \sqrt{2}\right)^n\right\}$, $b_n = \dfrac{1}{2\sqrt{2}}\left\{\left(5 + \sqrt{2}\right)^n - \left(5 - \sqrt{2}\right)^n\right\}$